中 外 物 理 学 精 品 书 系

本书出版得到"国家出版基金"资助

中外物理学精品书系

前沿系列·27

恒星结构演化引论

李焱 编著

图书在版编目(CIP)数据

恒星结构演化引论/李焱编著. —北京：北京大学出版社，2014.3
(中外物理学精品书系·前沿系列)
ISBN 978-7-301-23987-2

Ⅰ. ①恒… Ⅱ. ①李… Ⅲ. ①恒星结构–恒星演化–研究 Ⅳ. ①P142.5

中国版本图书馆 CIP 数据核字（2014）第 039560 号

书　　　　名：	恒星结构演化引论
著作责任者：	李　焱　编著
责 任 编 辑：	刘　啸
标 准 书 号：	ISBN 978-7-301-23987-2
出 版 发 行：	北京大学出版社
地　　　　址：	北京市海淀区成府路 205 号　100871
网　　　　址：	http://www.pup.cn
新 浪 微 博：	@北京大学出版社
电 子 信 箱：	zpup@pup.pku.edu.cn
电　　　　话：	邮购部 62752015　发行部 62750672　编辑部 62754271
	出版部 62754962
印　　刷　　者：	天津中印联印务有限公司
经　　销　　者：	新华书店
	730 毫米×980 毫米　16 开本　19 印张　362 千字
	2014 年 3 月第 1 版　2022 年 10 月第 3 次印刷
定　　　价：	69.00 元

未经许可，不得以任何方式复制或抄袭本书之部分或全部内容。
版权所有，侵权必究
举报电话：010-62752024　电子信箱：fd@pup.pku.edu.cn

"中外物理学精品书系"
编委会

主　任：王恩哥
副主任：夏建白
编　委：（按姓氏笔画排序，标*号者为执行编委）

王力军	王孝群	王　牧	王鼎盛	石　兢
田光善	冯世平	邢定钰	朱邦芬	朱　星
向　涛	刘　川*	许宁生	许京军	张　酣*
张富春	陈志坚*	林海青	欧阳钟灿	周月梅*
郑春开*	赵光达	聂玉昕	徐仁新*	郭　卫*
资　剑	龚旗煌	崔　田	阎守胜	谢心澄
解士杰	解思深	潘建伟		

秘　书：陈小红

序　　言

物理学是研究物质、能量以及它们之间相互作用的科学。她不仅是化学、生命、材料、信息、能源和环境等相关学科的基础，同时还是许多新兴学科和交叉学科的前沿。在科技发展日新月异和国际竞争日趋激烈的今天，物理学不仅囿于基础科学和技术应用研究的范畴，而且在社会发展与人类进步的历史进程中发挥着越来越关键的作用。

我们欣喜地看到，改革开放三十多年来，随着中国政治、经济、教育、文化等领域各项事业的持续稳定发展，我国物理学取得了跨越式的进步，做出了很多为世界瞩目的研究成果。今日的中国物理正在经历一个历史上少有的黄金时代。

在我国物理学科快速发展的背景下，近年来物理学相关书籍也呈现百花齐放的良好态势，在知识传承、学术交流、人才培养等方面发挥着无可替代的作用。从另一方面看，尽管国内各出版社相继推出了一些质量很高的物理教材和图书，但系统总结物理学各门类知识和发展，深入浅出地介绍其与现代科学技术之间的渊源，并针对不同层次的读者提供有价值的教材和研究参考，仍是我国科学传播与出版界面临的一个极富挑战性的课题。

为有力推动我国物理学研究、加快相关学科的建设与发展，特别是展现近年来中国物理学者的研究水平和成果，北京大学出版社在国家出版基金的支持下推出了"中外物理学精品书系"，试图对以上难题进行大胆的尝试和探索。该书系编委会集结了数十位来自内地和香港顶尖高校及科研院所的知名专家学者。他们都是目前该领域十分活跃的专家，确保了整套丛书的权威性和前瞻性。

这套书系内容丰富，涵盖面广，可读性强，其中既有对我国传统物理学发展的梳理和总结，也有对正在蓬勃发展的物理学前沿的全面展示；既引进和介绍了世界物理学研究的发展动态，也面向国际主流领域传播中国物理的优秀专著。可以说，"中外物理学精品书系"力图完整呈现近现代世界和中国物理科学发展的全貌，是一部目前国内为数不多的兼具学术价值和阅读乐趣的经典物理丛书。

"中外物理学精品书系"另一个突出特点是，在把西方物理的精华要义"请进来"的同时，也将我国近现代物理的优秀成果"送出去"。物理学科在世界范围内的重要性不言而喻，引进和翻译世界物理的经典著作和前沿动态，可以满足当前国内物理教学和科研工作的迫切需求。另一方面，改革开放几十年来，我国的物理学研究取得了长足发展，一大批具有较高学术价值的著作相继问世。这套丛书首次将一些中国物理学者的优秀论著以英文版的形式直接推向国际相关研究的主流领域，使世界对中国物理学的过去和现状有更多的深入了解，不仅充分展示出中国物理学研究和积累的"硬实力"，也向世界主动传播我国科技文化领域不断创新的"软实力"，对全面提升中国科学、教育和文化领域的国际形象起到重要的促进作用。

值得一提的是，"中外物理学精品书系"还对中国近现代物理学科的经典著作进行了全面收录。20世纪以来，中国物理界诞生了很多经典作品，但当时大都分散出版，如今很多代表性的作品已经淹没在浩瀚的图书海洋中，读者们对这些论著也都是"只闻其声，未见其真"。该书系的编者们在这方面下了很大工夫，对中国物理学科不同时期、不同分支的经典著作进行了系统的整理和收录。这项工作具有非常重要的学术意义和社会价值，不仅可以很好地保护和传承我国物理学的经典文献，充分发挥其应有的传世育人的作用，更能使广大物理学人和青年学子切身体会我国物理学研究的发展脉络和优良传统，真正领悟到老一辈科学家严谨求实、追求卓越、博大精深的治学之美。

温家宝总理在2006年中国科学技术大会上指出，"加强基础研究是提升国家创新能力、积累智力资本的重要途径，是我国跻身世界科技强国的必要条件"。中国的发展在于创新，而基础研究正是一切创新的根本和源泉。我相信，这套"中外物理学精品书系"的出版，不仅可以使所有热爱和研究物理学的人们从中获取思维的启迪、智力的挑战和阅读的乐趣，也将进一步推动其他相关基础科学更好更快地发展，为我国今后的科技创新和社会进步做出应有的贡献。

"中外物理学精品书系"编委会 主任
中国科学院院士，北京大学教授
王恩哥
2010年5月于燕园

谨以此书纪念我的导师黄润乾先生

内 容 简 介

本书系统介绍了恒星结构演化研究的主要观测事实、恒星物质的状态方程、发生在恒星内部的热核燃烧过程、辐射在恒星内部的传递，以及恒星内部的对流传热与对流物质混合等主要物理过程及其处理方法，简略地介绍了恒星结构演化模型及其计算方法，并且较详细地介绍了不同质量恒星的结构特征及其不同演化阶段的主要性质．本书能够帮助读者系统地了解恒星内部结构演化研究发展的历史及现状，熟悉不同质量恒星的内部结构特征，了解不同恒星在演化进程中的联系，以及不同质量恒星的演化结局，并初步掌握恒星结构演化的数值模拟方法．

本书可作为高等院校理科高年级本科生和研究生的教材，也可供有关科研人员参考．

常用物理和天文常数

名称	符号与数值
天文单位	$AU = 1.495978707 \times 10^{13}$ cm
秒差距	$pc = 3.08568 \times 10^{18}$ cm
光年	$ly = 9.46053 \times 10^{17}$ cm
原子质量单位	$m_u = 1.660538782 \times 10^{-24}$ g
电子静止质量	$m_e = 9.10938215 \times 10^{-28}$ g
基本电荷量	$e = 4.80320427 \times 10^{-10}$ statC
万有引力常数	$G = 6.67428 \times 10^{-8}$ dyn $\cdot$ cm^2 $\cdot$ g^{-2}
阿伏伽德罗常数	$N_A = 6.02214179 \times 10^{23}$ mol^{-1}
气体常数	$\Re = 8.314472 \times 10^7$ erg $\cdot$ K^{-1} $\cdot$ mol^{-1}
真空中光速	$c = 2.99792458 \times 10^{10}$ cm $\cdot$ s^{-1}
普朗克常数	$h = 6.62606896 \times 10^{-27}$ erg $\cdot$ s
玻尔兹曼常数	$k = 1.3806504 \times 10^{-16}$ erg $\cdot$ K^{-1}
斯特藩–玻尔兹曼常数	$\sigma = 5.6704 \times 10^{-5}$ erg $\cdot$ cm^{-2} $\cdot$ s^{-1} $\cdot$ K^{-4}
黑体辐射能量密度常数	$a = 7.56566 \times 10^{-15}$ erg $\cdot$ cm^{-3} $\cdot$ K^{-4}
费米常数	$G_F = 1.43585 \times 10^{-49}$ erg $\cdot$ cm^3
太阳质量	$M_\odot = 1.9891 \times 10^{33}$ g
太阳半径	$R_\odot = 6.9566 \times 10^{10}$ cm
太阳光度	$L_\odot = 3.839 \times 10^{33}$ erg $\cdot$ s^{-1}
太阳年龄	$\tau_\odot = 4.57$ Gyr

目 录

第 1 章 恒星的分类与赫罗图 ························1
- §1.1 恒星的光度 ························1
  - 1.1.1 视星等 ························1
  - 1.1.2 绝对星等 ························2
  - 1.1.3 色指数和热改正 ························3
- §1.2 恒星的光谱 ························4
  - 1.2.1 有效温度 ························4
  - 1.2.2 光谱型 ························5
  - 1.2.3 光度型和 MK 分类法 ························7
- §1.3 恒星的星族 ························8
- §1.4 赫罗图与恒星的一些观测性质 ························8
  - 1.4.1 赫罗图 ························8
  - 1.4.2 恒星的一般性质 ························9
  - 1.4.3 主序星的质光关系和质量−半径关系 ························10
  - 1.4.4 星团及其赫罗图 ························11

第 2 章 恒星物质的状态方程 ························14
- §2.1 热力学方程与最小自由能原理 ························14
  - 2.1.1 热力学第一定律和第二定律 ························14
  - 2.1.2 自由能 ························15
  - 2.1.3 特性函数 ························15
  - 2.1.4 热力学量之间的关系 ························16
- §2.2 正则系综 ························17
  - 2.2.1 系统微观状态的描述 ························17
  - 2.2.2 正则系综 ························18
  - 2.2.3 正则系综的热力学函数 ························19
  - 2.2.4 理想气体的热力学函数 ························20
  - 2.2.5 黑体辐射的热力学函数 ························21
- §2.3 完全电离混合气体 ························22
  - 2.3.1 元素的质量丰度 ························22
  - 2.3.2 混合气体的平均相对原子质量 ························22

2.3.3　完全电离混合气体的状态方程 ···················· 23
§2.4　部分电离混合气体 ································ 24
　　2.4.1　电离平衡方程 ···························· 24
　　2.4.2　部分电离混合气体的状态方程 ···················· 26
　　2.4.3　带电粒子的库仑相互作用 ······················ 28
§2.5　简并情况下的电子气体 ······························ 31
　　2.5.1　电子气体的费米–狄拉克统计 ····················· 31
　　2.5.2　简并电子气体的热力学函数 ······················ 31
　　2.5.3　电子气体的状态方程 ························ 32
　　2.5.4　完全简并情况下电子气体的状态方程 ·················· 34

第 3 章　热核反应与元素的核合成 ························· 36
§3.1　恒星内部的热核燃烧序列 ····························· 36
　　3.1.1　恒星的能量来源 ··························· 36
　　3.1.2　原子核的结合能 ··························· 37
　　3.1.3　热核聚变反应 ···························· 38
　　3.1.4　恒星内部的热核燃烧序列 ······················ 39
§3.2　热核反应速率 ································· 40
　　3.2.1　热核反应速率 ···························· 40
　　3.2.2　核反应的截面 ···························· 42
　　3.2.3　量子隧道效应 ···························· 45
　　3.2.4　电子屏蔽 ······························ 46
　　3.2.5　化学组成的变化与核产能率 ······················ 47
§3.3　氢燃烧过程 ·································· 48
　　3.3.1　质子链 ······························· 48
　　3.3.2　碳氮氧循环 ····························· 52
§3.4　氦燃烧过程 ·································· 59
　　3.4.1　3α 反应以及氦燃烧产能率 ······················ 60
　　3.4.2　α 反应链 ······························ 62
§3.5　碳燃烧、氖燃烧和氧燃烧过程 ·························· 62
　　3.5.1　碳燃烧过程 ······························ 63
　　3.5.2　氖燃烧过程 ······························ 63
　　3.5.3　氧燃烧过程 ······························ 65
§3.6　硅燃烧过程 ·································· 66
　　3.6.1　光致蜕变反应与准平衡群 ······················· 66
　　3.6.2　中子富余度与硅燃烧产物 ······················· 67

3.6.3　核统计平衡 ··· 69

§3.7　中子俘获过程与超重核素的核合成 ································· 69
 3.7.1　慢中子俘获过程 (s 过程) ······································ 70
 3.7.2　快中子俘获过程 (r 过程) ······································ 71
 3.7.3　光致蜕变质子增丰过程 (p 过程) ································ 72

§3.8　中微子过程 ·· 73
 3.8.1　弱相互作用 ·· 74
 3.8.2　中微子与物质的相互作用截面 ·································· 74
 3.8.3　电子对湮没中微子过程 ······································· 76
 3.8.4　光子中微子过程 ··· 77
 3.8.5　等离子中微子过程 ··· 79

第 4 章　辐射转移过程与不透明度 ······································ 83

§4.1　辐射场的宏观描述 ·· 83

§4.2　辐射与介质的相互作用 ·· 85
 4.2.1　吸收系数和发射系数 ··· 85
 4.2.2　辐射与介质相互作用的微观过程 ································ 86

§4.3　辐射转移方程 ·· 87
 4.3.1　平面平行层的辐射转移方程 ···································· 87
 4.3.2　辐射转移方程的通解 ··· 88
 4.3.3　辐射转移方程的渐近解 ······································· 88
 4.3.4　不透明度 ·· 89
 4.3.5　灰大气模型 ·· 90

§4.4　恒星物质的不透明度 ·· 91
 4.4.1　量子跃迁 ·· 91
 4.4.2　束缚–束缚跃迁过程 ·· 93
 4.4.3　束缚–自由跃迁过程 ·· 96
 4.4.4　自由–自由跃迁过程 ··· 100
 4.4.5　散射过程 ··· 102
 4.4.6　不透明度的近似公式 ·· 103

第 5 章　恒星内部的湍流热对流 ······································ 105

§5.1　对流产生的判据 ··· 105

§5.2　热对流运动的基本方程组 ······································· 108
 5.2.1　描述流体运动的基本方程组 ·································· 108
 5.2.2　热对流的布辛尼斯克近似 ···································· 108
 5.2.3　热对流运动的无量纲控制参数 ································ 110

5.2.4 热对流运动的一般特征 ·· 110

§5.3 恒星对流的混合长理论 ·· 112

§5.4 湍流的 RANS 方程组 ··· 114
 5.4.1 湍流的一般特征 ··· 114
 5.4.2 流场的雷诺分解 ··· 115
 5.4.3 湍流涨落量的关联函数 ··· 116
 5.4.4 流场平均量的方程组 ··· 116
 5.4.5 湍流关联量的 RANS 方程组 ··· 117

§5.5 湍流的 k-ε 模型 ··· 119
 5.5.1 标准 k-ε 模型 ·· 119
 5.5.2 标准 k-ε 模型的参数 ·· 120
 5.5.3 标准 k-ε 模型的局地稳态解 ······························ 120

§5.6 恒星对流区的结构模型 ·· 121
 5.6.1 恒星对流区的物理结构 ·· 121
 5.6.2 对流涡胞的结构模型 ··· 121
 5.6.3 流场的平均剪切率模型 ·· 123
 5.6.4 湍流热通量模型 ··· 124
 5.6.5 恒星对流区的温度结构 ·· 126

§5.7 恒星对流的 k-ε 模型 ·· 127
 5.7.1 模型参数 c_b 的选择 ·· 127
 5.7.2 湍流特征长度的混合长模型 ·· 127
 5.7.3 k-ε 模型的局地稳态解 ·· 128

第 6 章 恒星的结构演化模型 ·· 129

§6.1 恒星内部物理过程的典型时标 ··· 129
 6.1.1 动力学时标 ··· 129
 6.1.2 热时标 ··· 131
 6.1.3 核时标 ··· 131

§6.2 恒星结构基本方程组 ··· 131
 6.2.1 引力势的泊松方程 ·· 131
 6.2.2 流体静力学平衡方程 ··· 132
 6.2.3 能量守恒方程 ·· 133
 6.2.4 热通量方程 ··· 133

§6.3 元素丰度演化方程 ·· 134
 6.3.1 热核反应 ·· 134
 6.3.2 对流混合 ·· 135

- 6.3.3 热扩散 ·· 135
- 6.3.4 元素丰度演化方程 ·· 137

§6.4 边界条件和初始条件 ··· 137
- 6.4.1 中心边界条件 ·· 137
- 6.4.2 表面边界条件 ·· 137
- 6.4.3 初始条件 ··· 138
- 6.4.4 解的存在和唯一性问题 ··· 139

§6.5 位力定理 ··· 139
- 6.5.1 单原子理想气体 ·· 139
- 6.5.2 一般理想气体 ··· 140

§6.6 多方模型 ··· 140
- 6.6.1 多方关系 ··· 140
- 6.6.2 艾姆顿方程 ·· 141
- 6.6.3 艾姆顿方程的解 ··· 142
- 6.6.4 恒星的多方模型 ··· 143

§6.7 等温核的性质 ·· 144

§6.8 基本方程组的数值求解方法 ··· 146
- 6.8.1 差分方案 ··· 146
- 6.8.2 无量纲化变量和基本方程组 ····································· 147
- 6.8.3 基本方程组的离散化 ··· 148
- 6.8.4 边界条件的离散化 ·· 148
- 6.8.5 解恒星结构方程组的迭代算法 —— 亨叶方法 ··········· 149

§6.9 元素丰度演化方程的求解 ·· 151

第 7 章 恒星的主序和主序前演化 ··· 153

§7.1 恒星的形成 ·· 153
- 7.1.1 引力的金斯不稳定性 ··· 153
- 7.1.2 分子云的坍缩与碎裂 ··· 154
- 7.1.3 原恒星的形成 ··· 154
- 7.1.4 恒星形成过程的观测证据 ·· 155

§7.2 主序前的演化 ·· 156
- 7.2.1 林中四郎线 ·· 156
- 7.2.2 林中四郎线上恒星的内部结构 ·································· 158
- 7.2.3 沿林中四郎线的演化 ··· 159
- 7.2.4 朝向主序的演化 ··· 160

§7.3 零年龄主序 ·· 161

7.3.1	拟合模型	161
7.3.2	数值模型	165
7.3.3	影响零年龄主序的一些物理因素	167
7.3.4	零年龄主序的质量极限	167

第 8 章　恒星主序阶段的演化 · 170

§8.1　下主序恒星的演化 · 171
    8.1.1　氢燃烧过程 · 172
    8.1.2　内部结构与演化 · 172
    8.1.3　太阳模型 · 175

§8.2　上主序恒星的演化 · 178
    8.2.1　氢燃烧过程 · 179
    8.2.2　星风物质损失过程 · 179
    8.2.3　对流与自转引起的物质混合过程 · 180
    8.2.4　内部结构与演化 · 182

§8.3　极亮主序恒星的演化 · 185
    8.3.1　恒星的临界状态 · 185
    8.3.2　内部结构与演化 · 187

§8.4　恒星按质量分类 · 188

第 9 章　小质量恒星主序后的演化 · 191

§9.1　小质量恒星的演化图景 · 191

§9.2　沿红巨星分支的演化 · 192
    9.2.1　简并氦核的性质 · 193
    9.2.2　沿红巨星分支的演化 · 194
    9.2.3　不同物理因素对红巨星分支位置的影响 · 196

§9.3　氦闪耀 · 196

§9.4　水平分支阶段的演化 · 199
    9.4.1　零年龄水平分支 · 199
    9.4.2　中心氦燃烧阶段 · 201
    9.4.3　水平分支上的缺口——天琴座 RR 变星 · 204

§9.5　沿渐近巨星分支的演化 · 205
    9.5.1　早期渐近巨星分支阶段 · 205
    9.5.2　壳层源内热核燃烧过程的稳定性 · 208
    9.5.3　热脉冲渐近巨星分支阶段 · 209
    9.5.4　慢中子过程核合成 · 212
    9.5.5　渐近巨星分支之后的演化 · 213

第 10 章　中等质量恒星主序后的演化 ······ 216
§10.1　中等质量恒星的演化图景 ······ 216
§10.2　主序之后的演化 ······ 218
10.2.1　勋伯格–钱德拉塞卡极限 ······ 218
10.2.2　赫氏空隙区 ······ 220
§10.3　早期红巨星分支的演化 ······ 221
§10.4　中心氦燃烧阶段的演化 ······ 222
10.4.1　早期中心氦燃烧阶段 ······ 222
10.4.2　第二簇群与蓝回绕 ······ 223
10.4.3　造父变星 ······ 225
§10.5　沿渐近巨星分支的演化 ······ 226
10.5.1　早期渐近巨星分支阶段 ······ 227
10.5.2　热脉冲渐近巨星分支阶段 ······ 228
10.5.3　慢中子过程核合成 ······ 229
10.5.4　超级渐近巨星分支 ······ 229

第 11 章　大质量恒星主序后的演化 ······ 231
§11.1　大质量恒星演化的一般图景 ······ 231
§11.2　中心氦燃烧阶段的演化 ······ 232
11.2.1　质量 $M < 15 M_\odot$ 的恒星的演化 ······ 232
11.2.2　质量在 $15 M_\odot < M < 40 M_\odot$ 范围内的恒星的演化 ······ 233
11.2.3　质量在 $40 M_\odot < M < 60 M_\odot$ 范围内的恒星的演化 ······ 235
11.2.4　质量 $M > 60 M_\odot$ 的恒星的演化 ······ 236
11.2.5　慢中子过程核合成 ······ 237
§11.3　中微子能量损失过程与恒星中心核的演化 ······ 238
§11.4　晚期各个热核燃烧阶段的演化 ······ 239
11.4.1　碳燃烧阶段的演化 ······ 240
11.4.2　氖燃烧阶段的演化 ······ 242
11.4.3　氧燃烧阶段的演化 ······ 243
11.4.4　硅燃烧阶段的演化 ······ 244
§11.5　超新星爆发之前的演化 ······ 246
11.5.1　铁核坍缩过程 ······ 246
11.5.2　电子俘获过程 ······ 246
11.5.3　电子对非稳定性 ······ 247

第 12 章　超新星与致密天体 ······ 248
§12.1　超新星及其分类 ······ 248

§12.2　内核坍缩型超新星 ·· 251
　12.2.1　内核的坍缩 ·· 251
　12.2.2　反弹与激波 ·· 252
　12.2.3　超新星爆发过程中的能量平衡 ································ 253
　12.2.4　中微子输运过程 ·· 255
　12.2.5　爆发机制 ·· 256
　12.2.6　爆炸式核合成 ·· 257
　12.2.7　光变曲线与光谱特征 ·· 258
§12.3　热核爆炸型超新星 ·· 260
　12.3.1　恒星的热核爆炸现象 ·· 260
　12.3.2　爆炸式热核燃烧过程 ·· 261
　12.3.3　简并碳氧核的热核爆炸模型 ·································· 263
　12.3.4　电子对非稳定性热核爆炸模型 ································ 264
　12.3.5　光变曲线 ·· 266
　12.3.6　Ia 型超新星模型 ·· 268
§12.4　白矮星 ·· 269
　12.4.1　白矮星的内部结构 ·· 269
　12.4.2　白矮星外包层的结构 ·· 271
　12.4.3　白矮星的演化——冷却过程 ·································· 274
§12.5　中子星 ·· 275
　12.5.1　中子星的种类和观测特性 ···································· 276
　12.5.2　状态方程与中子星的内部结构 ································ 278
　12.5.3　中子星的演化 ·· 280

参考文献 ··· 282

第 1 章　恒星的分类与赫罗图

恒星是天空中最常见的天体. 对于肉眼观测者来说, 除了地球的卫星月球和太阳系几颗明亮的行星 (如水星、金星、火星、木星、土星等), 以及偶尔出现的彗星以外, 天空中其余可见的天体基本上都是恒星.

对恒星的观测至今已经有两千多年的历史. 最早的观测采用目视方法, 以恒星的位置和亮度为主要观测内容. 自从伽利略 (Galileo) 发明天文望远镜以来, 借助于比人眼瞳孔大得多的通光孔径所带来的集光能力和分辨本领的不断提升, 观测的范围不断向更遥远和更暗弱的目标延伸. 另一方面, 现代天文观测通常使用精密的终端设备接收来自恒星的辐射, 这不但使得测量的精度大幅提高, 也使得观测的内容不断拓展.

常用的天文观测方法有测光观测和光谱观测, 前者可以得到恒星的辐射强度 (如光度), 后者则提供了辐射区的物理信息 (如温度、速度和化学组成等). 依据恒星不同的观测特征, 可以对恒星进行分类, 进而总结出不同可观测量之间存在的联系. 这些规律反映了恒星内部结构和演化的信息, 从而为检验和发展恒星结构演化理论提供了观测方面的限制.

本章首先简要介绍恒星的星等、光谱型、色指数等基本概念, 以及不同恒星的光度、有效温度、化学组成等物理量的观测特征, 然后简要介绍恒星按照光度、有效温度和化学组成进行分类的一些方法. 本章的最后部分是对研究恒星结构与演化的重要工具 —— 赫罗 (HR) 图的较为详细的讨论.

§1.1　恒星的光度

恒星之所以赢得如此称谓, 在于其自身能够长期持续稳定地发光. 显然, 恒星发光能力的不同代表了恒星内部物理状态的不同. 因此, 对恒星的光度进行测量是了解恒星内部结构的重要手段之一.

1.1.1　视星等

从直观上看, 不同恒星的视亮度是不同的, 有的非常亮, 例如太阳, 有的则看上去很暗. 星等是恒星表观亮度的度量, 是由古希腊天文学家喜帕恰斯 (Hipparchus) 于公元前 2 世纪时创立的. 他把全天除太阳以外肉眼可见的最亮的 20 颗星定为 1 等星, 最暗的定为 6 等星, 在介于最亮和最暗的星之间, 依据亮度从高到低再均匀划分为 2 等星、3 等星、4 等星和 5 等星. 全天肉眼可见的恒星大约有 6000 颗.

在现代天文观测中, 观测者一般使用装备在天文望远镜上的某种探测器接收来自恒星的辐射, 并将接收到的辐射流量作为恒星亮度的表征. 例如, 早期采用照相底片和光电倍增管接收信号, 现在普遍采用 CCD 探测器进行观测. 不同探测器对于输入辐射强度的响应曲线是不同的, 例如人眼类似于一种对数响应, 而 CCD 器件则更接近于线性响应.

为了将现代仪器的测量结果与传统的星等进行对应, 要对不同观测方法给出的测量结果进行转换. 现代观测设备的大量测量表明, 在可见光波段 1 等星的辐射流量大约为 6 等星的 100 倍. 1850 年, 英国天文学家珀格森 (Pogson) 建议用下式将观测到的辐射流量转换为星等:

$$m_2 - m_1 = -2.5\left(\lg E_2 - \lg E_1\right), \tag{1.1}$$

其中被观测的两个天体的星等分别记做 m_1 和 m_2, 观测得到的辐射流量为 E_1 和 E_2. 这种由观测流量直接给出的亮度值叫做视星等. 表 1.1 列出了肉眼看到的全天最亮的 15 颗恒星.

表 1.1 天空中最亮的 15 颗恒星

星名 (中国)	星名 (国际)	视星等	绝对星等	光谱型	距离/pc
水委一	波江座 α	0.48	−2.2	B5V	39
毕宿五	金牛座 α	0.85	−0.7	K5III	21
五车二	御夫座 α	0.08	−0.6	G5III+G0III	14
参宿七	猎户座 β	0.11	−7.0	B8Ia	250
参宿四	猎户座 α	0.80	−6.0	M2I	200
老人	船底座 α	−0.73	−4.7	F0Ib	60
天狼	大犬座 α	−1.45	1.41	A1V	2.7
南河三	小犬座 α	0.35	2.65	F5IV	3.5
十字架二	南十字座 α	0.90	−3.5	B2IV	80
角宿一	室女座 α	0.96	−3.4	B1V	80
马腹一	半人马座 β	0.60	−5.0	B1II	120
大角	牧夫座 α	−0.06	−0.2	K2III	11
南门二	半人马座 α	−0.10	4.3	G2V	1.33
织女一	天琴座 α	0.04	0.5	A0V	8.1
河鼓二	天鹰座 α	0.77	2.3	A7V	5.0

1.1.2 绝对星等

视星等反映的实际上是恒星发出的辐射在探测器上的照度, 并非恒星自身的光度. 光度 L 是指发光体每秒辐射出去的总辐射能. 如果把恒星近似看成一个各向同性的点光源, 则在探测器上的照度 E 与恒星的光度 L 之间存在如下关系:

$$E = \frac{L}{4\pi D^2}, \tag{1.2}$$

其中 D 是到该星的距离.

为了以传统的星等方式来衡量恒星的光度, 定义绝对星等 M 为一颗恒星位于 10 秒差距 (pc) 距离处所看到的视星等. 于是, 利用方程 (1.1) 和 (1.2), 可以得出视星等 m 和绝对星等 M 之间存在下列关系:

$$m - M = 5\lg D - 5, \tag{1.3}$$

其中距离 D 的单位为秒差距 (pc). 可以注意到, 绝对星等 M 是恒星光度的一种度量, 只有在视星等 m 和距离 D 都被测定的情况下才能得到. 此外, 星等差 $m - M$ 只与到该星的距离 D 有关, 因此又被称为天体的距离模数.

1.1.3 色指数和热改正

恒星的辐射是一种类似于黑体辐射的连续谱辐射, 具有很宽的频率范围. 在实际测量中, 某种探测器一般只对特定波段内的辐射敏感. 另一方面, 通过使用滤光片测量不同波段的辐射流量, 还可以更加深入地了解恒星辐射的物理性质. 因此, 视星等的值是和测量所处的波段相关的.

通常采用一组滤光片组成一个测光系统, 常用的约翰逊 (Johnson)UBV 系统和斯特龙根 (Strömgren)uvby 系统, 其观测波段的中心波长和带宽见表 1.2. 从表 1.2 中可以注意到, UBV 系统是一种宽带测光系统, 其不同滤光片之间存在一定的重叠, 而 uvby 系统属于中带测光系统, 不同观测波段之间是完全独立的.

表 1.2 常用测光系统不同波段的中心波长和带宽

滤光片	U	B	V	R	I	u	v	b	y
中心波长/nm	365	440	550	700	880	350	411	470	550
半宽/nm	70	100	90	220	240	34	20	16	24

利用不同波段观测得到的视星等值 m, 定义恒星的色指数 C 为两种颜色的视星等之差. 它反映了恒星在这两个波段辐射的相对强弱, 因此代表了恒星的颜色特征. 例如, 利用 B 波段和 V 波段的视星等值, 可以定义色指数 C_{BV} 为

$$C_{\mathrm{BV}} = m_{\mathrm{B}} - m_{\mathrm{V}}, \tag{1.4}$$

显然, 色指数 C_{BV} 大的恒星偏红, 而其值小的恒星偏蓝. 由于一种测光系统的观测波段往往不止两个, 因此可以定义多个色指数, 从而更加全面细致地反映恒星的辐射特性. 例如:

$$\begin{aligned} C_{\mathrm{UB}} &= m_{\mathrm{U}} - m_{\mathrm{B}}, \\ C_{\mathrm{VR}} &= m_{\mathrm{V}} - m_{\mathrm{R}}, \\ C_{\mathrm{RI}} &= m_{\mathrm{R}} - m_{\mathrm{I}}. \end{aligned} \tag{1.5}$$

表 1.3 给出了一些标准星的视星等和色指数.

表 1.3　一些标准星的视星等和色指数的值

HD 星表编号	星名	m_V	$m_B - m_V$	$m_U - m_B$	光谱型
12929	白羊座 α	2.00	1.151	1.12	K2III
18331	HR875	5.17	0.084	0.05	A1V
69267	巨蟹座 β	3.52	1.480	1.78	K4III
74280	长蛇座 η	4.30	−0.195	−0.74	B3V
135742	天秤座 β	2.61	−0.108	−0.37	B8V
140573	巨蛇座 α	2.65	1.168	1.24	K2III
143107	北冕座 ε	4.15	1.230	1.28	K3III
147394	武仙座 τ	3.89	−0.152	−0.56	B5IV
214680	蝎虎座 10	4.88	−0.203	−1.04	O9V
219134	HR8832	5.57	1.010	0.89	K3V

显然, 任何一个波段观测所得到的星等都无法准确反映恒星的总辐射强度. 定义恒星的绝对热星等 M_b 为其所有频率辐射能在 10 pc 距离处观测时得到的亮度, 则可以建立一个绝对热星等 M_b 同某一波段绝对星等 M 之间的转换关系. 定义热改正 BC 为绝对热星等 M_b 与 V 波段绝对星等 M_V 之差:

$$BC = M_b - M_V. \tag{1.6}$$

在观测确定出 V 波段绝对星等后, 就可以根据热改正计算出绝对热星等. 显然, 热改正同恒星的色指数有关.

§1.2　恒星的光谱

在进行分光观测时, 恒星的光谱特征表现出有规律的变化趋势. 从物理条件上看, 恒星的光谱是由恒星表面的温度和压力以及化学元素组成决定的. 正常恒星的光谱由连续谱和叠加在其上的吸收 (或者发射) 线组成. 通过观测并分析恒星的光谱特征, 可以了解恒星表面附近的温度以及化学组成, 并由此反映恒星内部的结构和演化特征.

1.2.1　有效温度

当温度为 T 的辐射源与其发出的辐射达到热平衡时, 这样的辐射场被称为黑体辐射, 其辐射强度 B_ν 遵从普朗克 (Planck) 黑体辐射定律:

$$B_\nu(T) = \frac{2h\nu^3}{c^2} \frac{1}{e^{h\nu/kT} - 1}, \tag{1.7}$$

其中 ν 是辐射频率, c 是真空中的光速, h 是普朗克常数, k 是玻尔兹曼 (Boltzmann) 常数. 普朗克函数 B_ν 的极大值所对应的频率 $\nu_{\max}$ 满足下式:

$$h\nu_{\max} \approx 2.82kT. \tag{1.8}$$

从方程 (1.8) 可以看出, 温度越高的辐射源, 其辐射峰值频率越高, 于是辐射源看上去就会越蓝. 因此, 黑体辐射源的温度决定了其辐射的颜色.

将方程 (1.7) 对所有频率积分, 则根据方程 (4.5), 得到辐射场的能量密度 u 遵从斯特藩–玻尔兹曼 (Stefan-Boltzmann) 定律:

$$u(T) = \frac{4\pi}{c}\int_0^\infty B_\nu(T)\,d\nu = aT^4, \tag{1.9}$$

其中 a 是黑体辐射的能量密度常数.

当某黑体辐射源是一个球体时, 根据方程 (4.6), 其发出的总光度 L 为

$$L = 4\pi R^2 \int_0^\infty d\nu \int_0^{2\pi} d\varphi \int_0^{\frac{\pi}{2}} B_\nu \cos\theta\sin\theta\,d\theta = 4\pi R^2 \sigma T^4, \tag{1.10}$$

其中 R 是辐射源的半径, $\sigma = ac/4$ 是斯特藩–玻尔兹曼常数. 从方程 (1.10) 可以看出, 辐射源的尺度和温度决定了其辐射的光度.

大量观测表明, 恒星不是一个标准的黑体辐射源, 但是其连续谱辐射近似遵守黑体辐射定律 (1.7). 于是, 可以将恒星的辐射等价为一个黑体辐射, 并由此定义恒星的有效温度 T_{eff}:

$$L = 4\pi R^2 \sigma T_{\text{eff}}^4. \tag{1.11}$$

这样定义的有效温度 T_{eff} 近似反映了恒星表面附近的物理性质, 并且表征了恒星的颜色.

1.2.2 光谱型

研究发现, 造成绝大多数恒星光谱存在巨大差异的主要物理原因不是它们的化学组成不同, 而是恒星表面温度和压力不同所造成的物质激发和电离状态不同. 于是, 根据连续谱的有效温度和谱线的变化趋势可以对恒星进行分类.

20 世纪初, 哈佛大学天文台建立了一种恒星光谱序列分类法, 将恒星分为 O, B, A, F, G, K, M 等光谱型, 每一个光谱型又可以细分为 10 个次型, 用数字 0 ~ 9 来表示. 表 1.4 给出了不同光谱型恒星的主要光谱特征. 可以注意到, 这样一个恒星光谱序列主要是根据恒星有效温度排列的, 有效温度从 O 型星的约 30000 K 到 M 型星的 3000 K, 相差将近 10 倍.

图 1.1 是不同光谱型恒星在可见光波段观测时的典型光谱. 从图 1.1 可以看出, O 型星光谱中一个最主要的特征是存在中性氦 (He) 和电离氦 (He$^+$) 的吸收线或者是发射线, 并且其连续谱的极大值在紫外波段. B 型星的有效温度比 O 型星

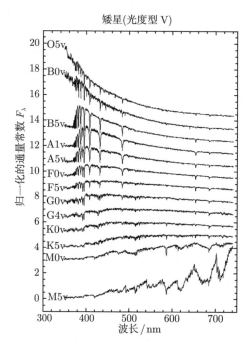

图 1.1　恒星的典型光谱

图中光谱数据源自文献 [17]

表 1.4　不同光谱型恒星的主要特征

光谱型	颜色	有效温度/K	主要谱线特征
O	蓝	> 25000	He^+, He, H, O^{++}, N^{++}, Si^{+++}
B	蓝白	11000 ~ 25000	He, H(渐强), O^+, C^+, N^+, Si^+
A	白	7500 ~ 11000	H(最强), Na^+, Ca^+
F	白黄	6000 ~ 7500	H(渐弱), Na^+, Na, Ca^+, Ca
G	黄	5000 ~ 6000	H, Na, Ca, Ca^+(最强), Fe^+, Mg^+
K	橙	3500 ~ 5000	Ca, Fe, Mg
M	红	< 3500	Fe, Mg, TiO, VO

低, 于是氢的电离减弱, 中性氦和中性氢谱线增强, 其连续谱的极大值仍然在紫外波段. A 型星光谱中最主要的特征就是中性氢的吸收线, 以及氢原子电离形成的在 380 nm 附近的连续谱吸收. 当有效温度降低到 6000 K 至 7500 K 时, 金属电离线的出现成为 F 型星光谱中的显著特征, 特别是钠 (Na) 和钙 (Ca) 的中性线和电离线, 此时连续谱的极大值也逐步移入到可见光波段的紫端. G 型星的连续谱极大值正好位于 500 nm 附近, 这也是人眼最敏感的波段, 同时强烈的电离钙吸收线是光谱中最明显的谱线特征. 进入 K 型星的温度范围后, 各种中性金属线成为光谱中的主角, 同时连续谱的极大值已经移到可见光波段的红端. M 型星的有效温度非

常低，各种分子在其大气中形成，于是宽波段的分子吸收带占据着其光谱的可见光波段，特别是氧化钛 (TiO) 的吸收带．

1.2.3 光度型和 MK 分类法

对大量观测证据的分析表明，恒星的光度对其谱线的宽度存在明显的影响．于是，需要根据恒星的不同光度来对恒星进行进一步的区分．这就是摩根-肯南 (Morgan-Keenan) 分类法的依据．该方法简称为 MK 分类法．按照光度由高到低的次序，通常将恒星分为由表 1.5 给出的 7 个光度型．其中，超巨星又可细分为 Ia 和 Ib 两个次型，而白矮星通常细分为 DA, DB, DO 等次型．一颗恒星可以根据其光谱型和光度型对其进行二维分类，例如 O5I, B2III, F3V 等，其中分类记号的前面部分代表了其光谱型，后面部分代表了其光度型．太阳是一颗 G2V 型恒星．

表 1.5 恒星的光度型分类

光度型	I	II	III	IV	V	VI	VII
名称	超巨星	亮巨星	巨星	亚巨星	矮星	亚矮星	白矮星

图 1.2 是不同恒星光度型的示意图．从中可以注意到，超巨星和亮巨星的光度基本上是常数，而矮星的光度随其有效温度的降低而降低．

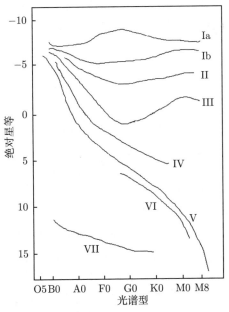

图 1.2 赫罗图上恒星光度型示意图

§1.3 恒星的星族

大量光谱观测证实,恒星是由氢、氦和少量重元素物质组成的巨大的气体球. 通常将恒星物质中重元素的质量所占比例称为金属丰度. 对于银河系中的恒星来说,可以根据它们的年龄、化学组成、在银河系中的位置和运动状态分为两大类,即富金属的星族 I 恒星和贫金属的星族 II 恒星. 表 1.6 给出了银河系中不同星族恒星的一些普遍特征. 从表 1.6 中可以注意到,星族 I 恒星属于新近诞生的年轻恒星,其物质组成中包含较多的重元素,并且一般位于银河系的旋臂中,而星族 II 恒星往往是那些年老的恒星,具有较低的重元素丰度,并且通常位于球状星团内以及银河系的核球中.

表 1.6 不同星族恒星的主要特征

星族	典型天体	平均年龄	金属丰度
极端星族 II	亚矮星、球状星团	> 120 亿年	0.001
星族 II	天琴座 RR 变星、长周期变星	> 90 亿年	0.005
星族 I	造父变星、A 型主序星	< 90 亿年	$0.01 \sim 0.02$
极端星族 I	超巨星、疏散星团	< 1 亿年	$0.03 \sim 0.04$

理论上还应该存在一种由宇宙原初物质组成的星族 III 恒星,它们是大爆炸后宇宙中出现的第一代恒星,其物质组成中只有氢和氦而没有重元素物质. 但是,迄今为止观测上还没有找到此类恒星存在的直接证据.

§1.4 赫罗图与恒星的一些观测性质

1.4.1 赫罗图

在观测得到恒星的光度和有效温度或者是绝对星等和光谱型后,可以将恒星标绘在以有效温度为横坐标、光度为纵坐标的赫罗图上. 赫罗图囊括了恒星的许多观测特征,尤其是所反映出来的恒星光度和有效温度之间的关系,实际上是恒星内部结构和演化性质的一种具体体现. 因此,赫罗图是研究恒星结构演化的一种重要方法.

图 1.3 是大量近邻恒星在赫罗图中位置的示意图,其中右边纵轴的光度以太阳光度值为单位. 从中可以注意到,不同观测特征的恒星占据着赫罗图中不同的区域. 绝大部分观测到的恒星分布在一个从左上到右下的带状区域内,并且这个区域对应于光度型中的矮星序 (V). 这个带状区域通常也被称为主序 (MS). 因此,位于主序带内的恒星通常被称为主序星. 在主序带右边温度较低的地方,恒星聚拢在红巨星分支 (RGB) 和红超巨星 (RSG) 分支上. 在主序带左边温度较高的地方,DA

型、DB 型和 DO 型白矮星 (WD) 共同组成了白矮星分支. 在主序带与红巨星分支的中间区域, 依照光度由低到高的顺序, 依次排列着水平分支 (HB)、黄巨星和蓝超巨星 (BSG) 分支, 而在主序与白矮星分支的中间区域, 存在着低光度的 B 型亚矮星 (sdB) 和高光度的 WR 型星, 以及形态各异而又色彩缤纷的行星状星云 (PN).

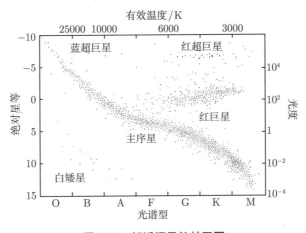

图 1.3　邻近恒星的赫罗图

其中右边纵坐标的光度以太阳光度为单位

1.4.2　恒星的一般性质

绝大多数恒星都位于主序带上, 这也是其被称为主序的原因. 从另一个侧面看, 恒星将在主序阶段度过其一生的绝大部分时间. 如表 1.7 所示, 主序星分布在一个非常宽广的范围内, 从刚具有发光能力的非常暗弱的恒星到最明亮的恒星. 究其本质而言, 这样一个光度分布反映了恒星在质量与半径上的差别: 光度低的恒星其质量和半径都较小, 而光度高的恒星其质量和半径也都较大.

超巨星则是恒星中最明亮的一类天体. 由于从其表面辐射出去的能量非常巨大, 因此要求其半径也非常巨大, 并且有效温度较低的红超巨星的半径比同光度的蓝超巨星更大. 这也使得红超巨星成为几何尺度最大的恒星. 相对于超巨星来说, 巨星的光度要小得多, 因此其半径也比超巨星小很多. 但是, 和矮星 (也就是主序星) 相比较, 同光度的巨星因为有效温度较低, 其半径也就相对较大, 故被称为巨星. 巨星同样占据着赫罗图中相当宽广的范围, 因此其质量和半径都存在相当大的差异.

白矮星是恒星中很独特的一类天体. 它们分布在非常宽广的光度范围内, 但是却具有相差不多的质量和半径. 特别是其与地球差不多的半径使得它们成为传统观测方法所发现的尺度最小的恒星.

表 1.7 不同种类恒星的物理参数范围

恒星种类	光度范围	半径范围	质量范围
超巨星	$10^5 \sim 10^6 L_\odot$	$> 10^3 R_\odot$	$10 \sim 60 M_\odot$
巨星	$10^3 \sim 10^5 L_\odot$	$10 \sim 100 R_\odot$	$0.1 \sim 9 M_\odot$
主序星	$10^{-2} \sim 10^6 L_\odot$	$0.1 \sim 10 R_\odot$	$0.1 \sim 200 M_\odot$
白矮星	$10^{-4} \sim 1 L_\odot$	$\approx 0.01 R_\odot$	$0.45 \sim 1.45 M_\odot$

1.4.3 主序星的质光关系和质量–半径关系

对于主序星来说，观测上表现出来的光度和半径上的巨大差异是因为其质量不同造成的. 因此，恒星的质量与其光度和半径之间必然存在着某种确定的联系. 图 1.4 给出的是太阳和一些精确测定了其质量和光度的主序星的观测结果, 图中的数据源自于双星的观测数据[26]. 从图中可以看出，主序星的质量和光度之间的确存在明确的函数关系，并且观测给出的对应关系可以用下列公式进行拟合:

$$
\begin{aligned}
\lg\left(\frac{L}{L_\odot}\right) &= 4.0 \lg\left(\frac{M}{M_\odot}\right) + 0.0792, \quad \text{当} \quad M > M_\odot; \\
\lg\left(\frac{L}{L_\odot}\right) &= 2.76 \lg\left(\frac{M}{M_\odot}\right) - 0.174, \quad \text{当} \quad M < M_\odot.
\end{aligned}
\tag{1.12}
$$

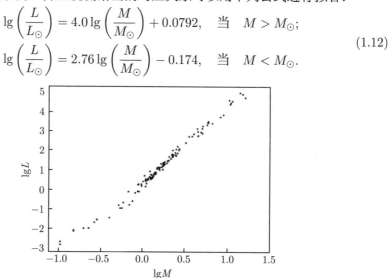

图 1.4 主序星的质量–光度关系图

其中质量 M 和光度 L 分别以太阳值为单位

利用同样一组数据，图 1.5 给出了主序星质量和半径的观测结果. 可以看到, 此时数据的弥散度相对于图 1.4 的质光关系来说要大一些，但是主序星仍然存在明确的质量–半径关系，并且可以用下列公式来拟合:

$$
\begin{aligned}
\lg\left(\frac{R}{R_\odot}\right) &= 0.73 \lg\left(\frac{M}{M_\odot}\right), \quad \text{当} \quad M > 0.4 M_\odot; \\
\lg\left(\frac{R}{R_\odot}\right) &= \lg\left(\frac{M}{M_\odot}\right) + 0.10, \quad \text{当} \quad M < 0.4 M_\odot.
\end{aligned}
\tag{1.13}
$$

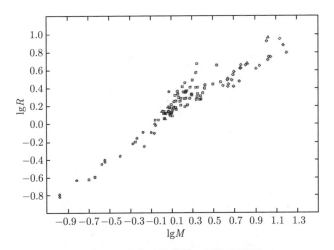

图 1.5 主序星的质量–半径关系图

其中质量 M 和半径 R 分别以太阳值为单位

1.4.4 星团及其赫罗图

当一群恒星受到成员星彼此之间引力的束缚而聚集成为一个恒星群时,称这群恒星组成一个星团. 在银河系中,大量观测发现星团可以分为两类,即位于银盘上的疏散星团和位于银晕中的球状星团.

疏散星团一般由数十到数千颗恒星组成,其结构松散、形状不规则,成员星为年轻的星族 I 恒星. 图 1.6 所示为位于矩尺座的疏散星团 NGC6134,其成员星有数百颗,距离地球大约 2600 光年.

图 1.6 疏散星团 NGC6134 的照片

球状星团一般由超过 10^5 颗恒星组成,其结构相对紧密,形状呈球形或椭球形,成员星为年老的星族 II 恒星. 图 1.7 所示为位于飞马座的球状星团 M15,它由

大约 10^6 颗恒星组成，距离地球 33600 光年.

图 1.7　球状星团 M15 的照片

一般来说，星团自身的尺度大都远小于星团到地球的距离. 因此可以近似认为星团中所有成员星到地球的距离都相同. 这样，在绘制星团的赫罗图 (或者颜色–星等图) 时，可以采用视星等代替绝对星等. 这一特点为研究恒星的结构和演化带来了巨大的方便. 同时，考虑到星团的成员星之间存在物理上的联系，可以近似认为它们形成于大体相同的时刻，并且具有相近的化学组成. 因此，星团构成了一个非常独特的恒星样本，是研究恒星结构演化的理想对象.

图 1.8 是根据布隆特 (Bruntt) 等人[7] 的观测数据所绘制的疏散星团 NGC6134 的颜色–星等图. 从图中可以看到，大部分恒星密集地位于左边的主序带上，同时还有一些恒星零星地位于右边巨星区域. 通过与恒星结构演化模型的对比分析发现，该星团的年龄大约为 7 亿年. 图中下部主序右边的那些星是否属于该星团还有待进一步认证.

图 1.9 是根据达莱尔和哈里斯 (Durrell & Harris)[13] 的观测资料所绘制的球状星团 M15 的颜色–星等图. 从图中可以清楚地看到，球状星团一般都具有下列演化分支：主序、红巨星分支、水平分支和渐近巨星分支 (AGB). 由于质量越大的恒星演化得越快，这样一个演化序列实际上反映了球状星团中不同质量的恒星当前所处的演化状态，即当质量较小的恒星还处在主序演化阶段时，质量较大的恒星已经处于演化晚期的红巨星、水平分支星，甚至是渐近巨星演化阶段. 从主序到红巨星分支的转折点 (MSTO) 具有特别重要的意义，因为处于主序阶段的恒星正在经历中心核氢燃烧，当中心点的氢耗尽时，恒星将离开主序进入红巨星分支. 利用恒星演化模型，可以估计出热核聚变反应将贮存在恒星内部的氢燃料全部耗尽所需的

时间. 于是, 根据球状星团 M15 的颜色-星等图中主序转折点所在位置处所对应的恒星的质量, 就可以估计出该星团的年龄大约为 120 亿年.

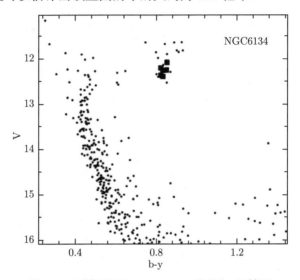

图 1.8 疏散星团 NGC6134 的颜色-星等图

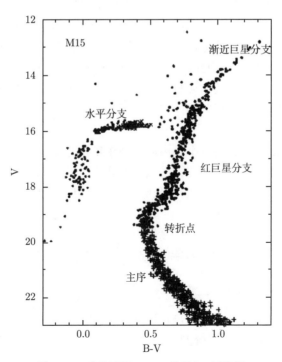

图 1.9 球状星团 M15 的颜色-星等图

第 2 章　恒星物质的状态方程

恒星具有巨大的质量. 在自身引力的作用下,恒星内部物质不断被压缩并且温度随之不断上升,甚至会处于超高温和超高压状态. 在这些极端物理条件下,物质会表现出独特的物态和物理性质,有时甚至使得恒星具有奇特的结构和与众不同的行为.

恒星内部存在巨大的温差. 在恒星中心热核反应发生的区域,温度高达 $10^7 \sim 10^9$ K;在恒星表面附近,温度仅为 $10^3 \sim 10^5$ K. 因此,作为一个整体,恒星并没有达到热平衡. 但是,对于恒星内部任意一个充分小的体元来说,可以近似将其内部看成均匀的,并与周围环境达到热平衡. 这一假设叫做"局部热动平衡"假设. 对于一个充分小的体元来说,其物质组成一个热力学系统. 利用热力学基本方程可以确定其热力学性质,从而准确描述恒星的结构特征和演化行为.

恒星物质由氢、氦和少量重元素组成. 由于恒星内部温度很高,物质主要以气态存在. 在大多数情况下,理想气体状态方程是对恒星物质的一个合理的近似描述. 在恒星外壳中,当温度足够高时,元素会相继发生电离,尤其是恒星内部最丰富的元素氢和氦的电离会使得粒子的数目发生很大的变化,进而对状态方程产生显著的影响. 当恒星中心核内密度足够高时,自由电子会出现简并现象. 这种奇特的量子力学效应会赋予恒星物质与众不同的物理性质,并支配其状态方程. 有时,很高的温度使得辐射压和辐射场内能成为恒星物质状态方程中不可忽略的重要组成部分.

本章首先简要介绍利用最小自由能原理求解恒星物质状态方程的方法,其次讨论如何通过正则系综理论确定微观状态的几率分布函数和理想气体的热力学性质,然后对在恒星内部经常出现的完全电离和部分电离理想气体,以及简并电子气体的状态方程进行详细介绍.

§2.1　热力学方程与最小自由能原理

2.1.1　热力学第一定律和第二定律

一个热力学系统可以通过传热和做功两种方式与周围环境发生相互作用. 根据能量守恒定律,如果一个系统的内能为 U,那么传递给系统的热量和系统对外做功满足

$$dU = \Delta Q + dW = \Delta Q - pdV, \tag{2.1}$$

其中 p 是系统内部的压强，V 是系统的体积，$\mathrm{d}W$ 是外界对系统所做的功，ΔQ 是外界向系统传递的热量. 在方程 (2.1) 中，外界对系统所做的功与系统体积的变化直接联系起来，因而是系统状态的函数，而系统吸收的热量一般来说不是系统状态的函数，与所经历的过程有关.

对于可逆过程来说，吸热和系统的熵增加有关：

$$\Delta Q = T\mathrm{d}S, \tag{2.2}$$

其中 T 是系统的温度，S 是系统的熵. 此时吸热可以和做功一样用系统状态的变化来表达. 而对于不可逆过程，根据热力学第二定律，可以知道

$$\mathrm{d}S > \frac{\Delta Q}{T}. \tag{2.3}$$

联合热力学第一和第二定律，对于可逆过程来说可以得到

$$T\mathrm{d}S = \mathrm{d}U + p\mathrm{d}V. \tag{2.4}$$

为了方便起见，在描述恒星的内部结构时通常采用密度 $\rho = 1/V$ 以及单位质量的内能 u 和熵 s. 由于方程 (2.4) 对于由任意质量组成的系统都是成立的，因此可以得到

$$T\mathrm{d}s = \mathrm{d}u + p\mathrm{d}\left(\frac{1}{\rho}\right) = \mathrm{d}u - \frac{p}{\rho^2}\mathrm{d}\rho. \tag{2.5}$$

2.1.2 自由能

一个热力学系统的亥姆霍兹 (Helmholtz) 自由能 F 定义为

$$F = U - TS. \tag{2.6}$$

取方程 (2.6) 的全微分并利用方程 (2.4)，可以得到

$$\mathrm{d}F = \mathrm{d}U - T\mathrm{d}S - S\mathrm{d}T = -p\mathrm{d}V - S\mathrm{d}T. \tag{2.7}$$

对于一个温度和体积不变的系统，从方程 (2.7) 可以知道，在可逆过程中自由能的变化 $\mathrm{d}F = 0$. 对于不可逆过程，熵总是要增加的，于是 $\mathrm{d}F < 0$. 综合上述两种情况，可以得出如下结论：在等温等容过程中，系统的自由能永不增加. 换句话说，在等温等容的条件下，对于各种可能的变动，一个系统处于平衡态时的自由能为最小. 这就是平衡态的最小自由能原理.

2.1.3 特性函数

对于一个热力学系统，可以自由变化的态函数只有两个，因此可以任意选择两个态函数为独立变量，如温度和体积，或者压强和体积，而其余的态函数都可以用

选定的两个独立变数表达. 因此, 在适当选择独立变数的情况下, 只要知道一个热力学函数, 就可以求出系统其余的基本热力学函数, 从而完全确定系统的平衡态热力学性质. 这个热力学函数就被称为特性函数.

最常用的一个特性函数就是自由能, 此时系统的独立变数是温度和体积. 根据自由能 F 的全微分 (2.7) 式, 可以得到

$$S = -\left(\frac{\partial F}{\partial T}\right)_V, \tag{2.8}$$

$$p = -\left(\frac{\partial F}{\partial V}\right)_T. \tag{2.9}$$

一个非常重要的态函数是系统的内能, 由于其直观的物理含义, 常常可以用适当的方法求得. 利用方程 (2.6), 系统内能与自由能的关系为

$$U = F + TS = F - T\left(\frac{\partial F}{\partial T}\right)_V = -T^2\left[\frac{\partial}{\partial T}\left(\frac{F}{T}\right)\right]_V. \tag{2.10}$$

在方程 (2.10) 中, 由于偏微分算符是在体积固定不变的条件下求取的, 因此在得到系统的内能后, 就可以通过积分方程 (2.10) 求得系统的自由能. 之后, 利用方程 (2.8) 可以得到系统的熵, 利用方程 (2.9) 则给出了组成系统物质的状态方程.

2.1.4 热力学量之间的关系

根据热力学第一和第二定律, 选择温度 T 和压强 p 为独立变量, 对于可逆过程可以得到

$$\Delta Q = T\mathrm{d}S = \mathrm{d}U + p\mathrm{d}V = \left(\frac{\partial U}{\partial T} + p\frac{\partial V}{\partial T}\right)\mathrm{d}T + \left(\frac{\partial U}{\partial p} + p\frac{\partial V}{\partial p}\right)\mathrm{d}p$$

$$= c_p\mathrm{d}T + \left(\frac{\partial U}{\partial p} + p\frac{\partial V}{\partial p}\right)\mathrm{d}p, \tag{2.11}$$

其中 c_p 是定压比热. 由于 $\mathrm{d}S$ 是一个全微分, 其二次偏微商可以交换次序, 于是得到

$$\frac{\partial}{\partial p}\left[\frac{1}{T}\left(\frac{\partial U}{\partial T} + p\frac{\partial V}{\partial T}\right)\right] = \frac{\partial}{\partial T}\left[\frac{1}{T}\left(\frac{\partial U}{\partial p} + p\frac{\partial V}{\partial p}\right)\right]. \tag{2.12}$$

上式经简化后给出

$$\frac{\partial U}{\partial p} = -p\frac{\partial V}{\partial p} - T\frac{\partial V}{\partial T}. \tag{2.13}$$

设物质的状态方程为

$$\rho = \rho(p, T), \tag{2.14}$$

定义压缩指数 α 和膨胀指数 δ 分别为

$$\alpha = \left(\frac{\partial \ln \rho}{\partial \ln p}\right)_T, \tag{2.15}$$

$$\delta = -\left(\frac{\partial \ln \rho}{\partial \ln T}\right)_p, \tag{2.16}$$

利用方程 (2.13) 和 (2.16)，可以得到

$$\Delta Q = c_p \mathrm{d}T - T\frac{\partial V}{\partial T}\mathrm{d}p = c_p \mathrm{d}T - \frac{\delta}{\rho}\mathrm{d}p. \tag{2.17}$$

如果系统所经历的过程是绝热的，那么 $\Delta Q = 0$，于是得到绝热温度梯度 ∇_ad 与其他热力学量的关系为

$$\nabla_\mathrm{ad} = \left(\frac{\partial \ln T}{\partial \ln p}\right)_s = \frac{p\delta}{\rho c_p T}. \tag{2.18}$$

将上述绝热条件应用到状态方程 (2.14) 中，又可以得到

$$\Gamma_1 = \left(\frac{\partial \ln p}{\partial \ln \rho}\right)_s = \frac{1}{\alpha - \nabla_\mathrm{ad}\delta}, \tag{2.19}$$

其中 Γ_1 被称为绝热指数.

§2.2 正 则 系 综

一个宏观系统是由大量微观粒子所组成的，其中的每个微观粒子都处于时刻不停的运动状态. 同时，微观粒子之间还存在相互作用，通过动量和能量的交换使得它们具有相同的统计特征. 因此，一个热力学系统宏观上表现出来的物理性质是组成该系统的大量微观粒子不同运动状态的统计平均值. 通过确定系统处于不同微观状态的几率就可以利用统计平均的方法得到系统的宏观物理性质.

2.2.1 系统微观状态的描述

在量子理论的范畴中，单一粒子的微观状态通常是由一组特定的量子数来描述的，这些量子数不同的取值组合代表了粒子可能的状态，如氢原子的一个特定微观状态由量子数 (n, l, m) 来描述. 对于由大量全同粒子组成的系统，每一个粒子可以处于任一可能的状态，而整个系统可以处在由无穷个离散状态组成的集合中的任何一个状态上，这样的特定微观状态称为一个量子态. 设系统处于某个微观态 i 的几率为 ϕ_i，则该几率分布函数对所有可能的微观状态求和时应满足归一化条件

$$\sum_i \phi_i = 1. \tag{2.20}$$

设某个物理量 B 的值在某一微观态 i 为 B_i，则其宏观量为所有可能微观状态值的统计平均：

$$\overline{B} = \sum_i \phi_i B_i. \tag{2.21}$$

在经典理论的范畴内，一个粒子在任一时刻的微观运动状态，由粒子在三维空间中的位置 (x_1, x_2, x_3) 和粒子的动量 (p_1, p_2, p_3) 共 6 个量来确定. 对于由 N 个全同粒子组成的系统，系统的自由参量数为 $6N$. 这个 $6N$ 维空间被称为相空间，其中的一点代表系统的一个可能的微观状态. 根据测不准原理，一个粒子沿某一方向运动时，其位置的不确定度 Δx 与动量的不确定度 Δp 满足 $\Delta x \Delta p \sim h$，其中 h 是普朗克常数. 于是，相空间中最小的可能单元为 $(\Delta^3 x \Delta^3 p)^N \sim h^{3N}$. 这样，相空间 $(\mathrm{d}^3 x \mathrm{d}^3 p)^N$ 中粒子可能的状态数为 $(\mathrm{d}^3 x \mathrm{d}^3 p)^N / (h^{3N} N!)$，其中分母中的 $N!$ 因子是为了考虑全同粒子不可分辨造成的限制. 设系统处于某个微观态的几率为 ϕ，那么它满足归一化条件

$$\int \frac{\phi}{N! h^{3N}} (\mathrm{d}x_1 \mathrm{d}x_2 \mathrm{d}x_3 \mathrm{d}p_1 \mathrm{d}p_2 \mathrm{d}p_3)^N = 1. \tag{2.22}$$

对于在该微观态的值为 B 的物理量来说，其宏观量为

$$\overline{B} = \int \frac{\phi B}{N! h^{3N}} (\mathrm{d}x_1 \mathrm{d}x_2 \mathrm{d}x_3 \mathrm{d}p_1 \mathrm{d}p_2 \mathrm{d}p_3)^N. \tag{2.23}$$

2.2.2 正则系综

一个热力学系统通常要满足一些特定的约束条件，由其全部可能的微观状态构成的一个集合就称为系综. 一个重要的例子是正则系综，它是由具有确定的粒子数 N、体积 V 和温度 T 的系统所组成的系综，其几率分布函数被称为正则分布.

为了得到正则系综的几率分布函数，设想一个上述系统与一大热源接触，在达到热平衡后，系统具有与热源相同的温度 T，如图 2.1 所示. 系统与热源合起来构

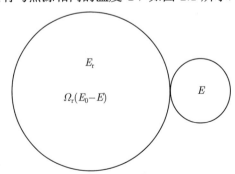

图 2.1 与一个大热源交换能量达到平衡时的系统组成的正则系综的示意图

成一个孤立系，其总能量 E_0 为热源能量 E_r 和系统能量 E 之和：

$$E_0 = E_r + E. \tag{2.24}$$

处于平衡状态时，系统可以与热源交换能量，但是由于热源的内能非常大，二者之间能量的交换不会改变热源的温度. 当系统处于能量为 E_i 的状态时，热源可以处于能量为 $E_0 - E_i$ 的任何状态，并以 $\Omega_r(E_0 - E_i)$ 表示这些微观状态的总数. 由于复合系是一个孤立系，根据各态历经假设，它在每一个微观状态的几率是相等的. 于是，系统处于该能量为 E_i 的状态的几率 ϕ_i 为

$$\ln \phi_i \propto \ln \Omega_r(E_0 - E_i) \approx \ln \Omega_r(E_0) - \frac{\mathrm{d} \ln \Omega_r}{\mathrm{d} E_r} E_i. \tag{2.25}$$

对于大热源来说，当温度和体积不变时，其自由能 F_r 也不变. 同时，根据热源的熵与其微观状态总数的玻尔兹曼假设，可以得到

$$E_r = F_r + T S_r = F_r + kT \ln \Omega_r(E_r), \tag{2.26}$$

其中 k 是玻尔兹曼常数. 将上式两端对能量 E_r 求导，可以得到

$$\frac{\mathrm{d} \ln \Omega_r}{\mathrm{d} E_r} = \frac{1}{kT}. \tag{2.27}$$

于是，正则系综分布函数可以写为

$$\phi_i = \frac{1}{Z} \mathrm{e}^{-E_i/kT}, \tag{2.28}$$

其中 Z 是系统的配分函数：

$$\begin{aligned} Z &= \sum_i \mathrm{e}^{-E_i/kT} \\ &= \frac{1}{N! h^{3N}} \int \mathrm{e}^{-E/kT} \left(\mathrm{d}^3 x \mathrm{d}^3 p\right)^N. \end{aligned} \tag{2.29}$$

这样定义系统的配分函数 Z 后，分布函数 ϕ_i 是归一化的.

2.2.3 正则系综的热力学函数

根据正则系综的几率分布函数 ϕ_i 和配分函数 Z 就可以确定系统的全部热力学函数.

首先，系统的内能 U 为某一状态 i 的能量 E_i 对全部微观态的统计平均值：

$$U = \frac{1}{Z} \sum_i E_i \mathrm{e}^{-E_i/kT} = \frac{kT^2}{Z} \sum_i \frac{\partial}{\partial T} \left(\mathrm{e}^{-E_i/kT}\right) = kT^2 \frac{\partial \ln Z}{\partial T}. \tag{2.30}$$

其次，压强做功从微观的角度来看对应于外力引起其几何条件 V 的改变而造成粒子能量 E_i 的变化。因此，宏观上表现出来的压强 p 是粒子能量随几何条件的变化率 $\partial E_i/\partial V$ 的统计平均值：

$$p = -\frac{1}{Z}\sum_i \frac{\partial E_i}{\partial V}\mathrm{e}^{-E_i/kT} = \frac{kT}{Z}\frac{\partial}{\partial V}\sum_i \mathrm{e}^{-E_i/kT} = kT\frac{\partial \ln Z}{\partial V}. \tag{2.31}$$

另一方面，正则系综的配分函数 Z 是温度 T 和体积 V 的函数，于是其全微分可以写为

$$\begin{aligned}\mathrm{d}(kT\ln Z) &= k\ln Z\,\mathrm{d}T + kT\,\mathrm{d}(\ln Z) = k\ln Z\,\mathrm{d}T + kT\left(\frac{\partial \ln Z}{\partial T}\mathrm{d}T + \frac{\partial \ln Z}{\partial V}\mathrm{d}V\right) \\ &= \frac{1}{T}(kT\ln Z + U)\,\mathrm{d}T + p\,\mathrm{d}V.\end{aligned} \tag{2.32}$$

与热力学方程 (2.7) 进行比较，并注意到自由能的定义 (2.6)，立即可以看出

$$F = -kT\ln Z. \tag{2.33}$$

2.2.4 理想气体的热力学函数

组成理想气体的粒子除了通过碰撞交换动量和能量外没有其他相互作用。对于由 N 个这样的粒子组成的系统，假定粒子的内部结构不会对系统的状态产生影响，那么系统的总能量 E 为全部粒子在所有方向的动能之和：

$$E = \sum_{i=1}^{3N}\frac{p_i^2}{2m}, \tag{2.34}$$

其中 m 是粒子的质量，p_i 是粒子在 i 方向的动量。根据方程 (2.29)，系统的配分函数为

$$Z = \frac{1}{N!h^{3N}}\int \exp\left(-\frac{1}{kT}\sum_{i=1}^{3N}\frac{p_i^2}{2m}\right)\mathrm{d}^{3N}x\mathrm{d}^{3N}p = \frac{V^N}{N!}\left(\frac{2\pi mkT}{h^2}\right)^{3N/2}. \tag{2.35}$$

根据方程 (2.30)，系统的内能 U 为全部粒子总动能对所有可能状态的平均值，

$$U = kT\frac{\partial \ln Z}{\partial \ln T} = \frac{3}{2}NkT. \tag{2.36}$$

利用方程 (2.33)，系统的自由能

$$\begin{aligned}F = -kT\ln Z &= -kT\left(N\ln V - \ln N! + \frac{3N}{2}\ln\frac{2\pi mkT}{h^2}\right) \\ &= kTN\left\{\ln\left[\frac{N}{V}\left(\frac{h^2}{2\pi mkT}\right)^{3/2}\right] - 1\right\}.\end{aligned} \tag{2.37}$$

利用方程 (2.31)，可以得到理想气体的状态方程为

$$pV = NkT. \tag{2.38}$$

2.2.5 黑体辐射的热力学函数

光子是一种玻色子 (Boson). 从量子理论的角度看, 玻色子的重要统计性质是在确定的量子态上可以存在无数个完全相同的粒子. 对于能量不算太高的光子来说, 根据电磁辐射的可叠加性, 光子之间是没有相互作用的. 当光子气体与周围环境达到热平衡时, 可以将其看成一种理想气体, 并用统计物理的方法研究其性质. 这种与周围环境达到热平衡的辐射, 通常被称为黑体辐射, 例如处于热平衡状态的空窖内的辐射场.

考虑一个空窖系统, 它与一个温度为 T 的大热源交换能量为 ε 的光子. 当空窖内有一个光子进入时, 系统的能量为 ε; 若有 n 个光子, 则系统的能量为 $n\varepsilon$. 根据正则系综分布函数 (2.28), 当空窖内的光子数 n 固定时, 大热源与空窖系统共同组成的合系统的总状态数正比于 $\mathrm{e}^{-n\varepsilon/kT}$. 由于光子之间没有相互作用, 于是一个光子处于空窖内的状态数可以表示为 $\mathrm{e}^{-\varepsilon/kT}$. 由于在同样能量的量子态上可以存在无数个光子, 令 $x = \mathrm{e}^{-\varepsilon/kT}$, 于是系统可能状态的总和为

$$\Omega_\mathrm{R} = \sum_{n=0}^{\infty} \mathrm{e}^{-n\varepsilon/kT} = \sum_{n=0}^{\infty} x^n = \frac{1}{1-x}, \tag{2.39}$$

而在这一能态上的系综平均光子数 $\bar{n}$ 为

$$\bar{n}(\varepsilon) = \frac{1}{\Omega_\mathrm{R}} \sum_{n=0}^{\infty} n x^n = (1-x)\, x\, \frac{\mathrm{d}}{\mathrm{d}x}(1-x)^{-1} = \frac{x}{1-x}. \tag{2.40}$$

考虑到光子的能量 ε 与其动量 p 和频率 ν 的关系是

$$\varepsilon = cp = h\nu, \tag{2.41}$$

其中 c 是真空中的光速, 将方程 (2.40) 用原来的自变量写出, 就给出了光子气体的普朗克分布函数

$$\bar{n} = \frac{1}{\mathrm{e}^{\varepsilon/kT}-1} = \frac{1}{\mathrm{e}^{h\nu/kT}-1}. \tag{2.42}$$

光子的自旋量子数为 1, 其自旋在动量方向上的投影可以取 $\pm\hbar$ 两个值, 这相当于一个给定频率的平面波可以有左旋和右旋两个偏振方向. 于是, 在体积为 V 的空窖内, 光子气体的总能量 U_R 为各种能量 (或频率) 光子能量的总和:

$$\begin{aligned} U_\mathrm{R} &= \int \frac{h\nu}{\mathrm{e}^{h\nu/kT}-1} \frac{2\mathrm{d}^3x\mathrm{d}^3p}{h^3} = \frac{8\pi V h}{c^3} \int_0^{\infty} \frac{\nu^3}{\mathrm{e}^{h\nu/kT}-1}\mathrm{d}\nu = \frac{8\pi^5 k^4}{15c^3 h^3} V T^4 \\ &= a V T^4, \end{aligned} \tag{2.43}$$

其中 a 是黑体辐射的能量密度常数. 上述第一个积分被积函数分子上的 2 正是考虑了光子具有两个不同的偏振态的因素.

根据方程 (2.10)，从方程 (2.43) 可以求出黑体辐射的自由能为

$$F_{\mathrm{R}} = -\frac{a}{3}VT^4. \tag{2.44}$$

再利用方程 (2.9)，可以得到由黑体辐射组成的光子气体的压强为

$$p_{\mathrm{R}} = \frac{a}{3}T^4. \tag{2.45}$$

§2.3 完全电离混合气体

恒星内部绝大部分地方温度非常高而且压强非常大，造成物质发生电离，这会使得轻的元素失去全部电子，而重的元素失去大部分电子. 电离出来的电子造成当地的自由粒子数目大大增加，将对恒星物质的热力学性质产生显著影响.

2.3.1 元素的质量丰度

一般来说，组成恒星的主要物质是氢和氦，还有少量的重元素. 通常用某种物质所占质量的比例来描述恒星物质的化学组成，称为质量丰度. 例如，通常用 X 表示氢的质量丰度，Y 表示氦的质量丰度，Z 表示重元素的质量丰度. 显然，它们必须满足

$$X + Y + Z = 1. \tag{2.46}$$

重元素的丰度是影响恒星结构演化的一个重要因素，通常又将其称为恒星的金属丰度. 组成恒星物质的重元素有很多种. 表 2.1 给出了太阳大气中主要重元素的质量分数. 可以注意到，重元素中最丰富的成分是碳 (占 17.3%) 和氧 (占 48.2%)，其次是氮 (占 5.3%)、氖 (占 9.9%)、镁 (占 3.7%)、硅 (占 4.1%)、硫 (占 2.1%)、铁 (占 7.6%) 等.

表 2.1　太阳大气中主要重元素的质量分数[15]

元素	质量分数	元素	质量分数	元素	质量分数
C	0.173285	Al	0.003238	K	0.000210
N	0.053152	Si	0.040520	Ca	0.003734
O	0.482273	P	0.000355	Ti	0.000211
Ne	0.098668	S	0.021142	Cr	0.001005
Na	0.001999	Cl	0.000456	Mn	0.000548
Mg	0.037573	Ar	0.005379	Fe	0.076253

全部重元素的质量分数之和为 1.

2.3.2 混合气体的平均相对原子质量

对于一个相对原子质量为 A、密度为 ρ 的单组分气体物质，数密度 n 为

$$n = \frac{\rho}{m_u A} = \frac{N_A}{A}\rho, \tag{2.47}$$

其中 m_u 是原子质量单位,N_A 是阿伏伽德罗 (Avogadro) 常数.

对于一个多组分混合气体,通常用 X_i, A_i 和 Z_i 分别表示某一组分 i 的质量丰度、相对原子质量和电荷数. 于是,总粒子数密度 n 为各组分粒子数密度之和:

$$n = \sum_i \frac{\rho X_i}{m_u A_i} = \frac{\rho}{m_u}\sum_i \frac{X_i}{A_i} = \frac{\rho}{m_u \mu}, \tag{2.48}$$

其中,与方程 (2.47) 相对照,定义混合气体的平均相对原子质量 μ 为

$$\frac{1}{\mu} = \sum_i \frac{X_i}{A_i}. \tag{2.49}$$

对于一个完全电离混合气体来说,总粒子数密度 n 为总离子数密度 n_I 与电子数密度 n_e 之和:

$$n = n_I + n_e = \sum_i \frac{\rho X_i}{m_u A_i}(1+Z_i) = \frac{\rho}{m_u}\sum_i \frac{X_i}{A_i}(1+Z_i). \tag{2.50}$$

定义离子的平均相对质量 μ_I 为

$$\frac{1}{\mu_I} = \sum_i \frac{X_i}{A_i}, \tag{2.51}$$

电子的平均相对质量 μ_e 为

$$\frac{1}{\mu_e} = \sum_i \frac{X_i Z_i}{A_i}, \tag{2.52}$$

那么完全电离混合气体的平均相对原子质量为

$$\frac{1}{\mu} = \frac{1}{\mu_I} + \frac{1}{\mu_e}. \tag{2.53}$$

2.3.3 完全电离混合气体的状态方程

对于一个处于完全电离状态的混合气体,根据方程 (2.38),其状态方程为

$$p = nkT = \frac{\Re}{\mu}\rho T, \tag{2.54}$$

其中 p 是压强,T 是温度,n 是包含所有种类的离子和电子在内的粒子数密度,μ 是平均相对原子质量,ρ 是密度,$\Re$ 是气体常数. 根据方程 (2.15) 和 (2.16),压缩指数和膨胀指数为

$$\alpha = \delta = 1. \tag{2.55}$$

根据方程 (2.36), 完全电离混合气体单位质量的内能为

$$u = \frac{3}{2}\frac{kT}{m_\mathrm{u}\mu} = \frac{3\Re}{2\mu}T. \tag{2.56}$$

于是, 单位质量物质的定压比热为

$$c_p = \left(\frac{\partial U}{\partial T} + p\frac{\partial V}{\partial T}\right)_p = \frac{5\Re}{2\mu}. \tag{2.57}$$

利用方程 (2.18), 完全电离混合气体的绝热温度梯度为

$$\nabla_\mathrm{ad} = \frac{2}{5}. \tag{2.58}$$

§2.4 部分电离混合气体

在恒星外壳和大气层中, 随着温度的不断上升, 不同元素相继发生电离, 这使得自由粒子的数目与温度密切相关, 特别是恒星物质中最丰富的组成元素氢和氦的电离, 将显著改变混合气体的平均相对原子质量, 从而影响恒星物质的状态方程. 同时, 自由电荷的出现将在混合气体中产生库仑相互作用, 从而影响系统的热力学性质.

2.4.1 电离平衡方程

考虑某种物质发生电离, 此时系统由三种成分组成, 即原子、离子和自由电子. 设中性原子的数目为 N_0, 离子的数目为 N_1, 自由电子的数目为 N_e. 如果有 ΔN_0 个原子发生电离, 那么离子数的改变量 ΔN_1 与自由电子数的改变量 ΔN_e 将满足约束条件

$$\Delta N_1 = \Delta N_\mathrm{e} = -\Delta N_0. \tag{2.59}$$

系统电离状态的变化将会引起其自由能的变化. 假定上述变化量为任意小量, 则由此造成的系统的自由能 F 的变化量为

$$\Delta F = \frac{\partial F}{\partial N_0}\Delta N_0 + \frac{\partial F}{\partial N_1}\Delta N_1 + \frac{\partial F}{\partial N_\mathrm{e}}\Delta N_\mathrm{e}. \tag{2.60}$$

当上述电离过程最终处于平衡状态时, 系统的自由能必定达到其最小值, 这就要求 $\Delta F = 0$. 利用方程 (2.59) 和 (2.60), 可以得到下列电离平衡方程:

$$\frac{\partial F}{\partial N_0} - \frac{\partial F}{\partial N_1} - \frac{\partial F}{\partial N_\mathrm{e}} = 0. \tag{2.61}$$

另一方面, 系统的总自由能 F 由粒子的平动自由能 F_1 和粒子的内部自由能 F_2 两部分组成:

$$F = F_1 + F_2. \tag{2.62}$$

§2.4 部分电离混合气体

对于理想气体来说，根据方程 (2.37)，粒子的平动自由能为

$$F_1 = -kT \sum_i N_i \left[1 + \ln \frac{V g_i}{N_i} \left(\frac{2\pi m_i kT}{h^2} \right)^{3/2} \right] = -kT \sum_i N_i \left[1 + \ln \left(\frac{g_i W_i}{N_i} \right) \right], \tag{2.63}$$

其中求和对全部三种粒子 (原子、离子和电子) 进行，g_i 是统计权重 (对于原子和离子为 1，对于电子为 2). 粒子的内部自由能可以形式上写为

$$F_2 = -kT \sum_i N_i \ln \sum_j g_{i,j} e^{-E_{i,j}/kT} = -kT \sum_i N_i \ln Z_i^{IP}, \tag{2.64}$$

其中 $g_{i,j}$ 是能级 $E_{i,j}$ 的统计权重，Z_i^{IP} 是 i 粒子的内部配分函数. 一般不考虑自由电子的内部自由能，于是方程 (2.64) 中的求和只对原子和离子进行.

将上述自由能的表达式代入电离平衡方程 (2.61) 中，可以得到

$$\frac{N_e N_1}{N_0} = \frac{2 W_e W_1 Z_1^{IP}}{W_0 Z_0^{IP}}. \tag{2.65}$$

以中性原子的基态能量 E_0 和离子的基态能量 E_1 为参考点，原子和离子的内部配分函数可以分别表达为

$$Z_0^{IP} = \sum_j g_{0,j} e^{-E_{0,j}/kT} = e^{-E_0/kT} \sum_j g_{0,j} e^{-\varepsilon_{0,j}/kT} = U_0 e^{-E_0/kT}, \tag{2.66}$$

$$Z_1^{IP} = \sum_j g_{1,j} e^{-E_{1,j}/kT} = e^{-E_1/kT} \sum_j g_{1,j} e^{-\varepsilon_{1,j}/kT} = U_1 e^{-E_1/kT}, \tag{2.67}$$

而 $\chi = E_1 - E_0$ 正好是发生上述电离过程所需要的电离能. 表 2.2 给出了一些元素的电离势. 考虑到 $m_0 \approx m_1$，将方程 (2.66) 和 (2.67) 代入 (2.65) 中，可以得到

$$\frac{n_e n_1}{n_0} = \frac{2 U_1}{U_0} \left(\frac{2\pi m_e kT}{h^2} \right)^{3/2} e^{-\chi/kT}, \tag{2.68}$$

其中 n_e 是电子的数密度，n_0 是原子的数密度，n_1 是离子的数密度，m_e 是电子的静止质量. 方程 (2.68) 也被称为萨哈 (Saha) 方程，它给出了处于电离平衡状态时两个相邻电离态上的粒子数和自由电子数之间的关系.

在应用萨哈方程 (2.68) 求解各个电离度上粒子的占据数时，经常会遇到计算内部配分函数 Z_i^{IP} 时级数发散的问题. 造成这个问题的原因在于求和要遍及原子或离子无穷多个可能的激发能级，而在接近电离限时，高激发能级的能量越来越接近电离能. 在实际情况中，原子或离子会受到周围环境的扰动，使得其能级具有一定宽度，这将影响电子在这些能级的占据情况，使得仅有有限个能级对求和的最终

结果有贡献. 因此, 在实际计算中, 通常忽略激发态对内部配分函数的贡献, 即假设绝大部分的电子都是从基态直接电离的.

对于高温稀薄气体, 粒子间的相互作用可以忽略, 萨哈方程可以准确描述热致电离过程. 但是对于恒星内部压强很高的区域, 当物质被压缩到其粒子间的平均距离短于粒子内部束缚电子的平均轨道半径时, 原先束缚在一个粒子内部运动的电子将会游离出来而运动在整个系统之中. 电子的这种公有化过程被称为压致电离. 此时萨哈方程失效, 一个粒子的内部结构不再是独立的, 而必须在计算粒子内部配分函数时考虑粒子间相互作用的影响.

表 2.2 部分元素的电离势 (以 eV 为单位)

Z	元素	I	II	III	IV	V	VI	VII	VIII
1	H	13.598							
2	He	24.587	54.416						
6	C	11.260	24.383	47.887	64.492	392.08	489.98		
7	N	14.534	29.601	47.448	77.472	97.888	552.06	667.03	
8	O	13.618	35.116	54.934	77.412	113.90	138.12	739.32	871.39

1eV 对应的温度约为 11605 K.

2.4.2 部分电离混合气体的状态方程

由于氢和氦是组成恒星物质中最丰富的元素, 因此它们的电离对恒星物质状态方程的影响最大. 考虑氢、氦两组分混合气体在部分电离时的状态方程, 用 X 表示氢的质量丰度, Y 表示氦的质量丰度, 那么根据方程 (2.47) 和 (2.48), 氢组分的数密度 n_H 和氦组分的数密度 n_He 与其质量丰度的关系分别是

$$n_\mathrm{H} = \rho N_\mathrm{A} X, \quad n_\mathrm{He} = \frac{1}{4}\rho N_\mathrm{A} Y, \tag{2.69}$$

其中氢的相对原子质量近似取为 1, 氦的相对原子质量近似取为 4. 气体的总数密度 n 为各组分数密度之和:

$$n = n_\mathrm{H} + n_\mathrm{He}. \tag{2.70}$$

设 n_e 是气体中自由电子的数密度, 根据方程 (2.38), 部分电离情况下混合气体的状态方程为

$$p = (n + n_\mathrm{e})kT. \tag{2.71}$$

自由电子是在电离过程中产生的. 用 n_H1 表示电离氢的数密度, n_He1 和 n_He2 分别表示一次电离和二次电离氦的数密度, 则混合气体中的自由电子数密度为

$$n_\mathrm{e} = n_\mathrm{H1} + n_\mathrm{He1} + 2n_\mathrm{He2}. \tag{2.72}$$

用 $n_{\text{H}0}$ 和 $n_{\text{He}0}$ 分别表示尚未电离的氢原子和氦原子的数密度, 则每一种组分都必须满足该组分总粒子数守恒方程

$$n_{\text{H}} = n_{\text{H}0} + n_{\text{H}1}, \tag{2.73}$$

$$n_{\text{He}} = n_{\text{He}0} + n_{\text{He}1} + n_{\text{He}2}. \tag{2.74}$$

对于氢组分来说, 利用萨哈方程 (2.68), 可以得到

$$\frac{n_{\text{H}1}}{n_{\text{H}0}} = \frac{2U_{\text{H}1}}{n_e U_{\text{H}0}} \left(\frac{2\pi m_e kT}{h^2}\right)^{3/2} e^{-\chi_{\text{H}}/kT} = K_{\text{H}}, \tag{2.75}$$

其中 χ_{H} 是氢的电离能. 对于氦组分来说, 对一次电离过程和二次电离过程反复利用萨哈方程 (2.68), 可以得到

$$\frac{n_{\text{He}1}}{n_{\text{He}0}} = \frac{2U_{\text{He}1}}{n_e U_{\text{He}0}} \left(\frac{2\pi m_e kT}{h^2}\right)^{3/2} e^{-\chi_{\text{He}1}/kT} = K_{\text{He}1}, \tag{2.76}$$

$$\frac{n_{\text{He}2}}{n_{\text{He}1}} = \frac{2U_{\text{He}2}}{n_e U_{\text{He}1}} \left(\frac{2\pi m_e kT}{h^2}\right)^{3/2} e^{-\chi_{\text{He}2}/kT} = K_{\text{He}2}, \tag{2.77}$$

其中 $\chi_{\text{He}1}$ 和 $\chi_{\text{He}2}$ 分别是氦的一次和二次电离能. 上述方程右边定义的诸 K 函数又被称为电离平衡常数, 它们不仅是温度的函数, 还是自由电子数密度的函数. 利用上述方程就可以求解各个电离态上粒子的数密度和自由电子的数密度. 将结果代入方程 (2.71) 即可确定氢氦部分电离混合气体的状态方程.

在具体求解过程中, 一个有用的方法是引入电离度的概念, 其定义为某组分处于特定电离状态的粒子数在总粒子数中所占的比例. 用 $\eta_{\text{H}1}$ 表示氢组分的电离度,

$$\eta_{\text{H}1} = \frac{n_{\text{H}1}}{n_{\text{H}}}, \tag{2.78}$$

用 $\eta_{\text{He}1}$ 和 $\eta_{\text{He}2}$ 分别表示氦组分的一次和二次电离度,

$$\eta_{\text{He}1} = \frac{n_{\text{He}1}}{n_{\text{He}}}, \quad \eta_{\text{He}2} = \frac{n_{\text{He}2}}{n_{\text{He}}}. \tag{2.79}$$

根据上述不同粒子电离度的定义, 对于氢组分来说, 利用方程 (2.73)、(2.75) 和 (2.78), 可以得到

$$\eta_{\text{H}1} = \frac{K_{\text{H}}}{1 + K_{\text{H}}}. \tag{2.80}$$

对于氦来说, 利用方程 (2.74)、(2.76)、(2.77) 和 (2.79), 可以将电离度方程写成如下矩阵形式:

$$\begin{bmatrix} 1 + K_{\text{He}1}^{-1} & 1 \\ 1 & 1 + K_{\text{He}1}^{-1} K_{\text{He}2}^{-1} \end{bmatrix} \begin{bmatrix} \eta_{\text{He}1} \\ \eta_{\text{He}2} \end{bmatrix} = \begin{bmatrix} 1 \\ 1 \end{bmatrix}. \tag{2.81}$$

求解上述线性代数方程组,可以得到

$$\eta_{\mathrm{He1}} = \frac{K_{\mathrm{He1}}}{1 + K_{\mathrm{He1}} + K_{\mathrm{He1}} K_{\mathrm{He2}}},$$
$$\eta_{\mathrm{He2}} = \frac{K_{\mathrm{He1}} K_{\mathrm{He2}}}{1 + K_{\mathrm{He1}} + K_{\mathrm{He1}} K_{\mathrm{He2}}}. \tag{2.82}$$

可以注意到,方程 (2.81) 的系数矩阵具有独特的结构:对角线以外的矩阵元和方程右边的矩阵元都是 1;对角线上的矩阵元中除了 1 以外,还包含与电离平衡常数有关的一项,并且对应于某阶电离度的该项由从一阶到该阶的全部电离平衡常数的连乘积的倒数构成. 这一特征使得该方法可以非常容易地推广到处理具有更高核电荷数的组分的电离平衡问题. 通过构造类似于方程 (2.81) 的电离度矩阵方程,就可以方便地将所有阶的电离度用电离平衡常数表达为类似于方程 (2.82) 的形式.

将方程 (2.80) 和 (2.82) 代入自由电子数密度守恒方程 (2.72) 中,可以得到

$$n_\mathrm{e} = \frac{K_\mathrm{H}}{1 + K_\mathrm{H}} n_\mathrm{H} + \frac{K_{\mathrm{He1}} + 2 K_{\mathrm{He1}} K_{\mathrm{He2}}}{1 + K_{\mathrm{He1}} + K_{\mathrm{He1}} K_{\mathrm{He2}}} n_\mathrm{He}. \tag{2.83}$$

注意到电离平衡常数反比于电子数密度本身,上述方程是关于电子数密度的一个高阶超越方程. 通过适当的迭代方法求解方程 (2.83),将结果代入状态方程 (2.71) 中就可以确定处于电离平衡状态下混合气体的热力学性质.

2.4.3 带电粒子的库仑相互作用

电离过程使得混合气体中出现带电粒子. 由于带电粒子之间存在库仑相互作用,使得系统的内能中出现代表静电势能的部分. 对于高温稀薄带电粒子组成的混合气体,通常采用德拜–休克尔 (Debye-Hückel) 理论计算带电粒子的静电势能对系统自由能的贡献.

电离混合气体中虽然存在带正电的离子和带负电的自由电子,但是从宏观上看各处都是电中性的,即正电荷的密度与负电荷的密度是相同的. 设想将一个带有正电荷的离子引入到上述等离子云中,可以预料,等离子云中的负电荷受到离子的吸引将向离子所在位置靠近并产生一个负的静电势能,而正电荷受到离子的排斥将远离离子所在位置并产生一个正的静电势能. 由于上述扰动在等离子云中产生的负电荷比正电荷更加靠近离子,就好像离子被一个电子云遮蔽住了,使得这两种相反的作用部分抵消后系统仍具有一个负的势能修正.

根据上述带电粒子的静电库仑相互作用图像,考虑一个具有 $Z_s e$ 电荷 (其中 e 是基本电荷量) 的带电粒子和它周围的等离子云形成的系统的静电场. 静电势 ϕ 由泊松方程给出:

$$\nabla^2 \phi = 4\pi \rho_\mathrm{e}, \tag{2.84}$$

其中 ρ_e 为电荷密度. 显然, 系统的静电势是由带电粒子的点电荷及其在等离子云中造成的电荷扰动共同决定的.

在具有静电势 ϕ 的带电粒子周围, 电荷量为 $+Z_j e$ 的离子的静电势能为 $+Z_j e\phi$. 根据正则系综的分布函数 (2.28), 可知其数密度分布为

$$n_j = n_{j0} \mathrm{e}^{-Z_j e\phi/kT} \approx n_{j0}\left(1 - \frac{e\phi}{kT} Z_j\right), \tag{2.85}$$

其中后面一个近似式在指数因子远小于 1 时成立. 另一方面, 带电粒子周围电子的数密度分布为

$$n_\mathrm{e} = n_{\mathrm{e}0} \mathrm{e}^{e\phi/kT} \approx n_{\mathrm{e}0}\left(1 + \frac{e\phi}{kT}\right). \tag{2.86}$$

值得注意的是, 电子数密度的上述分布只在自由电子是非简并的情况下才是适用的. 可以看到, 在一个带正电荷的粒子周围离子的数密度下降, 而自由电子的数密度上升, 而在一个带负电荷的粒子周围情况则刚好相反. 对所有种类的离子和自由电子求和, 就可以得到等离子云中的总电荷密度为

$$\rho_\mathrm{e} = \sum_j n_j Z_j e - n_\mathrm{e} e = \sum_j n_{j0} Z_j e - n_{\mathrm{e}0} e - \sum_j n_{j0} \frac{Z_j^2 e^2 \phi}{kT} - n_{\mathrm{e}0} \frac{e^2 \phi}{kT}. \tag{2.87}$$

由于等离子云宏观上是电中性的, 于是上式最后一个等号右边前两项之和为零, 由此得到带电粒子介入造成的等离子云中电荷扰动为

$$\rho_\mathrm{e} = -\frac{e^2 \phi}{kT} \sum_j n_{j0} Z_j^2, \tag{2.88}$$

其中求和包括所有种类的离子和自由电子 ($Z_\mathrm{e} = -1$).

将电荷密度扰动 (2.88) 代入泊松方程 (2.84) 中并假定静电势为球对称分布, 则可以得到

$$\frac{1}{r^2}\frac{\mathrm{d}}{\mathrm{d}r}\left(r^2 \frac{\mathrm{d}\phi}{\mathrm{d}r}\right) = \frac{1}{r}\frac{\mathrm{d}^2 (r\phi)}{\mathrm{d}r^2} = -\frac{4\pi e^2 \phi}{kT}\sum_j n_{j0} Z_j^2 = \frac{\phi}{r_\mathrm{D}^2}, \tag{2.89}$$

其中 r_D 就是所谓的德拜半径:

$$r_\mathrm{D} = \left(\frac{4\pi e^2}{kT}\sum_j n_{j0} Z_j^2\right)^{-1/2}. \tag{2.90}$$

设方程 (2.89) 的解具有形式 $r\phi \propto \exp(-r/\lambda)$, 代入方程可以得到 $\lambda = r_\mathrm{D}$.

方程 (2.89) 的边界条件为：在带电粒子的表面静电势变为孤立电荷的静电势，而在无限远处静电势为零. 于是，在满足边界条件时，带有 $Z_s e$ 电荷的粒子与等离子云组成的系统的静电势为

$$\phi = \frac{Z_s e}{r} \mathrm{e}^{-r/r_\mathrm{D}} \approx \frac{Z_s e}{r} - \frac{Z_s e}{r_\mathrm{D}}, \qquad (2.91)$$

其中右边的近似式当离子间的平均距离比德拜半径小得多时才成立. 这一条件与前面方程 (2.85) 和 (2.86) 成立所必须的条件是自洽的，因为只有等离子云中存在大量的离子和自由电子时上述方程才在统计意义下正确. 可以注意到，方程 (2.91) 最右边第一项代表的是中心点电荷的静电势，第二项代表的是周围电荷扰动所产生的静电势，并且这一小的修正与到中心带电粒子的距离无关.

对于一个体积为 V 的带电粒子系统，根据静电学理论，其静电相互作用能为

$$U_\mathrm{es} = \frac{1}{2} V \sum_s n_s Z_s e \left(-\frac{Z_s e}{r_\mathrm{D}}\right) = -\frac{kTV}{8\pi r_\mathrm{D}^3}. \qquad (2.92)$$

利用方程 (2.10)，带电粒子的库仑相互作用引起的自由能修正为

$$F_\mathrm{es} = -T \int_\infty^T \frac{U_\mathrm{es}}{T^2} \mathrm{d}T = -\frac{kTV}{12\pi r_\mathrm{D}^3}. \qquad (2.93)$$

根据方程 (2.9)，库仑相互作用造成的压强修正为

$$p_\mathrm{es} = -\left(\frac{\partial F_\mathrm{es}}{\partial V}\right)_T = -\frac{kT}{24\pi r_\mathrm{D}^3}. \qquad (2.94)$$

从统计上来考虑等离子云的库仑相互作用，一个离子周围总会聚集大量的自由电子，所以静电相互作用能总是负的，并导致一个负的压强和自由能的修正. 自由能的改变将影响到系统的全部热力学性质. 对于一个部分电离混合气体来说，库仑相互作用将电离平衡推向电离度更高的地方. 这时，系统的总自由能应该还包括带电粒子的静电相互作用能，即

$$F = F_1 + F_2 + F_\mathrm{es}. \qquad (2.95)$$

对于从 m 阶离子电离成为 $m+1$ 阶离子的过程，将包括库仑相互作用的带电粒子系统的自由能表达式 (2.95) 代入电离平衡方程 (2.61) 中，可以得到

$$\frac{n_{m+1} n_\mathrm{e}}{n_m} = \frac{2U_{m+1}}{U_m} \left(\frac{2\pi m_\mathrm{e} kT}{h^2}\right)^{3/2} \mathrm{e}^{-(\chi_m - \Delta I_m)/kT}, \qquad (2.96)$$

其中库仑相互作用造成的电离势的修正 ΔI_m 为

$$\Delta I_m = \frac{e^2}{r_\mathrm{D}} (Z_m + 1). \qquad (2.97)$$

§2.5 简并情况下的电子气体

当恒星中心核内密度很高时,自由电子之间的距离非常近,电子将表现出其独特的量子行为. 电子属于费米子 (Fermion),其自旋量子数为 1/2. 根据泡利 (Pauli) 不相容原理,一个量子态上只能容纳一个完全相同的费米子,于是当能量较低的量子态被占满后,电子在泡利不相容原理的驱使下将占据能量更高的量子态. 这种情况通常被称为电子气体的简并现象. 简并的出现会使得电子的平均动能更大,从而产生更高的压强和独特的物态.

2.5.1 电子气体的费米–狄拉克统计

考虑一个由能量为 ε 的单一量子态 (轨道) 构成的系统,它与一个温度为 T 的大热源交换粒子和能量,并达到热平衡状态. 当有 N 个粒子占据这个轨道时,对于由无相互作用的粒子组成的系统,其能量为 $N\varepsilon$. 此时,系统与大热源组成的合系统的总状态数不仅与温度 T 有关,还与系统的粒子数 N 有关,可以将其表示为 $\mathrm{e}^{N\psi - N\varepsilon/kT}$,其中 ψ 通常被称为简并参数.

根据泡利不相容原理,一个量子态上只能容纳一个完全相同的电子. 因此电子只有两种可能的占据状态:若没有电子占据该轨道,则系统的能量为零;若有一个电子占据该轨道,则系统能量为 ε. 于是,系统可能的状态数的总和为

$$\Omega_\mathrm{e} = \sum_{N=0}^{1} \mathrm{e}^{N\psi - N\varepsilon/kT} = 1 + \mathrm{e}^{\psi - \varepsilon/kT}, \tag{2.98}$$

而电子在该轨道上的占据数的平均值为

$$f(\varepsilon) = \frac{\mathrm{e}^{\psi-\varepsilon/kT}}{1+\mathrm{e}^{\psi-\varepsilon/kT}} = \frac{1}{\mathrm{e}^{\varepsilon/kT-\psi}+1}. \tag{2.99}$$

方程 (2.99) 就是电子气体的费米–狄拉克 (Fermi-Dirac) 统计分布函数. 可以看出,平均占据数永远都比 1 小,而这正是泡利不相容原理的结果. 当 $\psi \ll 0$ 时,方程 (2.99) 变成为经典的玻尔兹曼分布函数 (2.28). 这时电子气体是非简并的,相当于经典图像中任何一个相格中的平均电子数远小于 1. 但是当 $\psi \gg 0$ 时,在电子能量 ε 较小的区域,方程 (2.99) 右式分母中第一项就会比 1 小很多,这表明低能态的相格完全被电子占满,于是这时的电子气体是强简并的.

2.5.2 简并电子气体的热力学函数

为了方便地利用电子气体的费米–狄拉克分布函数 (2.99) 以得出电子气体的热力学性质,定义 Z_e 为系统的巨配分函数的对数:

$$Z_\mathrm{e} = \sum_l \ln(1 + \mathrm{e}^{\psi - \varepsilon_l/kT}). \tag{2.100}$$

利用电子的平均占据数 (2.99)，容易得到电子的总数 N_e 为

$$N_e = \sum_l \frac{1}{e^{\varepsilon_l/kT-\psi}+1} = \frac{\partial Z_e}{\partial \psi}. \tag{2.101}$$

方程 (2.101) 确定了简并参数 ψ 与电子的总数 N_e 之间的关系.

利用类似的方法, 电子的总内能

$$U_e = \sum_l \frac{\varepsilon_l}{e^{\varepsilon_l/kT-\psi}+1} = kT^2 \frac{\partial Z_e}{\partial T}, \tag{2.102}$$

电子气体的压强

$$p_e = -\sum_l \frac{\partial \varepsilon_l}{\partial V} \frac{1}{e^{\varepsilon_l/kT-\psi}+1} = kT \frac{\partial Z_e}{\partial V}. \tag{2.103}$$

对于自由电子气体来说, Z_e 是温度 T、体积 V 和电子简并参数 ψ 的函数. 对 Z_e 求其全微分, 考虑下列表达式:

$$\begin{aligned}
d(kTZ_e - kTN_e\psi) &= kZ_e dT + kT\left(\frac{\partial Z_e}{\partial T}dT + \frac{\partial Z_e}{\partial V}dV + \frac{\partial Z_e}{\partial \psi}d\psi\right) \\
&\quad - kN_e\psi dT - kT\psi dN_e - kTN_e d\psi \\
&= \frac{1}{T}(kTZ_e + U_e - kTN_e\psi)dT + p_e dV - kT\psi dN_e.
\end{aligned} \tag{2.104}$$

假定粒子数不变, 将方程 (2.104) 与热力学方程 (2.7) 进行比较, 并注意到自由能的定义 (2.6), 立即可以看出:

$$F_e = -kT(Z_e - N_e\psi) = -kT\left(Z_e - \psi\frac{\partial Z_e}{\partial \psi}\right). \tag{2.105}$$

2.5.3 电子气体的状态方程

恒星内部电子简并的程度与当地的物质密度密切相关. 密度越高, 每个电子拥有的运动空间就越小, 于是电子就具有越高的速度. 在密度非常高的白矮星内部, 电子的速度甚至接近光速. 因此, 不仅要考虑速度较低的非相对论情形, 还必须考虑速度接近光速的相对论情形.

对于非相对论性 ($v \ll c$) 电子气体来说, 其动能 ε 与动量 p 的关系为 $\varepsilon = p^2/2m_e$. 由于电子的自旋量子数为 $1/2$, 于是其自旋在动量方向上可以有两个投影值, 或者说在一个量子态上电子可以有两个不同的自旋态. 考虑上述因素, 引入新

§2.5 简并情况下的电子气体

变量 $x = \varepsilon/kT$，函数 Z_e 可以写为

$$\begin{aligned}
Z_e &= \int \ln\left(1 + e^{\psi - \varepsilon/kT}\right) \frac{2}{h^3} d^3x d^3p = \frac{8\pi V}{3h^3}(2m_e)^{3/2} \int_0^\infty \ln\left(1 + e^{\psi - \varepsilon/kT}\right) d\varepsilon^{3/2} \\
&= \frac{8\pi V}{3h^3}(2m_e)^{3/2} \left[\varepsilon^{3/2} \ln\left(1 + e^{\psi - \varepsilon/kT}\right)\Big|_0^\infty + \frac{1}{kT}\int_0^\infty \frac{\varepsilon^{3/2}}{e^{\varepsilon/kT - \psi} + 1} d\varepsilon\right] \\
&= \frac{8\pi V}{3h^3}(2m_e kT)^{3/2} \int_0^\infty \frac{x^{3/2}}{e^{x-\psi} + 1} dx \\
&= \frac{8\pi V}{3h^3}(2m_e kT)^{3/2} F_{3/2}(\psi),
\end{aligned} \tag{2.106}$$

其中 V 是电子气体所占的体积. 费米函数 $F_n(\psi)$ 定义为

$$F_n(\psi) = \int_0^\infty \frac{x^n}{e^{x-\psi} + 1} dx. \tag{2.107}$$

容易证明，费米函数具有下列性质:

$$\frac{\partial F_n}{\partial \psi} = n F_{n-1}(\psi). \tag{2.108}$$

利用上述结果，电子气体的内能满足

$$\frac{U_e}{V} = \frac{2\pi}{m_e h^3}(2m_e kT)^{5/2} F_{3/2}(\psi), \tag{2.109}$$

电子气体的压强为

$$p_e = \frac{4\pi}{3m_e h^3}(2m_e kT)^{5/2} F_{3/2}(\psi) = \frac{2}{3}\frac{U_e}{V}, \tag{2.110}$$

电子气体的自由能为

$$F_e = -\frac{4\pi V}{3m_e h^3}(2m_e kT)^{5/2}\left(F_{3/2}(\psi) - \frac{3}{2}\psi F_{1/2}(\psi)\right). \tag{2.111}$$

对于极端相对论性 $(v \simeq c)$ 电子气体来说，当其能量远高于其静质量所对应的能量时，其能量与动量的关系为 $\varepsilon = pc$. 于是，函数 Z_e 可以写为

$$\begin{aligned}
Z_e &= \int \ln\left(1 + e^{\psi - \varepsilon/kT}\right) \frac{2}{h^3} d^3x d^3p = \frac{8\pi V}{3c^3 h^3} \int_0^\infty \ln\left(1 + e^{\psi - \varepsilon/kT}\right) d\varepsilon^3 \\
&= \frac{8\pi V}{3c^3 h^3}\left[\varepsilon^3 \ln\left(1 + e^{\psi - \varepsilon/kT}\right)\Big|_0^\infty + \frac{1}{kT}\int_0^\infty \frac{\varepsilon^3}{e^{\varepsilon/kT-\psi} + 1} d\varepsilon\right] \\
&= \frac{8\pi V}{3c^3 h^3}(kT)^3 \int_0^\infty \frac{x^3}{e^{x-\psi} + 1} dx \\
&= \frac{8\pi V}{3c^3 h^3}(kT)^3 F_3(\psi).
\end{aligned} \tag{2.112}$$

根据方程 (2.102)，电子气体的内能为

$$U_{\mathrm{e}} = \frac{8\pi V}{c^3 h^3} (kT)^4 F_3(\psi). \tag{2.113}$$

根据方程 (2.103)，电子气体的压强为

$$p_{\mathrm{e}} = \frac{8\pi}{3c^3 h^3} (kT)^4 F_3(\psi) = \frac{U_{\mathrm{e}}}{3V}. \tag{2.114}$$

根据方程 (2.105)，电子气体的自由能为

$$F_{\mathrm{e}} = -\frac{8\pi V}{3c^3 h^3} (kT)^4 \left[F_3(\psi) - 3\psi F_2(\psi) \right]. \tag{2.115}$$

2.5.4 完全简并情况下电子气体的状态方程

考虑温度 $T \approx 0\,\mathrm{K}$ 时电子气体的状态方程可以直观地了解电子气体在完全简并情况下的奇特性质. 在温度接近为零时，自由电子将选择占据能量最低的状态. 但是由于存在泡利不相容原理，一个微观状态上只能有一个电子. 于是，电子将按照微观状态能量由低到高的次序，依次占据各个能态，如图 2.2 所示. 对于一个总电子数 N_{e} 有限的系统来说，被最后占据的微观状态具有最高的能量，这个能量被称为费米能量 ε_{F}，相对应的动量被称为费米动量 p_{F}. 也就是说，对于电子的分布函数 (2.99)，存在一个 $\psi = \varepsilon_{\mathrm{F}}/kT \gg 1$，使得

$$\begin{aligned} f(\varepsilon) &= \frac{1}{\mathrm{e}^{(\varepsilon - \varepsilon_{\mathrm{F}})/kT} + 1} \approx 1, \quad \text{如果} \quad \varepsilon < \varepsilon_{\mathrm{F}}, \\ f(\varepsilon) &= \frac{1}{\mathrm{e}^{(\varepsilon - \varepsilon_{\mathrm{F}})/kT} + 1} \approx 0, \quad \text{如果} \quad \varepsilon > \varepsilon_{\mathrm{F}}. \end{aligned} \tag{2.116}$$

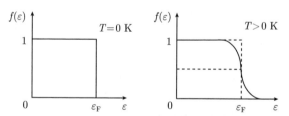

图 2.2 电子气体的费米-狄拉克分布函数示意图

显然，当温度为零时，费米动量 p_{F} 应当满足条件

$$\frac{N_{\mathrm{e}}}{V} = \frac{8\pi}{h^3} \int_0^\infty \frac{1}{\mathrm{e}^{\varepsilon/kT - \psi} + 1} p^2 \mathrm{d}p = \frac{8\pi}{h^3} \int_0^{p_{\mathrm{F}}} p^2 \mathrm{d}p = \frac{8\pi}{3h^3} p_{\mathrm{F}}^3. \tag{2.117}$$

上式给出了费米动量和电子数密度之间的关系. 利用密度 ρ 与电子数密度 n_{e} 之间的关系 (2.47) 和 (2.52)，可以将费米动量与密度联系起来：

$$p_{\mathrm{F}}^3 = \frac{3h^3}{8\pi} n_{\mathrm{e}} = \frac{3h^3}{8\pi} \frac{\rho}{m_{\mathrm{u}} \mu_{\mathrm{e}}}. \tag{2.118}$$

利用分布函数 (2.116)，根据方程 (2.102)，电子气体的内能为

$$U_\mathrm{e} = \frac{8\pi V}{h^3} \int_0^{p_\mathrm{F}} \varepsilon p^2 \mathrm{d}p. \tag{2.119}$$

在非相对论情况下，$\varepsilon = p^2/2m_\mathrm{e}$，根据方程 (2.110)，电子气体的压强为

$$\begin{aligned} p_\mathrm{e} &= \frac{2}{3}\frac{U_\mathrm{e}}{V} = \frac{8\pi}{3m_\mathrm{e}h^3} \int_0^{p_\mathrm{F}} p^4 \mathrm{d}p = \frac{8\pi p_\mathrm{F}^5}{15m_\mathrm{e}h^3} \\ &= \frac{8\pi}{15m_\mathrm{e}h^3}\left(\frac{3h^3}{8\pi m_\mathrm{u}\mu_\mathrm{e}}\right)^{5/3}\rho^{5/3}. \end{aligned} \tag{2.120}$$

在极端相对论情况下，$\varepsilon = pc$，根据方程 (2.114)，电子气体的压强为

$$p_\mathrm{e} = \frac{U_\mathrm{e}}{3V} = \frac{8\pi c}{3h^3}\int_0^{p_\mathrm{F}} p^3 \mathrm{d}p = \frac{2\pi c}{3h^3}p_\mathrm{F}^4 = \frac{2\pi c}{3h^3}\left(\frac{3h^3}{8\pi m_\mathrm{u}\mu_\mathrm{e}}\right)^{4/3}\rho^{4/3}. \tag{2.121}$$

可以看到，在完全简并情况下，电子气体的压强只是密度的函数.

第 3 章 热核反应与元素的核合成

恒星就像一座座巨大的核融炉. 刚刚诞生的恒星主要由氢和氦组成, 还有少量的重元素物质. 由于其自身巨大的质量, 使得恒星的中心具有很高的温度, 热核反应将在恒星中心发生. 在这些巨大的"核融炉"内, 热核聚变反应逐步把轻的核燃料转变为重的核燃烧产物, 同时还释放出巨大的热量以维持恒星长期稳定的发光.

热核聚变反应是指带正电的原子核在热运动过程中发生碰撞并相互结合在一起形成新的原子核的核反应. 由于库仑排斥作用, 参与反应的原子核必须具有足够高的动能以克服两核之间的库仑势垒, 因此反应必须在温度非常高的环境中才能发生. 同样道理, 恒星内部的热核聚变反应总是发生在库仑势垒最低的原子核之间, 于是核电荷数越低的原子核越早开始热核聚变反应. 这会使得恒星内部不同物质的热核燃烧过程形成一个序列, 轻的核素 (如氢和氦) 最先开始, 重的核素 (如硅等) 在核燃烧序列的最后面. 核燃烧的最终产物 (碳、氧、铁等重元素) 或者留贮在死亡了的恒星 (如白矮星和中子星) 内部, 或者通过超新星爆发的形式返回星际空间, 成为下一代恒星形成的温床.

本章首先对恒星内部的热核燃烧序列进行简要介绍, 其次较详细地讨论热核反应速率及其两个主要的决定因素 —— 反应截面和量子隧穿几率. 随后的章节将详细讨论恒星内部几个主要的热核燃烧过程 —— 氢燃烧、氦燃烧、碳燃烧、氧燃烧和硅燃烧等, 以及对恒星晚期演化过程有重要影响的中微子过程.

§3.1 恒星内部的热核燃烧序列

3.1.1 恒星的能量来源

恒星之所以赢得这样的称谓, 其中一个主要的原因在于其能够长期持续稳定地发光. 以太阳为例, 其质量 $M_\odot \approx 1.99 \times 10^{33}$g, 光度 $L_\odot \approx 3.84 \times 10^{33}$ erg·s^{-1}, 年龄 $\tau_\odot \approx 4.57 \times 10^9$ 年. 有很多证据表明, 投射到地球上的太阳辐射能在地球已经过去的近 46 亿年历史中一直维持在大体相同的水平上. 最近的恒星结构演化模型计算表明, 太阳目前的光度与刚诞生时相比较仅仅升高了 36%. 将如此高的光度维持这样长时间和持续不断的输出结合起来考虑, 表明这是一个非常巨大的能量.

恒星辐射发出的如此巨大的能量是从哪里来的?

化学能是地球上最常见的能源. 以其中能量转换效率最高的反应之一 —— 火箭发动机为例, 其化学反应为 $2H_2 + O_2 \rightarrow 2H_2O$. 这个反应的热值为 1.5×10^{12}

erg·g^{-1}. 假定太阳内部物质全部是由氢和氧按上述反应所要求的比例组成, 那么以现在的太阳光度发光, 太阳所储备的全部燃料可以让这个反应持续 2.5 万年. 显然, 这个数字远远低于太阳的年龄.

恒星具有巨大的质量, 在自身引力的作用下具有巨大的引力势能. 是否可以依靠引力能转换为热能来维持恒星发光呢? 一颗恒星所包含的引力势能 E_G 可以近似估算为

$$E_G = \frac{GM^2}{R}, \tag{3.1}$$

其中 M 是恒星的质量, R 是恒星的半径, G 是万有引力常数. 对于太阳来说, 以其目前的光度将上述引力势能全部释放出来所需的时间为 1600 万年. 这个数字也远低于到目前为止太阳的年龄.

在发现原子核的放射性与原子核反应以后, 人们马上意识到, 束缚在原子核内部的核能可以作为恒星的能量来源. 根据爱因斯坦 (Einstein) 质量-能量公式,

$$E = mc^2, \tag{3.2}$$

其中 m 为核子的静止质量, E 为与这个静止质量相对应的能量, c 是真空中的光速. 如果一个核反应将核子 C 变为核子 D, 那么释放的能量为

$$\Delta E = (m_C - m_D)c^2 = c^2 \Delta m, \tag{3.3}$$

其中 m_C 为核子 C 的质量, m_D 为核子 D 的质量, Δm 是两核的质量差, ΔE 是该核反应释放出来的能量. 以氢聚变为氦, 即 $4^1\text{H} \rightarrow {}^4\text{He}$ 为例, 反应物与生成物的质量差为 $4m_H - m_{He} = 0.0304 m_H$, 这相当于热值为 1.5×10^{18} erg·g^{-1}. 如果太阳完全由氢组成, 并以目前的光度发光, 则上述核反应可以维持 250 亿年, 甚至比宇宙的年龄 138 亿年还要长.

3.1.2 原子核的结合能

对原子核结构的研究表明, 原子核是由质子和中子组成的. 由于质子带正电, 库仑相互作用使得它们互相排斥. 要将它们结合在一起, 必须有一种更强的作用力来克服静电排斥力. 这种力被称为核力, 是一种在原子核尺度上才表现出来的非常强的吸引力, 它使得原子核拥有很大的结合能. 原子核反应时释放出来的能量就是原子核的结合能的一部分.

设某种原子核中核子 (包括质子和中子) 的总数为 X. 根据方程 (3.3), 原子核本身的质量减去其所包含的质子和中子的质量就反映了其结合能的大小. 用 Z 表示该原子核中质子的数目, N 表示中子的数目, A_X 表示其相对质量, 定义该原子核的质量亏损为

$$\Delta m_X = Z m_H + N m_n - A_X m_u, \tag{3.4}$$

其中 m_H 表示质子的质量, m_n 表示中子的质量, m_u 是原子质量单位. 于是, 该原子核的结合能为

$$\Delta E_X = \Delta m_X c^2 = m_u c^2 (ZA_H + NA_n - A_X)$$
$$= 931.494(ZA_H + NA_n - A_X) \text{ MeV}, \tag{3.5}$$

其中 A_H 为质子的相对质量, A_n 为中子的相对质量.

图 3.1 给出了不同原子核每核子平均结合能 $\Delta E_X/X$ 随核子数 X 的变化情况. 可以看出, 当比铁 (^{56}Fe) 还轻的轻核聚变为重核, 或者是比铁 (^{56}Fe) 还重的重核裂变为轻核时, 都会释放出结合能, 而铁 (^{56}Fe) 是结合能最大的原子核, 结合得最紧密, 已经没有多余的结合能可以释放出来了.

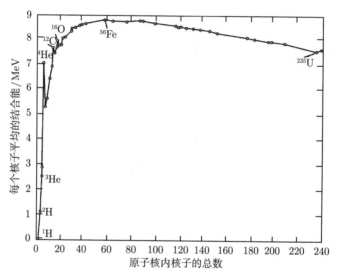

图 3.1 原子核结合能随原子序数分布的示意图

3.1.3 热核聚变反应

两个较轻的原子核发生碰撞并融合为一个较重的原子核的反应称为核聚变反应.

由于发生核聚变反应的两个原子核带正电荷, 它们之间因存在库仑相互作用而彼此排斥, 于是上述两个原子核必须具有足够高的动能, 以克服库仑相互作用产生的静电势能, 使得彼此能够接近到核力起作用的范围以发生核聚变反应. 核力的作用范围非常小. 典型的核半径为 10^{-13} cm, 超出这个范围核力将不起作用, 此时原子核所带正电荷的库仑长程相互作用将表现出来. 对于由电荷数为 Z_0 的靶核和电荷数为 Z_1 的入射核子组成的复合系统, 其静电排斥作用在靶核的表面产生的库

仑势垒

$$V_{\text{coul}} = \frac{Z_0 Z_1 e^2}{r_0}, \tag{3.6}$$

其中 r_0 是靶核的半径，e 是电子的电量. 假定靶核处于静止状态，按照经典理论，当入射核子的动能高于上述库仑势垒时，入射核子将穿越势垒而进入靶核内部并参与到核聚变反应中，但是当入射核子的动能低于上述库仑势垒时，入射核子将被弹回而无法发生核聚变反应.

如果发生核聚变反应的原子核的动能来自于系统的热运动，这类反应通常被称为热核聚变反应.

所带电荷量最小的两个质子之间的核聚变反应，根据方程 (3.6)，需要克服的静电库仑势垒约为 1 MeV，而太阳中心温度所对应的热运动平均动能约为 1 keV. 可以看到，这个热运动能量远远低于库仑势垒. 按照经典理论，入射核子无法达到核力起作用的范围，于是在太阳中心不能发生上述热核聚变反应. 但是，从量子理论的观点来看，微观粒子具有波动性质，其穿越一个势垒的行为与普通的波穿越一层非传播介质的行为类似. 因此，能量低于库仑势垒的原子核也存在一定几率穿越势垒而发生核聚变反应. 这种现象称为量子隧道效应.

3.1.4 恒星内部的热核燃烧序列

阻碍热核聚变反应发生的主要物理因素是带电粒子间的库仑相互作用. 因此，在恒星内部热核聚变反应总是从电荷数最少的原子核开始. 随着恒星中心温度不断上升，热核聚变反应向电荷数越来越高的原子核推进. 一般来说，当温度所对应的热运动能量达到原子核间库仑势垒的 10^{-3} 时，这些原子核间的热核聚变反应将成为恒星内部的一种主要能源. 通常将某种元素的原子核之间出现热核聚变反应的现象称为该元素的热核燃烧过程.

氢燃烧：氢 (^{1}H) 是原始恒星内部最丰富的元素，也是电荷数最少的核素，因此氢 (^{1}H) 原子核的聚变反应总是最先在恒星内部开始，通常称为氢燃烧过程. 当温度达到大约 10^7 K 时，氢开始点燃. 从总的效果来说，氢燃烧过程将 4 个氢 (^{1}H) 原子核聚合为 1 个氦 (^{4}He) 原子核并释放出大量热量. 由于氢燃烧需要的温度较低 ($1 \times 10^7 \sim 3 \times 10^7$ K)，其反应速率也相对较慢，再加上氢是恒星内部最丰富的核燃料，于是氢燃烧将会持续很长时间，并占据恒星全部寿命的大约 90%.

氦燃烧：当恒星中心温度达到 10^8 K 时，氦 (^{4}He) 原子核将发生热核聚变反应，通常称为氦燃烧过程. 氦燃烧过程首先将 3 个氦 (^{4}He) 核聚合为 1 个碳 (^{12}C) 核，通常称为 3α 反应. 如果温度足够高的话，刚刚生成的碳 (^{12}C) 核还会继续俘获氦 (^{4}He) 核进一步生成氧 (^{16}O) 核. 类似的 α 粒子俘获反应还可能继续下去，但是由于反应速率迅速下降，使得其生成的产物也越来越微不足道. 氦燃烧是除了氢燃烧之外的恒星的另一个主要能源，占据了恒星大约 10% 的寿命.

碳燃烧和氧燃烧：当恒星中心的温度达到 8×10^8 K 时，碳燃烧开始点火，2 个碳 (^{12}C) 原子核聚合将形成 1 个处于激发态的镁 (^{24}Mg) 原子核. 依据不同的衰变通道，镁 (^{24}Mg) 原子核主要衰变为氖 (^{20}Ne) 和钠 (^{23}Na) 原子核. 当恒星中心的温度达到大约 1.8×10^9 K 时，氧燃烧在恒星中心点燃，2 个氧 (^{16}O) 原子核将聚合为 1 个处于激发态的硫 (^{32}S) 原子核. 依据不同的衰变通道，硫 (^{32}S) 原子核主要衰变为磷 (^{31}P) 和硅 (^{28}Si) 原子核. 由于温度非常高，碳燃烧过程和氧燃烧过程的寿命很短，甚至可能发生爆炸式燃烧，因此一般不能在恒星的全部寿命中占据一个可观的部分.

硅燃烧：两个硅 (^{28}Si) 原子核不会直接发生热核聚变反应，因为其所需要的温度太高，以至于一部分高能光子具有足够的能量击碎硅 (^{28}Si) 原子核本身，这使得热核聚变反应的逆过程——光致蜕变反应将成为一种主要的热核反应过程. 由于 α 粒子在原子核中的结合能较低，因此由光子从原子核中击出 α 粒子的光致蜕变反应与捕获 α 粒子的热核聚变反应组成的 α 粒子反应链成为此时最主要的热核反应过程. 当温度高于 3×10^9 K 时，硅燃烧开始，并形成准平衡群，从而将参与反应的众多核素联系起来，其主要的产物是以铁 (^{56}Fe) 为代表的相对原子质量在 $28 \leqslant A \leqslant 56$ 的元素.

§3.2 热核反应速率

一个核反应进行的快慢由其反应速率决定. 对于恒星内部发生的热核反应来说，决定反应速率的物理因素主要有两个，分别为参与反应的两个粒子克服它们之间的库仑势垒的概率，以及进入核力范围后二者发生碰撞的概率. 前者与两个粒子间相对运动的动能密切相关，后者则取决于两个粒子所组成的复合系统的结构.

3.2.1 热核反应速率

设有热核反应 $x + c \to y + d$，其中 x 是靶核，c 是入射粒子，y 是生成物，d 是反应释放出来的衰变粒子. 该核反应的反应截面 σ 被定义为

$$\sigma = \frac{\text{单位时间发生核反应的数目}}{\text{单位时间穿越单位面积的入射粒子数目}}. \tag{3.7}$$

按照经典图像，如果与靶核 x 发生碰撞的入射粒子 c 都发生了核反应，那么由方程 (3.7) 定义的反应截面正好等于两核发生散射时靶核 x 相对于入射粒子 c 的横截面积. 对于恒星内部的热核反应来说，反应截面 σ 通常是入射粒子动能 E 的函数.

通常将单位时间内在单位体积中发生核反应的数目称为反应速率. 对于上述核反应来说，设靶核 x 的数密度为 n_x，其速度为 v_x 的粒子所占比例为 ψ_x，入射粒

子 c 的数密度为 n_c，其速度为 v_c 的粒子所占比例为 ψ_c. 若入射粒子 c 相对于靶核 x 的速率为 $v=|\boldsymbol{v}_x - \boldsymbol{v}_c|$，利用方程 (3.7) 定义的反应截面记为 σ_{xc}，上述核反应的速率 r_{xc} 为

$$r_{xc} = \iint v\sigma_{xc} n_x \psi_x \mathrm{d}^3\boldsymbol{v}_x n_c \psi_c \mathrm{d}^3\boldsymbol{v}_c = n_x n_c \langle v\sigma_{xc}\rangle, \tag{3.8}$$

其中双重积分分别在两个粒子的速度空间中进行. 从方程 (3.8) 的第二个等式可以看到，$\langle v\sigma_{xc}\rangle$ 实际上代表了一对粒子发生反应的几率.

如果入射粒子 c 与靶核 x 是同一种粒子，由于全同粒子是不可分辨的，于是发生反应的次数不是正比于 $n_c n_x$，而应该修正为 $n_x^2/2$. 因此，可以将反应速率写为一般形式：

$$r_{xc} = \frac{n_c n_x}{1+\delta_{xc}} \langle v\sigma_{xc}\rangle, \tag{3.9}$$

其中，如果 x≠c，则 $\delta_{xc}=0$，如果 x = c，则 $\delta_{xc}=1$.

对于发生在恒星内部的热核反应，可以假定发生反应的粒子都是理想气体，其配分函数由方程 (2.35) 给出. 根据方程 (2.28) 可以得到，一个质量为 m_x 的粒子在速度空间的分布函数为

$$\psi = \left(\frac{m_x}{2\pi kT}\right)^{3/2} \mathrm{e}^{-m_x(v_{x1}^2+v_{x2}^2+v_{x3}^2)/2kT}, \tag{3.10}$$

其中 v_{xi} 是粒子速度的三个分量，T 是温度，k 是玻尔兹曼常数. 分布函数 (3.10) 是归一化的，通常被称为麦克斯韦 (Maxwell) 分布函数.

利用粒子的速度分布函数 (3.10)，反应的速率 r_{xc} 可以进一步写为

$$r_{xc} = n_x n_c \frac{(m_x m_c)^{3/2}}{(2\pi kT)^3} \iint v\sigma_{xc} \mathrm{e}^{-(m_x v_x^2 + m_c v_c^2)/2kT} \mathrm{d}^3\boldsymbol{v}_x \mathrm{d}^3\boldsymbol{v}_c. \tag{3.11}$$

引入两粒子的质心速度 $\boldsymbol{V}$ 满足

$$(m_c + m_x)\boldsymbol{V} = m_c \boldsymbol{v}_c + m_x \boldsymbol{v}_x, \tag{3.12}$$

以及约化质量

$$m = \frac{m_c m_x}{m_c + m_x}, \tag{3.13}$$

并利用两粒子间的相对速度 v，代入方程 (3.11)，可以得到

$$\begin{aligned} r_{xc} &= n_c n_x \frac{(m_c m_x)^{3/2}}{(2\pi kT)^3} \iint v\sigma_{xc} \mathrm{e}^{-[(m_c+m_x)V^2 + mv^2]/2kT} \mathrm{d}^3\boldsymbol{v} \mathrm{d}^3\boldsymbol{V} \\ &= n_c n_x \left(\frac{m}{2\pi kT}\right)^{3/2} \int_0^\infty \mathrm{e}^{-mv^2/2kT} 4\pi \sigma v^3 \mathrm{d}v. \end{aligned} \tag{3.14}$$

决定核反应截面 σ 的因素主要有两个：其一是两个原子核间的长程库仑势垒，由量子隧道效应来描述其穿越概率；其二是两个原子核间的短程核力势阱，可以用粒子在势阱中的散射来描述. 为了方便起见，通常将反应截面 σ 表示为

$$\sigma(E) = \frac{S(E)}{E} e^{-b/\sqrt{E}}, \tag{3.15}$$

其中 $E = mv^2/2$ 是质心系中粒子的动能，最后的指数因子是代表量子隧穿几率的伽莫夫 (Gamow) 因子. 于是，反应速率 $r_{\rm xc}$ 最终可以表示为

$$r_{\rm xc} = \sqrt{\frac{8}{\pi m}} \frac{n_{\rm c} n_{\rm x}}{(kT)^{3/2}} \int_0^\infty S(E) e^{-\left(\frac{E}{kT} + \frac{b}{\sqrt{E}}\right)} {\rm d}E. \tag{3.16}$$

上述方程中的截面因子 S 有时也被称为天体物理 S 因子，它包括了在核力起作用的范围内各种复杂过程所产生的效应. 对于非共振反应，S 通常是 E 的一个缓变函数，而对于共振反应来说，S 在发生共振的能量 E 处出现极大值. 一般来说，截面因子 S 可以通过实验方法测定. 对于某些简单情况，也可以通过理论计算来得到 S.

3.2.2 核反应的截面

对于在核力作用下两粒子发生核反应的过程，通常采用入射粒子在势阱中的散射来加以描述. 为简单起见，考虑一个如图 3.2 所示的半径为 a 的球对称方势阱 $-V$，一个能量为 E 的粒子沿半径方向入射. 从量子力学关于粒子波动性的观点来

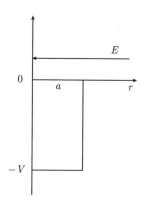

图 3.2 球对称方势阱的示意图

看，假定粒子以球对称的方式在上述势阱中运动，其波函数 ψ 满足定态的薛定谔 (Schrödinger) 方程:

$$-\frac{\hbar^2}{2m}\left(\frac{{\rm d}^2}{{\rm d}r^2} + \frac{2}{r}\frac{\rm d}{{\rm d}r}\right)\psi + V(r)\psi = E\psi, \tag{3.17}$$

其中 m 是约化质量，$\hbar = h/2\pi$. 为了方便起见，引入新的变量 $x = kr$ 和 $\phi = x\psi$，其中波数 k 对应于入射粒子在真空中的物质波波长：

$$k = \sqrt{2mE/\hbar^2}, \tag{3.18}$$

则方程 (3.17) 可以写为

$$\frac{\mathrm{d}^2\phi}{\mathrm{d}x^2} + \left[1 - \frac{V(x)}{E}\right]\phi = 0. \tag{3.19}$$

在势阱的内部，$V(x) = -V$，并且波函数 ϕ 要满足 $x = 0$ 时 $\phi = 0$ 的边界条件，于是方程 (3.19) 的解可以写为

$$\phi = T\sin\sqrt{V/E+1}\,x = T\sin k'r = \frac{T}{\mathrm{i}2}\left(\mathrm{e}^{\mathrm{i}k'r} - \mathrm{e}^{-\mathrm{i}k'r}\right), \tag{3.20}$$

其中 T 是在势阱内部波函数的振幅，波数 k' 对应于入射粒子在势阱内部的物质波波长：

$$k' = k\sqrt{V/E+1}. \tag{3.21}$$

可以注意到，由方程 (3.20) 给出的解代表了两列振幅相同但传播方向相反的波，也就是包含 $\mathrm{e}^{-\mathrm{i}k'r}$ 的入射波和包含 $\mathrm{e}^{\mathrm{i}k'r}$ 的出射波.

在势阱的外边，$V(x) = 0$，因此方程 (3.19) 的解为

$$\phi = R\sin(x + \delta_0) = R\sin(kr + \delta_0). \tag{3.22}$$

在方程 (3.22) 中，考虑到势阱产生的影响，波函数存在一定的相移 δ_0. 此外，波函数 ϕ 的振幅 R 将由势阱外的边界条件决定.

在势阱的边界 $(r = a)$ 处，波函数及其导数的连续性条件要求

$$\begin{aligned} T\sin k'a &= R\sin(ka + \delta_0), \\ Tk'\cos k'a &= Rk\cos(ka + \delta_0). \end{aligned} \tag{3.23}$$

从方程组 (3.23) 中解出相移 δ_0，可以得到

$$\tan\delta_0 = \frac{k\tan k'a - k'\tan ka}{k' + k\tan k'a\tan ka}. \tag{3.24}$$

当无势阱存在时没有散射发生，于是也就没有相移 ($\delta_0 = 0$). 因此，散射造成的波函数 ϕ_{sc} 由方程 (3.22) 给出的解减去无散射时的解 ($\sin kr$) 来描述：

$$\phi_{\mathrm{sc}} = R\sin(kr + \delta_0) - \sin(kr) = \frac{1}{\mathrm{i}2}\left[\left(R\mathrm{e}^{\mathrm{i}\delta_0} - 1\right)\mathrm{e}^{\mathrm{i}kr} + \left(1 - R\mathrm{e}^{-\mathrm{i}\delta_0}\right)\mathrm{e}^{-\mathrm{i}kr}\right]. \tag{3.25}$$

与方程 (3.20) 相类似, 方程 (3.25) 最后一个等号右边方括号中的第一项描述的是出射波, 而方括号中的第二项描述的则是入射波. 对于散射问题来说, 散射波只有出射波而没有入射波, 这就要求

$$R = e^{i\delta_0}. \tag{3.26}$$

于是, 将方程 (3.26) 代入方程 (3.22) 中, 可以得到势阱外的波函数为

$$\phi = e^{i\delta_0} \sin(kr + \delta_0). \tag{3.27}$$

可以看到, 由方程 (3.27) 给出的势阱外波函数的振幅之模的平方为 1, 与无散射发生时的情况相同. 这反映了散射前后粒子数守恒的要求. 将方程 (3.26) 代入方程 (3.25) 中, 可以得到散射波函数为

$$\phi_{\rm sc} = \frac{1}{i2}\left(e^{i2\delta_0} - 1\right) e^{ikr}. \tag{3.28}$$

对于散射波, 利用方程 (3.28) 给出的散射波函数, 可以得到散射流密度为 $(\hbar k/m)|\phi_{\rm sc}/kr|^2$. 将此散射流密度对整个球面积分, 就可以给出单位时间内被散射粒子的总数为 $4\pi(\hbar/km)|\phi_{\rm sc}|^2$. 对于入射粒子, 在无限远处可以用方程 (3.19) 所给出的平面波的波函数 e^{ix} 来近似球面波的波函数 e^{ikr}/kr, 于是入射粒子的流量密度可以表达为 $\hbar k/m$. 按照反应截面的定义 (3.7), 此时的反应截面可以表达为

$$\sigma = \frac{4\pi}{k^2}|\phi_{\rm sc}|^2 = \frac{4\pi}{k^2}\sin^2\delta_0. \tag{3.29}$$

(1) 非共振反应.

当入射粒子的能量很低 ($ka \ll 1$) 时, $\delta_0 \approx 0$, 从方程 (3.24) 和 (3.29) 可以近似得到

$$\sigma = \frac{4\pi}{k^2}\sin^2\delta_0 \approx \frac{4\pi}{k^2}\tan^2\delta_0 \approx 4\pi a^2 \left(\frac{\tan k'a - k'a}{k'a}\right)^2. \tag{3.30}$$

可以看到, 在低能极限下反应截面是个常数, 与入射粒子的能量无关. 这种情况对应于非共振类型的核反应.

(2) 共振反应.

当入射粒子的能量很低 ($ka \ll 1$) 时, 近似有 $\tan ka \approx ka$, 从方程 (3.24) 可以近似得到

$$\sin^2\delta_0 = \frac{\tan^2\delta_0}{1 + \tan^2\delta_0} \approx \frac{k^2a^2(\tan k'a - k'a)^2}{k'^2a^2 + k^2a^2\tan^2 k'a}. \tag{3.31}$$

从方程 (3.31) 可以注意到, 当 $k'a \approx (n+1/2)\pi$(其中 $n = 0, 1, 2, \cdots$) 时, $\sin^2\delta_0 \approx 1$, 并且根据方程 (3.29) 可以得到 $\sigma \approx 4\pi/k^2$, 由此造成反应截面明显增大的效应称为共振现象.

根据方程 (3.21)，上述共振条件意味着

$$V + E = \left(n + \frac{1}{2}\right)^2 \frac{\pi^2 \hbar^2}{2ma^2}. \tag{3.32}$$

由于核力产生的势能 V 一般来说比入射粒子的动能 E 大得多，上述共振发生在当核力的能量本征态 V 正好位于共振能级附近时。假定发生共振时的能量为 E_0，此时 $\sin^2 \delta_0(E_0) = 1$ 和 $\cos^2 \delta_0(E_0) = 0$。在共振能量 E_0 附近做泰勒 (Taylor) 展开：

$$\begin{aligned}\sin \delta_0(E) &\approx \sin \delta_0(E_0) + \cos \delta_0(E_0) \frac{\partial \delta_0}{\partial E}(E - E_0) \approx 1, \\ \cos \delta_0(E) &\approx \cos \delta_0(E_0) - \sin \delta_0(E_0) \frac{\partial \delta_0}{\partial E}(E - E_0) \approx -\frac{2}{\Gamma_0}(E - E_0),\end{aligned} \tag{3.33}$$

其中 $\Gamma_0 = \partial \delta_0/\partial E$ 通常被称为共振宽度。于是散射截面可以表达为

$$\sigma = \frac{4\pi}{k^2} \frac{\sin^2 \delta_0}{\cos^2 \delta_0 + \sin^2 \delta_0} \approx \frac{4\pi}{k^2} \frac{\Gamma_0^2/4}{(E-E_0)^2 + \Gamma_0^2/4}. \tag{3.34}$$

方程 (3.34) 即是球对称情况下共振散射截面的布雷特–维格纳 (Breit-Wigner) 公式。

3.2.3 量子隧道效应

具有库仑势 (3.6) 的波函数方程 (3.19) 能够解析求解，并可将其解表达为合流超几何函数。这里介绍一种近似方法来得到方程 (3.15) 中出现的量子隧穿几率的伽莫夫因子。

首先考虑一个球对称方形势垒对入射粒子的散射和透射。与上节的讨论相类似，不过此时假定当 $r < a$ 时 $V(r) = V > E$，这表明透射波进入势垒后是衰减的。此时，方程 (3.19) 的解应该表示为

$$\phi = T e^{\sqrt{V/E-1}x} = T e^{\kappa r}, \tag{3.35}$$

其中 T 是透射波的振幅，$\kappa = k\sqrt{V/E - 1}$。在势垒边界 $(r = a)$ 处，波函数及其导数的连续性要求

$$\begin{aligned} T e^{\kappa a} &= R \sin(ka + \delta_0), \\ T \kappa e^{\kappa a} &= R k \cos(ka + \delta_0). \end{aligned} \tag{3.36}$$

利用方程 (3.22) 和 (3.26)，从方程组 (3.36) 中解出透射波振幅 T，并考虑到 $|R|^2 = 1$，可以得到透射率 $|T|^2$ 为

$$|T|^2 = \frac{k^2}{\kappa^2 + k^2} e^{-2\kappa a}. \tag{3.37}$$

对于一个形如方程 (3.6) 的库仑势垒 (如图 3.3 所示)，定义一个折返半径 a 满足

$$E = \frac{Z_0 Z_1 e^2}{a}, \tag{3.38}$$

其中 E 是质心系中粒子的动能，Z_0 和 Z_1 分别是靶核和入射粒子的电荷数，则可以将上述库仑势垒的宽度近似看成为 a. 对于图 3.2 所示的方形势垒来说，透射系数 (3.37) 中的因子 κa 与该势垒 V 在粒子能量 E 以上部分的面积有关. 将上述结论推广到图 3.3 所示的库仑势垒，可以得到

$$\kappa a = k \int_0^a \sqrt{\frac{V}{E} - 1} \, \mathrm{d}r = \frac{\sqrt{2mZ_0Z_1 e^2}}{\hbar} \int_0^a \sqrt{\frac{1}{r} - \frac{1}{a}} \, \mathrm{d}r$$
$$= k\sqrt{a} \int_{-\infty}^0 x \, \mathrm{d}\left(\frac{1}{x^2 + a^{-1}}\right) = \frac{\pi}{2} ka. \tag{3.39}$$

由此可以得到库仑势垒的透射率 T 为

$$|T|^2 = \frac{4}{\pi^2 + 4} \mathrm{e}^{-\pi ka}. \tag{3.40}$$

这正是方程 (3.15) 中出现的表征量子隧穿几率的伽莫夫因子. 二者对比可得到

$$b = \pi k a \sqrt{E} = \frac{\pi\sqrt{2m} Z_0 Z_1 e^2}{\hbar}. \tag{3.41}$$

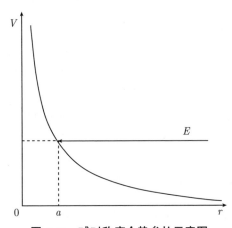

图 3.3　球对称库仑势垒的示意图

3.2.4　电子屏蔽

在恒星内部热核反应区，物质完全电离形成等离子体. 带正电的原子核将吸引周围的自由电子，形成一个带负电的电子云将其包围. 周围电子云的存在将部分地屏蔽原子核的库仑势垒，或者等效地使入射粒子的相对动能增大，其结果是使得穿越库仑势垒的量子隧穿几率变大，从而使得热核反应的速率增大.

考虑一个具有 $+Z_x e$ 电荷的靶核 x 和它周围的电子云形成的系统的静电势. 静电势 ϕ 由方程 (2.91) 给出：

$$\phi = \frac{Z_x e}{r} \mathrm{e}^{-r/r_\mathrm{D}}, \tag{3.42}$$

其中 r_D 是德拜半径. 此时, 靶粒子 $+Z_xe$ 对入射粒子 $+Z_ce$ 构成的库仑势垒为

$$V = \frac{Z_xZ_ce^2}{r}e^{-r/r_D} \approx \frac{Z_xZ_ce^2}{r}\left(1 - \frac{r}{r_D}\right) = \frac{Z_xZ_ce^2}{r} - U_D, \tag{3.43}$$

其中

$$U_D = \frac{Z_xZ_ce^2}{r_D}.$$

从方程 (3.43) 可以看出, 电子云的存在使得库仑势垒降低了 U_D, 或者等效于使得入射粒子 c 的动能增加了 U_D. 于是, 根据方程 (3.14), 核反应的速率应该修改为

$$\begin{aligned}r_{xc} &= 2\pi n_c n_x \left(\frac{2}{m}\right)^2 \left(\frac{m}{2\pi kT}\right)^{3/2} \int_0^\infty e^{-E/kT}\sigma(E+U_D)EdE \\ &= 2\pi n_c n_x \left(\frac{2}{m}\right)^2 \left(\frac{m}{2\pi kT}\right)^{3/2} \int_{U_D}^\infty e^{-(E'-U_D)/kT}\sigma(E')(E'-U_D)d(E'-U_D) \\ &\approx 2\pi n_c n_x \left(\frac{2}{m}\right)^2 \left(\frac{m}{2\pi kT}\right)^{3/2} e^{U_D/kT}\int_0^\infty e^{-E'/kT}\sigma(E')E'dE'.\end{aligned} \tag{3.44}$$

方程 (3.44) 中的最后一个等式在弱屏蔽近似 ($U_D \ll kT$) 下成立. 通常定义一个屏蔽因子 $f = \exp(U_D/kT)$, 用其乘以原来的反应截面就得到电子屏蔽修正后的结果.

3.2.5 化学组成的变化与核产能率

考虑某核素 i, 因为核反应使其数密度 n_i 发生的变化可以写为

$$\frac{dn_i}{dt} = \sum_{k,l} a_{kl}r_{kl} - \sum_j b_{ij}r_{ij}, \tag{3.45}$$

其中 a_{kl} 表示 k 核子与 l 核子发生一次反应所生成的 i 核子的数目, 而 b_{ij} 表示 i 核子与 j 核子发生一次反应所消耗掉的 i 核子的数目.

定义 i 元素的数丰度 Y_i 与质量丰度 X_i 之间的关系为

$$n_i = N_A \frac{\rho X_i}{A_i} = \rho N_A Y_i, \tag{3.46}$$

其中 A_i 是 i 元素的相对原子质量, N_A 是阿伏伽德罗常数, 则可以将任意 i 核子与 j 核子间的核反应速率 (3.9) 写为

$$r_{ij} = \frac{n_i n_j}{1+\delta_{ij}}\langle v\sigma_{ij}\rangle = \frac{\rho N_A Y_i \rho N_A Y_j}{1+\delta_{ij}}\langle v\sigma_{ij}\rangle = \rho N_A \frac{Y_i Y_j}{1+\delta_{ij}}R_{ij}, \tag{3.47}$$

其中 $R_{ij} = \rho N_A \langle v\sigma_{ij}\rangle$ 为反应平衡常数. 于是, 利用方程 (3.46) 和 (3.47), 方程 (3.45) 可以写为

$$\frac{dY_i}{dt} = \sum_{k,l} \frac{a_{kl}}{1+\delta_{kl}}Y_kY_lR_{kl} - \sum_j \frac{b_{ij}}{1+\delta_{ij}}Y_iY_jR_{ij}. \tag{3.48}$$

核产能率定义为每秒单位质量物质产生的热量. 设任意 i 核子与 j 核子间发生一次核反应释放的能量为 Q_{ij}, 根据反应速率 (3.47), 核产能率 ϵ 可以写为

$$\epsilon = \frac{1}{\rho}\sum r_{ij}Q_{ij} = N_A \sum \frac{Y_iY_j}{1+\delta_{ij}}Q_{ij}R_{ij}, \tag{3.49}$$

其中求和遍及核燃烧过程所涉及的所有核反应.

§3.3 氢燃烧过程

氢是恒星中最丰富的元素, 氢聚变为氦的反应也是恒星最主要的能量来源. 氢燃烧发生在温度 $T > 7 \times 10^6$ K 时, 在 $4^1{\rm H} \to {}^4{\rm He}$ 的过程中, 放出 26.731 MeV 的能量. 这些能量中的一部分是以中微子的形式释放出来的, 将直接逃离恒星, 而不对核产能率有贡献.

依据反应时温度的不同, 氢燃烧存在两种不同的方式: 质子 (pp) 链和碳氮氧 (CNO) 循环. 一般来说, 在温度较低的小质量恒星中心核内, 质子链是氢燃烧的主要方式, 而在温度较高的大中质量恒星中心核内, 以及温度更高的氢燃烧壳层源内, 碳氮氧循环成为氢燃烧的主要方式. 两者的分界线在温度大约为 1.8×10^7 K 处, 对应于零年龄主序 (ZAMS) 星的质量大约为 $1.6~M_\odot$.

3.3.1 质子链

质子链是一种由两个质子的核反应开始的连锁反应, 通过三种不同的途径, 最终形成氦核. 通常将质子链的三种不同途径分别称为 PPI, PPII 和 PPIII.

(1) PPI 反应链.

PPI 反应链的具体步骤是:

$$\begin{aligned}
{}^1{\rm H} + {}^1{\rm H} &\to {}^2{\rm D} + {\rm e}^+\nu, & Q &= 1.442~{\rm MeV}, & Q_\nu &= 0.265~{\rm MeV}, \\
{}^2{\rm D} + {}^1{\rm H} &\to {}^3{\rm He} + \gamma, & Q &= 5.494~{\rm MeV}, & & \\
{}^3{\rm He} + {}^3{\rm He} &\to {}^4{\rm He} + 2{}^1{\rm H}, & Q &= 12.860~{\rm MeV}, & &
\end{aligned} \tag{3.50}$$

其中 ^{2}D 代表氘核, e$^+$ 代表衰变释放出来的正电子, ν 代表中微子, γ 代表光子, Q 和 Q_ν 分别给出了反应释放出来的总能量和中微子能量损失的平均值.

首先, 考虑氘核数丰度的变化. 根据方程 (3.48) 和反应式 (3.50), 可以得到

$$\frac{{\rm d}Y_2}{{\rm d}t} = \frac{1}{2}R_{\rm pp}Y_1^2 - R_{\rm pd}Y_1Y_2, \tag{3.51}$$

其中 Y_1 是氢 (^{1}H) 的数丰度, Y_2 为氘的数丰度, $R_{\rm pp}$ 是 $^1{\rm H} + {}^1{\rm H} \to {}^2{\rm D}$ 的反应平衡常数, $R_{\rm pd}$ 是 $^2{\rm D} + {}^1{\rm H} \to {}^3{\rm He}$ 的反应平衡常数. 假定氢的数丰度 Y_1 以及反应平衡

常数 R_{pp} 和 R_{pd} 为常数，做变量代换

$$Y_2 = \frac{R_{pp}}{2R_{pd}} Y_1 u, \quad x = R_{pd} Y_1 t = \frac{t}{\tau_{pd}}, \tag{3.52}$$

其中 τ_{pd} 是氘核做质子俘获反应的寿命，方程 (3.51) 可以化为

$$\frac{du}{dx} = 1 - u. \tag{3.53}$$

方程 (3.53) 的通解为

$$u = 1 + C_{pd} e^{-x}, \tag{3.54}$$

其中 C_{pd} 为常数. 方程 (3.53) 的初始条件为 $x = 0$ 时 $u = u_0$，代入方程 (3.54) 中可以得到

$$C_{pd} = u_0 - 1. \tag{3.55}$$

换用原来的变量写出为

$$Y_2 = Y_{20} e^{-t/\tau_{pd}} + \frac{R_{pp}}{2R_{pd}} Y_1 \left(1 - e^{-t/\tau_{pd}}\right) = Y_{20} e^{-t/\tau_{pd}} + Y_{2\infty} \left(1 - e^{-t/\tau_{pd}}\right), \tag{3.56}$$

其中 Y_{20} 是氘的初始数丰度，$Y_{2\infty}$ 是氘的平衡数丰度.

从方程 (3.56) 可以看出，在经过时标 τ_{pd} 以后，初始的氘将被消耗掉，最终氘丰度将趋于其平衡值. 在太阳中心的物理条件 (温度为 1.5×10^7 K，密度为 $150 \, \text{g} \cdot \text{cm}^{-3}$) 下，氘达到平衡只需要大约 1.6 s. 于是，对于正常恒星内部的平稳氢燃烧过程，一般可以认为氘的反应总是处于平衡状态. 另一方面，氘的平衡数丰度 $Y_{2\infty}/Y_1$ 取决于生成氘和消耗氘的速率. 对于恒星内部的氢燃烧过程，由于消耗的速率远远大于生成的速率，因此氘的平衡丰度是很小的.

其次，考虑 ^{3}He 的数丰度变化. 根据方程 (3.48) 和反应式 (3.50)，可以得到

$$\frac{dY_3}{dt} = R_{pd} Y_1 Y_2 - R_{33} Y_3^2 = \frac{1}{2} R_{pp} Y_1^2 - R_{33} Y_3^2, \tag{3.57}$$

其中 Y_3 是 ^{3}He 的数丰度，R_{33} 是 ^{3}He + ^{3}He → ^{4}He 的反应平衡常数. 方程 (3.57) 的后一个等式在氘取平衡丰度时成立. 假定氢的数丰度 Y_1 和反应平衡常数 R_{pp}, R_{33} 为常数，做变量代换

$$Y_3 = \sqrt{\frac{R_{pp}}{2R_{33}}} Y_1 u = Y_{3\infty} u, \quad x = \frac{R_{pp} Y_1^2}{2Y_{3\infty}} t = Y_1 \sqrt{\frac{R_{pp} R_{33}}{2}} t = \frac{t}{\tau_{33}}, \tag{3.58}$$

其中 $Y_{3\infty}$ 是 ^{3}He 的平衡数丰度，τ_{33} 是 ^{3}He 的自身聚合反应寿命，则方程 (3.57) 可以化为

$$\frac{du}{dx} = 1 - u^2. \tag{3.59}$$

方程 (3.59) 的通解为

$$\frac{1+u}{1-u} = C_{33}e^{2x}, \tag{3.60}$$

其中 C_{33} 是一个常数. 方程 (3.59) 的初始条件为 $x=0$ 时 $u=u_0$, 代入方程 (3.60) 中, 可以得到

$$C_{33} = \frac{1+u_0}{1-u_0} = 1, \quad \text{如果 } Y_{30} = 0. \tag{3.61}$$

换用原来的变量写出为

$$Y_3 = Y_{3\infty} \frac{1 - e^{-2t/\tau_{33}}}{1 + e^{-2t/\tau_{33}}}. \tag{3.62}$$

从方程 (3.62) 可以看到, 经过充分长时间后, ^{3}He 的数丰度 Y_3 也将达到其平衡值 $Y_{3\infty}$. 对于太阳中心来说, 这个时间大约是 10^6 年.

(2) PPII 和 PPIII 反应链.

PPII 反应链的具体步骤是:

$$\begin{aligned}
^3\text{He} + {}^4\text{He} &\to {}^7\text{Be} + \gamma, & Q &= 1.588 \text{ MeV}; \\
^7\text{Be} + e^- &\to {}^7\text{Li} + \nu, & Q &= 0.862 \text{ MeV}, & Q_\nu &= 0.862 \text{ MeV}; \\
^7\text{Li} + {}^1\text{H} &\to 2{}^4\text{He}, & Q &= 17.346 \text{ MeV}.
\end{aligned} \tag{3.63}$$

PPIII 反应链的具体步骤是:

$$\begin{aligned}
^7\text{Be} + {}^1\text{H} &\to {}^8\text{B} + \gamma, & Q &= 0.137 \text{ MeV}; \\
^8\text{B} &\to {}^8\text{Be} + e^+\nu, & Q &= 18.072 \text{ MeV}, & Q_\nu &= 6.710 \text{ MeV}; \\
^8\text{Be} &\to 2{}^4\text{He}.
\end{aligned} \tag{3.64}$$

和 PPI 反应链相类似, 由于反应的速率都很快, PPII 和 PPIII 反应链中的那些中间反应也存在趋向平衡数丰度的趋势, 而且和 PPI 的中间产物到达平衡的速度相比, 这些反应的中间产物前后都将到达平衡数丰度. 但这时多出来了一个问题, 即 ^{3}He 可以有两个分支进行反应, ^{7}Be 也有两个分支进行反应. 于是, 只有确定三个链彼此之间的分支比才能最终确定由 PPI, PPII 和 PPIII 三个链式反应所组成的完整的氢燃烧过程.

首先来看 ^{3}He 的分支问题. 根据反应式 (3.50) 和 (3.63), ^{3}He 既可以同它自己反应, 也可以同 ^{4}He 反应. 于是, ^{3}He 的数丰度变化应由下列方程来控制:

$$\frac{dY_3}{dt} = R_{pd}Y_1Y_2 - R_{33}Y_3^2 - R_{34}Y_3Y_4, \tag{3.65}$$

其中 Y_4 是 ^{4}He 的数丰度, R_{34} 是 ^{3}He + ^{4}He $\to$ ^{7}Be 的反应平衡常数. 考虑到达平衡时 ^{3}He 的平衡数丰度 $Y_{3\infty}$, 它满足方程

$$0 = R_{pd}Y_1Y_2 - R_{33}Y_{3\infty}^2 - R_{34}Y_{3\infty}Y_4 = \frac{1}{2}R_{pp}Y_1^2 - R_{33}Y_{3\infty}^2 - R_{34}Y_{3\infty}Y_4, \tag{3.66}$$

由此可以解出 ^{3}He 的平衡数丰度为

$$Y_{3\infty} = \sqrt{\left(\frac{R_{34}Y_4}{2R_{33}}\right)^2 + \frac{R_{pp}Y_1^2}{2R_{33}}} - \frac{R_{34}Y_4}{2R_{33}} = \frac{R_{34}Y_4}{2R_{33}}\left(\sqrt{1+\frac{2R_{33}R_{pp}}{R_{34}^2}\left(\frac{Y_1}{Y_4}\right)^2} - 1\right). \tag{3.67}$$

定义 P_1 为 PPI 链所生成的 ^{4}He 所占的比例，则从方程 (3.65) 和 (3.67) 可以得到

$$\frac{P_1}{1-P_1} = \frac{R_{33}Y_{3\infty}^2/2}{R_{34}Y_{3\infty}Y_4} = \frac{1}{4}\left(\sqrt{1+\frac{2R_{pp}R_{33}}{R_{34}^2}\left(\frac{Y_1}{Y_4}\right)^2} - 1\right) = \frac{1}{4}\left(\sqrt{1+\frac{2}{\alpha}} - 1\right), \tag{3.68}$$

其中

$$\alpha = \frac{R_{34}^2 Y_4^2}{R_{pp}R_{33}Y_1^2}.$$

从方程 (3.68) 中可以容易地解出

$$P_1 = \frac{R_{33}Y_{3\infty}}{2R_{34}Y_4 + R_{33}Y_{3\infty}} = \left[1 + 4\left(\sqrt{1+\frac{2}{\alpha}} - 1\right)^{-1}\right]^{-1}. \tag{3.69}$$

一般来说，当温度在 10^7 K 附近时，$R_{pp}R_{33} \approx 10^3 \times R_{34}^2$. 于是，在质子链氢燃烧的大部分时期，PPI 产生的 ^{4}He 占绝大部分. 只有在质子链氢燃烧的最后阶段，当氢丰度已经很小的时候，PPII 和 PPIII 才对 ^{4}He 的产生有显著影响. 另一方面，随着温度的升高，R_{34} 快速增大，使得 PPII 和 PPIII 取代 PPI 成为产生 ^{4}He 的主导机制.

其次，PPII 和 PPIII 的分支出现在 ^{7}Be 的反应上，其中一种可能是做电子俘获反应形成 ^{7}Li，另一种可能是做质子俘获反应形成 ^{8}B. 于是，根据反应式 (3.63) 和 (3.64)，^{7}Be 的数丰度方程为

$$\frac{dY_7}{dt} = R_{34}Y_3Y_4 - R_{7e}Y_eY_7 - R_{7p}Y_1Y_7, \tag{3.70}$$

其中 Y_7 是 ^{7}Be 的数丰度，Y_e 是自由电子的数丰度，R_{7e} 和 R_{7p} 分别是 ^{7}Be 做电子俘获和质子俘获时的反应平衡常数. 当达到平衡时，^{7}Be 的平衡数丰度 $Y_{7\infty}$ 应满足

$$Y_{7\infty} = \frac{R_{34}Y_{3\infty}Y_4}{R_{7e}Y_e + R_{7p}Y_1}. \tag{3.71}$$

同样，可以定义 PPII 和 PPIII 所生成的 ^{4}He 所占的比例分别为 P_2 和 P_3. 根据方程 (3.65) 和 (3.69)，利用与上述类似的分析，可以得到

$$P_2 = \frac{2R_{34}Y_4}{R_{33}Y_{3\infty} + 2R_{34}Y_4} \frac{R_{7e}Y_e}{R_{7e}Y_e + R_{7p}Y_1}, \tag{3.72}$$

$$P_3 = \frac{2R_{34}Y_4}{R_{33}Y_{3\infty} + 2R_{34}Y_4} \frac{R_{7p}Y_1}{R_{7e}Y_e + R_{7p}Y_1}. \tag{3.73}$$

显然，三个分支的比例系数必须满足关系

$$P_1 + P_2 + P_3 = 1. \tag{3.74}$$

(3) 质子链氢数丰度变化与氢燃烧产能率.

在所有中间核素都达到平衡数丰度的情况下，氢 (或者氦) 的数丰度由下面的方程控制:

$$\begin{aligned}\frac{\mathrm{d}Y_4}{\mathrm{d}t} &= -\frac{1}{4}\frac{\mathrm{d}Y_1}{\mathrm{d}t} = \frac{1}{4}R_{\mathrm{pp}}Y_1^2 + \frac{1}{2}R_{34}Y_{3\infty}Y_4 = \frac{1}{4}R_{\mathrm{pp}}Y_1^2\left(1 + \frac{2R_{34}Y_{3\infty}Y_4}{R_{\mathrm{pp}}Y_1^2}\right)\\ &= \frac{1}{4}R_{\mathrm{pp}}Y_1^2\left(1 - \alpha + \alpha\sqrt{1 + 2/\alpha}\right). \end{aligned} \tag{3.75}$$

从方程 (3.75) 可以看出，这个方程是在 PPI 的基础上增加了一个对 PPII 和 PPIII 的修正因子. 方程 (3.75) 的初始条件为当 $t=0$ 时 $Y_4 = Y_{40}$. 如果忽略其他中间核素数丰度变化造成的影响，那么初始数丰度和平衡数丰度之间满足下列条件:

$$\frac{1}{4}Y_1 + Y_4 = \frac{1}{4}Y_{10} + Y_{40}. \tag{3.76}$$

在计算氢燃烧的产能率时，不仅要考虑三条反应链的贡献，还要考虑每条反应链的中微子能量损失的不同. 平均来说，PPI 中的中微子过程造成 2.0% 的能量损失，PPII 的中微子能量损失为 4.2%，而 PPIII 的中微子能量损失则高达 26.1%. 利用方程 (3.69)、(3.72) 和 (3.73) 定义的三条链产生 ^{4}He 的比例，每产生一个 ^{4}He 核释放的能量 Q_{pp} 为

$$Q_{\mathrm{pp}} = 26.731\left(0.98P_1 + 0.958P_2 + 0.739P_3\right) \text{ MeV}. \tag{3.77}$$

于是，质子链氢燃烧过程的产能率为

$$\epsilon_{\mathrm{pp}} = N_A Q_{\mathrm{pp}} \frac{\mathrm{d}Y_4}{\mathrm{d}t} = \frac{1}{4}N_A Q_{\mathrm{pp}} R_{\mathrm{pp}} Y_1^2 \left(1 - \alpha + \alpha\sqrt{1 + 2/\alpha}\right). \tag{3.78}$$

3.3.2 碳氮氧循环

碳氮氧循环氢燃烧是一种以碳、氮和氧为中介的核反应循环过程. 循环可以从上述三种核素的任何一种开始，循环一周完成后，循环开始时的核素作为最终产物又还原回来. 但是，伴随着循环过程的发生，4 个氢核被聚合为 1 个氦核，从而实现了氢的核燃烧.

碳氮氧循环过程存在两个主要的变种，即碳氮 (CN) 循环和氮氧 (NO) 循环.

(1) 碳氮循环.

碳氮循环的具体核反应链是:

§3.3 氢燃烧过程

$$\begin{aligned}
^{12}\mathrm{C} + {}^{1}\mathrm{H} &\rightarrow {}^{13}\mathrm{N} + \gamma, & Q &= 1.944 \text{ MeV}; \\
^{13}\mathrm{N} &\rightarrow {}^{13}\mathrm{C} + e^{+}\nu, & Q &= 2.221 \text{ MeV}, & Q_{\nu} &= 0.707 \text{ MeV}; \\
^{13}\mathrm{C} + {}^{1}\mathrm{H} &\rightarrow {}^{14}\mathrm{N} + \gamma, & Q &= 7.551 \text{ MeV}, \\
^{14}\mathrm{N} + {}^{1}\mathrm{H} &\rightarrow {}^{15}\mathrm{O} + \gamma, & Q &= 7.297 \text{ MeV}; \\
^{15}\mathrm{O} &\rightarrow {}^{15}\mathrm{N} + e^{+}\nu, & Q &= 2.754 \text{ MeV}, & Q_{\nu} &= 0.997 \text{ MeV}; \\
^{15}\mathrm{N} + {}^{1}\mathrm{H} &\rightarrow {}^{12}\mathrm{C} + {}^{4}\mathrm{He}, & Q &= 4.966 \text{ MeV}.
\end{aligned} \tag{3.79}$$

在上述反应中，^{13}N 做正电子衰变反应的半衰期为 870 s，^{15}O 做正电子衰变反应的半衰期为 178 s. 因此，除非是爆炸式氢燃烧过程，否则可以认为这两个正电子衰变反应是在瞬间就完成了. 此外，对于正常恒星中心的物理条件来说，^{15}N 做质子俘获反应的寿命也在年的量级，可以认为总是处于平衡的，即

$$\frac{dY_{15}}{dt} = R_{14}Y_1 Y_{14} - R_{15}Y_1 Y_{15} = 0, \tag{3.80}$$

其中 Y_{14} 和 Y_{15} 分别是 ^{14}N 和 ^{15}N 的数丰度，R_{14} 和 R_{15} 分别是 ^{14}N 和 ^{15}N 做质子俘获时的反应平衡常数. 在上述这些近似下，描述反应式 (3.79) 的数丰度变化方程为

$$\begin{aligned}
\frac{dY_{12}}{dt} &= R_{15}Y_1 Y_{15} - R_{12}Y_1 Y_{12} = R_{14}Y_1 Y_{14} - R_{12}Y_1 Y_{12} = \frac{Y_{14}}{\tau_{14}} - \frac{Y_{12}}{\tau_{12}}, \\
\frac{dY_{13}}{dt} &= R_{12}Y_1 Y_{12} - R_{13}Y_1 Y_{13} = \frac{Y_{12}}{\tau_{12}} - \frac{Y_{13}}{\tau_{13}}, \\
\frac{dY_{14}}{dt} &= R_{13}Y_1 Y_{13} - R_{14}Y_1 Y_{14} = \frac{Y_{13}}{\tau_{13}} - \frac{Y_{14}}{\tau_{14}},
\end{aligned} \tag{3.81}$$

其中 Y_{12} 和 Y_{13} 分别是 ^{12}C 和 ^{13}C 的数丰度，R_{12} 和 R_{13} 分别是 ^{12}C 和 ^{13}C 做质子俘获时的反应平衡常数. 此外，某种核素 i 做质子俘获反应的寿命 τ_i 定义为

$$\tau_i = \frac{1}{R_i Y_1}. \tag{3.82}$$

方程组 (3.81) 是一组线性齐次微分方程组，其解具有形式 $Y_i \propto e^{\lambda t}$. 将此形式解代入方程组 (3.81) 中，可以得到

$$\begin{aligned}
-\left(\lambda + \frac{1}{\tau_{12}}\right) Y_{12} + \frac{Y_{14}}{\tau_{14}} &= 0, \\
\frac{Y_{12}}{\tau_{12}} - \left(\lambda + \frac{1}{\tau_{13}}\right) Y_{13} &= 0, \\
\frac{Y_{13}}{\tau_{13}} - \left(\lambda + \frac{1}{\tau_{14}}\right) Y_{14} &= 0.
\end{aligned} \tag{3.83}$$

齐次线性代数方程组 (3.83) 有非零解的条件是其系数矩阵行列式为零, 即

$$\begin{vmatrix} -\lambda - \dfrac{1}{\tau_{12}} & 0 & \dfrac{1}{\tau_{14}} \\ \dfrac{1}{\tau_{12}} & -\lambda - \dfrac{1}{\tau_{13}} & 0 \\ 0 & \dfrac{1}{\tau_{13}} & -\lambda - \dfrac{1}{\tau_{14}} \end{vmatrix} = 0. \tag{3.84}$$

由此可以得到

$$\lambda_1 = 0, \quad \lambda_2 = \frac{-\Sigma_{\text{CN}} - \Lambda_{\text{CN}}}{2}, \quad \lambda_3 = \frac{-\Sigma_{\text{CN}} + \Lambda_{\text{CN}}}{2}, \tag{3.85}$$

其中

$$\Sigma_{\text{CN}} = \frac{1}{\tau_{12}} + \frac{1}{\tau_{13}} + \frac{1}{\tau_{14}},$$

$$\Lambda_{\text{CN}} = \left[\Sigma_{\text{CN}}^2 - 4\left(\frac{1}{\tau_{12}\tau_{13}} + \frac{1}{\tau_{13}\tau_{14}} + \frac{1}{\tau_{14}\tau_{12}} \right) \right]^{1/2}.$$

从方程 (3.85) 可以注意到, 由于 $\lambda_1 = 0$, 它代表了系统的一个不随时间变化的稳态解, 也就是碳氮循环数丰度演化方程 (3.81) 的平衡态:

$$\frac{Y_{12,\infty}}{\tau_{12}} = \frac{Y_{13,\infty}}{\tau_{13}} = \frac{Y_{14,\infty}}{\tau_{14}}, \tag{3.86}$$

其中 $Y_{12,\infty}$, $Y_{13,\infty}$ 和 $Y_{14,\infty}$ 分别代表了 ^{12}C, ^{13}C 和 ^{14}N 的平衡数丰度. 由于碳和氮只是起到中介的作用, 它们可以相互转换, 但其总数并没有损耗, 于是有

$$Y_{12,\infty} + Y_{13,\infty} + Y_{14,\infty} = Y_{12,0} + Y_{13,0} + Y_{14,0}, \tag{3.87}$$

其中 $Y_{12,0}$, $Y_{13,0}$ 和 $Y_{14,0}$ 分别代表了 ^{12}C, ^{13}C 和 ^{14}N 的初始数丰度. 联立方程 (3.86) 和 (3.87), 可以解出 ^{14}N 的平衡数丰度为

$$Y_{14,\infty} = \frac{\tau_{14}}{\tau_{14} + \tau_{12} + \tau_{13}} \left(Y_{12,0} + Y_{13,0} + Y_{14,0} \right). \tag{3.88}$$

由于 ^{14}N 做质子俘获反应是反应链 (3.79) 中最慢的一个, 其典型寿命为其余反应典型寿命的 100 倍以上. 从方程 (3.88) 可以看出, 当碳氮循环到达平衡后, 绝大部分初始的碳元素都转变为氮元素了.

至于方程 (3.85) 中的另外两个解, 由于 $\lambda_2 < 0$ 和 $\lambda_3 < 0$, 其描写的是初始的碳和氮经过弛豫过程而达到平衡数丰度. 对于恒星主序阶段的氢燃烧过程来说, ^{12}C 达到平衡所需时标一般短于 10^4 年. 由于这个过程很快, 在以下的讨论中通常假定碳氮循环已经处于平衡状态了.

(2) 氮氧循环.

一个完整的氮氧循环所涉及的核反应有:

$$
\begin{aligned}
&^{14}\mathrm{N} + {}^1\mathrm{H} \to {}^{15}\mathrm{O} + \gamma, & Q &= 7.297 \text{ MeV}; & & \\
&^{15}\mathrm{O} \to {}^{15}\mathrm{N} + \mathrm{e}^+\nu, & Q &= 2.754 \text{ MeV}, & Q_\nu &= 0.997 \text{ MeV}; \\
&^{15}\mathrm{N} + {}^1\mathrm{H} \to {}^{16}\mathrm{O} + \gamma, & Q &= 12.128 \text{ MeV}; & & \\
&^{16}\mathrm{O} + {}^1\mathrm{H} \to {}^{17}\mathrm{F} + \gamma, & Q &= 0.600 \text{ MeV}; & & \\
&^{17}\mathrm{F} \to {}^{17}\mathrm{O} + \mathrm{e}^+\nu, & Q &= 2.762 \text{ MeV}, & Q_\nu &= 0.999 \text{ MeV}; \\
&^{17}\mathrm{O} + {}^1\mathrm{H} \to {}^{14}\mathrm{N} + {}^4\mathrm{He}, & Q &= 1.192 \text{ MeV}.
\end{aligned}
\tag{3.89}
$$

对比碳氮循环的反应链 (3.79), 可以发现: 首先, $^{15}\mathrm{N}$ 在俘获质子后形成处于激发态的复合核 $(^{16}\mathrm{O})^*$. 这个不稳定核有两种可能的衰变途径: 放出 α 粒子变成 $^{12}\mathrm{C}$, 或者放出 γ 光子变成 $^{16}\mathrm{O}$. 在恒星主序阶段氢燃烧情况下, 前者出现的几率远远大于后者. 其次, $^{16}\mathrm{O}$ 可以参与到反应链中, 并形成一个新的氮氧循环. 但是, 由于氧的核电荷数比碳高, 和碳氮循环相比, 氮氧循环的速率很慢, 因此 $^{16}\mathrm{O}$ 达到平衡所需的时间很长. 在通常的恒星主序阶段氢燃烧情况下, $^{16}\mathrm{O}$ 的数丰度往往在氢燃烧结束时也还没有达到平衡数丰度, 只有当温度超过 10^8 K 时 $^{16}\mathrm{O}$ 才有可能最终达到平衡.

在考虑碳氮氧双循环情况下核素的数丰度演化时, 首先应该注意到, 由于 $^{15}\mathrm{N}$ 在做质子俘获时有两种不同的衰变通道, 碳氮循环的主要产物 $^{14}\mathrm{N}$ 会有极小部分漏入到氮氧循环中来. 同时, $^{14}\mathrm{N}$ 做质子俘获反应是所有反应中最慢的一个, 氮氧循环的存在又会使得 $^{16}\mathrm{O}$ 逐步缓慢地变为 $^{14}\mathrm{N}$. 因为 $^{14}\mathrm{N}$ 发生泄漏的数量很少, 而碳氮循环到达平衡的速度又很快, 所以在考虑氮氧循环的问题时, 可以认为碳氮循环的元素取平衡数丰度, 从而大大简化对问题的处理.

首先考虑 $^{15}\mathrm{N}$ 做质子俘获反应的分支问题. 根据反应式 (3.79) 和 (3.89), $^{15}\mathrm{N}$ 的数丰度 Y_{15} 应由下列方程控制:

$$\frac{\mathrm{d}Y_{15}}{\mathrm{d}t} = R_{14}Y_1Y_{14} - R_{15}Y_1Y_{15} - R_{15}^*Y_1Y_{15} = 0, \tag{3.90}$$

其中 R_{15} 是复合核 $(^{16}\mathrm{O})^*$ 放出 α 粒子变成 $^{12}\mathrm{C}$ 的反应平衡常数, 而 R_{15}^* 是其放出 γ 光子变成 $^{16}\mathrm{O}$ 的反应平衡常数. 和其他反应的速率相比较, $^{15}\mathrm{N}$ 做质子俘获反应是快的, 它将处于平衡.

其次, 在反应链 (3.89) 中, $^{15}\mathrm{O}$ 做正电子衰变反应的半衰期为 178 s, 而 $^{17}\mathrm{F}$ 做正电子衰变反应的半衰期为 95 s. 因此, 对于恒星主序阶段的正常氢燃烧过程来说, 可以认为它们都是在瞬间就完成了的. 于是, 在假定碳氮循环处于平衡的条件下, 氮氧循环的数丰度变化由下列方程组控制:

$$\frac{\mathrm{d}Y_{14}}{\mathrm{d}t} = R_{13}Y_1Y_{13} + R_{17}Y_1Y_{17} - R_{14}Y_1Y_{14} = R_{15}Y_1Y_{15} + R_{17}Y_1Y_{17} - R_{14}Y_1Y_{14}$$

$$\begin{aligned}
&= -\frac{R_{15}^*}{R_{15}+R_{15}^*}R_{14}Y_1Y_{14} + R_{17}Y_1Y_{17} = -\frac{\gamma Y_{14}}{\tau_{14}} + \frac{Y_{17}}{\tau_{17}},\\
\frac{dY_{16}}{dt} &= R_{15}^*Y_1Y_{15} - R_{16}Y_1Y_{16} = \frac{\gamma Y_{14}}{\tau_{14}} - \frac{Y_{16}}{\tau_{16}},\\
\frac{dY_{17}}{dt} &= R_{16}Y_1Y_{16} - R_{17}Y_1Y_{17} = \frac{Y_{16}}{\tau_{16}} - \frac{Y_{17}}{\tau_{17}},
\end{aligned} \quad (3.91)$$

其中 Y_{16} 和 Y_{17} 分别是 ^{16}O 和 ^{17}O 的数丰度, R_{16} 和 R_{17} 分别是 ^{16}O 和 ^{17}O 做质子俘获时的反应平衡常数, 分支因子 γ 衡量的是 ^{15}N 做质子俘获反应时放出 γ 光子变成 ^{16}O 的比例:

$$\gamma = \frac{R_{15}^*}{R_{15}+R_{15}^*}, \quad (3.92)$$

这个比率仅对温度有很弱的依赖. 对于通常恒星主序阶段氢燃烧过程来说, $\gamma \approx 4 \times 10^{-4}$.

方程组 (3.91) 是一组齐次线性微分方程组, 并且和控制碳氮循环数丰度的方程组 (3.81) 具有非常类似的形式, 其解也具有形式 $Y_i \propto e^{\lambda t}$. 利用和前面类似的方法, 方程组 (3.91) 存在非零解的条件是

$$\left(-\lambda - \frac{\gamma}{\tau_{14}}\right)\left(-\lambda - \frac{1}{\tau_{16}}\right)\left(-\lambda - \frac{1}{\tau_{17}}\right) + \frac{\gamma}{\tau_{14}}\frac{1}{\tau_{16}}\frac{1}{\tau_{17}} = 0. \quad (3.93)$$

求解代数方程 (3.93), 可以得到

$$\lambda_1 = 0, \quad \lambda_2 = \frac{-\Sigma_{\text{NO}} - \Lambda_{\text{NO}}}{2}, \quad \lambda_3 = \frac{-\Sigma_{\text{NO}} + \Lambda_{\text{NO}}}{2}, \quad (3.94)$$

其中

$$\begin{aligned}
\Sigma_{\text{NO}} &= \frac{\gamma}{\tau_{14}} + \frac{1}{\tau_{16}} + \frac{1}{\tau_{17}},\\
\Lambda_{\text{NO}} &= \left[\Sigma_{\text{NO}}^2 - 4\left(\frac{\gamma}{\tau_{14}\tau_{16}} + \frac{1}{\tau_{16}\tau_{17}} + \frac{\gamma}{\tau_{17}\tau_{14}}\right)\right]^{1/2}.
\end{aligned}$$

和碳氮循环类似, $\lambda_1 = 0$ 的解代表的是系统的稳态解, 也就是氮氧循环的平衡态:

$$\frac{\gamma Y_{14,\infty}}{\tau_{14}} = \frac{Y_{16,\infty}}{\tau_{16}} = \frac{Y_{17,\infty}}{\tau_{17}}, \quad (3.95)$$

其中 $Y_{16,\infty}$ 和 $Y_{17,\infty}$ 分别代表 ^{16}O 和 ^{17}O 的平衡数丰度, 并且满足条件

$$Y_{14,\infty} + Y_{16,\infty} + Y_{17,\infty} = Y_{14,0} + Y_{16,0} + Y_{17,0} = Y_{\text{CNO}}, \quad (3.96)$$

其中 $Y_{16,0}$ 和 $Y_{17,0}$ 分别代表了 ^{16}O 和 ^{17}O 的初始数丰度, 而 Y_{CNO} 代表了碳、氮和氧的数丰度之和. 联立方程 (3.95) 和 (3.96), 可以解出 ^{14}N 的平衡数丰度为

$$Y_{14,\infty} = \frac{\tau_{14}}{\tau_{14} + \gamma(\tau_{16}+\tau_{17})}Y_{\text{CNO}}. \quad (3.97)$$

对于恒星主序阶段的正常氢燃烧过程来说，从方程 (3.97) 中可以看到，虽然 τ_{14} 只是其他两个反应寿命 (τ_{16} 和 τ_{17}) 的 1% 左右，但是因为 γ 更小，这表明没有多少 ^{14}N 会从碳氮循环泄漏到氮氧循环. 于是，在氮氧循环最终到达平衡时，^{16}O 也基本上都变成 ^{14}N 了.

对于氮氧循环来说，重要的是在大多数恒星内部条件下，^{16}O 的数丰度都不可能达到平衡值. 这时，^{16}O 的数丰度缓慢减少，而 ^{14}N 的数丰度则相应缓慢增加，从而影响到碳氮氧循环的产能效率. 因此，必须考虑 ^{14}N 的数丰度随时间变化的规律. 将本征值 (3.94) 所描述的形式解代入方程组 (3.91)，计算出相应的本征函数后，方程组 (3.91) 的通解可以表达为

$$\begin{bmatrix} Y_{14} \\ Y_{16} \\ Y_{17} \end{bmatrix} = \begin{bmatrix} Y_{14,\infty} \\ Y_{16,\infty} \\ Y_{17,\infty} \end{bmatrix} + B \begin{bmatrix} 1 \\ \dfrac{\gamma}{\tau_{14}(\lambda_2 + 1/\tau_{16})} \\ \tau_{17}\left(\lambda_2 + \dfrac{\gamma}{\tau_{14}}\right) \end{bmatrix} e^{\lambda_2 t} + C \begin{bmatrix} 1 \\ \dfrac{\gamma}{\tau_{14}(\lambda_3 + 1/\tau_{16})} \\ \tau_{17}\left(\lambda_3 + \dfrac{\gamma}{\tau_{14}}\right) \end{bmatrix} e^{\lambda_3 t}, \tag{3.98}$$

其中 B 和 C 是常数. 初始时刻 ($t=0$) 的数丰度值满足下列方程：

$$\begin{aligned} Y_{14,0} &= Y_{14,\infty} + B + C, \\ Y_{16,0} &= Y_{16,\infty} + \frac{\gamma}{\tau_{14}(\lambda_2 + 1/\tau_{16})} B + \frac{\gamma}{\tau_{14}(\lambda_3 + 1/\tau_{16})} C, \\ Y_{17,0} &= Y_{17,\infty} + \tau_{17}\left(\lambda_2 + \frac{\gamma}{\tau_{14}}\right) B + \tau_{17}\left(\lambda_3 + \frac{\gamma}{\tau_{14}}\right) C. \end{aligned} \tag{3.99}$$

根据方程 (3.97)，由于已经将平衡数丰度用初始数丰度表示出来了，方程组 (3.99) 中只有两个是独立的. 用消元法求解方程组 (3.99)，可以得到常数 B 和 C 分别为

$$\begin{aligned} B &= \frac{\lambda_2 + 1/\tau_{16}}{(\lambda_3 - \lambda_2)\lambda_2}\left[\frac{\gamma}{\tau_{14}}Y_{14,0} - \frac{1}{\tau_{17}}Y_{17,0} + \left(\lambda_3 + \frac{1}{\tau_{16}}\right)\left(Y_{14,0} - \frac{\tau_{14}}{\gamma\tau_{16}}Y_{16,0}\right)\right], \\ C &= \frac{\lambda_3 + 1/\tau_{16}}{(\lambda_2 - \lambda_3)\lambda_3}\left[\frac{\gamma}{\tau_{14}}Y_{14,0} - \frac{1}{\tau_{17}}Y_{17,0} + \left(\lambda_2 + \frac{1}{\tau_{16}}\right)\left(Y_{14,0} - \frac{\tau_{14}}{\gamma\tau_{16}}Y_{16,0}\right)\right]. \end{aligned} \tag{3.100}$$

氮氧循环有两方面的作用：首先是将氢转变为氦，其次是将氧转变为氮. 由于氮氧循环的速率很低，和碳氮循环相比较，它的氢转换效率也是很低的，可以忽略不计，因此，氮氧循环最主要的作用是增加了 ^{14}N 的供给，从而提高了碳氮循环的效率. 这个过程也可以用下列方法近似处理. 描述 ^{14}N 的数丰度演化的方程为

$$\frac{\mathrm{d}Y_{14}}{\mathrm{d}t} = -\frac{\gamma Y_{14}}{\tau_{14}} + \frac{Y_{17}}{\tau_{17}}, \tag{3.101}$$

其中 ^{17}O 是 ^{16}O 做质子俘获反应的产物. 对于氮氧循环的中介核素 ^{14}N 和 ^{16}O，其数丰度的总和在循环过程中是不变的. 于是，引入 ^{16}O 和 ^{17}O 做质子俘获反应的

等效寿命 $\tau_{67} = \tau_{16} + \tau_{17}$, 方程 (3.101) 可以近似写为

$$\frac{dY_{14}}{dt} \approx -\frac{\gamma Y_{14}}{\tau_{14}} + \frac{Y_{16}}{\tau_{67}} = \frac{Y_{CNO}}{\tau_{67}} - \left(\frac{\gamma}{\tau_{14}} + \frac{1}{\tau_{67}}\right)Y_{14} = \frac{Y_{CNO}}{\tau_{67}} - \frac{Y_{14}}{\tau_{NO}}, \quad (3.102)$$

其中 Y_{CNO} 是碳、氮和氧元素数丰度之和, $1/\tau_{NO} = \gamma/\tau_{14} + 1/\tau_{67}$. 假定碳氮循环在一开始就达到平衡了, 用 Y_{CN} 表示碳和氮元素数丰度之和, 则方程 (3.102) 的解为

$$Y_{14} = Y_{CN} e^{-t/\tau_{NO}} + \frac{\tau_{NO}}{\tau_{67}} Y_{CNO} \left(1 - e^{-t/\tau_{NO}}\right). \quad (3.103)$$

可以注意到, 方程 (3.103) 给出了达到平衡时 ^{14}N 的正确的平衡数丰度值.

(3) 碳氮氧循环的氢数丰度变化和氢燃烧产能率.

对于恒星主序阶段通常发生的碳氮氧循环氢燃烧过程, 可以将其看成由两个部分组成: (i) 碳氮循环在氢点燃后不久就达到平衡, 由于 ^{12}C 的平衡丰度很低, 初始时候的 ^{12}C 已经基本上都变为 ^{14}N 了, 碳氮循环的结果是将氢聚合为氦; (ii) ^{16}O 通过氮氧循环缓慢地转变为 ^{14}N, 它对产能率没有可观的贡献, 但是间接地提高了碳氮循环的效率.

基于这样一个碳氮氧循环的图像, 可以用碳氮循环来近似计算氢的数丰度变化和产能率, 用氮氧循环来计算 ^{14}N 的数丰度变化. 在碳氮循环达到平衡时, 氢 (或者氦) 的数丰度变化由下述方程控制:

$$\frac{dY_4}{dt} = -\frac{1}{4}\frac{dY_1}{dt} = R_{14} Y_1 Y_{14} = \frac{Y_{14}}{\tau_{14}}, \quad (3.104)$$

其中 Y_{14} 的变化由方程 (3.102) 描述. 碳氮氧循环氢燃烧过程的产能率为

$$\epsilon_{CNO} = N_A Q_{CNO} \frac{dY_4}{dt} = N_A Q_{CNO} \frac{Y_{14}}{\tau_{14}}, \quad (3.105)$$

其中 Q_{CNO} 是每产生一个氦核各个反应释放的能量之和, 并扣除中微子能量损失.

(4) 其他分支循环.

当温度很高时, 其他一些分支循环也会出现, 并涉及核电荷数更高的核素, 如氧氟 (OF) 循环等. 这些新的热核反应循环同样具有不同的子循环, 其中主要有 OFI 循环:

$$\begin{aligned}
^{15}N + {}^1H &\to {}^{16}O + \gamma, \\
^{16}O + {}^1H &\to {}^{17}F + \gamma, \\
^{17}F &\to {}^{17}O + e^+ \nu, \\
^{17}O + {}^1H &\to {}^{18}F + \gamma, \\
^{18}F &\to {}^{18}O + e^+ \nu, \\
^{18}O + {}^1H &\to {}^{15}N + {}^4He;
\end{aligned} \quad (3.106)$$

OFII 循环:

$$\begin{aligned}
^{16}O + {}^{1}H &\to {}^{17}F + \gamma, \\
^{17}F &\to {}^{17}O + e^+\nu, \\
^{17}O + {}^{1}H &\to {}^{18}F + \gamma, \\
^{18}F &\to {}^{18}O + e^+\nu, \\
^{18}O + {}^{1}H &\to {}^{19}F + \gamma, \\
^{19}F + {}^{1}H &\to {}^{16}O + {}^{4}He.
\end{aligned} \tag{3.107}$$

当温度达到 2×10^8 K 以上时, ^{13}N 做质子俘获反应的寿命已经短于做正电子衰变反应的寿命. 于是, 质子俘获反应将取代正电子衰变反应, 并形成所谓的热碳氮氧 (HCNO) 循环. 和碳氮氧循环类似, 热碳氮氧循环也是由几个分支循环组成, 其中包括 HCNOI:

$$\begin{aligned}
^{12}C + {}^{1}H &\to {}^{13}N + \gamma, \\
^{13}N + {}^{1}H &\to {}^{14}O + \gamma, \\
^{14}O &\to {}^{14}N + e^+\nu, \\
^{14}N + {}^{1}H &\to {}^{15}O + \gamma, \\
^{15}O &\to {}^{15}N + e^+\nu, \\
^{15}N + {}^{1}H &\to {}^{12}C + {}^{4}He;
\end{aligned} \tag{3.108}$$

HCNOII:

$$\begin{aligned}
^{15}O &\to {}^{15}N + e^+\nu, \\
^{15}N + {}^{1}H &\to {}^{16}O + \gamma, \\
^{16}O + {}^{1}H &\to {}^{17}F + \gamma, \\
^{17}F + {}^{1}H &\to {}^{18}Ne + \gamma, \\
^{18}Ne &\to {}^{18}F + e^+\nu, \\
^{18}F + {}^{1}H &\to {}^{15}O + {}^{4}He;
\end{aligned} \tag{3.109}$$

HCNOIII:

$$\begin{aligned}
^{16}O + {}^{1}H &\to {}^{17}F + \gamma, \\
^{17}F + {}^{1}H &\to {}^{18}Ne + \gamma, \\
^{18}Ne &\to {}^{18}F + e^+\nu, \\
^{18}F + {}^{1}H &\to {}^{19}Ne + \gamma, \\
^{19}Ne &\to {}^{19}F + e^+\nu, \\
^{19}F + {}^{1}H &\to {}^{16}O + {}^{4}He.
\end{aligned} \tag{3.110}$$

§3.4 氦燃烧过程

氢燃烧结束后, 恒星中心核内物质主要由氦和少量的重元素组成. 当中心核的温度升至 10^8 K 以上时, 氦核将发生聚变反应, 合成更重的元素, 并释放出能量.

3.4.1 3α 反应以及氦燃烧产能率

氦燃烧过程首先从 3 个氦核聚变为 1 个碳核开始. 因为氦核又常常被称为 α 粒子, 所以这个反应通常被称为 3α 反应:

$$3{}^4\text{He} \to {}^{12}\text{C} + \gamma, \quad Q = 7.275 \text{ MeV}. \tag{3.111}$$

3 个氦核相撞并发生聚变反应的概率是非常小的. 实际上, 由 ^{4}He 聚合形成 ^{12}C 的反应 (3.111) 是由两个反应步骤组成的. 第一步反应为

$$^4\text{He} + {}^4\text{He} \rightleftarrows {}^8\text{Be}. \tag{3.112}$$

由于两个氦核的质量之和小于 ^{8}Be 的质量, 其差额折算为能量是 92 keV, 于是两个氦核的聚变反应 (3.112) 需要非常高的温度 ($> 10^8$ K) 以弥补能量的差距. 另一方面, 反应 (3.112) 所形成的 ^{8}Be 是 1 个不稳定核, 将很快分裂成 2 个 ^{4}He 核, 其寿命为 $\tau_8 \approx 2.6 \times 10^{-16}$ s. 因此, 方程 (3.112) 中沿正方向进行的 2 个 ^{4}He 核的聚变反应与沿逆方向进行的 ^{8}Be 核的裂变反应构成了一个互逆过程.

就如同原子的电离与复合过程和分子的化合与离解反应等互逆过程一样, 在达到热动平衡的条件下, 反应 (3.112) 所涉及的核素 (^{4}He 和 ^{8}Be) 的数密度将服从萨哈公式 (2.68). 利用数丰度与数密度的关系 (3.46), 在处于平衡状态时, ^{4}He 和 ^{8}Be 的数丰度将满足下列方程:

$$\frac{Y_4 Y_4}{Y_8} = \frac{U_4 U_4}{\rho N_A U_8} \left(\frac{2\pi kT}{h^2} \frac{A_4 A_4}{A_8 N_A} \right)^{3/2} e^{-Q_{2\alpha}/kT}, \tag{3.113}$$

其中 Y_8 是 ^{8}Be 的数丰度, U_4 和 U_8 分别是 ^{4}He 核和 ^{8}Be 核的统计权重, A_4 和 A_8 分别是 ^{4}He 和 ^{8}Be 的相对原子质量, $Q_{2\alpha}$ 是 2 个 ^{4}He 聚变为 1 个 ^{8}Be 所释放的能量. 在恒星中心, 当氦点燃时 (温度大约是 10^8 K, 密度大约是 10^5 g·cm^{-3}), ^{8}Be 的平衡数丰度 $Y_8 \approx 10^{-9}$.

第二步反应是

$$^8\text{Be} + {}^4\text{He} \rightleftarrows ({}^{12}\text{C})^* \to {}^{12}\text{C} + \gamma. \tag{3.114}$$

由于 ^{8}Be 的平衡数丰度很低, 直接俘获 ^{4}He 形成 ^{12}C 的效率是非常低的. 但是, 实验发现 ^{12}C 在比 ^{8}Be 和 ^{4}He 的质量之和所对应的能量高 278 keV 处存在一个激发态能级, 于是反应式 (3.114) 是一个共振反应, 反应速率在共振温区得到放大而形成可观的几率. 另一方面, 复合核 (^{12}C)* 存在两种衰变方式, 即放出 α 粒子衰变回 ^{8}Be, 或放出 γ 光子回到 ^{12}C 的基态, 而实验发现前者的寿命 ($\tau_\alpha \approx 7.4 \times 10^{-17}$ s) 只是后者的寿命 ($\tau_\gamma \approx 1.8 \times 10^{-13}$ s) 的大约 4×10^{-4}. 因此, ^{12}C 的 α 衰变反应

将与 ^{8}Be 的 α 俘获反应达到平衡, 根据萨哈公式 (2.68), 其平衡数丰度满足下列方程:

$$\frac{Y_4 Y_8}{Y_{12}^*} = \frac{U_4 U_8}{\rho N_A U_{12}} \left(\frac{2\pi kT}{h^2} \frac{A_4 A_8}{A_{12} N_A} \right)^{3/2} e^{-Q_{Be\alpha}/kT}, \tag{3.115}$$

其中 Y_{12}^* 是复合核 $(^{12}C)^*$ 的数丰度, U_{12} 和 A_{12} 分别是其统计权重和相对原子质量, $Q_{Be\alpha}$ 是 ^{8}Be 俘获 ^{4}He 生成复合核 $(^{12}C)^*$ 所释放的能量. 由于复合核 $(^{12}C)^*$ 在单位时间内放出 γ 光子而最终生成 ^{12}C 的数目为 $\rho N_A Y_{12}^*/\tau_\gamma$, 于是, 根据方程 (3.113) 和 (3.115), 3α 过程 (3.111) 的反应平衡常数 $R_{3\alpha}$ 可以写为

$$R_{3\alpha} = \frac{U_{12}}{U_4^3} \left(\frac{A_{12}}{A_4^3} \right)^{3/2} \left(\frac{h^2 N_A}{2\pi kT} \right)^3 \frac{(\rho N_A)^2}{\tau_\gamma} e^{(Q_{Be\alpha}+Q_{2\alpha})/kT}. \tag{3.116}$$

一般来说, 由 3α 过程所生成的 ^{12}C 的一部分将继续俘获 ^{4}He 生成 ^{16}O:

$$^{12}C + {}^4He \rightarrow {}^{16}O + \gamma, \quad Q = 7.162 \text{ MeV}. \tag{3.117}$$

这个反应也是一个共振反应, 并且反应速率受到 ^{16}O 核低于反应能量阈值的共振能级的影响而存在一定的不确定性. 反应式 (3.117) 在恒星的演化和核合成过程中具有特别重要的意义, 因为该反应的速率决定了恒星中心核内氦燃烧结束时的碳和氧的比例. 这一比例成为恒星后续演化的重要约束条件之一, 因为它不仅影响到未来恒星核合成的进程和所生成的重元素之间的比例, 而且是决定恒星演化的最终结局 (白矮星或者超新星爆发) 的关键性因素之一.

根据反应式 (3.111) 和 (3.117), 氦燃烧所涉及的核素 (^{4}He, ^{12}C 和 ^{16}O) 的数丰度演化由下面方程组控制:

$$\begin{aligned} \frac{dY_4}{dt} &= -3R_{3\alpha} Y_4^3 - R_{12\alpha} Y_4 Y_{12}, \\ \frac{dY_{12}}{dt} &= R_{3\alpha} Y_4^3 - R_{12\alpha} Y_4 Y_{12}, \\ \frac{dY_{16}}{dt} &= R_{12\alpha} Y_4 Y_{12}, \end{aligned} \tag{3.118}$$

其中 Y_{12} 和 Y_{16} 分别是 ^{12}C 和 ^{16}O 的数丰度, $R_{12\alpha}$ 是 ^{12}C 做 α 俘获的反应平衡常数.

根据方程 (3.118), 氦燃烧的产能率为

$$\epsilon_{He} = N_A \left(Q_{3\alpha} R_{3\alpha} Y_4^3 + Q_{12\alpha} R_{12\alpha} Y_4 Y_{12} \right), \tag{3.119}$$

其中 $Q_{3\alpha}$ 是 3α 过程每产生一个 ^{12}C 所释放出来的能量, $Q_{12\alpha}$ 是每发生一次 ^{12}C 做 α 俘获反应所释放出来的能量.

3.4.2 α 反应链

参与 α 俘获的不仅只有 ^{12}C. 当氦燃烧发生在壳层源等温度很高的燃烧环境时, α 俘获可以继续进行下去, 直到所形成的重核具有足够高的库仑势垒来阻碍 α 俘获的进一步开展.

当氦燃烧开始以后, 反应区内主要由 ^{4}He, ^{12}C 和 ^{16}O 组成, 随后的 α 俘获就形成了以 ^{16}O 开始的 α 反应链:

$$\begin{aligned} ^{16}\text{O} + {}^4\text{He} &\rightarrow {}^{20}\text{Ne} + \gamma, \\ ^{20}\text{Ne} + {}^4\text{He} &\rightarrow {}^{24}\text{Mg} + \gamma, \\ ^{24}\text{Mg} + {}^4\text{He} &\rightarrow {}^{28}\text{Si} + \gamma. \end{aligned} \quad (3.120)$$

对于氢燃烧时以碳氮氧循环为主的情况来说, 此时反应区内还存在少量的 ^{14}N. 于是, α 俘获反应链也可以从 ^{14}N 开始:

$$\begin{aligned} ^{14}\text{N} + {}^4\text{He} &\rightarrow {}^{18}\text{F} + \gamma, \\ ^{18}\text{F} &\rightarrow {}^{18}\text{O} + e^+\nu, \\ ^{18}\text{O} + {}^4\text{He} &\rightarrow {}^{22}\text{Ne} + \gamma, \\ ^{22}\text{Ne} + {}^4\text{He} &\rightarrow {}^{26}\text{Mg} + \gamma, \\ ^{26}\text{Mg} + {}^4\text{He} &\rightarrow {}^{30}\text{Si} + \gamma. \end{aligned} \quad (3.121)$$

在 α 反应链的进行过程当中, 一些释放出中子的伴生反应是非常重要的, 其中一些主要的中子源反应有:

$$\begin{aligned} ^{13}\text{C} + {}^4\text{He} &\rightarrow {}^{16}\text{O} + n, \\ ^{18}\text{O} + {}^4\text{He} &\rightarrow {}^{21}\text{Ne} + n, \\ ^{22}\text{Ne} + {}^4\text{He} &\rightarrow {}^{25}\text{Mg} + n, \end{aligned} \quad (3.122)$$

其中 n 代表中子. 这些反应会产生一定量的中子流, 通过随后的中子俘获反应, 可以产生有很大中子富余度的核素, 成为一种恒星核合成的重要方式, 并且对其后的恒星演化过程产生重要的影响.

§3.5 碳燃烧、氖燃烧和氧燃烧过程

氦燃烧结束后, 恒星中心核内物质以碳和氧为主. 当温度达到 8×10^8 K 时, 碳开始燃烧, 并形成以氧、氖和镁为主的中心核. 当温度达到 1.5×10^9 K 时, 氖开始燃烧, 并形成以氧和镁为主的中心核. 继而, 氧燃烧在温度高于 1.8×10^9 K 时开始, 形成以硅为主并延伸到钙的众多产物.

3.5.1 碳燃烧过程

2 个 ^{12}C 的聚变反应是 1 个共振反应,形成一个处于激发态的复合核 $(^{24}\text{Mg})^*$. 由于所形成的 $(^{24}\text{Mg})^*$ 核在反应所处的温区有很多共振能级,因而它有多种衰变途径,形成不同的反应通道,其中主要的几种为:

$$\begin{aligned}^{12}\text{C} + {}^{12}\text{C} \to ({}^{24}\text{Mg})^* &\to {}^{23}\text{Na} + {}^1\text{H}, \\ &\to {}^{20}\text{Ne} + {}^4\text{He}, \\ &\to {}^{23}\text{Mg} + \text{n}, \\ &\to {}^{24}\text{Mg} + \gamma.\end{aligned} \tag{3.123}$$

可以注意到,上述不同的反应通道将释放出质子、中子、氦核等次级粒子,从而导致为数众多的次级反应发生,其中一些主要的有:

$$\begin{array}{llll}
{}^{20}\text{Ne} + {}^4\text{He} & \to {}^{24}\text{Mg} + \gamma, & {}^{22}\text{Ne} + {}^4\text{He} & \to {}^{25}\text{Mg} + \text{n}, \\
{}^{23}\text{Na} + {}^1\text{H} & \to {}^{24}\text{Mg} + \gamma, & {}^{23}\text{Na} + {}^4\text{He} & \to {}^{26}\text{Mg} + {}^1\text{H}, \\
{}^{23}\text{Na} + {}^1\text{H} & \to {}^{20}\text{Ne} + {}^4\text{He}, & {}^{23}\text{Mg} + \text{n} & \to {}^{23}\text{Na} + {}^1\text{H}, \\
{}^{23}\text{Mg} & \to {}^{23}\text{Na} + e^+ \nu, & {}^{25}\text{Mg} + \text{n} & \to {}^{26}\text{Mg} + \gamma, \\
{}^{25}\text{Mg} + {}^4\text{He} & \to {}^{28}\text{Si} + \text{n}, & {}^{25}\text{Mg} + {}^1\text{H} & \to {}^{26}\text{Al} + \gamma, \\
{}^{26}\text{Mg} + {}^1\text{H} & \to {}^{27}\text{Al} + \gamma, & \cdots \cdots
\end{array}$$

碳燃烧的主要产物是氖和镁,可以将其形式上表达为

$$\frac{20n + 24m}{12} {}^{12}\text{C} \to n{}^{20}\text{Ne} + m{}^{24}\text{Mg}, \tag{3.124}$$

其中 n 和 m 分别是生成的 ^{20}Ne 和 ^{24}Mg 的数目. 对于大质量恒星中心稳定的碳燃烧过程来说, $n:m \approx 5:1$. 假定 2 个 ^{12}C 的聚变反应是所有反应中速率最慢的,那么描述它们的数丰度变化的方程为

$$-\frac{\mathrm{d}Y_{12}}{\mathrm{d}t} = R_{\text{CC}} Y_{12} Y_{12} = \frac{12n}{20n + 24m} \frac{\mathrm{d}Y_{20}}{\mathrm{d}t} = \frac{12m}{20n + 24m} \frac{\mathrm{d}Y_{24}}{\mathrm{d}t}, \tag{3.125}$$

其中 Y_{20} 和 Y_{24} 分别是 ^{20}Ne 和 ^{24}Mg 的数丰度, R_{CC} 是 2 个 ^{12}C 聚变的反应平衡常数. 于是,碳燃烧的产能率 ϵ_{C} 为

$$\epsilon_{\text{C}} = N_A \left(Q_{\text{CNe}} \frac{\mathrm{d}Y_{20}}{\mathrm{d}t} + Q_{\text{CMg}} \frac{\mathrm{d}Y_{24}}{\mathrm{d}t} \right) = N_A \left(\frac{Q_{\text{CNe}}}{n} + \frac{Q_{\text{CMg}}}{m} \right) \frac{20n + 24m}{12} R_{\text{CC}} Y_{12}^2, \tag{3.126}$$

其中 Q_{CNe} 和 Q_{CMg} 分别为生成 1 个 ^{20}Ne 和 ^{24}Mg 所释放出来的能量.

3.5.2 氖燃烧过程

当温度达到 1.5×10^9 K 时,部分高能光子的能量已经高于 ^{20}Ne 核中 α 粒子的结合能,于是, ^{20}Ne 核将做光致蜕变反应放出 α 粒子并生成 ^{16}O. 释放出来的

α 粒子通常又很快被 ^{16}O 俘获并重新生成 ^{20}Ne，使得 α 粒子俘获反应与光致蜕变反应达到平衡. 同时，也有一小部分 α 粒子被 ^{20}Ne 俘获生成 ^{24}Mg，这会造成 ^{16}O 和 ^{20}Ne 的平衡状态遭到破坏. 因此，随着 ^{20}Ne 的不断消耗，^{4}He 的平衡丰度将随之做相应的调整，以维持 ^{16}O 做 α 粒子俘获反应与 ^{20}Ne 做光致蜕变反应的平衡. 于是，上述氖燃烧过程可以表示为

$$^{20}\text{Ne} + \gamma \rightleftarrows {}^{16}\text{O} + {}^{4}\text{He},$$
$$^{20}\text{Ne} + {}^{4}\text{He} \to {}^{24}\text{Mg} + \gamma. \tag{3.127}$$

在上述初级反应进行的同时，大量与碳燃烧时类似的次级反应也在进行中，最终形成以 ^{16}O 和 ^{24}Mg 为主的氖燃烧产物.

当方程 (3.127) 中的第一个反应达到平衡时，其所涉及的核素的数丰度满足

$$R_{16\alpha} Y_{16} Y_4 = R_{20\gamma} Y_{20}, \tag{3.128}$$

其中 $R_{16\alpha}$ 和 $R_{20\gamma}$ 分别是 ^{16}O 做 α 粒子俘获和 ^{20}Ne 做光致蜕变的反应平衡常数. 另一方面，在达到热动平衡的条件下，方程 (3.127) 中沿正方向进行的光致蜕变反应与沿逆方向进行的 α 粒子俘获反应所涉及的 3 种核素 (^{4}He，^{16}O 和 ^{20}Ne) 的数密度将服从萨哈公式 (2.68). 利用数丰度与数密度的关系 (3.46)，上述 3 种核素的数丰度又将满足下列方程：

$$\frac{Y_4 Y_{16}}{Y_{20}} = \frac{U_4 U_{16}}{\rho N_A U_{20}} \left(\frac{2\pi kT}{h^2} \frac{A_4 A_{16}}{A_{20} N_A} \right)^{3/2} e^{-Q_{16\alpha}/kT}, \tag{3.129}$$

其中 U_i 是 3 种核素各自的统计权重，A_i 是各自的相对原子质量，$Q_{16\alpha}$ 是 ^{16}O 做 α 粒子俘获所释放出来的能量. 对比方程 (3.128) 和 (3.129)，可以得到 ^{20}Ne 做光致蜕变反应并放出 α 粒子的速率为

$$R_{20\gamma} = R_{16\alpha} \frac{U_4 U_{16}}{\rho N_A U_{20}} \left(\frac{2\pi kT}{h^2} \frac{A_4 A_{16}}{A_{20} N_A} \right)^{3/2} e^{-Q_{16\alpha}/kT}. \tag{3.130}$$

在计算氖燃烧的产能率时，可以将反应式 (3.127) 综合起来考虑为一个等效反应：

$$2\,{}^{20}\text{Ne} \to {}^{16}\text{O} + {}^{24}\text{Mg}. \tag{3.131}$$

由于 ^{20}Ne 做 α 俘获反应是最慢的，于是 ^{20}Ne 的数丰度演化方程为

$$-\frac{1}{2}\frac{dY_{20}}{dt} = R_{20\alpha} Y_{20} Y_4 = \frac{dY_{16}}{dt} = \frac{dY_{24}}{dt}. \tag{3.132}$$

因此，氖燃烧的产能率 ϵ_{Ne} 为

$$\epsilon_{\text{Ne}} = -N_A \left(Q_{\text{NeO}} \frac{dY_{16}}{dt} + Q_{\text{NeMg}} \frac{dY_{24}}{dt} \right) = N_A \left(Q_{\text{NeO}} + Q_{\text{NeMg}} \right) \frac{R_{20\alpha} R_{20\gamma}}{R_{16\alpha}} \frac{Y_{20}^2}{Y_{16}}, \tag{3.133}$$

其中 Q_{NeO} 为发生一次 ^{20}Ne 光致蜕变反应所消耗掉的能量 (为一个负值),而 Q_{NeMg} 为 ^{20}Ne 做一次 α 俘获反应所释放出来的能量.

当反应区内存在中子的情况下,还可能出现下列伴生反应:

$$\begin{aligned} ^{20}\text{Ne} + \text{n} &\to {}^{21}\text{Ne} + \gamma, \\ ^{21}\text{Ne} + {}^{4}\text{He} &\to {}^{24}\text{Mg} + \text{n}. \end{aligned} \quad (3.134)$$

可以注意到,在反应式 (3.134) 第一步中消耗掉的中子,在第二步中又被释放出来了.

3.5.3 氧燃烧过程

在碳燃烧和氖燃烧完结后,氧将成为恒星中心核内最丰富的组分. 因此,氧燃烧不仅是恒星的一种重要核能源,还是恒星内部元素核合成的一个重要过程.

氧燃烧过程非常类似于碳燃烧过程. 两个 ^{16}O 核聚变形成一个处于激发态的复合核 $(^{32}\text{S})^*$. 由于 $(^{32}\text{S})^*$ 复合核在反应温区有非常密集的能级,这个反应是一个共振反应,并且 $(^{32}\text{S})^*$ 复合核有众多通道进行衰变,其中一些主要的通道在下列反应式中列出:

$$\begin{aligned} ^{16}\text{O} + {}^{16}\text{O} \to ({}^{32}\text{S})^* &\to {}^{31}\text{P} + {}^{1}\text{H}, \\ &\to {}^{28}\text{Si} + {}^{4}\text{He}, \\ &\to {}^{31}\text{S} + \text{n}, \\ &\to {}^{30}\text{P} + {}^{2}\text{D}, \\ &\to {}^{32}\text{S} + \gamma. \end{aligned} \quad (3.135)$$

反应释放出来的次级粒子 (^{1}H, ^{4}He, 中子等) 马上就被各种参加反应的核素俘获,形成了为数众多的次级反应:

$$\begin{aligned}
^{28}\text{Si} + {}^{4}\text{He} &\to {}^{32}\text{S} + \gamma, & ^{29}\text{Si} + {}^{4}\text{He} &\to {}^{32}\text{S} + \text{n}, \\
^{30}\text{Si} + {}^{4}\text{He} &\to {}^{34}\text{S} + \gamma, & ^{31}\text{P} + {}^{1}\text{H} &\to {}^{32}\text{S} + \gamma, \\
^{32}\text{S} + {}^{4}\text{He} &\to {}^{36}\text{Ar} + \gamma, & ^{32}\text{S} + {}^{4}\text{He} &\to {}^{35}\text{Cl} + {}^{1}\text{H}, \\
^{34}\text{S} + {}^{4}\text{He} &\to {}^{38}\text{Ar} + \gamma, & ^{35}\text{Cl} + {}^{1}\text{H} &\to {}^{36}\text{Ar} + \gamma, \\
^{36}\text{Ar} + {}^{4}\text{He} &\to {}^{40}\text{Ca} + \gamma, & ^{36}\text{Ar} + {}^{4}\text{He} &\to {}^{39}\text{K} + {}^{1}\text{H}, \\
^{38}\text{Ar} + {}^{1}\text{H} &\to {}^{39}\text{K} + \gamma, & \cdots\cdots &
\end{aligned}$$

另一个氧燃烧阶段的重要特征是在燃烧过程后期会出现了一些孤立的准平衡群,例如

$$\begin{aligned} ^{28}\text{Si} + \text{n} &\rightleftarrows {}^{29}\text{Si} + \gamma, \\ ^{29}\text{Si} + {}^{1}\text{H} &\rightleftarrows {}^{30}\text{P} + \gamma \end{aligned} \quad (3.136)$$

等等. 同时,在氧燃烧的末期,电子俘获反应的大量出现使得核素的中子富余度不断上升:

$$^{33}\text{S} + e^- \rightarrow {}^{33}\text{P} + \nu_e,$$
$$^{37}\text{Ar} + e^- \rightarrow {}^{37}\text{Cl} + \nu_e, \quad (3.137)$$
$$^{35}\text{Cl} + e^- \rightarrow {}^{35}\text{S} + \nu_e.$$

氧燃烧结束时留下的产物主要是 ^{28}Si 和 ^{32}S，以及少量的 Cl, Ar, K, Ca 等. 对于大质量恒星中心平稳的氧燃烧过程来说，燃烧所产生的 ^{28}Si 和 ^{32}S 的比例大约是 2:1. 于是，根据反应式 (3.135)，可以将氧燃烧过程从形式上综合起来表达为

$$11\,^{16}\text{O} \rightarrow 4\,^{28}\text{Si} + 2\,^{32}\text{S}. \quad (3.138)$$

假定两个 ^{16}O 的聚变反应是所有反应中速率最慢的，那么描述它们的数丰度变化的方程为

$$-\frac{dY_{16}}{dt} = R_{OO} Y_{16}^2 = \frac{4}{11} \frac{dY_{28}}{dt} = \frac{2}{11} \frac{dY_{32}}{dt}, \quad (3.139)$$

其中 Y_{28} 和 Y_{32} 分别是 ^{28}Si 和 ^{32}S 的数丰度，R_{OO} 是两个 ^{16}O 聚变的反应平衡常数. 于是，根据方程 (3.49)，氧燃烧的产能率 ϵ_O 为

$$\epsilon_O = -N_A \left(Q_{OSi} \frac{dY_{28}}{dt} + Q_{OS} \frac{dY_{32}}{dt} \right) = N_A \left(\frac{11}{4} Q_{OSi} + \frac{11}{2} Q_{OS} \right) R_{OO} Y_{16}^2, \quad (3.140)$$

其中 Q_{OSi} 和 Q_{OS} 分别为生成一个 ^{28}Si 核和一个 ^{32}S 核所释放出来的能量.

§3.6 硅燃烧过程

硅燃烧完全不同于前面所述热核燃烧过程. 它不是由两个硅核引发的核反应过程，而是一种由光致蜕变反应主导的核融合过程. 在反应温区，高能光子将一部分硅核融化为一个由质子、中子和 α 粒子所组成的轻核子海，身处其中的硅和其他重核子俘获这些轻核子，逐步向相对质量越来越大的核素演化，最终到达结合能最大的铁族元素.

3.6.1 光致蜕变反应与准平衡群

正如在氧燃烧后期所看到的那样，在硅燃烧期间，光致蜕变反应和随后发生的次级粒子俘获反应会形成众多的准平衡群. 一个典型的例子是

$$\begin{aligned}
^{28}\text{Si} + n &\rightleftarrows {}^{29}\text{Si} + \gamma, \\
^{29}\text{Si} + n &\rightleftarrows {}^{30}\text{Si} + \gamma, \\
^{30}\text{Si} + {}^1\text{H} &\rightleftarrows {}^{31}\text{P} + \gamma, \\
^{31}\text{P} + {}^1\text{H} &\rightleftarrows {}^{32}\text{S} + \gamma, \\
^{32}\text{S} + \gamma &\rightleftarrows {}^{28}\text{Si} + {}^4\text{He}.
\end{aligned} \quad (3.141)$$

在达到平衡以后, 从反应式 (3.141) 可以得到其所涉及的核素的数丰度应满足下列方程组:

$$
\begin{aligned}
Y_{29} &= \frac{R_{28\mathrm{n}}}{R_{29\gamma}} Y_{28} Y_{\mathrm{n}}, \\
Y_{30} &= \frac{R_{29\mathrm{n}}}{R_{30\gamma}} Y_{29} Y_{\mathrm{n}} = \frac{R_{28\mathrm{n}} R_{29\mathrm{n}}}{R_{29\gamma} R_{30\gamma}} Y_{28} Y_{\mathrm{n}}^2, \\
Y_{31} &= \frac{R_{30\mathrm{p}}}{R_{31\gamma}} Y_{30} Y_1 = \frac{R_{28\mathrm{n}} R_{29\mathrm{n}} R_{30\mathrm{p}}}{R_{29\gamma} R_{30\gamma} R_{31\gamma}} Y_{28} Y_{\mathrm{n}}^2 Y_1, \\
Y_{32} &= \frac{R_{31\mathrm{p}}}{R_{32\gamma}} Y_{31} Y_1 = \frac{R_{28\mathrm{n}} R_{29\mathrm{n}} R_{30\mathrm{p}} R_{31\mathrm{p}}}{R_{29\gamma} R_{30\gamma} R_{31\gamma} R_{32\gamma}} Y_{28} Y_{\mathrm{n}}^2 Y_1^2 = \frac{R_{28\alpha}}{R_{32\gamma}^*} Y_{28} Y_4,
\end{aligned}
\tag{3.142}
$$

其中 $R_{A\alpha}$, $R_{A\mathrm{p}}$ 和 $R_{A\mathrm{n}}$ 分别是相对质量为 A 的重核俘获 α 粒子、质子和中子的反应平衡常数, $R_{A\gamma}$ 是相对质量为 A 的核做光致蜕变的反应平衡常数. 特别要注意的是, $R_{32\gamma}$ 和 $R_{32\gamma}^*$ 分别是 ^{32}S 做光致蜕变并释放出质子和 α 粒子的反应平衡常数.

从方程组 (3.142) 可以看到, 任意一种包含 Z 个质子以及质子数和中子数总和为 A 的重核素 (^AZ), 其数丰度都可以表示为温度和密度, 以及质子、中子、α 粒子和 ^{28}Si 核这 4 种核素的数丰度的函数:

$$
Y(^AZ) = C(^AZ) Y_{28} Y_\alpha^i Y_\mathrm{p}^j Y_\mathrm{n}^k, \tag{3.143}
$$

其中 $C(^AZ)$ 是温度和密度以及核 (^AZ) 自身结构的函数, 正整数 i, j 和 k 满足条件

$$
\begin{aligned}
&i \text{ 为 } (Z-14)/2 \text{ 的整数部分}, \\
&j = Z - 14 - 2i, \\
&k = A - Z - 14 - 2i.
\end{aligned}
\tag{3.144}
$$

如果某一个准平衡群形成如反应式 (3.141) 所示的没有边界元素存在的封闭循环群, 那么利用方程组 (3.142) 中的最后一个方程, 可以得到 α 粒子的数丰度将满足方程

$$
Y_4 = \frac{R_{28\mathrm{n}} R_{29\mathrm{n}} R_{30\mathrm{p}} R_{31\mathrm{p}} R_{32\gamma}^*}{R_{28\alpha} R_{29\gamma} R_{30\gamma} R_{31\gamma} R_{32\gamma}} Y_\mathrm{n}^2 Y_1^2. \tag{3.145}
$$

于是, 除了温度和密度外, 准平衡群内核素的数丰度只依赖于质子、中子和 ^{28}Si 的数丰度这 3 个参数.

3.6.2 中子富余度与硅燃烧产物

当硅燃烧开始时, 出现于氧燃烧末期的孤立的小准平衡群相互融合, 形成了相对原子质量满足 $24 \leqslant A \leqslant 45$ 和 $46 \leqslant A \leqslant 60$ 的两个大准平衡群. 在硅燃烧进行过

程中，随着温度和密度上升，这两个大准平衡群再次彼此融合. 于是，参与光致蜕变反应的所有核素形成了一个准平衡群. 在硅燃烧后期，绝大部分核素都已经融合成为铁族元素，这使得相对原子质量低于 ^{24}Mg 的核素的数丰度很低. 此时，相对原子质量在 ^{28}Si 以上的核素的数丰度近似满足约束条件

$$\sum_{24 \leqslant A_i \leqslant 60} A_i Y_i = 1. \tag{3.146}$$

利用方程 (3.146)，可以进一步消去一个自变量，例如将 Y_p 消去，于是，任意核素的数丰度就只是中子和 ^{28}Si 的数丰度这两个参数的函数. 同时，引入系统的中子富余度 η 满足

$$\sum_{24 \leqslant A_i \leqslant 60} (A_i - 2Z_i) Y_i \approx \eta, \tag{3.147}$$

其中 Z_i 是 i 核素所包含的质子数，A_i 是其质子数和中子数的总和，就可以用其来更加方便地表达中子的数丰度 Y_n.

硅燃烧过程的速率及其产物是与燃烧开始时燃烧区内的物质组成状况密切相关. 不同的核素具有不同的内禀中子富余度，例如：

$$\begin{aligned}
\eta(^{28}\mathrm{Si}) &= \frac{14-14}{28} = 0, \\
\eta(^{56}\mathrm{Ni}) &= \frac{28-28}{56} = 0, \\
\eta(^{30}\mathrm{Si}) &= \frac{16-14}{30} = 0.0667, \\
\eta(^{56}\mathrm{Fe}) &= \frac{30-26}{56} = 0.0714.
\end{aligned} \tag{3.148}$$

当初始时刻燃烧区内物质的中子富余度为 0 时，假定在整个硅燃烧期间中子富余度没有变化，那么根据方程 (3.148)，此时的硅燃烧过程可以等效地看为

$$2\,^{28}\mathrm{Si} \to\,^{56}\mathrm{Ni}. \tag{3.149}$$

在硅燃烧早期温度还不太高时，燃烧速率主要被 $^{24}\mathrm{Mg}(\gamma,\alpha)^{20}\mathrm{Ne}$ 所控制. 当燃烧进行到后期温度较高时，由于 $^{20}\mathrm{Ne}(\gamma,\alpha)^{16}\mathrm{O}$ 早在氖燃烧时就已经达到平衡，故硅燃烧的速率主要由 $^{16}\mathrm{O}(\gamma,\alpha)^{12}\mathrm{C}$ 所控制. 在这种情况下，硅燃烧过程的主要产物为 ^{56}Ni. 在 II 型超新星爆发过程中发生的爆炸式硅燃烧就属于这种类型.

如果初始时刻燃烧区内物质的中子富余度不为 0，则情况就大为不同. 例如在氧燃烧结束后的大质量恒星中心核内，电子俘获反应的出现使得中子富余度持续上升. 当硅燃烧开始时，典型的中子富余度大约为 0.07. 于是，假定中子富余度在硅燃烧期间不变，则可以将随后发生的硅燃烧过程等效地看成

$$56\,^{30}\mathrm{Si} \to 30\,^{56}\mathrm{Fe}. \tag{3.150}$$

硅燃烧过程的速率当温度较高时由 $^{26}\mathrm{Mg}(p,\alpha)^{23}\mathrm{Na}$ 的速率决定, 当温度较低时由 $^{23}\mathrm{Na}(p,\alpha)^{20}\mathrm{Ne}$ 的速率决定. 此时, 硅燃烧的主要产物是 $^{56}\mathrm{Fe}$.

3.6.3 核统计平衡

在硅燃烧将近结束时, 硅的数丰度已经很低, 而此时反应区的温度却很高, 于是那些相对原子质量较低的核素也依次加入准平衡群, 如

$$\begin{aligned}
^{28}\mathrm{Si} + \gamma &\rightleftarrows {}^{24}\mathrm{Mg} + {}^{4}\mathrm{He}, \\
^{24}\mathrm{Mg} + \gamma &\rightleftarrows {}^{20}\mathrm{Ne} + {}^{4}\mathrm{He}, \\
^{20}\mathrm{Ne} + \gamma &\rightleftarrows {}^{16}\mathrm{O} + {}^{4}\mathrm{He}, \\
^{16}\mathrm{O} + \gamma &\rightleftarrows {}^{12}\mathrm{C} + {}^{4}\mathrm{He}, \\
^{12}\mathrm{C} + \gamma &\rightleftarrows 3{}^{4}\mathrm{He}.
\end{aligned} \quad (3.151)$$

从反应式 (3.151) 可以看到, 3α 反应是最后一个达到平衡的反应. 至此, 所有由强相互作用反应和电磁相互作用反应联系起来的核素都实现了平衡. 于是, 根据方程 (3.151), $^{28}\mathrm{Si}$ 和 $^{4}\mathrm{He}$ 的数丰度由下列方程联系在一起:

$$Y_{28} = C_{28\alpha}(\rho, T) Y_4^7, \quad (3.152)$$

其中系数 $C_{28\alpha}$ 只是温度和密度以及 $^{28}\mathrm{Si}$ 核和 $^{4}\mathrm{He}$ 核结构的函数. 结合方程 (3.145) 可以注意到, 此时系统的自由参数由两个进一步缩减到只剩中子富余度 η 这一个参数. 利用方程 (3.143) 和 (3.152), 任意一种核素 ($^A Z$) 的数丰度可以进一步表示为

$$Y(^A Z) = C(^A Z) Y_\mathrm{p}^Z Y_\mathrm{n}^{A-Z}. \quad (3.153)$$

在核统计平衡的条件下, 当温度非常高时, 恒星物质中最丰富的元素将具有最大的结合能和最贴近物质本身的中子富余度.

§3.7 中子俘获过程与超重核素的核合成

所谓超重核素, 是指那些在元素周期表中位于铁之后的元素. 由于其结合能比铁低, 而库仑势垒较高, 这些核素做质子俘获或者 α 粒子俘获的寿命都远远长于恒星本身的寿命. 于是, 这些超重核素是不可能通过俘获带电粒子的反应形成的, 而只能通过没有库仑势垒阻碍的中子俘获反应形成.

在中子俘获过程中, 所形成的放射性同位素的电子衰变反应起到关键性的作用, 并由此将中子俘获过程分为两个不同的种类, 即比电子衰变反应慢得多的慢中子俘获过程, 和比电子衰变反应快得多的快中子俘获过程, 二者各自贡献了当今宇宙中超重核素中的将近一半.

观测上还发现存在一些相对贫中子的核素,通常被称为 p 核素. 显然,它们是不可能由上述两种中子俘获过程形成的. 恒星核合成模型表明它们是由光致蜕变反应所触发的热核反应网络所形成的.

3.7.1 慢中子俘获过程 (s 过程)

当中子的数密度很低 (大约为 10^5 cm^{-3}) 时,一般参加反应的放射性核素相邻两次中子俘获的时间间隔将比其做电子衰变反应的半衰期长得多. 这样一种缓慢的中子俘获过程将发生在处于渐近巨星分支演化阶段的中小质量恒星氦燃烧层中.

当某种稳定核素俘获一个中子后,如果形成的这个同位素是稳定的 (或者是半衰期很长的),它将等待发生下一次中子俘获,如果形成的是一个衰变寿命很短的放射性同位素,它将通过电子衰变反应成为位于元素周期表中下一位的稳定核素,并等待发生下一次中子俘获反应. 一个慢中子俘获过程的典型片段如图 3.4 所示,它描绘出了元素周期表中从镉 (Cd) 到锑 (Sb) 慢中子俘获过程所经过的路径,其中纵坐标是核素中的质子数,横坐标是其质子数和中子数之和 (带括号的表示放射性核素). 从图中可以看到,从某一种稳定的核素 (在这个例子中是 ^{110}Cd) 开始,放射性核素所处位置的连线构成了慢中子俘获过程行进的右下边界,而稳定核素所处位置的连线构成了慢中子俘获过程行进的左上边界. 随着中子俘获过程的继续进行,参加反应的稳定核素的中子数和质子数不断交替上升,形成了一个沿稳定与非稳定核素分界线推进的慢中子俘获过程通道.

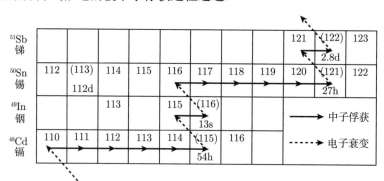

图 3.4 慢中子俘获过程的示意图

对于上述慢中子俘获过程中的某一同位素 (^AZ),根据方程 (3.48),其数丰度 Y_A 的变化可以用下列方程描述:

$$\frac{\mathrm{d}Y_A}{\mathrm{d}t} = Y_n R_{A-1} Y_{A-1} - (Y_n R_A + R_\beta) Y_A, \tag{3.154}$$

其中 Y_{A-1} 是同位素 (^{A-1}Z) 的数丰度,Y_n 是中子的数丰度,R_A 和 R_{A-1} 分别是同位素 (^AZ) 和 (^{A-1}Z) 做中子俘获的反应平衡常数,R_β 是同位素 (^AZ) 做电子衰

变的反应平衡常数. 方程 (3.154) 等号右边第二项同时考虑了同位素 (^AZ) 的中子俘获反应和电子衰变反应.

对于一个稳定的中子照射, 当经过足够长时间后, 方程 (3.154) 将达到平衡:

$$R_{A-1}Y_{A-1} = R_A Y_A + R_\beta \frac{Y_A}{Y_n}. \tag{3.155}$$

当核素 (^AZ) 是一个稳定同位素时, 方程 (3.155) 右端的第二项为 0, 于是稳定同位素之间数丰度与反应平衡常数的乘积为一个常数. 当核素 (^AZ) 是一个放射性同位素时, 如果 $R_\beta \gg Y_n R_A$, 那么电子衰变反应将生成周期表上的下一位核素 ($^A(Z+1)$), 并开始新的中子俘获反应链. 于是, 可以利用核素 ($^A(Z+1)$) 的中子俘获反应平衡常数消去 R_β. 如果 $R_\beta \approx Y_n R_A$, 那么慢中子俘获过程将在此处出现分叉, 从而对位于该核素之后的慢中子俘获通道中同位素之间的比例产生影响.

慢中子俘获过程最初的种子核素为铁 (Fe) 和镍 (Ni), 其反应通道一直可以延伸到放射性同位素钋 (^{210}Po). 钋 (^{210}Po) 是一个 α 不稳定放射性同位素, 其放出一个 α 粒子后衰变为铅 (^{206}Pb). 于是, 铅 (^{206}Pb) 的中子俘获反应与钋 (^{210}Po) 的 α 衰变反应构成了一个循环过程 (如图 3.5 所示), 阻止了相对原子质量更重的同位素的形成.

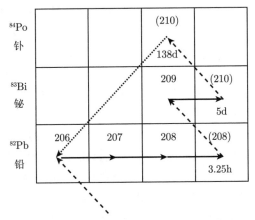

图 3.5 慢中子俘获过程终止时的核反应循环示意图

3.7.2 快中子俘获过程 (r 过程)

当温度很高, 并且中子数密度也很高 (大约为 10^{23} cm^{-3}) 时, 参加反应的核素将在很短的时间内俘获很多中子, 形成一系列中子数很高的同位素. 同时, 光致蜕变反应又将中子从各个同位素中击出, 最终二者达到平衡. 这样一个由短时中子爆发导致的快速中子俘获过程最有可能出现在由星核坍缩而导致的 II 型超新星 (SN) 爆发过程中.

在中子俘获与光致蜕变处于平衡状态的情况下，对于一个给定质子数的同位素序列来说，相邻中子数的同位素之间数丰度的比例 (Y_A 和 Y_{A-1}) 可由萨哈公式 (2.68) 给出：

$$\frac{Y_n Y_{A-1}}{Y_A} = \frac{U_n U_{A-1}}{\rho N_A U_A} \left(\frac{2\pi kT}{h^2 N_A} \frac{A-1}{A} \right)^{3/2} e^{-Q_{An}/kT}, \qquad (3.156)$$

其中 U_i 是相应核素的统计权重，A 是所考虑同位素的相对原子质量，Q_{An} 是同位素 ($A-1$) 俘获中子形成同位素 (A) 所释放的能量，通常称为中子分离能. 由方程 (3.156) 可以看到，当反应的中子分离能为 0，甚至为负时，反应所形成的同位素 (A) 的数丰度将迅速下降. 于是，这里将成为所谓的 "等待点"，位于此处附近的放射性同位素将等待电子衰变反应的发生，并生成位于周期表上下一位的元素，从而开始一个新的快中子俘获反应同位素序列. 因而，快中子俘获过程将沿着中子分离能为 0 的 "中子滴线" 附近推进.

当进行到中子数为 50, 82, 126 等满足满中子壳层条件的核素时，快中子俘获过程会发生停滞现象. 按照原子核壳结构模型，在原子核内部中子只能存在于一些分离的壳层内. 由于中子是费米子，泡利不相容原理要求不能有两个状态完全相同的费米子，于是每个壳层只能容纳有限个中子，并且当中子总数为 2, 8, 20, 28, 50, 82, 126 等时，能量最低的壳层正好都被中子占满. 这种满壳层核素的一个显著特点就是结合能特别大，使得中子俘获反应速率很低. 于是，位于满壳层位置的核素只能交替进行电子衰变反应和中子俘获反应成为质子数越来越高的核素，从而逐步降低其结合能，并最终成为开启下一个快中子俘获通道的种子核素.

快中子俘获过程一般从铁族元素开始，一直可以进行到相对原子质量在 270 附近的同位素. 此时，核素的自发裂变反应将所形成的超重核重新碎裂为较小的两瓣，从而与中子俘获反应形成一个循环过程. 当中子爆发过程结束以后，由快中子俘获过程所形成的众多极不稳定的富中子核素将相继发生多次电子衰变反应，并最终到达相应的稳定核素，完成快中子俘获过程核合成的最后步骤. 这些稳定核素既可以是与慢中子俘获过程所形成的相同的核素，也有可能是比其更加富中子的核素，就如同图 3.4 中出现的 ^{116}Cd, ^{122}Sn 和 ^{123}Sb 等.

3.7.3 光致蜕变质子增丰过程 (p 过程)

负责生成贫中子的 p 核素的种子核素是那些前期由慢中子俘获过程和快中子俘获过程所形成的核素. 当这些种子核素处于温度非常高 ($2 \times 10^9 \sim 3 \times 10^9$ K) 的反应区内时，将发生光致蜕变反应，并放出中子、质子和 α 粒子. 通过光致蜕变反应和质子俘获反应的不同组合，那些种子核素中的一部分将在大约 1s 左右的时间内最终被转变为贫中子的 p 核素. 短时的高温是非常关键的因素，温度过低则无法触发光致蜕变反应，过高或者高温持续时间过长都会使得参加反应的核素向结合能最低的铁族元素演化. 这些严格的限制条件使得 II 型超新星爆发过程中的爆炸式氧氖燃烧层和 Ia 型超新星爆发过程中的爆炸式碳燃烧层成为光致蜕变质子增丰过程的主要场所.

由于参与反应的种子核素种类众多 ($56 \leqslant A \leqslant 210$), 光致蜕变反应将形成为数更多的新放射性核素. 同时, 这些核素又可以进一步俘获反应释放出来的中子、质子和 α 粒子, 以及做电子衰变和电子俘获反应. 因此, 一个完整的 p 过程模型将考虑数千种核素, 以及数万种将它们联系在一起的核反应.

图 3.6 描绘出了一个 p 核素的光致蜕变核合成过程示意图, 其中实心圆点代表存在于反应区内的种子核素, 空心圆点代表反应过程中所形成的放射性核素, 实心方块代表反应流最终形成的 p 核素, (γ,n)、(γ,p) 和 (γ,α) 分别代表光致蜕变反应并放出中子、质子和 α 粒子, (p,γ) 和 (e,ν) 分别代表质子和电子俘获反应. 从图中可以注意到, 高能光子从参加反应的核素中不断击出中子, 这会使得所生成的核素的质子数和中子分离能不断上升, 于是光致蜕变反应将逐步转为以击出质子和 α 粒子为主.

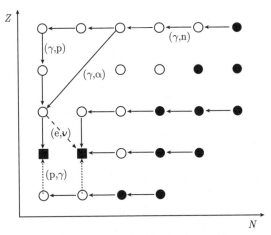

图 3.6　光致蜕变质子增丰过程示意图

光致蜕变反应可以直接形成贫中子的 p 核素, 但更常见的情况是形成一个不稳定放射性核素, 并通过随后的电子俘获或者正电子衰变最终形成贫中子的 p 核素. 图 3.4 中出现的 ^{112}Sn, ^{114}Sn 和 ^{115}Sn 等就是由光致蜕变质子增丰过程所形成的贫中子 p 核素.

§3.8　中微子过程

在恒星演化晚期, 中心核内的温度和密度都非常高, 可以引发多种中微子过程. 由于中微子与物质作用的截面非常小, 很容易逃离恒星, 因而成为恒星内部一种非常有效的冷却机制, 并在恒星的晚期演化和超新星爆发过程中起到非常关键的作用.

3.8.1 弱相互作用

中微子与物质的相互作用属于弱相互作用的范畴. 弱相互作用存在于与轻子有关的相互作用过程中. 目前已经发现的轻子有 12 种, 分别是带电的电子、μ 子、τ 子和与之相应的不带电的电中微子、μ 中微子和 τ 中微子, 以及它们的反粒子. 实验发现, 中微子都是左手征的 (自旋为 $+1/2$), 而反中微子都是右手征的 (自旋为 $-1/2$). 粒子物理的标准模型假定中微子的静止质量为零, 但是实验已经发现中微子有非常小的静止质量.

根据粒子物理的标准模型, 弱相互作用是由 W^+, W^- 和 Z 这三种玻色子进行传递的. 这些传播子的质量都非常大, 根据方程 (3.2), 实验测得 W 玻色子和 Z 玻色子的静止质量所对应的能量分别为 80.4 GeV 和 91.2 GeV. 根据量子力学的测不准原理, 能量的不确定度 ΔE 和时间的不确定度 Δt 满足关系

$$\Delta E \Delta t \sim \hbar. \tag{3.157}$$

如果弱相互作用以光速 c 传播, 那么其作用范围 $r_{\rm w}$ 为

$$r_{\rm w} \sim \frac{\hbar}{M_{\rm W} c} \approx 2 \times 10^{-16} \text{ cm}. \tag{3.158}$$

弱相互作用有两种类型, 即由带电的 W 玻色子传递的载荷流相互作用和由不带电的 Z 玻色子传递的中性流相互作用. 在载荷流相互作用中, 由于带电的 W 玻色子在传递弱相互作用的同时还转移电荷, 因此中微子必须同与之相应的轻子互相转化, 例如下面 μ 中微子与电子的散射过程:

$$e^- + \nu_\mu \rightarrow \mu^- + \nu_e. \tag{3.159}$$

由反应式 (3.159) 可以注意到, 原来带电的电子 e^- 转变成为不带电的电子中微子 ν_e, 而原来不带电的 μ 中微子 ν_μ 则转变成为带电的 μ 子 μ^-. 但是, 电子不能转变为 μ 中微子, 电子中微子也不能转变为 μ 子. 与此相对应的是在中性流相互作用中, 由于传递弱相互作用的中介 Z 玻色子不带电, 于是发生作用前后粒子的性质不变, 只是其状态发生了变化, 例如中微子对电子的散射过程:

$$e^- + \nu \rightarrow e^- + \nu. \tag{3.160}$$

3.8.2 中微子与物质的相互作用截面

为了对中微子与物质相互作用的截面有所了解, 考虑下列中微子被中子吸收的过程:

$$\nu_e + n \to p + e^-, \tag{3.161}$$

其中 n 代表中子，p 代表质子，e^- 代表电子和 ν_e 代表电中微子。

根据量子力学的基本原理，上述衰变过程可以看成是在微扰的作用下粒子的状态发生了变化。假定在初态时中子 n 具有动量 p_n 和能量 E_n，入射中微子 ν_e 具有动量 p_ν 和能量 E_ν，而在末态时质子 p 具有动量 p_p 和能量 E_p，出射电子 e^- 具有动量 p_e 和能量 E_e，并且衰变前后所有粒子的运动状态都可以用平面波来近似。于是，根据方程 (4.58) 和 (4.83)，吸收过程 (3.161) 发生的几率 P_n 为

$$P_n = \frac{2\pi}{\hbar} |W_{np}|^2 \rho_e \rho_\nu \delta\left(E_e + E_p - E_n - E_\nu\right), \tag{3.162}$$

其中 ρ_e 是出射电子的态密度，ρ_ν 是入射中微子的态密度。方程 (3.162) 等号右边括号内部分是上述衰变反应前后能量守恒的要求。

根据弱相互作用的基本理论，扰动算符的矩阵元 W_{np} 可以写为

$$|W_{np}|^2 = G_F^2 M_n^2. \tag{3.163}$$

在方程 (3.163) 中，G_F 是费米常数，M_n 由入射和出射粒子的波函数确定，也可以通过反应过程 (3.161) 的寿命得到。可以注意到，费米常数 G_F 的数值非常小，这也正是由它所描述的相互作用被称为弱相互作用的原因所在。

对所有可能的出射电子状态进行积分，则反应 (3.161) 的截面 σ_ν 为

$$\sigma_\nu c \rho_\nu = \int P_n \mathrm{d}^3 p_e, \tag{3.164}$$

其中假定中微子以光速运动。对于出射电子来说，采用相对论性能量-动量关系

$$E_e^2 = m_e^2 c^4 + p_e^2 c^2, \tag{3.165}$$

其中 m_e 是电子的静止质量，则未被占据的态密度为

$$\rho_e \mathrm{d}^3 p_e = 2 \frac{4\pi p_e^2}{h^3} (1 - f_e) \mathrm{d} p_e = \frac{8\pi E_e}{h^3 c^3} \sqrt{E_e^2 - m_e^2 c^4} (1 - f_e) \mathrm{d} E_e, \tag{3.166}$$

其中第一个等号右边的系数 2 代表电子可能的自旋态数目，f_e 代表简并电子气体的费米-狄拉克分布函数 (2.99)。将方程 (3.162)、(3.163) 和 (3.166) 代入方程 (3.164) 中，可以得到

$$\sigma_\nu = \frac{2 G_F^2 M_n^2}{\pi \hbar^4 c^4} (1 - f_e) (E_\nu + E_n - E_p) \sqrt{(E_\nu + E_n - E_p)^2 - m_e^2 c^4}. \tag{3.167}$$

当入射中微子能量足够高时，可以得到

$$\sigma_\nu \approx \frac{2 G_F^2 M_n^2}{\pi \hbar^4 c^4} E_\nu^2 = \sigma_0 \left(\frac{E_\nu}{m_e c^2}\right)^2, \tag{3.168}$$

其中 $\sigma_0 \approx 8.8 \times 10^{-45} M_n^2 \mathrm{~cm}^2$。

3.8.3 电子对湮没中微子过程

当温度高于 10^9 K 时, 部分高能光子的能量已经高于正负电子对的静止质量所对应的能量. 于是, 正负电子对将大量产生与湮没, 并与辐射场达到平衡:

$$\gamma + \gamma' \rightleftarrows e^+ + e^-. \tag{3.169}$$

与此同时, 正负电子对也可以通过弱相互作用发生湮没:

$$e^+ + e^- \to \nu_e + \bar{\nu}_e. \tag{3.170}$$

从弱相互作用的角度看, 上述电子对湮没中微子过程可以有两种不同的通道: 一是通过 W 玻色子进行交换的载荷流通道, 电子 e^- 转变为电中微子 ν_e, 正电子 e^+ 转变为反电中微子 $\bar{\nu}_e$; 二是通过中性流通道, 电子对首先湮没形成不带电的 Z 玻色子, 然后 Z 玻色子衰变为中微子对.

同前面的讨论类似, 根据方程 (4.58) 和 (4.83), 假定 E_+ 和 E_- 分别是入射正、负电子的能量, E_ν 和 $E_{\bar{\nu}}$ 分别是出射中微子对的能量, 则发生电子对湮没中微子过程 (3.170) 的几率 $P_\pm$ 为

$$P_\pm = \frac{2\pi}{\hbar}|W_\pm|^2 \rho_\nu \delta(E_+ + E_- - E_\nu - E_{\bar{\nu}}), \tag{3.171}$$

其中 ρ_ν 是出射中微子的态密度.

显然, 出射中微子对的状态则必须满足碰撞过程中动量守恒. 在质心系中, 出射中微子对的动量之和为零. 湮没过程扰动算符的矩阵元 $W_\pm$ 具有类似于方程 (3.163) 的形式:

$$|W_\pm|^2 = G_F^2 M_\pm^2, \tag{3.172}$$

其中 $M_\pm$ 由入射电子和出射中微子的波函数确定. 利用方程 (3.165) 和 (3.172), 将方程 (3.171) 对所有可能的出射中微子状态求和, 并假定中微子的内禀质量为零, 则上述几率可以写为

$$P_\pm = \frac{G_F^2 M_\pm^2}{\pi \hbar^4} \int_0^\infty \delta(E_+ + E_- - E_\nu - E_{\bar{\nu}}) p_\nu^2 dp_\nu = \frac{G_F^2 M_\pm^2}{8\pi \hbar^4 c^3}(E_+ + E_-)^2. \tag{3.173}$$

假定由正、负电子组成的系统是非简并的理想气体, 同时考虑到此时温度很高, 粒子的热运动能量 (kT) 与电子的静止质量相对应的能量 $(m_e c^2)$ 相当, 根据方程 (2.29) 和 (3.165), 用 E 表示粒子的能量, V 表示粒子占据的体积, 则任意一个粒子的配分函数 $Z_\pm$ 可以在形式上统一写为

$$Z_\pm = \frac{V}{h^3} \int e^{-E/kT} 4\pi p^2 dp = \frac{4\pi V m_e^3 c^3}{h^3} D_e, \tag{3.174}$$

其中

$$a = \frac{m_e c^2}{kT}, \qquad D_e(a) = \int_0^\infty e^{-a\sqrt{1+x^2}} x^2 dx. \tag{3.175}$$

利用配分函数 (3.174) 和理想气体分布函数 (2.28)，假定正、负电子的数密度为 $n_\pm$，则电子对过程造成的中微子能量损失率 $\epsilon_\pm$ 为

$$\begin{aligned}
\epsilon_\pm &= n_+ n_- \iint (E_+ + E_-) P_\pm (4\pi D_e)^{-2} \left(\frac{c}{kTa}\right)^6 e^{-(E_+ + E_-)/kT} d^3 p_+ d^3 p_- \\
&= \frac{n_+ n_-}{m_e^6 c^6 D_e^2} \frac{G_F^2 M_\pm^2}{8\pi \hbar^4 c^3} \iint \frac{(E_+ + E_-)^3}{e^{(E_+ + E_-)/kT}} \sqrt{E_+^2 - m_e^2 c^4} \sqrt{E_-^2 - m_e^2 c^4} E_+ E_- dE_+ dE_- \\
&= n_+ n_- G_F^2 M_\pm^2 \frac{m_e^3 c^9}{8\pi \hbar^4} \frac{D_\pm}{D_e^2},
\end{aligned} \tag{3.176}$$

其中

$$D_\pm(a) = \int_1^\infty x\sqrt{x^2 - 1}\, dx \int_1^\infty \frac{(x+y)^3}{e^{a(x+y)}} y\sqrt{y^2 - 1}\, dy. \tag{3.177}$$

当参数 a 满足 $-2.5 < \ln a < 2.5$ 时，方程 (3.177) 中的积分可以用下式近似：

$$D_\pm(a) \approx 4 \times 10^3 a^{-8.5} e^{-a}. \tag{3.178}$$

正、负电子的数密度 $n_\pm$ 可以根据平衡态的最小自由能原理得到. 利用配分函数 (3.174)，则任意 $N_\pm$ 个粒子的自由能 $F_\pm$ 形式上可以统一表达为

$$F_\pm = -kT(N_\pm \ln Z_\pm - \ln N_\pm!) = kT N_\pm \left(\ln N_\pm - \ln 4\pi eV m_e^3 c^3 h^{-3} D_e\right). \tag{3.179}$$

当反应 (3.169) 达到平衡时，系统的总自由能 $F = F_+ + F_-$ 应该为极小值：

$$\frac{\partial F_+}{\partial N_+} + \frac{\partial F_-}{\partial N_-} = 0. \tag{3.180}$$

将方程 (3.179) 代入方程 (3.180) 中，可以得到

$$n_+ n_- = \left(4\pi m_e^3 c^3 h^{-3} D_e\right)^2. \tag{3.181}$$

3.8.4 光子中微子过程

当温度低于 10^9 K 时，光子在自由电子上的康普顿 (Compton) 散射有时会导致中微子对的产生.

通常与电子碰撞后，光子仅只是改变了频率和运动方向，但是，有一小部分光子在碰撞过程中将自己的动量全部传递给了电子，而其自身则转化成为中微子对：

$$\gamma + e^- \to e^- + \nu + \bar{\nu}. \tag{3.182}$$

根据弱相互作用基本理论,光子中微子过程也可以通过中性流和载荷流两种通道进行:对于中性流通道来说,电子吸收光子的能量后衰变放出 Z 玻色子,之后 Z 玻色子进一步衰变为中微子对;对于载荷流通道来说,电子吸收光子能量后将电荷交给 W 玻色子并转变为电子中微子,而 W 玻色子则进一步衰变为电子和反电子中微子.

假定入射光子的能量为 E_γ,入射和出射电子的能量分别为 E_e 和 E'_e,出射中微子对的能量为 E_ν 和 $E_{\bar{\nu}}$,则类似前面的讨论,发生光子中微子过程 (3.182) 的几率 P_γ 为

$$P_\gamma = \frac{2\pi}{\hbar} |W_\gamma|^2 \rho_e \rho_\nu \delta \left(E_\gamma + E_e - E'_e - E_\nu - E_{\bar{\nu}} \right), \tag{3.183}$$

其中 ρ_e 是出射电子的态密度,ρ_ν 是出射中微子的态密度,而光子中微子过程的矩阵元 W_γ 可以写为

$$|W_\gamma|^2 = G_F^2 M_\gamma^2, \tag{3.184}$$

其中 M_γ 由入射和出射粒子的波函数确定. 假定中微子对的动量和为零,将方程 (3.183) 对所有可能的出射中微子状态求和,可以得到

$$P_\gamma = \frac{G_F^2 M_\gamma^2}{\pi \hbar^4} \int_0^\infty \rho_e \delta \left(E_\gamma + E_e - E'_e - E_\nu - E_{\bar{\nu}} \right) p_\nu^2 \mathrm{d}p_\nu = \frac{G_F^2 M_\gamma^2}{8\pi \hbar^4 c^3} \left(E_\gamma + E_e - E'_e \right)^2 \rho_e. \tag{3.185}$$

假定入射光子的波矢量为 $\boldsymbol{k}$,入射和出射电子的动量分别为 $\boldsymbol{p}_e$ 和 $\boldsymbol{p}'_e$,根据动量守恒定律可以得到

$$\hbar \boldsymbol{k} + \boldsymbol{p}_e = \boldsymbol{p}'_e. \tag{3.186}$$

这表明电子吸收了入射光子的动量,而光子其余部分的能量则衰变成为中微子对. 根据方程 (2.99) 和 (3.166),出射电子未被占据的态密度 ρ_e 为

$$\rho_e \mathrm{d}^3 \boldsymbol{p}'_e = \frac{8\pi}{h^3} \left(1 - \frac{1}{\mathrm{e}^{E'_e/kT - \psi} + 1} \right) p'^2_e \mathrm{d}p'_e, \tag{3.187}$$

其中 ψ 是电子气体的简并参数. 假定入射光子的频率为 ν,在入射电子静止的参考系中,利用方程 (3.186) 和 (3.187),方程 (3.185) 可以进一步写为

$$P_\gamma = \frac{G_F^2 M_\gamma^2 \nu^2}{2\pi \hbar^5 c^5} \left(h\nu + m_e c^2 - \sqrt{m_e^2 c^4 + h^2 \nu^2} \right)^2 \left(1 - \frac{1}{\mathrm{e}^{\sqrt{m_e^2 c^4 + h^2 \nu^2}/kT - \psi} + 1} \right). \tag{3.188}$$

假定入射光子来自与电子气体处于平衡状态的黑体辐射场,利用方程 (2.42) 和

§3.8 中微子过程

(2.99),光子中微子过程造成的中微子能量损失率 ϵ_γ 为

$$\epsilon_\gamma = n_e \int \frac{E_\gamma + E_e - E_e'}{e^{E_\gamma/kT} - 1} \frac{2P_\gamma}{h^3} d^3p = \frac{4G_F^2 M_\gamma^2 n_e}{\hbar^5 c^8}$$

$$\times \int_0^\infty \left(h\nu + m_e c^2 - \sqrt{m_e^2 c^4 + h^2\nu^2}\right)^3 \left(1 - \frac{1}{e^{\sqrt{m_e^2 c^4 + h^2\nu^2}/kT - \psi} + 1}\right) \frac{\nu^4 d\nu}{e^{h\nu/kT} - 1}$$

$$= \frac{G_F^2 M_\gamma^2 n_e}{8\pi^5 \hbar^{10} c^8} (kT)^8 \int_0^\infty \left(x + a - \sqrt{a^2 + x^2}\right)^3 \left(1 - \frac{1}{e^{\sqrt{a^2+x^2}-\psi}+1}\right) \frac{x^4 dx}{e^x - 1}. \tag{3.189}$$

3.8.5 等离子中微子过程

在恒星演化的晚期,其中心核的密度会变得非常高 ($10^6 \sim 10^8$ g·cm^{-3}),因此自由电子开始出现简并现象. 这时,等离子体中出现的中微子过程可以造成大量的能量损失.

对于温度非常高的恒星中心核来说,物质可以被认为是完全电离的. 于是,空间任何一点的正、负电荷数目是相等的. 这种气体被称为等离子体. 带正电的原子核质量很大,因此其速度相对较小,而电子的质量很小,因而其速度相对较大,特别是当电子气体处于简并状态时. 当一束频率为 ν 的辐射穿越上述等离子体时,假定辐射的波长远大于粒子间的距离,则可以认为带电粒子位于一个周期性变化的均匀电场中. 由于质量较大,离子在电场作用下的运动很小,可以近似认为处于静止状态,而电子则在均匀电场的作用下产生一个整体性的周期运动. 于是,辐射可以将其携带的动量传递给等离子体而衰变为正负电子对,同时也存在一定几率衰变为中微子对.

假定没有辐射扰动时电子的数密度用 n_0 来表示,辐射造成的数密度扰动为 n_1. 根据静电场的泊松 (Poisson) 方程,电子密度扰动 n_1 产生的电场的扰动 $\boldsymbol{E}_1$ 为

$$\nabla \cdot \boldsymbol{E}_1 = -4\pi e n_1, \tag{3.190}$$

其中 e 为电子的电荷量. 电场 $\boldsymbol{E}_1$ 的出现将驱动电子运动. 在线性近似下,电子的运动方程为

$$n_0 m_e \frac{\partial \boldsymbol{u}}{\partial t} = -n_0 e \boldsymbol{E}_1 - \nabla p, \tag{3.191}$$

其中 $\boldsymbol{u}$ 是电子的整体运动速度,p 是等离子体的压强. 对处于电子简并状态的等离子体来说,气体压强 p 主要由电子简并压强主导. 假定电子气体处于非相对论性的完全简并状态,根据方程 (2.118) 和 (2.120),可以得到

$$\nabla p = \left(\frac{3}{8\pi}\right)^{5/3} \frac{8\pi h^2}{15 m_e} \nabla (n_e)^{5/3} = \frac{p_F^2}{3 m_e} \nabla n_1, \tag{3.192}$$

其中 p_F 是完全简并电子气体的费米动量. 在线性近似下, 电子气体的运动还必须满足连续性方程

$$\frac{\partial n_1}{\partial t} + n_0 \nabla \cdot \boldsymbol{u} = 0. \tag{3.193}$$

考虑形如 $e^{-i\omega t + i\boldsymbol{k}\cdot\boldsymbol{r}}$ 的平面电磁波在上述等离子体中的传播过程. 将其代入方程 (3.190) 中, 可以得到

$$i\boldsymbol{k} \cdot \boldsymbol{E}_1 = -4\pi e n_1. \tag{3.194}$$

将方程 (3.191) 对时间求偏导数, 并将平面波形式解代入其中, 同时利用方程 (3.192)、(3.193) 和 (3.194), 可以得到

$$-\omega^2 4\pi e n_0 m_e \boldsymbol{u} = i\omega n_0 4\pi e^2 \boldsymbol{E}_1 + i\omega \frac{p_F^2}{3 m_e} (\boldsymbol{k} \cdot \boldsymbol{E}_1) \boldsymbol{k}. \tag{3.195}$$

因为电磁波扰动是周期性的, 在等离子体近似下, 其产生的磁场 $\boldsymbol{B}_1$ 和电场 $\boldsymbol{E}_1$ 满足下列方程组:

$$\begin{aligned} \nabla \times \boldsymbol{E}_1 &= -\frac{1}{c}\frac{\partial \boldsymbol{B}_1}{\partial t}, \\ \nabla \times \boldsymbol{B}_1 &= -\frac{4\pi}{c} n_0 e \boldsymbol{u} + \frac{1}{c}\frac{\partial \boldsymbol{E}_1}{\partial t}. \end{aligned} \tag{3.196}$$

将平面波形式解代入方程组 (3.196) 中, 并利用方程 (3.195), 可以得到

$$\boldsymbol{k} \times (\boldsymbol{k} \times \boldsymbol{E}_1) = i\frac{\omega}{c}\left(\frac{4\pi}{c} n_0 e \boldsymbol{u} + \frac{i\omega}{c} \boldsymbol{E}_1\right) = \frac{1}{c^2}\left(\omega_P^2 - \omega^2\right) \boldsymbol{E}_1 + \frac{p_F^2}{3 m_e^2 c^2} (\boldsymbol{k} \cdot \boldsymbol{E}_1) \boldsymbol{k}, \tag{3.197}$$

其中

$$\omega_P = \sqrt{\frac{4\pi e^2 n_0}{m_e}} \tag{3.198}$$

通常被称为等离子体频率.

为了方便起见, 将电场强度 $\boldsymbol{E}_1$ 分解为平行于 $\boldsymbol{k}$ 的纵向分量 $\boldsymbol{E}_l$ 和垂直于 $\boldsymbol{k}$ 的横向分量 $\boldsymbol{E}_t$, 即

$$\boldsymbol{E}_1 = \boldsymbol{E}_l + \boldsymbol{E}_t, \tag{3.199}$$

可以得到

$$\begin{aligned} \boldsymbol{k} \times \boldsymbol{E}_l &= \boldsymbol{0}, \\ \boldsymbol{k} \times (\boldsymbol{k} \times \boldsymbol{E}_t) &= -k^2 \boldsymbol{E}_t. \end{aligned} \tag{3.200}$$

将方程 (3.200) 代入方程 (3.197) 中, 可以得到

$$\left(\omega^2 - \omega_P^2\right)\left(\boldsymbol{E}_l + \boldsymbol{E}_t\right) = \left(\frac{p_F^2}{3 m_e^2} \boldsymbol{E}_l + c^2 \boldsymbol{E}_t\right) k^2. \tag{3.201}$$

从方程 (3.201) 可以注意到，由于入射辐射电场的扰动，等离子体中存在两种不同模式的波，其中电场强度 E_{t} 与波矢量 k 垂直的横波模式满足色散关系：

$$\omega^2 = \omega_{\mathrm{P}}^2 + k^2 c^2, \tag{3.202}$$

而电场强度 E_{l} 与波矢量 k 平行的纵波模式满足色散关系：

$$\omega^2 = \omega_{\mathrm{P}}^2 + \frac{p_{\mathrm{F}}^2}{3m_{\mathrm{e}}^2} k^2. \tag{3.203}$$

对比方程 (3.202) 和 (3.203) 可以发现，只有频率高于等离子体频率的电磁辐射才可以传播，并且横波模式以光速传播，而纵波模式以简并电子气体的平均运动速度传播。

在与等离子体的相互作用过程中，对于横波模式来说，根据方程 (3.202)，它相当于一个服从相对论性能量–动量关系的粒子：

$$\hbar^2 \omega^2 = \hbar^2 \omega_{\mathrm{P}}^2 + \hbar^2 k^2 c^2, \tag{3.204}$$

其中粒子的能量和动量分别为 $\hbar\omega$ 和 $\hbar k$，而粒子的等效质量为 $m_{\mathrm{P}} = \hbar\omega_{\mathrm{P}}/c^2$。这样一个粒子被称为等离子 Γ。于是，光子与等离子体的相互作用可以等效的看成光子被处于静止状态的等离子吸收，并使其处于激发状态。

处于激发态的等离子 Γ 可以衰变为光子，也有可能发出中微子对：

$$\Gamma \to \nu + \bar{\nu}. \tag{3.205}$$

在质心系中，中微子对的总动量为零，于是，其总能量应该等于与等离子的等效质量相对应的那部分能量。根据与方程 (3.171) 和 (3.173) 类似的讨论，发生等离子中微子过程的几率 P_Γ 可以写为

$$P_\Gamma = \frac{G_{\mathrm{F}}^2 M_\Gamma^2}{\pi \hbar^4} \int_0^\infty \delta\left(\hbar\omega_{\mathrm{P}} - E_\nu - E_{\bar\nu}\right) p_\nu^2 \mathrm{d}p_\nu = \frac{G_{\mathrm{F}}^2 M_\Gamma^2}{8\pi \hbar^4 c^3} \hbar^2 \omega_{\mathrm{P}}^2, \tag{3.206}$$

其中 E_ν 和 $E_{\bar\nu}$ 分别是出射中微子对的能量，M_Γ 由等离子 Γ 和出射中微子的波函数确定。

假定等离子 Γ 与物质达到平衡并服从分布函数 (2.42)，则其衰变导致的能量损失率 ϵ_Γ 为

$$\epsilon_\Gamma = \int \frac{\hbar\omega_{\mathrm{P}}}{e^{\hbar\omega/kT} - 1} \frac{P_\Gamma}{h^3} \mathrm{d}^3 p. \tag{3.207}$$

从方程 (3.202) 和 (3.203) 可以注意到，由于横波和纵波具有不同的色散关系，因此由它们导致的中微子能量损失率各不相同。对于横波模式来说，根据方程 (3.202)，

可以得到其中微子能量损失率 $\epsilon_{\Gamma t}$ 为

$$\epsilon_{\Gamma t} = \int \frac{2\hbar^3 \omega_P^3}{e^{\hbar\omega/kT}-1} \frac{G_F^2 M_\Gamma^2}{8\pi\hbar^4 c^3} \frac{4\pi p^2}{h^3} dp = \frac{G_F^2 M_\Gamma^2 \omega_P^3}{8\pi^3 \hbar c^3} \int_0^\infty \frac{k^2}{e^{\hbar\omega/kT}-1} dk$$

$$= \frac{G_F^2 M_\Gamma^2 \omega_P^3}{8\pi^3 \hbar c^6} \int_{\omega_P}^\infty \frac{\sqrt{\omega^2-\omega_P^2}}{e^{\hbar\omega/kT}-1} \omega d\omega = \frac{G_F^2 M_\Gamma^2 \omega_P^3}{16\pi^3 \hbar c^6} (kT)^3 \int_0^\infty \frac{\sqrt{x}}{e^{\sqrt{x+b^2}}-1} dx, \quad (3.208)$$

其中第一个等号右边积分中的因子 2 是考虑到横波模式的电场可以有左旋和右旋两种方式，并且定义

$$b = \frac{\hbar\omega_P}{kT}. \tag{3.209}$$

对于纵波模式来说，利用方程 (3.203)，其中微子能量损失率 $\epsilon_{\Gamma l}$ 可以写为

$$\epsilon_{\Gamma l} = \int \frac{\hbar^3 \omega_P^3}{e^{\hbar\omega/kT}-1} \frac{G_F^2 M_\Gamma^2}{8\pi\hbar^4 c^3} \frac{4\pi p^2}{h^3} dp = \frac{G_F^2 M_\Gamma^2 \omega_P^3}{16\pi^3 \hbar c^3} \int_0^\infty \frac{k^2}{e^{\hbar\omega/kT}-1} dk$$

$$= \frac{G_F^2 M_\Gamma^2 \omega_P^3}{32\pi^3 \hbar^4 c^3} \left(\frac{3m_e^2}{p_F^2}\right)^{3/2} (kT)^3 \int_0^\infty \frac{\sqrt{x}}{e^{\sqrt{x+b^2}}-1} dx. \tag{3.210}$$

第4章 辐射转移过程与不透明度

恒星内部的热核燃烧过程释放大量的热量,维持恒星长期持续稳定的发光. 热核反应一般发生在恒星中心温度很高的区域,其所释放的热量必须传递到恒星的外部,并最终从恒星表面辐射到宇宙空间中去,以维持恒星内部的能量平衡.

在恒星内部,辐射转移过程是传递热量的主要方式之一. 由于温度和密度很高,在恒星内部的绝大部分地方,辐射与气体物质处于局部热动平衡状态,因此辐射场具有黑体辐射的性质,其能量密度正比于温度的四次方. 由于恒星内部存在温度梯度,内部的温度高于外部的温度,这就会造成辐射能以扩散的形式向外传递. 同时,气体物质不间断地吸收和发射辐射,以及光子与气体物质粒子碰撞发生散射,都会阻碍辐射能向外传递的过程.

本章首先介绍描述辐射场宏观性质的方法,然后详细讨论辐射转移方程及其在不同条件下的近似解,最后对物质与辐射场相互作用的几种主要形式,以及恒星物质的不透明度做简要介绍.

§4.1 辐射场的宏观描述

根据电磁场的基本理论,一个周期性变化的电场将产生一个以同样周期变化的磁场. 这样一个变化的电磁场可以在真空和介质中传播,形成一个电磁波. 典型的电磁波有平面波和球面波等,其具有固定的频率,并且波阵面在真空中有固定的传播方向. 在真空中,电磁波的传播速度是光速.

对于一个被各种频率的电磁波充斥着的区域来说,采用辐射场的概念来对其进行描述是方便的. 根据上述电磁辐射的特点可以知道,辐射场的宏观性质不仅与时间和空间有关,还与电磁波的频率 ν 和传播方向有关. 通常采用辐射强度的概念来描述辐射场的宏观性质. 如图 4.1 所示,假定在 dt 时间间隔和 $d\nu$ 频率间隔内,在沿 s 方向立体角 $d\Omega$ 内通过面元 $d\sigma$ 的辐射能为 dE_ν,那么定义面元所在位置的辐射强度 I_ν 为

$$I_\nu = \frac{dE_\nu}{\cos\theta d\sigma d\Omega d\nu dt}, \tag{4.1}$$

其中 θ 是面元 $d\sigma$ 的法线方向 n 与辐射方向 s 之间的夹角. 如果 I_ν 与方向无关,则辐射场被称为各向同性辐射场.

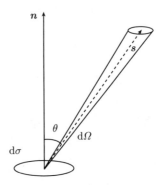

图 4.1 空间中某一点的辐射强度的示意图

将 I_ν 对所有方向求平均，可以得到平均辐射强度 J_ν 为

$$J_\nu = \frac{1}{4\pi} \oint I_\nu \mathrm{d}\Omega = \frac{1}{4\pi} \int_0^{2\pi} \mathrm{d}\varphi \int_0^\pi I_\nu \sin\theta \mathrm{d}\theta. \tag{4.2}$$

显然，对各向同性辐射场来说，可以得到

$$J_\nu = I_\nu. \tag{4.3}$$

从物理性质上看，辐射也是一种特殊形态的物质. 为了考虑辐射场对系统热力学性质的贡献，一个有用的物理量是辐射能密度 u_ν. 如图 4.2 所示，考虑一束在真空中沿任意方向传播的电磁波，在 $\mathrm{d}t$ 时间内它将充满 $\mathrm{d}V = c\mathrm{d}t\mathrm{d}\sigma$ 的体积，其中 c 是真空中的光速. 于是，辐射场在该方向上的能量密度为 $I_\nu \mathrm{d}\sigma \mathrm{d}t / c\mathrm{d}\sigma \mathrm{d}t$. 对所有传播方向进行积分，就可以得到单色辐射能密度为

$$u_\nu = \oint \frac{I_\nu}{c} \mathrm{d}\Omega = \frac{4\pi}{c} J_\nu. \tag{4.4}$$

对于各向同性辐射场，利用方程 (4.3)，可以得到

$$u_\nu = \frac{4\pi}{c} I_\nu. \tag{4.5}$$

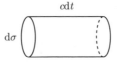

图 4.2 某一空间体积的辐射能密度的示意图

当考虑通过辐射转移过程进行能量的传递时，一个非常有用的物理量是辐射能通量 F_ν，它被定义为穿过面元 $\mathrm{d}\sigma$ 的全部辐射能. 对于如图 4.1 所示的面元 $\mathrm{d}\sigma$，

将方程 (4.1) 所给出的沿 s 方向传播的辐射能对所有传播方向进行积分，就得到穿过该面元的单色辐射能通量

$$F_\nu = \oint I_\nu \cos\theta \mathrm{d}\Omega = \int_0^{2\pi} \mathrm{d}\varphi \int_0^\pi I_\nu \cos\theta \sin\theta \mathrm{d}\theta. \tag{4.6}$$

应该注意到，辐射能通量 F_ν 是一个与面元法向 n 有关的量。

此外，电磁波在传递能量的同时，也在传递动量，并由此产生辐射压强。光子的能量–动量关系为方程 (2.41)。于是，与辐射能 $\mathrm{d}E_\nu$ 相应的动量是 $\mathrm{d}E_\nu/c$。将其投影到面元 $\mathrm{d}\sigma$ 的法线方向上，并对所有方向和频率积分，就得到辐射压强

$$P_\mathrm{R} = \int_0^\infty \mathrm{d}\nu \oint \frac{I_\nu}{c}\cos^2\theta \mathrm{d}\Omega = \frac{1}{c}\int_0^\infty \mathrm{d}\nu \int_0^{2\pi} \mathrm{d}\varphi \int_0^\pi I_\nu \cos^2\theta \sin\theta \mathrm{d}\theta. \tag{4.7}$$

对于各向同性辐射场，利用方程 (4.3) 和 (4.5)，可以得到

$$P_\mathrm{R} = \frac{4\pi}{3c}I = \frac{1}{3}u, \tag{4.8}$$

其中 I 和 u 分别是对所有频率积分后的辐射强度和辐射能密度。

§4.2 辐射与介质的相互作用

4.2.1 吸收系数和发射系数

恒星内部一般由气体物质组成。当电磁波在恒星内部传播时，组成气体物质的原子和离子将不间断地吸收和发射光子，造成其辐射强度的变化。

考虑介质对入射辐射的吸收。假定有一束强度为 I_ν 的入射辐射，在穿越一厚度为 $\mathrm{d}s$ 的介质层后，其强度减弱了 $\mathrm{d}I_\nu$，则定义该层介质的吸收系数 κ_ν 满足

$$\mathrm{d}I_\nu = -\rho\kappa_\nu I_\nu \mathrm{d}s, \tag{4.9}$$

其中 ρ 是介质的密度。方程 (4.9) 定义的吸收系数 κ_ν 为质量吸收系数。如果介质中单个粒子的吸收截面为 σ_ν，那么质量吸收系数 κ_ν 和单个粒子的吸收截面 σ_ν 有下列关系：

$$\rho\kappa_\nu = n\sigma_\nu, \tag{4.10}$$

其中 n 是粒子的数密度。

对于介质发射辐射来说，假定经过一厚度为 $\mathrm{d}s$ 的介质层后，辐射强度增加了 $\mathrm{d}I_\nu$，那么定义介质的发射系数 η_ν 满足

$$\mathrm{d}I_\nu = \rho\eta_\nu \mathrm{d}s. \tag{4.11}$$

同样，方程 (4.11) 定义的是介质单位质量的发射系数.

当辐射场与介质达到局地热平衡时，介质对辐射的吸收和发射应该相等. 将此平衡条件代入方程 (4.9) 和 (4.11) 中，并且考虑到与介质处于热平衡状态的辐射是黑体辐射，可以得到

$$\kappa_\nu B_\nu = \eta_\nu, \tag{4.12}$$

其中，利用光子气体的普朗克分布函数 (2.42)，黑体辐射的辐射强度为

$$B_\nu = \frac{2h\nu^3}{c^2} \frac{1}{e^{h\nu/kT} - 1}, \tag{4.13}$$

B_ν 也被称为黑体辐射的普朗克函数.

4.2.2 辐射与介质相互作用的微观过程

当电磁波与介质发生相互作用时，按照其过程性质的不同，可以分为吸收与发射过程和散射过程两类.

原子 (或者离子) 可以吸收光子而从低能态跃迁到高能态，也可以发射光子而从高能态跃迁回低能态. 这时，光子数将发生变化. 常见的吸收与发射过程有很多种，例如光致激发过程，又称为束缚–束缚跃迁，原子吸收特定频率的光子后从低能级跃迁到高能级. 这时，入射光子的能量等于吸收原子两能级之间的能量差，并将产生在某一特定频率处的谱线吸收. 其逆过程为自发复合和光致复合，处于激发态的原子从高能级跃迁回低能级，并放出与两能级能量差相应频率的光子. 又如光致电离过程，也称为束缚–自由跃迁. 当入射光子的能量大于束缚电子的电离能时，原子吸收光子后发生电离. 于是，光致电离过程存在某一截止频率，并将在高于截止频率的区域产生连续谱吸收. 同样，自由电子可以通过自发复合和光致复合的方式重新成为束缚电子，并放出相应频率的光子. 再如自由–自由跃迁过程，其出现在自由电子与离子发生非弹性碰撞时. 当碰撞造成电子能量增加时，自由电子将从辐射场中吸收能量，而当碰撞造成电子能量减少时，减少部分的能量将以光子的形式辐射掉. 这种因为与原子核或者离子碰撞造成电子减速而产生的辐射过程又被称为韧致辐射. 显然，上述这两种过程将产生连续谱吸收和发射.

当原子核与束缚电子所组成的系统，或者离子与自由电子所组成的系统从高能态跃迁回到低能态时，可能发生两种不同的复合过程，其放出的光子也具有不同的行为特征. 一种是自发跃迁，即系统自发从高能态跃迁回低能态，此时发射出的光子是各向同性的；另一种是感应跃迁，即处于高能态的系统在入射辐射的感应下发生复合回到低能态，此时发射的光子与入射光子的方向相同. 于是，光子的发射过程可以分为自发发射和感应发射. 由方程 (4.11) 所定义的发射系数 η_ν 通常代表的是各向同性的自发发射系数，而感应发射的光子由于与入射光子同方向，可以当做 "负吸收" 来处理.

从物理本质上来说，散射过程是光子与组成介质的粒子发生碰撞，造成其频率和传播方向的变化. 显然, 散射过程中光子数是守恒的，在入射方向上的辐射强度会有所减弱, 但其他方向的辐射强度则会相应增强. 散射过程也有很多种类, 例如在频率较低的电磁波的驱动下，自由电子将做同频率的简谐运动，并将入射平面波的一部分以球面波的形式散射出去. 这种散射过程被称为汤姆孙 (Thomson) 散射. 当入射光子的能量很高时, 则必须将其当做一个携带能量和动量的粒子来看待, 其与自由电子的碰撞被称为康普顿散射. 不仅自由电子可以散射光子, 束缚电荷同样可以散射电磁波, 例如电磁波在气体分子上的瑞利 (Rayleigh) 散射等.

§4.3 辐射转移方程

4.3.1 平面平行层的辐射转移方程

对于如图 4.3 所示的平面平行层结构, 考虑到介质对辐射的吸收和发射, 在穿越一厚度为 ds 的介质层后, 辐射强度的变化应满足

$$dI_\nu = -\rho\kappa_\nu I_\nu ds + \rho\eta_\nu ds. \tag{4.14}$$

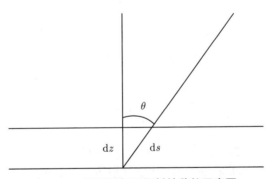

图 4.3 平面平行层辐射转移的示意图

设辐射方向 s 和坐标轴 z 方向的夹角为 θ, 则 $dz = \cos\theta ds$. 于是, 辐射转移方程 (4.14) 可以写为

$$\mu \frac{dI_\nu}{dz} = -\rho\kappa_\nu I_\nu + \rho\eta_\nu = \rho\kappa_\nu(S_\nu - I_\nu), \tag{4.15}$$

其中 $\mu = \cos\theta$. 方程 (4.15) 第二个等号右边的 $S_\nu = \eta_\nu/\kappa_\nu$ 通常被称为源函数. 引入光学深度 $d\tau_\nu = -\rho\kappa_\nu dz$, 则辐射转移方程 (4.15) 又可以写为

$$\mu \frac{dI_\nu}{d\tau_\nu} = I_\nu - S_\nu. \tag{4.16}$$

4.3.2 辐射转移方程的通解

将辐射转移方程 (4.16) 两边乘以积分因子 $e^{-\tau_\nu/\mu}$，可以得到

$$\frac{d}{d\tau_\nu}\left(I_\nu e^{-\tau_\nu/\mu}\right) = -\frac{S_\nu}{\mu}e^{-\tau_\nu/\mu}, \tag{4.17}$$

积分上式，可以得到

$$I_\nu(0) = I_\nu(\tau_\nu)e^{-\tau_\nu/\mu} + \int_0^{\tau_\nu}\frac{S_\nu}{\mu}e^{-t_\nu/\mu}dt_\nu. \tag{4.18}$$

下面讨论几种特殊情况下辐射转移方程的解，这对理解通解 (4.18) 是很有帮助的.

(1) 设源项 $S_\nu = 0$，则有

$$I_\nu^{\text{out}} = I_\nu^{\text{in}}e^{-\tau_\nu/\mu}. \tag{4.19}$$

这表明在穿越介质的过程中，辐射强度将以指数形式衰减.

(2) 设入射辐射 $I_\nu^{\text{in}} = 0$，于是有

$$I_\nu^{\text{out}} = \int_0^{\tau_\nu}\frac{S_\nu}{\mu}e^{-t_\nu/\mu}dt_\nu. \tag{4.20}$$

这表明在没有入射辐射的情况下，出射辐射完全来自于介质层本身的发射.

(3) 设辐射场与介质处于热动平衡状态，并具有均匀的温度，则根据方程 (4.12) 可以得到 $S_\nu = B_\nu$，于是有

$$I_\nu^{\text{out}} = I_\nu^{\text{in}}e^{-\tau_\nu/\mu} + \int_0^{\tau_\nu}B_\nu e^{-t_\nu/\mu}d\left(\frac{t_\nu}{\mu}\right) = B_\nu + \left(I_\nu^{\text{in}} - B_\nu\right)e^{-\tau_\nu/\mu}. \tag{4.21}$$

可以注意到，当光学深度 τ_ν 很大时，无论入射辐射是否是黑体辐射，以及光学深度对辐射频率具有怎样的依赖关系，出射辐射都将具有黑体辐射的特征.

4.3.3 辐射转移方程的渐近解

从方程 (4.18) 中可以注意到，当光学深度 τ_ν 很大时，通解中的指数因子将变得很小，于是，可以将辐射强度 I_ν 展开成角度 μ 的级数:

$$I_\nu(\mu) = I_0 + I_1\mu + I_2\mu^2 + \cdots. \tag{4.22}$$

另一方面，当光深很大时，辐射场与介质近似处于局地热动平衡状态，即 $S_\nu \approx B_\nu$. 将级数解 (4.22) 代入到辐射转移方程 (4.16) 中，并且考虑到上述情况，可以得到

$$\sum_{n=0}^{\infty}\mu^{n+1}\frac{dI_n}{d\tau_\nu} = \sum_{n=0}^{\infty}\mu^n I_n - B_\nu. \tag{4.23}$$

由于方程 (4.23) 对所有角度都成立, 故方程两边 μ 指数相同的项的系数必须相等:

$$\begin{aligned} I_0 &= B_\nu, \\ I_1 &= \frac{\mathrm{d}B_\nu}{\mathrm{d}\tau_\nu}, \\ I_2 &= \frac{\mathrm{d}^2 B_\nu}{\mathrm{d}\tau_\nu^2}, \\ &\cdots\cdots \end{aligned} \qquad (4.24)$$

将上述结果代入方程 (4.22) 中, 可以得到光深很大时辐射转移方程的级数解为

$$I_\nu(\mu) = B_\nu + \frac{\mathrm{d}B_\nu}{\mathrm{d}\tau_\nu}\mu + \frac{\mathrm{d}^2 B_\nu}{\mathrm{d}\tau_\nu^2}\mu^2 + \cdots. \qquad (4.25)$$

取前两项近似, 则根据方程 (4.6), 辐射能通量可以表示为

$$\begin{aligned} F_\nu &= \int_0^{2\pi} \mathrm{d}\varphi \int_0^\pi I_\nu \cos\theta \sin\theta \mathrm{d}\theta \approx 2\pi \int_0^\pi \left(B_\nu + \frac{\mathrm{d}B_\nu}{\mathrm{d}\tau_\nu} \cos\theta \right) \cos\theta \sin\theta \mathrm{d}\theta \\ &= \frac{4\pi}{3} \frac{\mathrm{d}B_\nu}{\mathrm{d}\tau_\nu} = -\frac{4\pi}{3\rho\kappa_\nu} \frac{\mathrm{d}B_\nu}{\mathrm{d}T} \frac{\mathrm{d}T}{\mathrm{d}z}. \end{aligned} \qquad (4.26)$$

可以注意到, 这时辐射能通量与温度梯度成正比. 这与通常熟知的热传导现象的傅里叶定律一致.

4.3.4 不透明度

从前面的讨论中可以注意到, 吸收系数对频率的复杂依赖关系是处理辐射转移问题时所遇到的最大的困难. 一种简单有效的近似处理方法就是对吸收系数进行适当的平均, 以得到与辐射频率无关的平均值. 通常将这种与频率无关的平均吸收系数称为不透明度. 在研究恒星结构演化问题时, 一种特别有用的不透明度是吸收系数的罗斯兰 (Rosseland) 平均值.

当考虑恒星内部的总辐射能通量时, 将辐射转移方程的渐近解 (4.26) 对所有频率进行积分, 可以得到

$$F = -\frac{4\pi}{3\rho} \frac{\mathrm{d}T}{\mathrm{d}z} \int_0^\infty \frac{1}{\kappa_\nu} \frac{\mathrm{d}B_\nu}{\mathrm{d}T} \mathrm{d}\nu. \qquad (4.27)$$

引入吸收系数的罗斯兰平均值:

$$\frac{1}{\kappa_\mathrm{R}} = \pi \int_0^\infty \frac{1}{\kappa_\nu} \frac{\mathrm{d}B_\nu}{\mathrm{d}T} \mathrm{d}\nu \Big/ \int_0^\infty \frac{\mathrm{d}B_\nu}{\mathrm{d}T} \mathrm{d}\nu = \frac{\pi}{4\sigma T^3} \int_0^\infty \frac{1}{\kappa_\nu} \frac{\mathrm{d}B_\nu}{\mathrm{d}T} \mathrm{d}\nu, \qquad (4.28)$$

其中 σ 是斯特藩–玻尔兹曼常数. 将方程 (4.28) 代入方程 (4.27) 中, 可以得到

$$F = -\frac{16\sigma T^3}{3\rho\kappa_\mathrm{R}} \frac{\mathrm{d}T}{\mathrm{d}z}. \qquad (4.29)$$

方程 (4.29) 被广泛应用于研究恒星内部的辐射传能过程.

4.3.5 灰大气模型

介质对辐射的吸收与被考虑频段内原子具体的吸收过程有关. 正如上节所讨论的那样, 在一般情况下, 吸收系数是辐射频率的函数. 作为一种最简单的近似, 假定介质的吸收系数与辐射频率无关, 则此时辐射转移方程的解称为灰大气模型.

当吸收系数与辐射频率无关时, 光深 τ 将不再是频率的函数. 将辐射转移方程 (4.16) 对所有频率积分, 可以得到

$$\mu \frac{\mathrm{d}I}{\mathrm{d}\tau} = I - S, \tag{4.30}$$

其中 S 是对所有频率积分后的源函数. 将辐射转移方程 (4.30) 两边乘以 μ, 再对角度积分, 可以得到

$$\frac{\mathrm{d}}{\mathrm{d}\tau} \oint I\mu^2 \mathrm{d}\Omega = \oint (I-S)\mu \mathrm{d}\Omega = F, \tag{4.31}$$

其中 F 是对所有频率积分后的总辐射能通量.

在一个处于稳定状态的恒星大气中, 总能量通量一般是一个常数. 当大气层中没有对流等其他能量传递机制时, 辐射转移将是唯一的能量传递机制, 因此辐射能通量 F 也将是一个常数. 引入一个量 K 为

$$K = \frac{1}{4\pi} \oint I\mu^2 \mathrm{d}\Omega, \tag{4.32}$$

代入方程 (4.31) 中, 并对光深求积分, 可以得到

$$K = \frac{F}{4\pi}\tau + C. \tag{4.33}$$

方程 (4.33) 中的积分常数 C 将由恒星表面 ($\tau=0$) 的边界条件来确定.

在光学深度很大的地方, 辐射场基本上是各向同性的, 于是有 $J = I$. 代入方程 (4.32) 中, 可以得到

$$K = \frac{1}{3}J. \tag{4.34}$$

但当光学深度较小时, 辐射场将表现出方向性, 于是上述近似失效. 爱丁顿 (Eddington) 假定此时辐射强度可以近似表达为

$$\begin{aligned} I &= I_1, & \text{当} \quad 0 < \theta < \pi/2, \\ I &= I_2, & \text{当} \quad \pi/2 < \theta < \pi, \end{aligned} \tag{4.35}$$

其中 I_1 和 I_2 分别是常数. 将方程 (4.35) 代入方程 (4.2)、(4.6) 和 (4.32) 中, 可以得到

$$J = \frac{1}{2}(I_1 + I_2),$$
$$F = \pi(I_1 - I_2), \quad (4.36)$$
$$K = \frac{1}{6}(I_1 + I_2) = \frac{1}{3}J.$$

值得注意的是, 无论 I_1 和 I_2 的取值如何, 方程 (4.36) 所给出的 K 与 J 的关系与各向同性辐射场时的情况 (4.34) 式完全相同.

对于一颗孤立的恒星来说, 当 $\tau = 0$ 时, 一个合理的边界条件是没有外来的辐射, 即 $I_2 = 0$. 于是, 利用方程 (4.36), 可以得到

$$F = \pi I_1 = 6\pi K. \quad (4.37)$$

将方程 (4.37) 代入方程 (4.33) 中, 就可以确定出积分常数

$$C = K = \frac{F}{6\pi}. \quad (4.38)$$

将上述积分常数代入方程 (4.33) 中, 并利用方程 (4.34) 和 (4.36), 可以得到

$$J = \frac{3F}{4\pi}\left(\tau + \frac{2}{3}\right). \quad (4.39)$$

由方程 (4.39) 所描述的恒星大气模型被称为爱丁顿灰大气模型.

为了得到灰大气模型的温度分布, 假定恒星大气处于局部热动平衡条件下, 可以得到

$$J = I = \int_0^\infty B_\nu \mathrm{d}\nu = \frac{\sigma}{\pi}T^4, \quad (4.40)$$

其中 T 是介质的温度. 于是, 爱丁顿灰大气模型的温度分布为

$$T^4 = \frac{3\mathrm{F}}{4\sigma}\left(\tau + \frac{2}{3}\right). \quad (4.41)$$

§4.4 恒星物质的不透明度

4.4.1 量子跃迁

当原子在不同的状态之间跃迁时, 它将吸收或者发射光子. 在一定条件下, 可以将外界的影响看成一种微扰, 它造成了原子在不同本征态之间的跃迁.

为了能够处理与时间相关的微扰问题, 系统的波函数 ψ 必须满足含时的薛定谔方程

$$\mathrm{i}\hbar\frac{\partial \psi}{\partial t} = (H + W)\psi, \quad (4.42)$$

其中 H 是无微扰时系统的哈密顿量 (Hamiltonian), W 是微扰量, $\hbar = h/2\pi$ 是约化普朗克常数.

假定 H 不显含时间, 则无微扰时方程 (4.42) 的解具有如下形式:

$$\psi_k = |k\rangle \mathrm{e}^{-iE_k t/\hbar}, \tag{4.43}$$

其中 E_k 是本征态 k 的能量, $|k\rangle$ 是其波函数的空间部分. 本征函数 $|k\rangle$ 满足正交归一化条件

$$\langle l|k\rangle = \delta_{kl}, \tag{4.44}$$

其中三角括号代表对空间进行积分, 并且当 $k \neq l$ 时 $\delta_{kl} = 0$, 当 $k = l$ 时 $\delta_{kl} = 1$. 将方程 (4.43) 代入方程 (4.42) 中, 可以得到

$$H\psi_k = E_k \psi_k. \tag{4.45}$$

能量本征态的一个简单例子是氢原子或者是只包含一个电子的类氢离子, 其能级由下列公式给出:

$$E_k = -\frac{Z^2 e^2}{2a_0}\frac{1}{k^2}, \qquad k = 1, 2, 3, \cdots, \tag{4.46}$$

其中 k 为主量子数, Z 是原子核所包含的正电荷数, 玻尔 (Bohr) 半径 a_0 定义为

$$a_0 = \frac{\hbar^2}{m_e e^2}, \tag{4.47}$$

m_e 和 e 分别代表电子的质量和电荷量.

考虑微扰 W 后, 方程 (4.42) 的解将不再是某一个能量的本征态, 或者说微扰造成的跃迁发生后, 系统可以处于任意能量本征态. 于是, 对于任意的初态, 可以将末态波函数用无微扰时的本征函数展开:

$$\psi(t) = \sum_m a_m(t) \psi_m. \tag{4.48}$$

由于微扰 W 与时间有关, 于是振幅 a_m 将是时间的函数. 在考虑跃迁过后系统处于末态 l 的几率时, 首先将形式解 (4.48) 代入方程 (4.42) 中, 乘以末态 l 的本征函数 $|l\rangle$ 的复共轭 $\langle l|$ 并对空间进行积分, 同时利用本征函数的正交归一性, 可以得到

$$\mathrm{i}\hbar \frac{\partial a_l}{\partial t} = \sum_m a_m \langle l| W |m\rangle \mathrm{e}^{\mathrm{i}(E_l - E_m)t/\hbar} = \sum_m a_m W_{lm} \mathrm{e}^{\mathrm{i}\omega_{lm} t}, \tag{4.49}$$

其中 $W_{lm} = \langle l|W|m\rangle$ 是跃迁的矩阵元, $\omega_{lm} = (E_l - E_m)/\hbar$. 可以注意到, 方程 (4.49) 是一个矩阵方程, 这表明从一个特定初态跃迁到一个特定末态的几率不仅与这两个本征态有关, 还与其他所有可能的跃迁过程有关.

由于外界的扰动很小, 作为一级近似, 可以用无微扰时系统的波函数来近似计算方程 (4.49) 的右边. 假定系统的初态为 k, 于是在方程 (4.49) 右边的求和中, 系数 a_m 必须满足初始条件 $a_m = \delta_{km}$. 利用上述初始条件, 将方程 (4.49) 对时间积分, 可以得到

$$a_l = \frac{1}{\mathrm{i}\hbar} \int_0^t W_{lk} \mathrm{e}^{\mathrm{i}\omega_{lk}t'} \mathrm{d}t'. \tag{4.50}$$

按照波函数的统计诠释, 在经历了时间间隔 t 后, 系统从状态 k 跃迁到状态 l 的概率为 $|a_l|^2$. 于是, 单位时间内系统的跃迁几率 P_{kl} 为

$$P_{kl} = \frac{\mathrm{d}}{\mathrm{d}t}|a_l|^2. \tag{4.51}$$

4.4.2 束缚–束缚跃迁过程

为简单起见, 考虑原子在一束平面单色光的照射下发生在低能级 k 和高能级 l 之间的光致跃迁过程. 假定入射电磁波的波长比原子的尺度大很多, 则其电场强度 $\boldsymbol{E}$ 可以表达为

$$\boldsymbol{E} = \boldsymbol{E}_0 \cos\omega t = \frac{1}{2}\boldsymbol{E}_0\left(\mathrm{e}^{\mathrm{i}\omega t} + \mathrm{e}^{-\mathrm{i}\omega t}\right), \tag{4.52}$$

其中 ω 是入射电磁波的频率. 引入相应的电势

$$\phi = -\boldsymbol{r} \cdot \boldsymbol{E}, \tag{4.53}$$

其中 $\boldsymbol{r}$ 是以原子核为原点电子的位置矢量. 于是, 入射电磁波对原子的作用可以表达为

$$W = e\phi = -\frac{e}{2}\boldsymbol{r} \cdot \boldsymbol{E}_0\left(\mathrm{e}^{\mathrm{i}\omega t} + \mathrm{e}^{-\mathrm{i}\omega t}\right) = \frac{1}{2}\boldsymbol{D} \cdot \boldsymbol{E}_0\left(\mathrm{e}^{\mathrm{i}\omega t} + \mathrm{e}^{-\mathrm{i}\omega t}\right), \tag{4.54}$$

其中 e 代表电子的电荷量, $\boldsymbol{D} = -e\boldsymbol{r}$ 是电偶极矩. 可以注意到, 这样一个微扰是周期性的.

将微扰算符 (4.54) 代入振幅表达式 (4.50) 中, 可以得到

$$\begin{aligned}a_l &= \frac{\mathrm{i}}{2\hbar}\int_0^t \mathrm{e}^{\mathrm{i}\omega_{lk}t'}\langle l|\boldsymbol{D}\cdot\boldsymbol{E}_0|k\rangle\left(\mathrm{e}^{\mathrm{i}\omega t'} + \mathrm{e}^{-\mathrm{i}\omega t'}\right)\mathrm{d}t' \\ &= \frac{W_{lk}}{\hbar}\left(\frac{\mathrm{e}^{\mathrm{i}(\omega_{lk}+\omega)t}-1}{\omega_{lk}+\omega} + \frac{\mathrm{e}^{\mathrm{i}(\omega_{lk}-\omega)t}-1}{\omega_{lk}-\omega}\right),\end{aligned} \tag{4.55}$$

其中跃迁矩阵元 $W_{lk} = \langle l|\boldsymbol{D}\cdot\boldsymbol{E}_0|k\rangle/2$ 与入射光的性质和跃迁涉及的初态和末态的结构有关. 从方程 (4.55) 中可以注意到, 由于一般来说电磁波的频率都非常高, 因而方程最后一个等号右边括号中的项都很小, 除非当 $\omega \approx \omega_{lk}$(对于 $E_l > E_k$ 的受激吸收) 时, 或者是当 $\omega \approx -\omega_{lk}$(对于 $E_l < E_k$ 的受激发射) 时. 因此, 这是一个

共振跃迁过程. 将上述两种共振跃迁过程合起来写成一个表达式, 并将方程 (4.55) 代入方程 (4.51) 中, 可以得到从初态 k 跃迁到末态 l 的几率为

$$P_{kl} = \frac{|W_{lk}|^2}{\hbar^2} \frac{\mathrm{d}}{\mathrm{d}t} \left| \frac{\mathrm{e}^{\mathrm{i}(\omega-|\omega_{lk}|)t}-1}{\omega-|\omega_{lk}|} \right|^2 = \frac{4|W_{lk}|^2}{\hbar^2(\omega-|\omega_{lk}|)^2} \frac{\mathrm{d}}{\mathrm{d}t} \sin^2\left[(\omega-|\omega_{lk}|)\frac{t}{2}\right]. \quad (4.56)$$

当时间间隔 t 充分长以后, 利用极限公式

$$\lim_{t\to\infty} \frac{\sin^2 tx}{x^2} = \pi t \delta(x), \quad (4.57)$$

可以得到

$$P_{kl} = \frac{\pi|W_{lk}|^2}{\hbar^2} \delta\left(\frac{\omega-|\omega_{lk}|}{2}\right) = \frac{2\pi}{\hbar^2} |W_{lk}|^2 \delta\left(\omega-|\omega_{lk}|\right). \quad (4.58)$$

从方程 (4.55) 中可以注意到, 如果将电偶极矩的方向取定, 那么跃迁矩阵元 W_{lk} 还与入射电磁波的电场方向与电偶极矩方向的夹角 θ 有关. 对于由一束自然光入射引起的跃迁来说, 其偏振角 θ 的取向是无规的, 因此实际的矩阵元应该是所有可能的偏振角 θ 的平均值:

$$\overline{|W_{lk}|^2} = \frac{e^2 E_0^2}{4} \frac{|\langle l|r|k\rangle|^2}{4\pi} \oint \cos^2\theta \mathrm{d}\Omega = \frac{1}{12} e^2 E_0^2 R_{lk}^2, \quad (4.59)$$

其中 $R_{lk}^2 = |\langle l|r|k\rangle|^2$. 另一方面, 入射自然光不可能是完全单色的, 而是具有一定的频率分布. 用 $u(\omega)$ 表示圆频率为 ω 的辐射能密度, 根据电磁波的基本理论, 可以得到

$$u(\omega) = \frac{1}{8\pi}\left(\overline{E^2}+\overline{B^2}\right) = \frac{E_0^2(\omega)}{4\pi T}\int_0^T \cos^2\omega t \mathrm{d}t = \frac{E_0^2(\omega)}{8\pi}, \quad (4.60)$$

其中在对时间进行平均时, 电磁波的周期 $T = 2\pi/\omega$. 在方程 (4.60) 中, 考虑到电磁波的能量在电场和磁场之间来回转换, 因此平均来说二者具有相同的能量. 将方程 (4.59) 和 (4.60) 代入方程 (4.58) 中, 考虑到 $u(\nu) = 2\pi u(\omega)$ 并利用各向同性辐射场能量密度与辐射强度的关系 (4.5), 可以得到

$$P_{kl} = \frac{8\pi^2 e^2}{3\hbar^2 c} R_{lk}^2 I_\nu. \quad (4.61)$$

从方程 (4.61) 可以注意到, 跃迁几率与入射光强成正比. 如果入射辐射中没有跃迁所需能量处的光子, 则跃迁几率为零. 有时, 为了便于与经典理论的结果进行对比, 定义一个振子强度

$$f_{kl} = \frac{2m_\mathrm{e}}{3\hbar^2}(E_l - E_k) R_{lk}^2. \quad (4.62)$$

振子强度 f 一般是量级为 1 的数. 当从能量低的能级跃迁到能量高的能级时, 振子强度为正, 反之为负. 例如, 氢原子的振子强度的量子力学计算结果为

$$f_{mn} = \frac{32}{3\sqrt{3}\pi} \frac{1}{m^2} \left(\frac{1}{m^2} - \frac{1}{n^2} \right)^{-3} \left| \frac{1}{n^3} - \frac{1}{m^3} \right| g_{\text{bb}}, \tag{4.63}$$

其中 g_{bb} 是氢原子束缚-束缚跃迁的冈特 (Gaunt) 因子.

原子在两个能级间跃迁并发射和吸收光子的过程是互相联系的, 可以用爱因斯坦跃迁系数加以描述. 在辐射强度为 I_ν 的各向同性入射光照射下, 根据方程 (2.28), 一个原子在吸收一个特定频率的光子后从低能级 k 跃迁到高能级 l 的几率为 $B_{kl} I_\nu$, 其中光致激发跃迁系数 B_{kl} 为

$$B_{kl} = \frac{8\pi^2 e^2}{3\hbar^2 c} R_{lk}^2. \tag{4.64}$$

与之类似, 该原子在入射光的激发下从高能级 l 跃迁回低能级 k 的几率为 $B_{lk} I_\nu$, 其中光致复合跃迁系数 B_{lk} 为

$$B_{lk} = \frac{8\pi^2 e^2}{3\hbar^2 c} R_{kl}^2. \tag{4.65}$$

同时, 该原子还可以从高能级 l 自发跃迁回到低能级 k, 其自发跃迁系数与入射光强无关, 可以表达为 A_{lk}.

上述跃迁系数是原子固有的性质, 与原子所处环境无关, 因而可以利用热动平衡条件来推导这些系数之间的关系. 在热动平衡条件下, 两能级间的激发和复合应该处于平衡状态, 这被称为细致平衡原理. 因此, 设处于 k 能级的原子数密度为 n_k, 处于 l 能级的原子数密度为 n_l, 则发射光子的跃迁总数应该等于吸收光子的跃迁总数:

$$n_k B_{kl} I_\nu = n_l (A_{lk} + B_{lk} I_\nu), \tag{4.66}$$

从中解出辐射强度 I_ν, 可以进一步得到

$$I_\nu = \frac{A_{lk}}{B_{lk}} \left(\frac{n_k B_{kl}}{n_l B_{lk}} - 1 \right)^{-1}. \tag{4.67}$$

另一方面, 根据方程 (2.28), 在热动平衡条件下上述两个能级上的粒子占据数服从玻尔兹曼分布:

$$\frac{n_l}{n_k} = \frac{g_l}{g_k} e^{-(E_l - E_k)/kT} = \frac{g_l}{g_k} e^{-h\nu_{lk}/kT}, \tag{4.68}$$

其中 g_k 和 g_l 分别是能级 k 和 l 的统计权重. 此外, 根据方程 (4.13), 处于热动平衡状态下的黑体辐射的辐射强度为普朗克函数:

$$I_\nu = B_\nu (T) = \frac{2h\nu^3}{c^2} \left(e^{h\nu/kT} - 1 \right)^{-1}. \tag{4.69}$$

将方程 (4.67) 与方程 (4.68) 和 (4.69) 进行比较, 可以得出

$$\begin{aligned} g_k B_{kl} &= g_l B_{lk}, \\ \frac{A_{lk}}{B_{lk}} &= \frac{2h\nu_{lk}^3}{c^2}. \end{aligned} \quad (4.70)$$

方程 (4.70) 称为爱因斯坦关系.

一般将光致复合跃迁当做负吸收而归并到吸收系数中. 于是, 利用爱因斯坦关系 (4.70) 以及振子强度 (4.62), 束缚–束缚跃迁过程的吸收系数 κ_{bb} 和发射系数 η_{bb} 可以写为

$$\begin{aligned} \rho\kappa_{\text{bb}} &= \frac{h\nu}{4\pi}(n_k B_{kl} - n_l B_{lk}) = n_k \left(1 - \frac{g_k n_l}{g_l n_k}\right) \frac{\pi e^2}{m_e c} f_{kl}, \\ \rho\eta_{\text{bb}} &= \frac{h\nu}{4\pi} n_l A_{lk} = n_l \frac{2h\nu^3 \pi e^2}{m_e c^3} f_{kl}. \end{aligned} \quad (4.71)$$

4.4.3 束缚–自由跃迁过程

在束缚–自由跃迁过程中, 原子吸收光子的能量, 其电子从束缚态跃迁成为自由电子. 这一过程通常也称为光致电离过程. 作为其逆过程, 自由电子也可以被离子俘获成为束缚电子, 并放出一个光子. 和束缚–束缚跃迁过程类似, 复合过程也可以分为自发复合和光致复合两种情况.

为了简单起见, 首先考虑光致电离过程. 假定原子最初处于基态, 其能量为 E_{s}, 在一束强度为 I_ν 的入射光的照射下, 原子吸收一个能量为 $h\nu$ 的光子, 其处于基态的电子发生电离而成为自由电子. 显然, 设此时系统的能量为 E_{f}, 则能量守恒要求

$$h\nu = E_{\text{f}} - E_{\text{s}} = \frac{p^2}{2m_e} + \chi, \quad (4.72)$$

其中 $\boldsymbol{p} = \hbar\boldsymbol{k}$ 表示出射电子的动量, $\boldsymbol{k}$ 是其波数, χ 表示电子从基态被电离时所需的电离能. 对于一个类氢离子, 根据方程 (4.46), 可以得到

$$\chi = \frac{Z^2 e^2}{2a_0}. \quad (4.73)$$

从量子跃迁的角度来看, 束缚–自由跃迁与束缚–束缚跃迁非常类似, 只是末态有所不同, 前者电子处在自由态, 而后者电子处在束缚态. 于是, 末态 f 电子的状态可以用平面波的波函数来近似:

$$\psi_{\text{f}} = |\text{f}\rangle \, e^{-iE_{\text{f}}t/\hbar} \propto e^{i\boldsymbol{k}\cdot\boldsymbol{r}} e^{-iE_{\text{f}}t/\hbar}. \quad (4.74)$$

§4.4 恒星物质的不透明度

对于由方程 (4.74) 所代表的平面波，考虑微扰 W 的另一种等价形式是方便的. 对于一个在原子核库仑场中运动的电子来说，系统无微扰时的哈密顿量为

$$H = -\frac{\hbar^2}{2m_e}\nabla^2 - \frac{Ze^2}{r}, \tag{4.75}$$

其中 Z 是原子核所带的等效电荷数. 考虑下述算子：

$$(H\boldsymbol{r} - \boldsymbol{r}H)|s\rangle = \frac{\hbar^2}{2m_e}\left(\boldsymbol{r}\nabla^2|s\rangle - \nabla^2\boldsymbol{r}|s\rangle\right) = \frac{\hbar^2}{m_e}\nabla|s\rangle. \tag{4.76}$$

另一方面，函数 $\boldsymbol{r}|s\rangle$ 可以用无微扰时的本征函数集合将其展开为

$$\boldsymbol{r}|s\rangle = \sum_k \boldsymbol{R}_{sk}|k\rangle. \tag{4.77}$$

于是，利用方程 (4.45)，考虑下述积分：

$$\langle f|H\boldsymbol{r} - \boldsymbol{r}H|s\rangle = \sum_k E_k \langle f|\boldsymbol{R}_{sk}|k\rangle - E_s \langle f|\boldsymbol{r}|s\rangle = (E_f - E_s)\langle f|\boldsymbol{r}|s\rangle. \tag{4.78}$$

将方程 (4.76) 和 (4.78) 代入方程 (4.54) 中，可以得到束缚-自由跃迁过程的矩阵元 W_{fs} 为

$$W_{fs} = \frac{e}{2}\boldsymbol{E}_0 \cdot \langle f|\boldsymbol{r}|s\rangle = \frac{e\hbar}{2m_e\omega_{fs}}\langle f|\boldsymbol{E}_0 \cdot \nabla|s\rangle. \tag{4.79}$$

在计算矩阵元 W_{fs} 时，考虑到厄米算符的性质，可以得到

$$|\langle f|\boldsymbol{E}_0 \cdot \nabla|s\rangle|^2 = |\langle s|\boldsymbol{E}_0 \cdot \nabla|f\rangle|^2. \tag{4.80}$$

它保证了光致电离过程与光致复合过程之间存在的细致平衡原理. 只包含一个电子的类氢离子的基态波函数为

$$|s\rangle = \left(\frac{Z^3}{\pi a_0^3}\right)^{1/2} e^{-Zr/a_0}, \tag{4.81}$$

其中 a_0 是玻尔半径. 如果出射电子的状态用方程 (4.74) 所示的平面波来近似，那么令 $\mu = \cos\theta$，可以得到

$$\begin{aligned}
\langle s|\boldsymbol{E}_0 \cdot \nabla|f\rangle &= i(\boldsymbol{E}_0 \cdot \boldsymbol{k})\langle s|f\rangle \\
&= i(\boldsymbol{E}_0 \cdot \boldsymbol{k})\left(\frac{Z^3}{\pi a_0^3}\right)^{1/2} 2\pi \int_0^\infty e^{-Zr/a_0} r^2 dr \int_{-1}^1 e^{i\mu kr} d\mu \\
&= i(\boldsymbol{E}_0 \cdot \boldsymbol{k})\left(\frac{Z^3}{\pi a_0^3}\right)^{1/2} 4\pi \int_0^\infty e^{-Zr/a_0} \frac{\sin kr}{kr} r^2 dr \\
&= i(\boldsymbol{E}_0 \cdot \boldsymbol{k}) 8\sqrt{\pi}\left(\frac{Z}{a_0}\right)^{5/2}\left(\frac{Z^2}{a_0^2} + k^2\right)^{-2}.
\end{aligned} \tag{4.82}$$

对于形如方程 (4.54) 所代表的入射辐射产生的微扰, 根据方程 (4.58), 从初态 s 跃迁到末态 f 的几率为

$$P_{\rm sf} = \frac{2\pi}{\hbar^2}|W_{\rm fs}|^2 \rho_{\rm e}, \tag{4.83}$$

其中, $\rho_{\rm e}$ 为末态 f 电子的态密度. 此时出射电子是自由的, 考虑其处于某一个确定状态的几率是没有意义的, 因此, 在方程 (4.83) 的右边用态密度 $\rho_{\rm e}$ 来考虑对出射电子所有可能的状态求和. 对于光致电离过程, 通常考虑原子吸收在 $d\nu$ 频率间隔内的辐射而发生电离的几率. 根据方程 (4.72), 出射电子单位体积内沿 $\boldsymbol{p}$ 方向 $d\Omega_{\boldsymbol{p}}$ 立体角内的量子态数目为

$$\rho_{\rm e} = \frac{{\rm d}^3 p}{h^3} = \frac{p^2}{h^3}{\rm d}p {\rm d}\Omega_{\boldsymbol{p}} = \frac{pm}{h^2}{\rm d}\nu {\rm d}\Omega_{\boldsymbol{p}}. \tag{4.84}$$

在方程 (4.84) 中, 第二个等号是以出射电子的动量作为参照标准, 最后一个等号是以入射辐射频率作为参照标准. 在矩阵元 (4.82) 中, 与电子出射方向有关的量是 $(\boldsymbol{E}_0 \cdot \boldsymbol{k})^2$. 对电子所有可能的出射方向积分, 并利用方程 (4.5) 和 (4.60), 可以得到

$$\oint (\boldsymbol{E}_0 \cdot \boldsymbol{k})^2 {\rm d}\Omega_{\boldsymbol{p}} = E_0^2 k^2 \oint \cos^2\theta {\rm d}\Omega_{\boldsymbol{p}} = \frac{64\pi^2 k^2}{3c}I_\nu, \tag{4.85}$$

其中 θ 是电子出射方向与入射电磁波电场方向的夹角.

对于类氢离子从基态的光致电离过程, 根据方程 (4.73), 将电离能代入方程 (4.72) 中, 可以得到

$$\frac{Z^2}{a_0^2} + k^2 = \frac{2m_{\rm e}\omega_{\rm fs}}{\hbar}. \tag{4.86}$$

利用方程 (4.82)、(4.83)、(4.84)、(4.85) 和 (4.86), 就可以得到在吸收单位频率间隔内入射辐射而导致光致电离的跃迁几率为

$$P_{\rm sf} = \frac{32\pi^2 e^{12} Z^5}{3c\hbar^7} \frac{k^3}{\omega_{\rm fs}^6} I_\nu. \tag{4.87}$$

当出射电子的能量远远大于电离能时, 近似有 $k^2 = 2m_{\rm e}\omega_{\rm fs}/\hbar$. 代入方程 (4.87) 中, 可以得到

$$P_{\rm sf} = \frac{64\sqrt{2}\pi^2 e^{12} Z^5}{3c\hbar^7 \omega_{\rm fs}^{9/2}} \left(\frac{m_{\rm e}}{\hbar}\right)^{3/2} I_\nu. \tag{4.88}$$

通常将光致电离几率写成 $C_\nu I_\nu$, 其中光致电离跃迁系数 C_ν 定义为

$$C_\nu = \frac{4m_{\rm e}^{3/2} e^{12} Z^5}{3\pi^{5/2} c\hbar^{17/2} \nu^{9/2}}. \tag{4.89}$$

§4.4 恒星物质的不透明度

与光致电离过程相伴随的还有其逆过程——光致复合过程,以及自发复合过程.类似于束缚-束缚过程的处理方法,它们之间的联系可以用处于热动平衡状态时必须满足的条件来确定.由于复合跃迁的速率显然与电子速度 v 成正比,于是每对粒子每秒发生自发复合的数目为 vG,其中自发复合跃迁系数为 $G(v)$,而每秒发生感应复合的数目为 vFI_ν,其中感应复合跃迁系数为 $F(v)$.设 n_0 表示中性原子的数密度,n_1 表示离子的数密度,n_v 表示速度处于 v 到 $v+\mathrm{d}v$ 范围内自由电子的数密度.在局部热动平衡条件下,电离与复合过程的总数应该是相同的,即

$$n_0 C_\nu I_\nu \frac{p}{h} = n_1 n_v v \left(G + FI_\nu\right). \tag{4.90}$$

方程 (4.90) 左边的光致电离跃迁系数是参照入射辐射频率定义的态密度,根据方程 (4.84),须乘以 p/h 将其转换到参照电子速度定义的态密度,与右边复合过程的态密度定义相一致.从方程 (4.90) 可以得到

$$\frac{C_\nu I_\nu}{G + FI_\nu} = \frac{h}{m_\mathrm{e}} \frac{n_1 n_v}{n_0}. \tag{4.91}$$

处于热动平衡时,根据麦克斯韦速度分布函数 (3.10),速度间隔 $\mathrm{d}v$ 内的电子数密度为

$$n_v = 4\pi n_\mathrm{e} \left(\frac{m_\mathrm{e}}{2\pi kT}\right)^{3/2} \mathrm{e}^{-m_\mathrm{e} v^2/2kT} v^2, \tag{4.92}$$

其中 n_e 是自由电子的总数密度.原子在上述两个电离度上的占据数满足萨哈公式 (2.68):

$$\frac{n_1 n_\mathrm{e}}{n_0} = \frac{2U_1}{U_0} \frac{(2\pi m_\mathrm{e} kT)^{3/2}}{h^3} \mathrm{e}^{-\chi/kT}, \tag{4.93}$$

其中 U_0 和 U_1 分别是两电离态的配分函数.将方程 (4.92) 和 (4.93) 代入方程 (4.91) 并与黑体辐射强度公式 (4.69) 进行比较,可以得到

$$\begin{aligned} \frac{G}{F} &= \frac{2h\nu^3}{c^2}, \\ \frac{C_\nu}{F} &= \frac{2U_1}{U_0} \frac{4\pi m_\mathrm{e}^2 v^2}{h^2}. \end{aligned} \tag{4.94}$$

这组关系也被称为米尔恩 (Milne) 关系.从方程 (4.94) 可以注意到,束缚-自由过程的跃迁系数依赖于自由电子的速度.对于恒星内部,可以假定存在局地热动平衡,自由电子的速度由麦克斯韦分布函数给出.所以,还应该在方程 (4.94) 中考虑所有不同速度的自由电子的贡献.

同样可以将光致复合效应当做负吸收而归并到吸收系数中,于是束缚-自由过

程的吸收系数 $\kappa_{\rm bf}$ 和发射系数 $\eta_{\rm bf}$ 可以写为

$$\rho\kappa_{\rm bf} = \frac{h\nu}{4\pi}\left(n_0 C_\nu - \frac{h}{m_{\rm e}}n_1 n_v F\right) = \frac{h\nu}{4\pi}n_0 C_\nu\left(1 - {\rm e}^{-h\nu/kT}\right),$$
$$\rho\eta_{\rm bf} = \frac{h\nu}{4\pi}\frac{h}{m_{\rm e}}n_1 n_v G = \frac{h\nu}{4\pi}\frac{2h\nu^3}{c^2}n_0 C_\nu {\rm e}^{-h\nu/kT}.$$
(4.95)

4.4.4 自由-自由跃迁过程

当一个自由电子遇上一个离子时，会因库仑相互作用产生加速度而发出辐射. 这种过程被称为自由-自由跃迁. 当散射过后, 电子发射一个光子, 而该光子的能量是从消耗电子的动能而得到的, 这种辐射过程也称为轫致辐射. 而当散射过后电子的动能增加时, 它将吸收一个光子. 由于离子的质量比较大, 在抵消散射过程发生时所交换的动量后, 其获得的能量可以忽略不计.

如图 4.4 所示, 一速度为 v 的自由电子从一电荷数为 Z 的离子旁穿过, 二者之间的最近距离为 b(参数 b 也常常被称为碰撞参数), 假定在上述碰撞过程中电子的运动方向基本不变, 而离子则近似保持不动. 取二者相距的最近点为坐标原点, 则二者之间的距离可以写为

$$r^2 = b^2 + v^2 t^2.$$
(4.96)

在离子的库仑静电力作用下, 根据牛顿定律, 电子的加速度为

$$|\ddot{\boldsymbol{r}}| = \frac{Ze^2}{m_{\rm e}(b^2 + v^2 t^2)}.$$
(4.97)

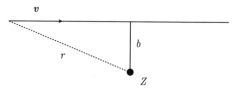

图 4.4　电子与离子碰撞发生自由-自由跃迁的示意图

另一方面, 由离子和自由电子所组成的系统的偶极矩为

$$\boldsymbol{d} = -e\boldsymbol{r},$$
(4.98)

对其二阶时间导数的模做傅里叶变换, 可以得到

$$-\omega^2 |D(\omega)| = -\frac{e}{2\pi}\int_{-\infty}^{\infty}\frac{Ze^2}{m_{\rm e}(b^2 + v^2 t^2)}{\rm e}^{{\rm i}\omega t}{\rm d}t = -\frac{Ze^3}{2\pi m_{\rm e}}\frac{\pi}{bv}{\rm e}^{-\omega b/v},$$
(4.99)

其中偶极矩 $d(t)$ 的傅里叶变换是 $D(\omega)$. 方程 (4.99) 最后一个等式右边的指数衰减因子表明, 当频率 ω 高于 b/v 时, 辐射就截止了. 从物理上看, 这样一个碰撞过程不可能激发出波长比碰撞参数短得多的电磁辐射来.

根据电动力学基本理论，一个偶极子的单色辐射能量为

$$\frac{dW}{d\omega} = \frac{8\pi\omega^4}{3c^3}|D(\omega)|^2. \tag{4.100}$$

将方程 (4.99) 代入方程 (4.100) 中，可以得到单个电子的单色轫致辐射能量为

$$\frac{dW}{d\omega} = \frac{2\pi}{3c^3}\frac{Z^2 e^6}{m_e^2 b^2 v^2}e^{-2\omega b/v}. \tag{4.101}$$

设速度为 v 的电子密度为 n_v，则对于单个离子来说，入射电子的流量为 vn_v。电子可以具有不同的碰撞参数 b，并且在面积为 $2\pi bdb$ 的环带内的电子具有相同的单色辐射能量。假定入射电子流是均匀的，对不同的碰撞参数求积分，就给出了单个离子的单色辐射功率：

$$\frac{dW}{d\omega dt} = n_v \frac{4\pi^2 e^6 Z^2}{3m_e^2 c^3 v}\int_{b_{\min}}^{b_{\max}} e^{-2\omega b/v}\frac{db}{b}. \tag{4.102}$$

在完成方程 (4.102) 所涉及的积分时，须对积分限做适当的近似考虑。首先考虑积分的上限 $b_{\max}$。由于被积函数在 $2b\omega \approx v$ 附近截断，于是高频端的贡献很小，可以取 $b_{\max} \approx v/2\omega$。在低频端，量子力学测不准原理要求 $\Delta x \Delta p \sim h$。如果取 $\Delta x \sim b$，那么就要求 $b_{\min} \approx h/m_e v$。另一方面，在上述低频近似条件下，被积函数中的指数因子接近于 1，于是可以得到

$$\frac{dW}{d\omega dt} \approx n_v\frac{4\pi^2 e^6 Z^2}{3m_e^2 c^3 v}\ln\left(\frac{b_{\max}}{b_{\min}}\right) = n_v\frac{4\pi^2 e^6 Z^2}{3m_e^2 c^3 v}\ln\left(\frac{mv^2}{2h\omega}\right). \tag{4.103}$$

更精确的量子力学计算结果可以表达为

$$\frac{dW}{d\omega dt} = \frac{16\pi e^6 Z^2}{3\sqrt{3}m_e^2 c^3 v}n_v g_{\rm ff}(v,\omega). \tag{4.104}$$

其中 $g_{\rm ff}$ 为自由-自由跃迁的冈特因子。

可以注意到，由方程 (4.104) 给出的单离子轫致辐射功率与电子的速度有关。对于恒星内部来说，一种重要的情况是热电子引起的轫致辐射，此时电子的速度服从麦克斯韦速度分布率。利用电子的速度分布函数 (4.92)，将方程 (4.104) 对所有可能的速度积分，可以得到

$$\frac{dW}{d\omega dt} = \frac{64\pi^2 e^6 Z^2}{3\sqrt{3}m_e^2 c^3}\left(\frac{m_e}{2\pi kT}\right)^{3/2}n_e\int_{v_{\min}}^{\infty}e^{-m_e v^2/2kT}g_{\rm ff}(v,\omega)vdv, \tag{4.105}$$

其中 n_e 表示自由电子的数密度，积分下限来自于电子的动能不能小于所发射的光子的能量，即 $v_{\min}^2 = 2h\nu/m_e$。上述积分实际上定义了一个平均冈特因子 $\bar{g}_{\rm ff}$。利用

$\mathrm{d}\omega = 2\pi\mathrm{d}\nu$，并考虑到前面定义的积分下限，可以从方程 (4.105) 得到单个离子的单色辐射功率 P_ν 为

$$P_\nu = \frac{\mathrm{d}W}{\mathrm{d}\nu\mathrm{d}t} = \frac{32\pi e^6 Z^2}{3m_\mathrm{e}^2 c^3}\sqrt{\frac{2\pi m_\mathrm{e}}{3kT}}n_\mathrm{e}\bar{g}_\mathrm{ff}\mathrm{e}^{-h\nu/kT}. \tag{4.106}$$

设 n_i 表示离子的数密度，于是自由-自由过程的单色发射系数 η_ff 为

$$\rho\eta_\mathrm{ff} = n_\mathrm{i}P_\nu = \frac{32\pi e^6 Z^2}{3m_\mathrm{e}^2 c^3}\sqrt{\frac{2\pi m_\mathrm{e}}{3kT}}n_\mathrm{i}n_\mathrm{e}\bar{g}_\mathrm{ff}\mathrm{e}^{-h\nu/kT}. \tag{4.107}$$

吸收系数可以利用热动平衡条件导出. 处于热动平衡情况下，发射系数和吸收系数满足方程 (4.12). 利用黑体辐射强度的普朗克分布函数 (4.13)，可以得到自由-自由过程的单色吸收系数 κ_ff 为

$$\rho\kappa_\mathrm{ff} = \frac{\rho\eta_\mathrm{ff}}{B_\nu} = \frac{16\pi e^6 Z^2}{3m_\mathrm{e}^2 ch\nu^3}\sqrt{\frac{2\pi m_\mathrm{e}}{3kT}}n_\mathrm{i}n_\mathrm{e}\bar{g}_\mathrm{ff}\left(1 - \mathrm{e}^{-h\nu/kT}\right). \tag{4.108}$$

对比由方程 (4.95) 给出的束缚-自由过程的吸收系数和发射系数，可以发现二者具有类似的形式.

4.4.5 散射过程

光子与粒子 (电子、原子、分子等) 发生碰撞，其方向和频率会发生变化，这种现象被称为散射过程. 原来入射辐射方向的强度将会减弱，而其他方向的辐射强度将会增强.

当光子能量较小时，可以将散射过程看成是在入射电磁波的作用下，散射粒子做受迫振动，从而因速度变化而发射次级电磁波. 设圆频率为 ω 的一束单色电磁波沿 z 轴传播，其电场 $E = E_0\cos\omega t$ 在 x 方向，一个本征频率为 ω_0，阻尼系数为 γ 的谐振子在其作用下发生振动，根据牛顿定律，谐振子的运动方程可以表达为

$$\ddot{x} + \gamma\dot{x} + \omega_0^2 x = \frac{q}{m}E_0\cos\omega t, \tag{4.109}$$

其中 m 和 q 分别是谐振子的质量和电荷量. 设运动方程 (4.109) 的解具有形式 $x = x_0\cos\omega t$，代入其中，可以得到

$$x = \frac{q}{m}\frac{E}{\omega_0^2 - \omega^2 + \mathrm{i}\omega\gamma}. \tag{4.110}$$

根据电动力学的基本理论，一个运动电荷的辐射功率可由拉莫尔 (Larmor) 公式给出：

$$P = \frac{2q^2}{3c^3}\ddot{x}^2. \tag{4.111}$$

将方程 (4.110) 对时间求导两次, 并将结果代入方程 (4.111) 中, 可以得到

$$P = \frac{2q^4}{3c^3m^2}\left|\frac{\omega^2 E}{\omega_0^2 - \omega^2 + i\omega\gamma}\right|^2 = \frac{q^4}{3c^3m^2}\frac{\omega^4 E_0^2}{(\omega_0^2 - \omega^2)^2 + \omega^2\gamma^2}, \tag{4.112}$$

其中 $\cos^2\omega t$ 一个周期内对时间的平均值为 $1/2$. 考虑方程 (4.60), 入射电磁波的能量通量为 $u(\omega)c = E_0^2 c/8\pi$, 于是散射截面 σ 为

$$\sigma = \frac{P}{E_0^2 c/8\pi} = \frac{8\pi q^4}{3c^4 m^2}\frac{\omega^4}{(\omega_0^2 - \omega^2)^2 + \omega^2\gamma^2}. \tag{4.113}$$

从方程 (4.113) 的右边最后一个分式因子可以注意到, 这是一个共振散射过程.

考虑两种常见的散射过程. 首先是光子在自由电子上的汤姆孙散射, 这在恒星温度较高的中心核内起关键作用. 对于自由电子来说, 可以认为 $\omega_0 = 0$ 和 $\gamma = 0$, 因此可以得到

$$\sigma_{\rm e} = \frac{8\pi e^4}{3m_{\rm e}^2 c^4}. \tag{4.114}$$

可以注意到, 这时散射截面是一个常数.

其次考虑分子对电磁波的散射, 这时往往可以认为散射粒子的尺度远小于入射电磁波的波长. 于是, 入射辐射的圆频率 ω 将远远低于谐振子的特征频率 ω_0. 通常将这种束缚电荷对电磁波的散射称为瑞利散射. 在方程 (4.113) 中考虑到上述条件, 散射截面为

$$\sigma_{\rm R} = \frac{8\pi q^4}{3m^2 c^4}\left(\frac{\nu}{\nu_0}\right)^4 = \sigma_{\rm e}\left(\frac{\nu}{\nu_0}\right)^4, \tag{4.115}$$

其中 ν 是入射辐射的频率. 可以看到, 频率越高的电磁波受到的散射越强.

4.4.6 不透明度的近似公式

恒星物质对辐射的吸收主要由束缚-束缚跃迁过程、束缚-自由跃迁过程、自由-自由跃迁过程和电子散射过程等组成, 因此总的吸收系数可以表示为

$$\kappa_\nu = \sum\left(\kappa_{\rm bf} + \kappa_{\rm ff} + \sum\kappa_{\rm bb}\right) + \kappa_{\rm e}, \tag{4.116}$$

其中第一个求和号表示对所有种类的粒子 (包括分子、原子和离子等) 求和, 第二个求和号表示对某种粒子所有可能的吸收谱线求和, $\kappa_{\rm e}$ 代表自由电子的散射吸收系数.

在实际应用中, 如采用辐射扩散近似来确定辐射传热区的温度梯度时, 通常要求吸收系数对辐射频率的罗斯兰平均值. 这样得到的平均吸收系数称为不透明度. 例如, 对于自由-自由跃迁过程来说, 根据方程 (4.108), 可以将其吸收系数写为

$$\kappa_{\rm ff} = K_1 \frac{n_{\rm i} n_{\rm e}}{\rho\sqrt{T}\nu^3}\left(1 - {\rm e}^{-h\nu/kT}\right), \tag{4.117}$$

其中 K_1 是一个常数. 由方程 (4.28), 可以得到自由-自由跃迁过程的不透明度满足

$$\begin{aligned}\frac{1}{\kappa_{\mathrm{Rff}}} &= \frac{\pi}{4\sigma T^3}\int_0^\infty \frac{1}{\kappa_{\mathrm{ff}}}\frac{\mathrm{d}B_\nu}{\mathrm{d}T}\mathrm{d}\nu = \frac{\pi}{4\sigma T^3}\frac{\rho}{K_1 n_i n_e}\frac{2h^2}{c^2}\frac{\sqrt{T}}{kT^2}\int_0^\infty \frac{\mathrm{e}^{2h\nu/kT}\nu^7}{\left(\mathrm{e}^{h\nu/kT}-1\right)^3}\mathrm{d}\nu \\ &= \frac{\pi}{4\sigma T^3}\frac{\rho}{K_1 n_i n_e}\frac{2h^2}{c^2}\frac{\sqrt{T}}{kT^2}\left(\frac{kT}{h}\right)^8\int_0^\infty \frac{\mathrm{e}^{2x}x^7}{(\mathrm{e}^x-1)^3}\mathrm{d}x \\ &= \frac{\rho T^{3.5}}{K_2 n_i n_e},\end{aligned} \qquad (4.118)$$

其中 K_2 是一个常数. 于是, 利用方程 (2.48), 可以得到

$$\kappa_{\mathrm{Rff}} = K_2\frac{n_i n_e}{\rho T^{3.5}} = K_2\frac{\Re^2}{\mu_i \mu_e}\rho T^{-3.5}, \qquad (4.119)$$

其中 μ_i 和 μ_e 分别代表离子和电子的平均相对质量. 由方程 (4.119) 所代表的不透明度对温度与密度的依赖关系通常被称为克莱莫 (Kramers) 公式.

第 5 章 恒星内部的湍流热对流

在其自身引力场的作用下,恒星内部存在巨大的压力差,并使得流体呈现出显著的密度分层现象. 这种处在重力场中的密度分层会在流体中产生浮力,从而驱动流体运动. 密度分层的稳定性由其产生的浮力的性质来决定:当浮力的方向与运动的方向相同时,是不稳定分层,将在流体中引发对流运动;反之则是稳定分层,浮力将驱动重力内波.

在恒星内部,产生浮力所需的密度差是由温度差造成的. 这种由温度差引起的对流运动被称为热对流. 在重力场中,位置越低的流体受到的压强越大,其密度也就越高. 当位置低处的流体受到加热时,其密度会因膨胀而下降,密度差产生的浮力会使热的流体上浮. 同样,当位置高处的流体冷却时,其密度因收缩而升高,浮力导致流体下沉. 这种同时存在的对向流动是热对流运动的一个基本特征,也是决定对流区物理结构的关键性因素之一.

对流运动的出现将对恒星的结构产生重要的影响,这表现在对向流动将造成能量、动量和物质组分在不同区域之间的交换. 同时,流动的充分发展导致上述这些物理量的迅速交换,也使得热对流成为一种高效的输运机制. 对于温度分层区来说,高温区的物质向低温区流动和低温区的物质向高温区流动,都将起到将热量从高温区输运到低温区的作用. 对于不可压缩流体来说,由对流传热主导的区域将是等温的,而对于像恒星气体这样的可压缩流体来说,考虑到流动过程中流体自身状态的变化,对流区的温度结构由气体的绝热温度梯度所描述. 地球大气层下部的对流区正是这样一个区域. 对于速度分层区来说,对向运动将高速流动的物质带到低速区和低速运动的物质带到高速区,这将使流体内部出现摩擦而显著增大流体的等效黏性系数. 对于组分分层区来说,对向流动将造成不同高度的区域内物质的混合,使得对流区成为一个化学组成大体上均匀的区域.

本章首先对分层流体的稳定性判据进行深入讨论,然后介绍描述热对流运动的基本方程组和布辛尼斯克 (Boussinesq) 近似,并简单介绍湍流热对流的一些基本特征. 随后,详细介绍目前处理恒星对流问题的经典方法 —— 混合长理论. 本章最后的部分将重点介绍恒星热对流的主导因素 —— 浮力驱动下的湍流热对流及其 k-ε 模型.

§5.1 对流产生的判据

在恒星内部,流体分层的稳定性可以用小扰动产生的浮力来加以判断:如果浮力的方向与扰动运动的方向相同，则使得分层出现失稳；反之则分层是稳定的.

假定恒星内部一个区域可以用平面平行层来近似，并且重力的方向与 z 轴相反. 如图 5.1 所示，考虑一个流体元从平衡位置沿铅垂方向移动. 在平衡位置，流体元内的压强为 p_0，温度为 T_0，密度为 ρ_0. 设流体元的速度从动力学的角度看足够慢，这样在移动过程中流体元的压强与环境保持平衡，但是从热力学的角度看足够快，以至于流体元来不及与环境换热，从而使得移动过程保持绝热.

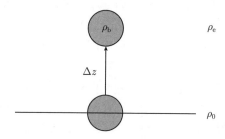

图 5.1 流体元在分层流体中运动的示意图

当流体元经历一个无限小位移 Δz 到达新位置时，压强的改变为

$$\Delta p = \frac{\mathrm{d}p}{\mathrm{d}z}\Delta z = -\frac{p_0}{H_p}\Delta z, \tag{5.1}$$

其中压强标高 H_p 被定义为

$$H_p = -\frac{\mathrm{d}z}{\mathrm{d}\ln p}. \tag{5.2}$$

在新位置处，流体元内密度 ρ_b 与环境密度 ρ_e 存在密度差 $\Delta\rho$，并由此产生一个浮力 F_b 为

$$F_\mathrm{b} = -g\Delta\rho = -g\left(\rho_\mathrm{b} - \rho_\mathrm{e}\right), \tag{5.3}$$

其中 g 是重力加速度. 根据前面所做假定，流体元的运动是绝热的，其密度变化为

$$\rho_\mathrm{b} - \rho_0 = \left(\frac{\partial\rho}{\partial p}\right)_s \Delta p = -\left(\frac{\partial\rho}{\partial p}\right)_s \frac{p_0}{H_p}\Delta z. \tag{5.4}$$

另一方面，环境的密度变为

$$\rho_\mathrm{e} - \rho_0 = \frac{\mathrm{d}\rho}{\mathrm{d}z}\Delta z, \tag{5.5}$$

将方程 (5.4) 和 (5.5) 代入方程 (5.3) 中，可以将流体元受到的浮力写为

$$F_\mathrm{b} = g\left[\frac{\mathrm{d}\rho}{\mathrm{d}z} + \left(\frac{\partial\rho}{\partial p}\right)_s \frac{p_0}{H_p}\right]\Delta z = \rho_0 g\left[\left(\frac{\partial\ln\rho}{\partial\ln p}\right)_s - \frac{\mathrm{d}\ln\rho}{\mathrm{d}\ln p}\right]\frac{\Delta z}{H_p}. \tag{5.6}$$

利用恒星物质的状态方程 (2.14)，并将密度 ρ 看做压强 p、温度 T 和平均相对原子质量 μ 的函数，可以得到

$$\mathrm{d}\ln\rho = \frac{\partial\ln\rho}{\partial\ln p}\mathrm{d}\ln p + \frac{\partial\ln\rho}{\partial\ln T}\mathrm{d}\ln T + \frac{\partial\ln\rho}{\partial\ln\mu}\mathrm{d}\ln\mu = \alpha\mathrm{d}\ln p - \delta\mathrm{d}\ln T + \frac{\partial\ln\rho}{\partial\ln\mu}\mathrm{d}\ln\mu. \tag{5.7}$$

将方程 (5.7) 代入方程 (5.6) 中，并利用方程 (2.19)，可以得到

$$F_\text{b} = \frac{\rho_0 g}{H_p}\left[\delta\left(\nabla - \nabla_\text{ad}\right) - \frac{\partial \ln \rho}{\partial \ln \mu}\frac{\mathrm{d}\ln\mu}{\mathrm{d}\ln p}\right]\Delta z = \frac{\rho_0 g}{H_p}\delta\left(\nabla - \nabla_\text{ad} - \nabla_\mu\right)\Delta z, \quad (5.8)$$

其中，温度梯度 ∇ 定义为

$$\nabla = \frac{\mathrm{d}\ln T}{\mathrm{d}\ln p}, \quad (5.9)$$

相对原子质量梯度 ∇_μ 定义为

$$\nabla_\mu = \frac{1}{\delta}\frac{\partial \ln \rho}{\partial \ln \mu}\frac{\mathrm{d}\ln \mu}{\mathrm{d}\ln p}. \quad (5.10)$$

从方程 (5.8) 可以注意到，浮力方向与位移方向的关系取决于最后一个等号右边括号部分的符号. 下面分三种情况加以讨论.

(1) 在化学组成均匀的区域，$\nabla_\mu = 0$. 于是，当

$$\nabla > \nabla_\text{ad} \quad (5.11)$$

时，浮力的方向与位移的方向相同. 此时流体的分层是非稳定的. 条件 (5.11) 通常被称为发生对流运动的施瓦西 (Schwarzschild) 判据.

(2) 在化学组成变化的区域，当

$$\nabla > \nabla_\text{ad} + \nabla_\mu \quad (5.12)$$

时，流体的分层是非稳定的. 条件 (5.12) 正是发生对流运动的勒都 (Ledoux) 判据. 在恒星内部，热核反应将轻元素逐步转化为重元素，因此一般来说 $\nabla_\mu > 0$. 于是，化学分层起到稳定流体的作用. 但是当 $\nabla_\mu < 0$ 时，化学分层助长了流体的不稳定性. 地球海洋中的温盐对流就是这样一个例子，热带表层的海水因蒸发造成盐分升高而下沉到极地，而极地深海的淡水被加热并上浮到热带海面.

(3) 满足条件

$$\nabla_\text{ad} < \nabla < \nabla_\text{ad} + \nabla_\mu \quad (5.13)$$

的区域通常被称为半对流区，其内流体的运动情况值得特殊考虑. 在这个区域内，由于不满足勒都判据，流体的分层是稳定的. 于是，一个偏离平衡位置的流体元将围绕其平衡位置做振动. 但是，由于环境的温度梯度大于体元做绝热变化时的温度梯度，当体元向外运动时，其温度会高于环境温度而造成散热，而当体元向内运动时，其温度将低于环境温度并从环境中吸热. 根据热力学原理，在高温热源处吸热和在低温热源处散热的一个热机，会将其吸收的热量的一部分转换为其自身的机械能. 于是，在这样一个区域内，任何小扰动都会随时间增长而形成宏观运动. 这种不稳定性被称为振动不稳定性.

§5.2 热对流运动的基本方程组

5.2.1 描述流体运动的基本方程组

在直角坐标系 (x_1, x_2, x_3) 中，描述流体运动的基本方程组是连续性方程

$$\frac{\partial \rho}{\partial t} + \frac{\partial}{\partial x_k}(\rho u_k) = 0, \tag{5.14}$$

运动方程

$$\rho \frac{\partial u_i}{\partial t} + \rho u_k \frac{\partial u_i}{\partial x_k} = -\frac{\partial p}{\partial x_i} + \rho g_i + \frac{\partial}{\partial x_k}\left(\nu \frac{\partial u_i}{\partial x_k}\right), \tag{5.15}$$

以及能量守恒方程

$$\rho T\left(\frac{\partial s}{\partial t} + u_k \frac{\partial s}{\partial x_k}\right) = \frac{\partial}{\partial x_k}\left(\lambda \frac{\partial T}{\partial x_k}\right), \tag{5.16}$$

其中，t 是时间，u_i 是速度分量，g_i 是重力加速度分量，ρ 是密度，p 是压强，T 是温度，s 是单位质量的熵，ν 是黏性系数，λ 是热传导系数，

$$\lambda = \lambda_{\mathrm{a}} + \frac{16\sigma T^3}{3\rho\kappa}. \tag{5.17}$$

在方程 (5.17) 中，λ_{a} 是气体的热传导系数，其后面一项是辐射的热传导系数. 此外，在方程 (5.16) 中，忽略了对流区中可能存在的产热和热耗散过程. 在方程组 (5.14)、(5.15) 和 (5.16) 中，若某一项中有一个角标重复出现，则表明该项须对该角标的所有三个分量求和.

5.2.2 热对流的布辛尼斯克近似

在将方程组 (5.14)、(5.15) 和 (5.16) 应用于热对流问题时，一般总是假定流动的速度远小于声速，这样可以不必考虑由于压强变化引起密度变化造成的声波能量损失. 但是，重力的密度变化则必须考虑，因为它是浮力产生的根源. 这种近似被称为布辛尼斯克近似. 显然，在布辛尼斯克近似下，连续性方程可以写为

$$\frac{\partial u_k}{\partial x_k} = 0. \tag{5.18}$$

为方便起见，一般将热对流运动看成叠加在一个处于平衡状态的平面平行层结构上的流动. 根据方程 (5.15)，在不考虑流动效应时，平衡结构的密度分布 ρ_0 与压强分布 p 满足流体静力学平衡：

$$\frac{\partial p}{\partial z} = \rho_0 g_z = -\rho_0 g, \tag{5.19}$$

其中假定了重力沿 z 轴向下，而重力加速度记为 g，同时还假定平衡结构的所有物理量都只是 z 的函数. 热对流运动将造成对平衡结构密度分布的偏离 $\Delta\rho$，并导致

出现浮力 $\Delta\rho g_i$. 密度的偏离 $\Delta\rho$ 是由流动所造成的对平衡结构温度分布 T_0 的偏离 ΔT 引起的. 考虑到前面关于压强总是处于平衡的假设, 利用物态方程 (2.14), 可以得到

$$\frac{\Delta\rho}{\rho} = \alpha\frac{\Delta p}{p} - \delta\frac{\Delta T}{T} \approx -\delta\frac{\Delta T}{T_0} = -\beta\Delta T, \tag{5.20}$$

其中

$$\beta = -\frac{1}{\rho}\left(\frac{\partial\rho}{\partial T}\right)_p = \frac{\delta}{T}. \tag{5.21}$$

从运动方程 (5.15) 中减去流体静力学平衡方程 (5.19), 并利用方程 (5.20), 可以得到描述热对流运动的方程为

$$\frac{\partial u_i}{\partial t} + u_k\frac{\partial u_i}{\partial x_k} = -\beta g_i\Delta T + \frac{1}{\rho_0}\frac{\partial}{\partial x_k}\left(\nu\frac{\partial u_i}{\partial x_k}\right). \tag{5.22}$$

温度的偏离 ΔT 可以根据能量守恒方程 (5.16) 得到. 利用热力学关系 (2.17), 可以得到

$$T\frac{\mathrm{D}s}{\mathrm{D}t} = c_p\frac{\mathrm{D}T}{\mathrm{D}t} - \frac{\delta}{\rho}\frac{\mathrm{D}p}{\mathrm{D}t} = c_p\frac{\mathrm{D}\Delta T}{\mathrm{D}t} + \left(c_p\frac{\mathrm{d}T_0}{\mathrm{d}z} - \frac{\delta}{\rho}\frac{\mathrm{d}p}{\mathrm{d}z}\right)w$$
$$= c_p\frac{\partial\Delta T}{\partial t} + c_p u_k\frac{\partial\Delta T}{\partial x_k} + T_0\frac{\mathrm{d}s_0}{\mathrm{d}z}w, \tag{5.23}$$

其中 D/Dt 是跟随流动的时间导数, w 是沿 z 方向的速度, s_0 是平衡结构中熵的分布. 将方程 (5.23) 代入方程 (5.16) 中, 在不考虑流动效应时, 可以得到平衡结构应满足的方程为

$$\frac{\mathrm{d}}{\mathrm{d}z}\left(\lambda\frac{\mathrm{d}T_0}{\mathrm{d}z} - \rho_0 c_p\overline{w\Delta T}\right) = 0. \tag{5.24}$$

在推导方程 (5.24) 时, 忽略了方程 (5.23) 最后一个等号右边的第一项和第三项, 但是保留了第二项. 这是因为考虑到热对流运动存在对向运动的特征, 有 $\overline{w} = 0$ 和 $\overline{\Delta T} = 0$, 但是由于在 z 方向速度和浮力是同向的, 因此 $\overline{w\Delta T} \neq 0$. 方程 (5.24) 表明, 在没有热源和耗散的对流区中, 总能量通量 F 是一个常数:

$$F = \rho_0 c_p\overline{w\Delta T} - \lambda\frac{\mathrm{d}T_0}{\mathrm{d}z} = F_{\mathrm{C}} + F_{\mathrm{R}}, \tag{5.25}$$

其中 F_{C} 代表对流热通量, F_{R} 代表辐射热通量. 从方程 (5.16) 中减去方程 (5.24), 可以得到描述热对流温度偏离的方程为

$$\frac{\partial\Delta T}{\partial t} + u_k\frac{\partial\Delta T}{\partial x_k} = \frac{\lambda}{\rho_0 c_p}\frac{\partial^2\Delta T}{\partial x_k^2} - \frac{T_0}{c_p}\frac{\mathrm{d}s_0}{\mathrm{d}z}w. \tag{5.26}$$

5.2.3 热对流运动的无量纲控制参数

从热对流基本方程组 (5.18)、(5.22) 和 (5.26) 可以看到，浮力项 $\beta g\Delta T$ 和输运项 $u_k\partial \Delta T/\partial x_k$ 的出现，使得热对流运动表现出与众不同的特征. 这些特征可以用系统的无量纲参数来表征.

在方程 (5.22) 中，等号左边第二项代表了流动的惯性作用，而右边第二项代表了黏性的作用，二者之比定义了一个称为雷诺 (Reynolds) 数的无量纲参数 Re:

$$Re = \frac{\rho_0 u L}{\nu}, \tag{5.27}$$

其中 u 代表流动的典型速度，L 代表流动区域的典型尺度. 另一方面，由于热对流是由浮力驱动的一种运动，于是在方程 (5.22) 中忽略左边第一项和右边第二项，则对流速度可以估计为

$$u^2 = \beta g L \Delta T. \tag{5.28}$$

方程 (5.22) 右边第一项代表了浮力的作用，它与右边第二项所代表的黏性力之比的平方定义了一个被称为格拉肖夫 (Grashof) 数的无量纲参数 Gr:

$$Gr = \left(\frac{\rho_0 g \beta L^2 \Delta T}{\nu u}\right)^2 = \frac{\rho_0^2 g \beta L^3}{\nu^2}\Delta T, \tag{5.29}$$

其中第二个等式利用了方程 (5.28).

方程 (5.22) 右边第二项代表了黏性输运，而方程 (5.26) 右边第一项代表了扩散输运，二者之比定义了一个被称为普朗特 (Prandtl) 数的无量纲参数 Pr:

$$Pr = \frac{c_p \nu}{\lambda}. \tag{5.30}$$

描述热对流运动最常用的一个无量纲参数是瑞利数 Ra:

$$Ra = Gr Pr = \frac{\rho_0^2 c_p g \beta L^3}{\lambda \nu}\Delta T. \tag{5.31}$$

它将热对流运动所涉及的所有物理量都包含在内.

5.2.4 热对流运动的一般特征

自发的热对流运动只会出现在非稳定分层的流体中. 然而，分层的不稳定性还会受到黏性摩擦和热传导作用的对抗，只有当温度差的失稳作用大到足以克服上述这些对抗因素时，运动才会发生. 因此，存在一个临界瑞利数，当流体的瑞利数在临界值以下时，流体保持静止，在临界值之上时，流体开始运动.

一旦流体的瑞利数高于临界值，流体中会形成若干热的上升区和冷的下降区，同时在顶部和底部出现水平运动以保持连续性. 上升流体接触冷的顶部时被冷却，

使得它转变为冷的重流体而向下运动,而下降流体在接触热的底部时被加热,转变为热的轻流体而向上运动. 在底部的加热和在顶部的冷却提供给流体势能,而连续释放的势能和黏性造成的机械能耗散相平衡,从而使得流动形成稳定的图案. 从热力学的观点看,这个过程实际上就是一个热机. 一个热对流的典型例子就是如图 5.2 所示的瑞利–伯纳德 (Rayleigh-Bénard) 对流,其中每一个大体上呈圆形结构的中央黑色部分是热的上升流,边缘黑色线条部分是冷的下降流. 这样规则的流动图案被称为对流涡胞.

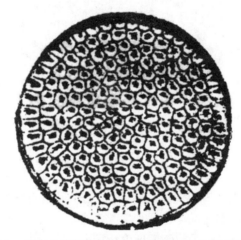

图 5.2 圆盘从底部加热后形成的瑞利–伯纳德对流图样

随着瑞利数的增大,热对流运动的雷诺数也不断增大. 当雷诺数高于临界值时,湍流开始出现,流动逐渐从定常的变为非定常的,从规则的变成为不规则的. 当瑞利数和雷诺数都远远高于临界值时,对流涡胞结构遭到破坏,更大尺度的宏观运动将会出现,流动发展成为湍流热对流.

图 5.3 所示是太阳宁静区的米粒组织,它们是太阳光球层中气体的对流引起的一种日面结构,在高分辨率的太阳白光照片上呈现为米粒状的明亮斑点,嵌在较暗的条纹中,因而被称为米粒组织. 可以看到,它们的流动图样非常类似于瑞利–伯纳德对流,其中较亮的块状区域是热的上升流,而较暗的纤维状结构是冷的下降流. 这种上升流宽、下降流窄的非对称结构是太阳光球附近剧烈的密度分层造成的. 米粒组织在太阳光球层上的直径为 $700 \sim 1400 \, \mathrm{km}$,而将米粒隔开的暗纤维的宽度约为 $300 \, \mathrm{km}$. 光谱观测表明,米粒的中心附近存在 $0.4 \, \mathrm{km \cdot s^{-1}}$ 的上升速度,并有 $0.25 \, \mathrm{km \cdot s^{-1}}$ 的水平外流速度. 米粒的中心温度比边缘至少高 $100 \, \mathrm{K}$. 用统计方法测出米粒的平均寿命约为 $8 \, \mathrm{min}$,个别米粒的寿命可达 $15 \, \mathrm{min}$.

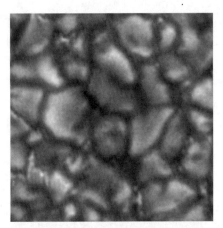

图 5.3　抚仙湖太阳望远镜拍摄到的太阳表面的米粒组织

(图片来源于金振宇)

§5.3　恒星对流的混合长理论

普朗特曾提出一种处理对流运动的近似方法,其核心思想是:对流元在运动过程中保持自己的特性,经过一个特征长度 l(混合长) 之后,就与当地环境完全混合了. 这个思想类似于气体分子的碰撞理论,可以近似得到湍流的等效黏性系数等物理量. 贝姆–费坦瑟 (Böhm-Vitense) 将其用来处理恒星对流运动,建立了经典的混合长理论 (MLT).

对于处于稳态的对流运动来说,忽略气体黏性的作用,根据混合长理论的基本思想,从运动方程 (5.22) 在 z 方向的分量可以得到

$$w\frac{\partial w}{\partial z} \approx \frac{w^2}{l} = \beta g \Delta T, \tag{5.32}$$

其中 l 是混合长. 可以注意到,方程 (5.32) 等号右边的项乘以混合长 l 就代表浮力所做的功. 假定对流运动是接近各向同性的,则单位质量 z 方向的动能 $w^2/2$ 只是总动能 $k = (u^2 + v^2 + w^2)/2$ 的 $1/3$,其中 u 和 v 分别是 x 和 y 方向的速度. 同时,还应该考虑到浮力做功还要推动周围流体运动,于是混合长理论取

$$w^2 = \frac{1}{8}\beta g l \Delta T. \tag{5.33}$$

根据混合长思想,方程 (5.33) 中对平均温度分布 T_0 的偏离 ΔT 可以表示为

$$\Delta T = T_b - T_0 \approx \left(\frac{dT_b}{dz} - \frac{dT_0}{dz}\right) l = \frac{T_0}{H_p}(\nabla_0 - \nabla_b)l, \tag{5.34}$$

其中 T_b 是对流元内的温度. 于是, 利用方程 (5.34), 方程 (5.33) 可以写为

$$w^2 = \frac{g\delta}{8H_p}(\nabla_0 - \nabla_b)l^2. \tag{5.35}$$

温度的偏离 ΔT 必须满足能量方程 (5.26). 对处于稳态的对流运动, 利用方程 (5.23), 方程 (5.26) 可以写为

$$u_k\frac{\partial \Delta T}{\partial x_k} + \frac{T_0}{c_p}\frac{\mathrm{d}s_0}{\mathrm{d}z}w = \left(\frac{\mathrm{d}T_b}{\mathrm{d}z} - \frac{\mathrm{d}T_0}{\mathrm{d}z}\right)w + \left(\frac{\mathrm{d}T_0}{\mathrm{d}z} - \frac{\delta}{\rho_0 c_p}\frac{\mathrm{d}p}{\mathrm{d}z}\right)w = \frac{T_0}{H_p}(\nabla_{\mathrm{ad}} - \nabla_b)w$$

$$= \frac{\lambda}{\rho_0 c_p}\frac{\partial^2 \Delta T}{\partial x_k^2} \approx -\frac{\lambda}{\rho_0 c_p}\frac{\Delta T}{l^2} = -\frac{\lambda}{\rho_0 c_p}\frac{T_0}{H_p l}(\nabla_0 - \nabla_b). \tag{5.36}$$

考虑到对流元形状对散热效率的影响, 混合长理论取

$$\frac{\nabla_{\mathrm{ad}} - \nabla_b}{\nabla_b - \nabla_0} = \frac{9}{2}\frac{\lambda}{\rho_0 c_p w l}. \tag{5.37}$$

在对流区内, 假定不考虑耗散加热和物质自身的产热, 则总能量通量 F 满足方程 (5.25). 如下定义辐射温度梯度 ∇_{r}:

$$F = \frac{\lambda T_0}{H_p}\nabla_{\mathrm{r}}, \tag{5.38}$$

代入方程 (5.25), 并利用方程 (5.35), 可以得到

$$\nabla_{\mathrm{r}} = \nabla_0 + \frac{H_p}{\lambda T}\rho_0 c_p \overline{w\Delta T} = \nabla_0 + \frac{1}{2}\frac{\rho_0 c_p l^2}{\lambda}(\nabla_0 - \nabla_b)^{3/2}\sqrt{\frac{g\delta}{8H_p}}, \tag{5.39}$$

其中最后一个等号右边第二项中的因子 $1/2$ 是考虑到平均来说对流元的温度偏离为 $\Delta T/2$. 联立方程 (5.35)、(5.37) 和 (5.39), 就可以求出对流区内的平均温度梯度 ∇_0.

为了方便求解, 引入一个对流传热效率 f 为

$$f = \frac{\nabla_0 - \nabla_{\mathrm{ad}}}{\nabla_{\mathrm{r}} - \nabla_{\mathrm{ad}}}. \tag{5.40}$$

利用方程 (5.35) 和 (5.37) 解出 w, 可以得到

$$\left(\frac{2}{9}\frac{\rho_0 c_p l^2}{\lambda}\right)^2\frac{g\delta}{8H_p}(\nabla_b - \nabla_{\mathrm{ad}})^2 = (\nabla_0 - \nabla_b) = (\nabla_0 - \nabla_{\mathrm{ad}}) - (\nabla_b - \nabla_{\mathrm{ad}}). \tag{5.41}$$

这是一个关于未知数 $(\nabla_b - \nabla_{\mathrm{ad}})$ 的二次方程. 利用求根公式, 其解为

$$(\nabla_b - \nabla_{\mathrm{ad}}) = \left(\frac{2}{9}\frac{\rho_0 c_p l^2}{\lambda}\right)^{-2}\frac{4H_p}{g\delta x}\left(\sqrt{x^2 + f} - x\right), \tag{5.42}$$

其中

$$\frac{1}{x} = \frac{2}{9} \frac{\rho_0 c_p l^2}{\lambda} \sqrt{\frac{g\delta}{2H_p}(\nabla_r - \nabla_{ad})}. \tag{5.43}$$

将方程 (5.40) 代入方程 (5.39) 中，并利用方程 (5.42) 和 (5.43)，可以得到

$$\left(\sqrt{x^2+f}-x\right)^3 = \frac{8}{9}x(1-f). \tag{5.44}$$

一般来说，在恒星中心附近，$x \to 0$，$f \to 0$，在恒星表面附近，$x \to \infty$，$f \to 1$. 一个值得注意的问题是，混合长理论没有对混合长 l 本身提出任何模型限制，或者说没有对 l 的选择提出理论上的要求.

§5.4 湍流的 RANS 方程组

混合长理论对热对流基本方程组进行了很大的简化，其所包含的关于恒星对流的物理性质也是极为有限的. 湍流热对流理论采用了直接对湍流关联量建立偏微分方程，其中包含了更多湍流的物理性质，因而可以比混合长理论更精确地描述恒星对流运动.

5.4.1 湍流的一般特征

通常认为，当流动的可预言性减小到适于对其做出统计描述时，这样的流动就可以被称为湍流. 一般来说，流动的形态与雷诺数 Re 的大小密切相关. 当 $Re < 2300$ 时，流动表现为层流；在 $2300 < Re < 4000$ 范围内，流动开始从层流向湍流转变；当 $Re > 4000$ 时，流动由湍流主导.

对于恒星来说，其对流运动的瑞利数和雷诺数一般都非常大. 恒星是由高温气体物质组成的，其黏性系数

$$\nu \approx 1.5 \times 10^{-5} \sqrt{T}, \tag{5.45}$$

其中温度 T 的单位是 K，黏性系数 ν 的单位是 $g \cdot cm^{-1} \cdot s^{-1}$. 例如，在太阳光球层中，米粒组织的密度大约为 10^{-6} $g \cdot cm^{-3}$，速度为 10^5 $cm \cdot s^{-1}$，尺度为 10^8 cm，温度为 6000 K 左右，于是根据方程 (5.27)，其雷诺数为 10^{10}，根据方程 (5.31)，其瑞利数为 10^{13}. 而对于太阳对流区整体来说，其密度大约为 10^{-3} $g \cdot cm^{-3}$，速度为 10^4 $cm \cdot s^{-1}$，尺度为 10^{10} cm，温度为 10^6K，于是其雷诺数为 10^{12}，瑞利数为 10^{20}. 因此，恒星内部的对流是一种由充分发展的湍流主导的热对流运动.

由于湍流的复杂性，将其分解为不同长度尺度上的运动是非常有益的. 常常用不同尺度的涡来表示这种差异，也可以按照傅里叶变换的方式将湍流分解为不同空间频率的分量，从而得到其能谱分布. 值得注意的是，能谱分布并不直接反映相应空间尺度涡的能量，但是小的涡对能谱的高波数区域贡献大.

不同尺度的涡在动力学上所起的作用是完全不同的. 从运动方程 (5.22) 等号右边最后一项可以注意到, 湍流动能的耗散与黏性系数和波数的平方成正比. 因此, 湍动能的耗散主要发生在高波数区域, 因为只有在很小的尺度上黏性力才起作用. 另一方面, 小的涡必须来自于较大的涡. 在湍流的发展过程中, 较大的涡逐渐破碎为较小的涡, 从而将湍动能向高波数方向传递. 这样一个能量传输序列通常称为湍流级联: 动能首先从最大的涡进入湍流能谱, 然后从低波数区域几乎无损地传递到高波数区域, 直到最终出现黏性耗散为止. 特别值得注意的是, 耗散率的大小是由湍流级联低波数端的能量输入率决定的, 而与在高波数端耗散发生的具体动力学过程无关.

湍流一般被限制在一些特定的区域内, 周围是层流运动. 在很多情况下, 湍流区和层流区的边界是分明的, 但是边界的形状却是极其不稳定和不规则的. 在边界附近某一个固定点, 会随机地交替出现湍流运动和层流运动状态. 分界面的形状特别容易受到大涡的影响, 它使得湍流间歇性地进入层流区, 并将原来属于层流的部分流体卷入湍流区, 形成所谓的对流超射现象.

5.4.2 流场的雷诺分解

湍流的统计描述是用平均值来表述的. 虽然在湍流中物理量呈现出无规涨落变化, 但是其平均值是确定的, 可以重复测量. 从本质上讲, 湍流不是随机运动, 因为它的控制方程组是确定性的, 物理量表观上的涨落只是动力学方程出现不稳定解的一种表现. 因此, 对湍流进行统计描述必须建立在流体运动方程组的基础上.

描述湍流运动的一种有效方式是进行雷诺分解:

$$\begin{aligned} \tilde{U}_i &= U_i + u_i, \\ \tilde{T} &= T + \vartheta, \\ \tilde{\rho} &= \rho + \rho', \\ \tilde{p} &= p + p', \\ &\cdots\cdots \end{aligned} \tag{5.46}$$

其中, 等号左边是物理量的瞬时值, 右边第一项是流场的平均值, 第二项是湍流造成的涨落. 平均的方法可以是大量相同系统多次测量的平均, 也可以是对一个系统在一个足够长时间内的平均, 假定系统在取平均的时间尺度上其统计特征是定常的. 显然, 涨落量的平均值为零.

选择直角坐标系 (x_1, x_2, x_3), 于是, 平均速度及其速度涨落的各个分量为

$$\begin{aligned} U_i &= (U, V, W), \\ u_i &= (u, v, w). \end{aligned} \tag{5.47}$$

5.4.3 湍流涨落量的关联函数

由于单一涨落量的平均值为零,关于湍流结构方面有实际意义的是不同涨落量之积的平均值. 例如, 湍流场单位质量物质的平均动能 k 定义为

$$k = \frac{1}{2}\left(\overline{u^2} + \overline{v^2} + \overline{w^2}\right). \tag{5.48}$$

应该注意到, 不同的湍流图样可以产生出相同的湍流平均动能.

上述做法定义了同一空间点相同物理量自关联的平均值. 以此类推, 还可以定义同一点不同物理量之间交叉关联的平均值, 并将其统称为单点关联函数. 一些常用的关联函数有:

$$\begin{aligned}\text{速度-速度关联} \quad & \overline{u_i u_k}, \\ \text{速度-温度关联} \quad & \overline{u_i \vartheta}.\end{aligned} \tag{5.49}$$

5.4.4 流场平均量的方程组

在建立流场平均量和湍流关联量的微分方程组时, 可采用法弗 (Favre) 引入的密度加权平均以简化所得到的方程, 即

$$\overline{\tilde{\rho} U_i} = \rho U_i, \qquad \overline{\tilde{\rho} u_i} = 0. \tag{5.50}$$

根据方程 (5.14), 做雷诺分解后, 连续性方程可以写为

$$\frac{\partial}{\partial t}(\rho + \rho') + \frac{\partial}{\partial x_k}\tilde{\rho}(U_k + u_k) = 0. \tag{5.51}$$

取平均得到流场平均量满足的方程

$$\frac{\partial \rho}{\partial t} + \frac{\partial \rho U_k}{\partial x_k} = 0. \tag{5.52}$$

从连续性方程 (5.51) 中减去平均方程 (5.52), 并考虑到布辛尼斯克近似从而忽略密度涨落, 可以得到涨落量满足的方程

$$\frac{\partial \rho u_k}{\partial x_k} = 0. \tag{5.53}$$

根据方程 (5.15), 做雷诺分解后, 运动方程可以写为

$$\begin{aligned}&\frac{\partial}{\partial t}\tilde{\rho}(U_i + u_i) + \frac{\partial}{\partial x_k}\tilde{\rho}(U_k + u_k)(U_i + u_i) \\ &= -\frac{\partial(p + p')}{\partial x_i} + (\rho + \rho')g_i + \frac{\partial}{\partial x_k}\left[\nu\frac{\partial}{\partial x_k}(U_i + u_i)\right].\end{aligned} \tag{5.54}$$

取平均得到流场平均量满足的运动方程

$$\frac{\partial U_i}{\partial t} + U_k\frac{\partial U_i}{\partial x_k} = -\frac{1}{\rho}\frac{\partial p}{\partial x_i} + g_i + \frac{1}{\rho}\frac{\partial}{\partial x_k}\left(\nu\frac{\partial U_i}{\partial x_k} - \rho\overline{u_k u_i}\right). \tag{5.55}$$

利用方程 (5.20)，湍流涨落量满足方程

$$\frac{\partial \rho u_i}{\partial t} + \frac{\partial}{\partial x_k}\rho\left(U_k u_i + U_i u_k + u_k u_i - \overline{u_k u_i}\right) = -\frac{\partial p'}{\partial x_i} - \rho\beta g_i\vartheta + \frac{\partial}{\partial x_k}\left(\nu\frac{\partial u_i}{\partial x_k}\right). \quad (5.56)$$

根据方程 (5.16) 和 (5.23)，做雷诺分解后，能量方程可以写为

$$c_p\left[\frac{\partial}{\partial t}\tilde{\rho}(T+\vartheta) + \frac{\partial}{\partial x_k}\tilde{\rho}(U_k+u_k)(T+\vartheta)\right] - \delta\left[\frac{\partial(p+p')}{\partial t} + (U_k+u_k)\frac{\partial(p+p')}{\partial x_k}\right]$$
$$= \frac{\partial}{\partial x_k}\left(\lambda\frac{\partial(T+\vartheta)}{\partial x_k}\right). \quad (5.57)$$

取平均得到流场的平均能量方程为

$$\rho c_p\left(\frac{\partial T}{\partial t} + U_k\frac{\partial T}{\partial x_k}\right) - \delta\left(\frac{\partial p}{\partial t} + U_k\frac{\partial p}{\partial x_k}\right) = \frac{\partial}{\partial x_k}\left(\lambda\frac{\partial T}{\partial x_k} - \rho c_p\overline{u_k\vartheta}\right), \quad (5.58)$$

而涨落量满足方程为

$$\rho c_p\left(\frac{\partial\vartheta}{\partial t} + U_k\frac{\partial\vartheta}{\partial x_k}\right) + \rho u_k T\frac{\partial s}{\partial x_k} + c_p\frac{\partial}{\partial x_k}\rho\left(u_k\vartheta - \overline{u_k\vartheta}\right) = \frac{\partial}{\partial x_k}\left(\lambda\frac{\partial\vartheta}{\partial x_k}\right). \quad (5.59)$$

在平均流场的基本方程组 (5.55) 和 (5.58) 中，出现了两个新的物理过程：

$$\text{雷诺应力 } -\rho\overline{u_k u_i},$$
$$\text{湍流热输运 } \rho c_p\overline{u_i\vartheta}.$$

前者的作用就像一个来自于湍流的黏性应力，并且常常比气体分子的黏性应力大得多；后者则是一种非常有效的传热机制，对温度的分布起着决定性的作用。

5.4.5 湍流关联量的 RANS 方程组

首先，为了得到描述雷诺应力的动力学方程，将方程 (5.56) 乘以 u_j，并将其与交换角标后的方程相加后取平均，就可以得到

$$\rho\left(\frac{\partial}{\partial t} + U_k\frac{\partial}{\partial x_k}\right)\overline{u_i u_j} + \rho\left(\overline{u_i u_k}\frac{\partial U_j}{\partial x_k} + \overline{u_j u_k}\frac{\partial U_i}{\partial x_k}\right) + \frac{\partial}{\partial x_k}\left(\rho\overline{u_i u_j u_k}\right)$$
$$= -\left(\overline{u_i\frac{\partial p'}{\partial x_j}} + \overline{u_j\frac{\partial p'}{\partial x_i}}\right) - \rho\beta\left(g_i\overline{u_j\vartheta} + g_j\overline{u_i\vartheta}\right) + \overline{u_i\frac{\partial}{\partial x_k}\left(\nu\frac{\partial u_j}{\partial x_k}\right)} + \overline{u_j\frac{\partial}{\partial x_k}\left(\nu\frac{\partial u_i}{\partial x_k}\right)}.$$
$$(5.60)$$

整理后，方程 (5.60) 可以写为

$$\frac{\mathrm{D}\overline{u_i u_j}}{\mathrm{D}t} = \frac{1}{\rho}\frac{\partial}{\partial x_k}\left(\nu\overline{u_i\frac{\partial u_j}{\partial x_k}} + \nu\overline{u_j\frac{\partial u_i}{\partial x_k}} - \overline{u_i p'}\delta_{jk} - \overline{u_j p'}\delta_{ik} - \rho\overline{u_i u_j u_k}\right) - 2\frac{\nu}{\rho}\overline{\frac{\partial u_i}{\partial x_k}\frac{\partial u_j}{\partial x_k}}$$
$$- \left(\overline{u_i u_k}\frac{\partial U_j}{\partial x_k} + \overline{u_j u_k}\frac{\partial U_i}{\partial x_k}\right) - \beta\left(g_i\overline{u_j\vartheta} + g_j\overline{u_i\vartheta}\right) + \frac{1}{\rho}\left(\overline{p'\frac{\partial u_i}{\partial x_j}} + \overline{p'\frac{\partial u_j}{\partial x_i}}\right). \quad (5.61)$$

从方程 (5.61) 中可以注意到，等号左边是雷诺应力的变化率，右边第一项是输运项，第二项是耗散项，第三是剪切生成项，第四是浮力生成项，第五是再分布项.

将方程 (5.61) 指标相同的三个分量相加，则得到湍动能变化率的方程：

$$\frac{\mathrm{D}k}{\mathrm{D}t} = \frac{1}{\rho}\frac{\partial}{\partial x_k}\left(\nu \overline{u_l \frac{\partial u_l}{\partial x_k}} - \overline{u_l p'}\delta_{kl} - \frac{1}{2}\overline{\rho u_l u_l u_k}\right) + H + G - \varepsilon, \tag{5.62}$$

其中，湍动能 k 和湍动能耗散率 ε 分别定义为

$$k = \frac{1}{2}\overline{u_l u_l}, \qquad \varepsilon = \frac{\nu}{\rho}\overline{\frac{\partial u_l}{\partial x_k}\frac{\partial u_l}{\partial x_k}}, \tag{5.63}$$

而剪切生成率 H 和浮力生成率 G 分别定义为

$$H = -\frac{\partial U_l}{\partial x_k}\overline{u_k u_l}, \tag{5.64}$$

$$G = -\beta g_k \overline{u_k \vartheta}. \tag{5.65}$$

值得注意的是，方程 (5.61) 等号右边的再分布项没有再出现在方程 (5.62) 中，这表明它的作用是调整湍动能在不同方向上的分布，但并不改变其总和的大小.

其次，为了得到描述湍流热通量的动力学方程，将方程 (5.56) 乘以 ϑ，并将方程 (5.59) 乘以 u_j，相加后取平均，可以得到

$$\rho\left(\frac{\partial}{\partial t} + U_k\frac{\partial}{\partial x_k}\right)\overline{u_i \vartheta} + \rho\left(\overline{u_k \vartheta}\frac{\partial U_i}{\partial x_k} + \frac{T}{c_p}\overline{u_i u_k}\frac{\partial s}{\partial x_k}\right) + \frac{\partial}{\partial x_k}\left(\overline{\rho u_i u_k \vartheta}\right)$$
$$= -\overline{\vartheta\frac{\partial p'}{\partial x_i}} - \rho\beta g_i\overline{\vartheta^2} + \overline{\vartheta\frac{\partial}{\partial x_k}\left(\nu\frac{\partial u_i}{\partial x_k}\right)} + \overline{u_i\frac{\partial}{\partial x_k}\left(\frac{\lambda}{c_p}\frac{\partial \vartheta}{\partial x_k}\right)}. \tag{5.66}$$

整理后，得到

$$\frac{\mathrm{D}\overline{u_i \vartheta}}{\mathrm{D}t} = \frac{1}{\rho}\frac{\partial}{\partial x_k}\left(\frac{\lambda}{c_p}\overline{u_i\frac{\partial \vartheta}{\partial x_k}} + \nu\overline{\vartheta\frac{\partial u_i}{\partial x_k}} - \overline{u_i u_k \vartheta}\right) - \left(\frac{\lambda}{\rho c_p}\overline{\frac{\partial u_i}{\partial x_k}\frac{\partial \vartheta}{\partial x_k}} + \frac{\nu}{\rho}\overline{\frac{\partial u_i}{\partial x_k}\frac{\partial \vartheta}{\partial x_k}}\right)$$
$$- \left(\overline{u_k \vartheta}\frac{\partial U_i}{\partial x_k} + \frac{T}{c_p}\overline{u_i u_k}\frac{\partial s}{\partial x_k} + \beta g_i\overline{\vartheta^2}\right) - \frac{1}{\rho}\overline{\vartheta\frac{\partial p'}{\partial x_i}}. \tag{5.67}$$

可以看到，速度–温度关联方程的形式与雷诺应力方程的类似：等号左边是变化率，右边第一项是输运项，第二项是耗散项，第三项是生成项，包括剪切生成、热分层生成和浮力生成三个部分，第四项是再分布项.

最后，方程 (5.67) 中出现了温度涨落的自关联. 将方程 (5.59) 乘以 ϑ 后取平均，可以得到

$$\frac{\mathrm{D}\overline{\vartheta^2}}{\mathrm{D}t} = \frac{1}{\rho}\frac{\partial}{\partial x_k}\left(\frac{\lambda}{c_p}\overline{\frac{\partial \vartheta^2}{\partial x_k}} - \overline{\rho u_k \vartheta^2}\right) - 2\frac{T}{c_p}\overline{u_k \vartheta}\frac{\partial s}{\partial x_k} - 2\frac{\lambda}{\rho c_p}\overline{\frac{\partial \vartheta}{\partial x_k}\frac{\partial \vartheta}{\partial x_k}}. \tag{5.68}$$

这个方程的右端同样由输运项、耗散项和生成项组成.

方程组 (5.61)、(5.67) 和 (5.68) 构成了描述湍流关联量的动力学方程组. 由于这组方程是采用雷诺平均的方式从流体力学纳维-斯托克斯 (Navier-Stokes) 方程组得到的, 因此常常被称为湍流 RANS 方程组. 仔细观察上述三个偏微分方程可以发现, 湍流的生成机制是明确的, 但是湍流的耗散同更多种类的关联量相关, 特别是湍流输运过程还涉及更高阶的关联量. 这使得湍流 RANS 方程组无法构成一个封闭的问题. 目前已经提出的众多湍流模型, 其核心任务就是要通过适当的模型化假设使湍流 RANS 方程组封闭, 构成一个可解的数学问题.

§5.5 湍流的 k-ε 模型

5.5.1 标准 k-ε 模型

对于一般的湍流运动, 标准的 k-ε 模型由两个偏微分方程组成, 其中一个就是描述湍动能 k 变化率的方程 (5.62), 另一个是下面将要讨论的描述湍动能耗散率 ε 的方程.

在方程 (5.62) 中, 正如前面所讨论的那样, 等号右边的输运项仍然要进行模型化, 以使得方程组封闭起来. 对于由湍流主导的恒星热对流运动来说, 气体分子的黏性可以忽略, 对于低速流而言, 压强涨落所产生的快速扰动也不会对湍动能的输运产生显著的影响. 于是, 由湍流自身的雷诺应力产生的能量通量 $\overline{u_l u_l u_k}$ 将占主导. 最常用的一种湍流输运模型是所谓的梯度型扩散模型:

$$\overline{u_k u_k u_i} = -\nu_\mathrm{t} \frac{\partial k}{\partial x_i}, \tag{5.69}$$

其中扩散系数 ν_t 一般采用涡黏模型:

$$\nu_\mathrm{t} = c_\mu \frac{k^2}{\varepsilon}, \tag{5.70}$$

在标准的 k-ε 模型中, 涡黏性参数 $c_\mu = 0.09$.

利用梯度型扩散模型, 湍流的标准 k-ε 模型可以写为

$$\frac{\mathrm{D}k}{\mathrm{D}t} - \frac{\partial}{\partial x_k}\left(\nu_\mathrm{t} \frac{\partial k}{\partial x_k}\right) = H + G - \varepsilon, \tag{5.71}$$

$$\frac{\mathrm{D}\varepsilon}{\mathrm{D}t} - \frac{\partial}{\partial x_k}\left(\frac{\nu_\mathrm{t}}{\sigma_\varepsilon} \frac{\partial \varepsilon}{\partial x_k}\right) = c_{\varepsilon 1}\left(H + c_{\varepsilon 3} G\right)\frac{\varepsilon}{k} - c_{\varepsilon 2}\frac{\varepsilon^2}{k}. \tag{5.72}$$

在标准的 k-ε 模型中, 湍流施密特 (Schmidt) 数 $\sigma_\varepsilon = 1.3$. 形如方程 (5.72) 的湍动能耗散率的模型化是基于湍流的一个普遍性质, 即耗散率 ε 的大小是由注入的湍动能 k 的大小决定的, 而与实际耗散过程的细节无关. 因此, 造成湍动能变化的因

素也就自然会对耗散率产生影响. 当然, 耗散率 ε 的变化率依赖于生成率 H 和 G 的比例系数, 与湍动能 k 的变化率是不同的, 可以通过与实验结果进行对比来确定其中包含的模型参数 $c_{\varepsilon 1}$, $c_{\varepsilon 2}$ 和 $c_{\varepsilon 3}$.

5.5.2 标准 k-ε 模型的参数

首先考虑中性分层 ($G = 0$) 流体中的均匀各向同性 ($H = 0$) 湍流, 这时方程组 (5.71) 和 (5.72) 变为

$$\begin{aligned} \frac{\partial k}{\partial t} &= -\varepsilon, \\ \frac{\partial \varepsilon}{\partial t} &= -c_{\varepsilon 2} \frac{\varepsilon^2}{k}. \end{aligned} \tag{5.73}$$

设解具有形式

$$\begin{aligned} k &= K t^{-n}, \\ \varepsilon &= nK t^{-n-1}, \end{aligned} \tag{5.74}$$

代入方程组中, 可以得到

$$c_{\varepsilon 2} = \frac{n+1}{n}. \tag{5.75}$$

方程组 (5.74) 表明, 当 $n > 0$ 时, 均匀各向同性湍流是随时间衰减的. 这与在跟随运动的坐标系中观测到的湍流状态一致. 在标准 k-ε 模型中, $c_{\varepsilon 2} = 1.92$, 而风洞等实验和理论分析则表明, $c_{\varepsilon 2} = 2$.

其次, 考虑中性分层 ($G = 0$) 流体中的均匀剪切湍流. 实验发现, 经过一个足够长时间的发展后, 均匀剪切湍流变成自相似的, 即 H/ε 为一个常数. 定义湍流特征长度 L 为

$$L = c_L \frac{k^{3/2}}{\varepsilon}, \tag{5.76}$$

其中 c_L 是一个常数. 根据方程组 (5.71) 和 (5.72), L 随时间的演化为

$$\frac{\partial L}{\partial t} = c_L \left(\frac{3}{2} \frac{k^{1/2}}{\varepsilon} \frac{\partial k}{\partial t} - \frac{k^{3/2}}{\varepsilon^2} \frac{\partial \varepsilon}{\partial t} \right) = c_L k^{1/2} \left(\frac{3}{2} - c_{\varepsilon 1} \right) \frac{H}{\varepsilon} + c_L k^{1/2} \left(c_{\varepsilon 2} - \frac{3}{2} \right). \tag{5.77}$$

由于剪切率在整个流体中是均匀的, 湍流长度 L 的演化应该与其大小无关, 以保证湍流的自相似特征, 因而必须要求模型参数取为 $c_{\varepsilon 1} = 3/2$. 在标准的 k-ε 模型中, $c_{\varepsilon 1} = 1.44$.

5.5.3 标准 k-ε 模型的局地稳态解

当方程组 (5.71) 和 (5.72) 的等号左边为零时, 湍流将达到局地稳定状态. 这时可以得到

$$\begin{aligned} \frac{H}{\varepsilon} &= \frac{c_{\varepsilon 2} - c_{\varepsilon 1} c_{\varepsilon 3}}{c_{\varepsilon 1} - c_{\varepsilon 1} c_{\varepsilon 3}}, \\ \frac{G}{\varepsilon} &= -\frac{c_{\varepsilon 2} - c_{\varepsilon 1}}{c_{\varepsilon 1} - c_{\varepsilon 1} c_{\varepsilon 3}}. \end{aligned} \tag{5.78}$$

采用模型参数为 $c_{\varepsilon 1} = 3/2$ 和 $c_{\varepsilon 2} = 2$，并定义一个新参数 c_{b} 满足

$$c_{\varepsilon 3} = 1 + \frac{c_{\varepsilon 2} - c_{\varepsilon 1}}{c_{\varepsilon 1}} c_{\mathrm{b}} = 1 + \frac{1}{3} c_{\mathrm{b}}, \tag{5.79}$$

则方程组 (5.78) 可以写为

$$\frac{H}{\varepsilon} = 1 - \frac{1}{c_{\mathrm{b}}}, \tag{5.80}$$

$$\frac{G}{\varepsilon} = \frac{1}{c_{\mathrm{b}}}. \tag{5.81}$$

根据方程 (5.72)，参数 $c_{\varepsilon 3}$ 描述的是湍流的浮力生成项对湍动能耗散率的影响。对于恒星来说，浮力是驱动对流的根本性因素，因此在方程组 (5.80) 和 (5.81) 中的模型参数 c_{b} 对于描述恒星内部的湍流热对流具有特别重要的意义。尤其值得注意的是，c_{b} 的取值直接决定了湍流局地平衡状态的性质：当 $c_{\mathrm{b}} < 0$ 时 $G < 0$，表明局地平衡状态将出现在浮力阻碍对流运动的稳定分层区域；当 $c_{\mathrm{b}} > 0$ 时 $G > 0$，表明局地平衡状态将出现在非稳定分层区域。此外，根据方程 (5.80)，当 $c_{\mathrm{b}} > 0$ 时，为了保证剪切生成率 H 总是一个正值，还要进一步要求 $c_{\mathrm{b}} > 1$。

§5.6 恒星对流区的结构模型

5.6.1 恒星对流区的物理结构

假定恒星对流区具有平面平行层结构，建立直角坐标系 (x, y, z)，并且 z 方向沿着恒星的半径方向，那么重力加速度 $\boldsymbol{g}$ 的各个分量为

$$\boldsymbol{g} = (0,\ 0,\ -g). \tag{5.82}$$

利用压强标高的定义 (5.2)，流体静力学平衡方程 (5.19) 可以写为

$$H_p = \frac{p}{\rho g}. \tag{5.83}$$

利用方程 (2.18) 和 (5.23)，可定义浮力频率 N：

$$N^2 = \beta g \frac{T}{c_p} \frac{\partial s}{\partial z} = \frac{\beta g}{c_p} \left(c_p \frac{\mathrm{d}T}{\mathrm{d}z} - \frac{\delta}{\rho} \frac{\mathrm{d}p}{\mathrm{d}z} \right) = -\frac{g\delta}{H_p} (\nabla - \nabla_{\mathrm{ad}}). \tag{5.84}$$

5.6.2 对流涡胞的结构模型

对于恒星对流来说，可以将流动大体上分为具有准稳定结构的对流涡胞和更具统计意义的湍流涨落两种流动形态。在对流区内部，大量对流涡胞无规运动并相互推挤，造成老的涡胞不断被破坏而新的涡胞不断产生；在对流区边界附近，涡胞互相堆叠并沿边界排列，形成较为规则的流动图样。太阳对流区表面的米粒组织就是这种准稳定结构的代表。

如图 5.4 所示，以对流涡胞中心为坐标原点，假定一个对流涡胞的典型速度结构为

$$U_i = (0, V, W) = (0, 0, V_\theta), \tag{5.85}$$

其中，V 和 W 分别是沿 y 轴和 z 轴方向的速度，V_θ 是在 y-z 平面极坐标内沿 θ 方向的速度，并且它们之间存在下列关系：

$$\begin{aligned} V &= -V_\theta \sin\theta, \\ W &= V_\theta \cos\theta. \end{aligned} \tag{5.86}$$

假定涡胞的旋转角速度为 Ω，那么

$$V_\theta = r\Omega(r), \tag{5.87}$$

其中 r 是到涡胞中心的距离.

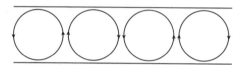

图 5.4 对流涡胞内速度结构的示意图

对于一个任意函数 F，利用直角坐标与极坐标的偏导数转换关系

$$\begin{aligned} \frac{\partial F}{\partial y} &= \frac{\partial F}{\partial r}\frac{\partial r}{\partial y} + \frac{\partial F}{\partial \theta}\frac{\partial \theta}{\partial y} = \cos\theta\frac{\partial F}{\partial r} - \frac{\sin\theta}{r}\frac{\partial F}{\partial \theta}, \\ \frac{\partial F}{\partial z} &= \frac{\partial F}{\partial r}\frac{\partial r}{\partial z} + \frac{\partial F}{\partial \theta}\frac{\partial \theta}{\partial z} = \sin\theta\frac{\partial F}{\partial r} + \frac{\cos\theta}{r}\frac{\partial F}{\partial \theta}. \end{aligned} \tag{5.88}$$

容易验证

$$\frac{\partial V}{\partial y} + \frac{\partial W}{\partial z} = \frac{1}{r}\frac{\partial V_\theta}{\partial \theta} = 0. \tag{5.89}$$

上述结果表明，由方程 (5.86) 所代表的对流涡胞速度结构满足布辛尼斯克近似下的连续性方程 (5.18).

对流涡胞内的温度结构 ΔT 由方程 (5.26) 描述. 假定涡胞内物理量是均匀的，根据方程 (5.86) 所给出的速度结构，并利用方程 (5.84)，在稳态情况下方程 (5.26) 可以写为

$$\frac{\lambda}{\rho_0 c_p}\left[\frac{1}{r}\frac{\partial}{\partial r}\left(r\frac{\partial \Delta T}{\partial r}\right) + \frac{1}{r^2}\frac{\partial^2 \Delta T}{\partial \theta^2}\right] - \frac{V_\theta}{r}\frac{\partial \Delta T}{\partial \theta} = \frac{N^2}{\beta g}V_\theta \cos\theta. \tag{5.90}$$

方程 (5.90) 左边第一项描述了辐射散热. 首先假定涡胞内的运动是绝热的，可以忽略掉这一项，那么方程 (5.90) 的特解为

$$\Delta T = -\frac{N^2}{\beta g}r\sin\theta = -\frac{N^2}{\beta g}z. \tag{5.91}$$

可以注意到, 这正是混合长理论中所采用的方程 (5.34).

考虑到方程 (5.91), 则方程 (5.90) 的通解可以写为

$$\Delta T = \mathrm{i}\frac{N^2}{\beta g}(r+B)\mathrm{e}^{\mathrm{i}\theta}, \tag{5.92}$$

其中 B 是到涡胞中心半径 r 的函数. 将通解 (5.92) 代入方程 (5.90) 中, 可以得到

$$\frac{\partial^2 B}{\partial r^2}+\frac{1}{r}\frac{\partial B}{\partial r}-\left(\mathrm{i}\frac{\rho_0 c_p}{\lambda}\Omega+\frac{1}{r^2}\right)B=0. \tag{5.93}$$

做变量代换

$$\zeta = r\sqrt{\mathrm{i}\rho_0 c_p \Omega/\lambda} = \frac{r}{R_\mathrm{b}}\sqrt{\mathrm{i}}, \tag{5.94}$$

方程 (5.93) 化成为一阶变形贝塞尔 (Bessel) 方程

$$\zeta^2\frac{\partial^2 B}{\partial \zeta^2}+\zeta\frac{\partial B}{\partial \zeta}-(1+\zeta^2)B=0, \tag{5.95}$$

其解可以用级数表达为

$$B = B_0 I_1(\zeta) = B_0 \sum_{m=0}^{\infty}\frac{1}{m!(m+1)!}\left(\frac{\zeta}{2}\right)^{1+2m}, \tag{5.96}$$

其中 B_0 是一个常数. 将方程 (5.96) 代入方程 (5.92) 中, 可以得到涡胞内温度差的分布为

$$\Delta T = -\frac{N^2}{\beta g}(r-B_0 I_1)\sin\theta = -\frac{N^2 R_\mathrm{b}}{\beta g}\left(\frac{r}{R_\mathrm{b}}-\frac{B_0}{R_\mathrm{b}}I_1\right)\sin\theta. \tag{5.97}$$

由方程 (5.97) 给出的解满足涡胞中心点的边界条件: 当 $r=0$ 时 $\Delta T=0$. 在涡胞的表面 $r=R_\mathrm{b}$ 处, 一个合理的要求是温差为零, 于是得到 $B_0 = R_\mathrm{b}/I_1(1) \approx 1.77 R_\mathrm{b}$. 根据方程 (5.94), 对流涡胞的典型半径为

$$R_\mathrm{b} = \sqrt{\frac{\lambda}{\rho_0 c_p \Omega}}. \tag{5.98}$$

5.6.3 流场的平均剪切率模型

对于雷诺应力, 最常用的模型是所谓的涡黏模型:

$$\overline{u_k u_m} = \frac{2}{3}k\delta_{km} - \nu_\mathrm{t}\left(\frac{\partial U_k}{\partial x_m}+\frac{\partial U_m}{\partial x_k}\right). \tag{5.99}$$

其中 ν_t 代表涡黏性系数 (5.70). 将方程 (5.86) 和 (5.99) 代入方程 (5.64), 可以得到在对流涡胞内湍流的速度剪切生成率为

$$\begin{aligned}H &= -\frac{\partial V}{\partial y}\overline{v^2} - \frac{\partial W}{\partial z}\overline{w^2} - \left(\frac{\partial V}{\partial z} + \frac{\partial W}{\partial y}\right)\overline{vw} = -4\nu_t \frac{\partial V}{\partial y}\frac{\partial W}{\partial z} + \nu_t\left(\frac{\partial V}{\partial z} + \frac{\partial W}{\partial y}\right)^2 \\ &= \nu_t\left(\frac{\partial V_\theta}{\partial r} - \frac{V_\theta}{r}\right)^2 \cos^2 2\theta + \nu_t\left(\frac{\partial V_\theta}{\partial r} - \frac{V_\theta}{r}\right)^2 \sin^2 2\theta = \nu_t\left(\frac{\partial V_\theta}{\partial r} - \frac{V_\theta}{r}\right)^2 \\ &= c_\mu \frac{k^2}{\varepsilon}S^2, \end{aligned} \quad (5.100)$$

其中剪切率 S 根据方程 (5.87) 定义为

$$S = r\frac{\partial \Omega}{\partial r}. \quad (5.101)$$

从方程 (5.100) 中可以注意到, 只有速度剪切才会对湍流的生成有贡献, 刚性转动不会产生湍流.

一般来说, 剪切率 S 只有在求解热对流的基本方程组 (5.18)、(5.22) 和 (5.26) 之后才能够得到. 一种简单的近似处理方法是假定剪切率 S 正比于对流涡胞的典型速度 V_θ 除以其典型半径 R_B. 对于由湍流主导的恒星对流运动来说, 湍流有可能对涡胞的形态产生决定性的影响. 例如, 当湍流的特征尺度远远小于涡胞的典型半径时, 涡胞将维持其形态基本不受湍流的影响, 但是当湍流的特征尺度比涡胞的典型半径大很多时, 单个涡胞的形态很快被破坏, 附近几个涡胞将并合起来, 形成与湍流特征尺度相仿的更为无序的对流形态.

基于上述这些考虑, 可以近似假定

$$S^2 \propto \frac{V_\theta^2}{R_b^2 + L^2} \approx \frac{V_\theta^2 L^{-2}}{R_b^2 L^{-2} + 1} \approx \frac{kL^{-2}}{kL^{-2}\Omega^{-2} + 1}, \quad (5.102)$$

其中 L 是湍流的典型长度, 此时剪切率 S 模型化为

$$\tau^2 S^2 = \frac{1}{c_L + L^{-2}\Omega^{-2}k}, \quad (5.103)$$

其中模型参数可以取为 $c_L = c_\mu^{3/4}$. 这样, 当 $L \gg R_b$ 时, $H/\varepsilon = c_\mu^{1/4} \approx 0.56$, 如果模型参数取标准值 $c_\mu = 0.09$. 此时, 剪切生成率是湍流生成的主导因素.

5.6.4 湍流热通量模型

首先考虑湍流温度涨落自相关函数 $\overline{\vartheta^2}$ 的模型化. 根据方程 (5.68), 假定湍流温度涨落达到局地稳定平衡状态, 因此忽略其变化率和输运项后, 可以得到

$$\frac{T}{c_p}\frac{\partial s}{\partial x_k}\overline{u_k \vartheta} = \frac{\lambda}{\rho c_p}\overline{\frac{\partial \vartheta}{\partial x_k}\frac{\partial \vartheta}{\partial x_k}}. \quad (5.104)$$

方程 (5.104) 等号右边的项代表的是对流元所包含的热能的耗散率. 对于湍流主导的流动来说, 可以假定热能的耗散时标与湍动能的耗散时标相当. 定义湍流特征时标 τ 为

$$\tau = \frac{k}{\varepsilon}, \tag{5.105}$$

则方程 (5.104) 可以进一步模型化为

$$\overline{\vartheta^2} = -\frac{2}{3} c_\theta \tau \frac{T}{c_p} \frac{\partial s}{\partial x_k} \overline{u_k \vartheta}, \tag{5.106}$$

其中 c_θ 是一个模型参数.

其次, 考虑湍流速度–温度关联函数 $\overline{u_i \vartheta}$ 的模型化. 类似地, 根据方程 (5.67), 假定速度–温度关联达到局地稳定平衡状态, 则忽略其变化率和输运项后, 可以得到

$$\overline{u_k \vartheta} \frac{\partial U_i}{\partial x_k} + \frac{T}{c_p} \overline{u_i u_k} \frac{\partial s}{\partial x_k} + \beta g_i \overline{\vartheta^2} + \frac{1}{\rho} \overline{\vartheta \frac{\partial p'}{\partial x_i}} = -\left(\frac{\lambda}{\rho c_p} \overline{\frac{\partial u_i}{\partial x_k} \frac{\partial \vartheta}{\partial x_k}} + \frac{\nu}{\rho} \overline{\frac{\partial u_i}{\partial x_k} \frac{\partial \vartheta}{\partial x_k}} \right). \tag{5.107}$$

考虑到恒星对流是由浮力驱动的, 可以忽略方程 (5.107) 左边第一项 (速度剪切) 和第四项 (压强扰动) 的影响. 右边的耗散项形式上由两部分组成, 即辐射散热和分子热传导, 但是对于湍流主导的流动来说, 耗散过程不会比湍流耗散时标更长, 由于气体分子传热很慢, 可以忽略, 因此耗散时标由辐射散热时标与湍流特征时标中较小的那个决定. 根据方程 (5.107), 定义湍流散热时标为

$$\tau_\theta = \frac{\rho c_p}{\lambda} \frac{k^3}{\varepsilon^2} = Pe \frac{k}{\varepsilon}, \tag{5.108}$$

其中 Pe 是湍流佩克莱特 (Péclet) 数,

$$Pe = \frac{\rho c_p}{\lambda} \frac{k^2}{\varepsilon}, \tag{5.109}$$

则可以将速度–温度关联模型化为

$$\left(\frac{1}{\tau_\theta} + \frac{1}{\tau} \right) \overline{u_i \vartheta} = -\frac{3}{2} c_{\mathrm{t}} \left(\frac{T}{c_p} \frac{\partial s}{\partial x_k} \overline{u_i u_k} + \beta g_i \overline{\vartheta^2} \right), \tag{5.110}$$

其中 c_{t} 是另一个模型参数. 为方便起见, 定义

$$\tau_v = \frac{\tau}{1 + Pe^{-1}}, \tag{5.111}$$

并且利用方程 (5.106), 代入方程 (5.110) 中, 可以得到

$$\overline{u_i \vartheta} = -\frac{3}{2} c_{\mathrm{t}} \tau_v \left(\overline{u_i w} - \frac{2}{3} c_\theta \tau \beta g_i \overline{w \vartheta} \right) \frac{T}{c_p} \frac{\partial s}{\partial z}. \tag{5.112}$$

考虑到此时涡黏模型 (5.99) 中与速度剪切有关的部分可以忽略,将方程 (5.112) 代入浮力生成率 (5.65) 中,并利用方程 (5.84),可以得到

$$G = \beta g \overline{w\vartheta} = -\frac{3}{2} \frac{c_t \tau_v \overline{w^2} N^2}{1 + c_t \tau_v c_\theta \tau N^2} = -\frac{c_t}{1 + Pe^{-1} + c_t c_\theta \tau^2 N^2} \frac{k^2}{\varepsilon} N^2. \tag{5.113}$$

在恒星对流区内,水平方向的热通量平均来说为零,只有垂直方向 (或者沿半径方向) 的热通量对整体流场有显著影响。根据方程 (5.58),沿 z 轴方向的对流热通量 F_C 为

$$F_C = \rho c_p \overline{w\vartheta} = -\frac{\rho c_p}{\beta g} \frac{c_t}{1 + Pe^{-1} + c_t c_\theta \tau^2 N^2} \frac{k^2}{\varepsilon} N^2. \tag{5.114}$$

5.6.5 恒星对流区的温度结构

在处于稳定状态的恒星外壳的对流区中,假定没有内能源和热耗散机制,则根据方程 (5.58),总能量通量 F 必须是一个常数:

$$F = \rho c_p \overline{w\vartheta} - \lambda \frac{\partial T}{\partial z}. \tag{5.115}$$

利用方程 (5.38) 引入的辐射温度梯度 ∇_r,并将方程 (5.114) 代入方程 (5.115) 中,且利用方程 (5.84),可以得到

$$\nabla_r - \nabla = -\frac{H_p}{g\delta} \frac{c_t Pe}{1 + Pe^{-1} + c_t c_\theta \tau^2 N^2} N^2 = \frac{c_t Pe}{1 + Pe^{-1} + c_t c_\theta \tau^2 N^2} (\nabla - \nabla_{ad}). \tag{5.116}$$

为求解方便起见,引入一个新变量

$$h = \frac{1-f}{f} = \frac{\nabla_r - \nabla}{\nabla - \nabla_{ad}}, \tag{5.117}$$

代入方程 (5.84) 中,可以得到

$$N^2 = -\frac{g\delta}{H_p}(\nabla - \nabla_{ad}) = -\frac{E}{1+h}, \tag{5.118}$$

其中 E 是一个由恒星结构确定的量:

$$E = \frac{g\delta}{H_p}(\nabla_r - \nabla_{ad}). \tag{5.119}$$

将方程 (5.117) 和 (5.118) 代入方程 (5.116) 中,可以得到

$$(1 + Pe^{-1}) h^2 + (1 + Pe^{-1} - c_t c_\theta \tau^2 E - c_t Pe) h - c_t Pe = 0. \tag{5.120}$$

利用二次方程的求根公式,可以得到方程 (5.120) 的解为

$$h = \frac{\sqrt{(1+Pe^{-1}-c_t c_\theta \tau^2 E - c_t Pe)^2 + 4c_t(1+Pe^{-1})} - (1+Pe^{-1}-c_t c_\theta \tau^2 E - c_t Pe)}{2(1+Pe^{-1})}. \tag{5.121}$$

§5.7 恒星对流的 k-ε 模型

5.7.1 模型参数 c_b 的选择

从 §5.5 的讨论中可以知道，模型参数 c_b 的选择对于将标准 k-ε 模型应用于恒星热对流问题具有举足轻重的意义. 根据限制条件 $c_\mathrm{b} > 1$，一种合理的模型是

$$c_\mathrm{b} = 1 + \frac{c_\mu}{c_L - c_\mu + (c_L \tau \Omega)^{-2}}. \tag{5.122}$$

方程 (5.122) 有两点值得注意的地方：一是如此定义的模型参数 c_b 是一个变量，其值由湍流特征频率 $1/\tau$ 与对流涡胞的频率 Ω 之比决定；二是模型参数 c_b 存在一个值域范围，即

$$1 < c_\mathrm{b} < 1 + \frac{c_\mu}{c_L - c_\mu}. \tag{5.123}$$

考虑到模型参数 c_μ 的标准取值为 0.09，上述结果表明：$1 < c_\mathrm{b} < 2.21$.

将方程 (5.122) 代入局地稳态解 (5.80) 中，并利用方程 (5.103)，可以得到

$$1 - \frac{1}{c_\mathrm{b}} = \frac{c_\mu}{c_L + (c_L \tau \Omega)^{-2}} = \frac{c_\mu}{c_L + L^{-2}\Omega^{-2}k} = \frac{H}{\varepsilon}. \tag{5.124}$$

容易看到，方程 (5.124) 给出了关于湍流特征尺度的一个熟知的方程 (5.76)：

$$L^2 = (c_L\tau)^2 k. \tag{5.125}$$

这表明参数 c_b 的模型方程 (5.122) 与处于局地稳态时湍流的特征尺度行为是自洽相容的.

将方程 (5.113) 和 (5.125) 代入局地稳态解 (5.81) 中，可以得到

$$k = -\frac{c_\mathrm{t}\,(c_\mathrm{b} + c_\theta)}{c_L^2\,(1 + Pe^{-1})} L^2 N^2. \tag{5.126}$$

这正是混合长理论采用的方程 (5.35). 同时，方程 (5.126) 也是分层流体中浮力驱动下湍流的一个重要特征.

5.7.2 湍流特征长度的混合长模型

从物理本质上讲，湍流热对流是在分层流体中由温差驱动的一种运动，而流体元在冷、热流体间循环导致的热势能通过浮力做功持续转变为流体的动能是维持热对流运动的根本机制. 因此，对流运动所具有的动能是与对流涡胞内所包含的热势能直接相关的. 这种物理上的本质联系可以描述为

$$k \approx \eta c_p \Delta T \approx -\frac{\eta c_p}{\beta g} N^2 l, \tag{5.127}$$

其中 η 代表对流涡胞的热转换效率,并且利用了方程 (5.91) 来给出流体元移动距离 l 所产生的温差. 将方程 (5.127) 代入方程 (5.126), 并利用热力学关系 (2.18), 可以得到

$$\frac{c_t\left(c_b+c_\theta\right)}{c_L^2\left(1+Pe^{-1}\right)}L^2 \approx \frac{\eta c_p}{\beta g}l = \frac{\eta}{\nabla_{\rm ad}}\frac{p}{\rho g}l = \frac{\eta}{\nabla_{\rm ad}}H_p l. \tag{5.128}$$

假定流体元移动的距离 l 等于湍流特征长度 L, 那么方程 (5.128) 表明

$$l \approx \frac{c_L^2\left(1+Pe^{-1}\right)}{c_t\left(c_b+c_\theta\right)}\frac{\eta}{\nabla_{\rm ad}}H_p = \alpha H_p, \tag{5.129}$$

其中 α 通常被称为混合长参数. 方程 (5.129) 表明了通常使用混合长理论时取混合长正比于压强标高这种处理方法的合理性.

5.7.3 k-ε 模型的局地稳态解

假定湍流特征长度由方程 (5.129) 给出, 代入局地稳态平衡方程 (5.125) 中, 并利用方程 (5.109), 可以得到

$$c_L^2 \tau Pe = (\alpha H_p)^2 \frac{\rho c_p}{\lambda}. \tag{5.130}$$

利用方程 (5.84) 和 (5.113), 可以得到

$$c_t\left(c_b+c_\theta\right)\tau^2 Ef = 1 + Pe^{-1}. \tag{5.131}$$

将方程 (5.130) 代入方程 (5.131) 中, 消去 Pe 后, 得到

$$\tau^{-2} + c_L^2(\alpha H_p)^{-2}\left(\frac{\rho c_p}{\lambda}\right)^{-1}\tau^{-1} - \left(c_b+c_\theta\right)c_t Ef = 0. \tag{5.132}$$

利用二次方程的求根公式, 方程 (5.132) 的解为

$$\tau^{-1} = \sqrt{\left(c_b+c_\theta\right)c_t E}\left(\sqrt{x^2+f}-x\right), \tag{5.133}$$

其中 x 定义为

$$x = \frac{c_L^2(\alpha H_p)^{-2}}{\sqrt{4c_t\left(c_b+c_\theta\right)E}}\left(\frac{\rho c_p}{\lambda}\right)^{-1}. \tag{5.134}$$

另一方面, 根据方程 (5.116), 并利用方程 (5.130) 和 (5.131), 可以得到

$$c_b c_L^2 \tau^3 E\left(1-f\right) = (\alpha H_p)^2 \frac{\rho c_p}{\lambda}. \tag{5.135}$$

将方程 (5.133) 代入方程 (5.135) 中, 整理后, 可以得到

$$\left(\sqrt{x^2+f}-x\right)^3 = \frac{2c_b}{c_t c_b + c_t c_\theta}x\left(1-f\right). \tag{5.136}$$

可以注意到, 在适当选择模型参数的情况下, k-ε 模型的结果 (5.136) 与混合长理论的结果 (5.44) 完全相同.

第 6 章 恒星的结构演化模型

恒星是一个巨大的气体球，因其自身的引力和气体的压强相平衡而维持在一个相对稳定状态. 由于引力的大小只与发生作用的两物体间的距离有关，当周围没有其他天体存在时，一颗孤立的恒星将成为一个球形的天体. 在强大的引力作用下，恒星内部存在巨大的压强差和温度差，因此从整体上来说，恒星内部没有达到热平衡状态. 但是由于绝大多数恒星变化得都很慢，其内部一个充分小的区域的状态是相对稳定的，因此可以认为恒星处于局部热动平衡状态. 同时，还可以认为这些经历着足够缓慢变化的恒星处于流体静力学平衡状态. 恒星内部可能会出现对流和波等动力学现象，但是，一般认为这些现象都是叠加在平衡状态之上的扰动现象，不会影响到恒星的流体静力学平衡结构本身. 此外，作为一个考虑问题的最初的出发点，假定恒星内部没有转动和磁场，从而不考虑它们自身及其对恒星的平衡位形产生的影响. 在上述这些前提条件下，恒星的结构演化模型要回答的问题是：对于一颗给定质量和化学组成的恒星，它的内部结构是怎样的，它的演化图景又是怎样的？

本章首先介绍恒星结构演化问题的基本方程组，并对边界条件和初始条件进行讨论. 然后，介绍一种简单的恒星模型 —— 多方模型. 本章的最后将详细讨论恒星结构演化模型的数值求解方法.

§6.1 恒星内部物理过程的典型时标

恒星内部发生的各种物理过程是以各自不同的速度进行的. 下面所讨论的三个时标是与恒星结构演化问题关系最密切的.

6.1.1 动力学时标

当压强出现显著变化时，流体静力学平衡将遭到破坏. 此时，流体内部将出现运动，并进行相应的动力学调整以恢复平衡状态. 这时要用方程 (5.15) 来描述流体所发生的运动过程，而运动所需要的典型时间被称为动力学时标 $\tau_{\rm dyn}$. 下面考虑两种特殊情况来说明流体做动力学调整所需要的时间尺度.

(1) 自由落体运动.

如果压强消失，物质将做自由落体运动. 忽略黏性的作用，这时运动方程 (5.15) 可以写为

$$\frac{\partial w}{\partial t} \approx g, \tag{6.1}$$

其中 g 是重力加速度，w 是沿重力方向流体的运动速度. 考虑物质从恒星表面下落到恒星中心所需要的时间，近似到数量级分析，取各个量的典型值，可以得到

$$\frac{R}{t^2} \approx \frac{GM}{R^2}, \tag{6.2}$$

其中 M 代表恒星的质量，R 代表恒星的半径，t 是运动所需时间. 由此，可定义恒星的自由落体时标为

$$\tau_{\text{ff}} = \sqrt{\frac{R^3}{GM}}. \tag{6.3}$$

(2) 声传播过程.

当处于流体静力学平衡状态的流体受到小的压强扰动时，流体元将围绕其平衡位置振动，形成声波并传播出去. 设扰动沿 x 轴方向传播，忽略黏性的作用，根据方程 (5.14) 和 (5.15)，并将流体静力学平衡方程 (5.19) 从运动方程 (5.15) 中扣除，就可以得到压强扰动满足的方程组为

$$\frac{1}{\rho_0}\frac{\partial \rho'}{\partial t} + \frac{\partial u}{\partial x} = 0, \tag{6.4}$$

$$\frac{\partial u}{\partial t} = -\frac{1}{\rho_0}\frac{\partial p'}{\partial x}, \tag{6.5}$$

其中 u 是沿 x 轴方向的速度，p' 是压强扰动，ρ' 是密度扰动，ρ_0 则是平衡结构的密度.

假定扰动的传播速度很快，流体来不及传热而保持绝热变化，则可以得到

$$p' = \left(\frac{\partial p}{\partial \rho}\right)_s \rho'. \tag{6.6}$$

对方程 (6.5) 取时间偏导数，并利用方程 (6.4) 和 (6.6)，可以得到声波的运动方程为

$$\frac{\partial^2 u}{\partial t^2} = -\frac{1}{\rho_0}\left(\frac{\partial p}{\partial \rho}\right)_s \frac{\partial^2 \rho'}{\partial x \partial t} = c_s^2 \frac{\partial^2 u}{\partial x^2}, \tag{6.7}$$

其中声速 c_s 定义为

$$c_s^2 = \left(\frac{\partial p}{\partial \rho}\right)_s = \frac{\Gamma_1 p}{\rho}, \tag{6.8}$$

Γ_1 被称为绝热指数. 按数量级估计，声波穿越恒星所需要的时间 τ_{cs} 为

$$\tau_{\text{cs}}^2 \approx \frac{R^2}{c_s^2} = \frac{R^2 \rho}{\Gamma_1 P} = \frac{R^2}{\Gamma_1 Pg}\left|\frac{dp}{dr}\right| \approx \frac{1}{\Gamma_1}\frac{R^3}{GM}. \tag{6.9}$$

从方程 (6.3) 和 (6.9) 可以注意到，这两种性质截然不同的动力学过程对应的时标是相似的. 因此，定义恒星的动力学时标 τ_{dyn} 为

$$\tau_{\text{dyn}} = \sqrt{\frac{R^3}{GM}}. \tag{6.10}$$

不同恒星的动力学时标可以相差非常大. 例如, 太阳的质量 $M_\odot$ 为 1.99×10^{33} g, 半径 $R_\odot$ 为 6.96×10^{10} cm, 其动力学时标大约为 27 min, 质量相同但半径是太阳 100 倍的红巨星的动力学时标约为 18 天, 而半径为太阳 2% 的白矮星的动力学时标仅有 4.5 s.

6.1.2 热时标

对于绝大多数恒星来说, 可以假定其内部结构处于局部热动平衡状态. 当出现偏离局部热动平衡情况时, 流体将发生热弛豫现象, 经过一段时间后又重新回到局部热动平衡状态. 这种热弛豫过程所经历的时间被称为热时标, 有时也称为开尔文–亥姆霍兹 (Kelvin-Helmholtz) 时标. 对于恒星来说, 一个典型的热弛豫过程是恒星将其所包含的全部引力势能从其表面散失掉所需要的时间. 于是, 恒星的热时标 τ_{KH} 通常被定义为

$$\tau_{\mathrm{KH}} = \frac{E_{\mathrm{G}}}{L} = \frac{GM^2}{RL}, \tag{6.11}$$

其中 L 是恒星的光度, E_{G} 是恒星的引力势能.

对于太阳来说, 当前其光度为 3.85×10^{33} erg·s^{-1}, 因此其热时标大约为 3.2×10^7 年.

6.1.3 核时标

发生在恒星中心附近的热核反应维持着恒星持续稳定地发光. 一旦核燃料耗尽, 恒星将失去光芒而走向死亡. 于是, 将恒星耗尽其内部核燃料所需要的时间叫做恒星的核时标 τ_{nuc}:

$$\tau_{\mathrm{nuc}} = \frac{E_{\mathrm{N}}}{L}, \tag{6.12}$$

其中 E_{N} 是恒星内部核燃料可以释放的能量的总和.

氢是恒星内部最丰富的核燃料, 其燃烧维持恒星绝大部分时间发光. 对于氢燃烧, 其热值为 1.5×10^{18} erg·g^{-1}. 因此, 恒星的核时标大约为

$$\tau_{\mathrm{nuc}} = 2.5 \times 10^{10} \frac{M/M_\odot}{L/L_\odot} \text{年}, \tag{6.13}$$

其中 $M_\odot$ 和 $L_\odot$ 分别是太阳的质量和光度.

§6.2 恒星结构基本方程组

6.2.1 引力势的泊松方程

根据万有引力定律, 引力势 Φ 服从泊松方程:

$$\nabla^2 \Phi = 4\pi G \rho, \tag{6.14}$$

其中 ρ 是密度，G 是万有引力常数．而引力势 Φ 与引力加速度 g 的关系为

$$\boldsymbol{g} = -\nabla\Phi. \tag{6.15}$$

以恒星中心为原点建立球坐标系，根据恒星的球对称性，取引力加速度 g 的分量形式为

$$\boldsymbol{g} = (-g, 0, 0), \tag{6.16}$$

代入方程 (6.14) 中，可以得到

$$\frac{1}{r^2}\frac{\mathrm{d}}{\mathrm{d}r}\left(r^2 g\right) = 4\pi G\rho. \tag{6.17}$$

如图 6.1 所示，注意到球壳的质量 $\mathrm{d}m_r$ 与球壳厚度 $\mathrm{d}r$ 之间满足方程

$$\frac{\mathrm{d}m_r}{\mathrm{d}r} = 4\pi r^2 \rho, \tag{6.18}$$

其中 m_r 是半径 r 以内球体的质量．将方程 (6.18) 代入方程 (6.17) 中，可以得到

$$\frac{\mathrm{d}}{\mathrm{d}r}\left(r^2 g\right) = \frac{\mathrm{d}}{\mathrm{d}r}\left(Gm_r\right). \tag{6.19}$$

积分上式，并考虑到 $r = 0$ 时 $m_r = 0$ 的边界条件，可以得到

$$g = \frac{Gm_r}{r^2}. \tag{6.20}$$

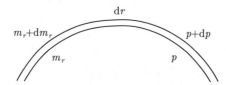

图 6.1 恒星内部流体平衡结构的示意图

6.2.2 流体静力学平衡方程

在恒星演化的绝大部分时期里，从动力学的角度看其结构是相对稳定的，其内物理过程进行的时标都远远长于动力学时标．于是，恒星的内部结构将服从流体静力学平衡方程 (5.19)．如图 6.1 所示，作用在球壳两侧的压力差将与球壳自身的重量相平衡：

$$\frac{\mathrm{d}p}{\mathrm{d}r} = -\rho g, \tag{6.21}$$

其中 p 是压强．利用方程 (6.20)，方程 (6.21) 又可以写为

$$\frac{\mathrm{d}p}{\mathrm{d}r} = -\frac{Gm_r\rho}{r^2}. \tag{6.22}$$

6.2.3 能量守恒方程

在恒星中心附近,热核反应的不断进行为恒星持续稳定发光提供了能源. 同时,晚期恒星中心附近非常高的温度和密度可以产生可观的中微子,并成为冷却恒星中心核的一种高效的机制. 忽略由于黏性造成的热耗散,并设单位质量物质的热核产能率为 ϵ_n,中微子能量损失率为 ϵ_v,热通量为 $\boldsymbol{F}$,那么能量守恒定律要求

$$T\frac{\partial s}{\partial t} = \epsilon_n - \epsilon_v - \frac{1}{\rho}\nabla \cdot \boldsymbol{F}. \tag{6.23}$$

根据恒星的球对称性,取热通量 $\boldsymbol{F}$ 的分量形式为

$$\boldsymbol{F} = (F_r, 0, 0). \tag{6.24}$$

定义恒星在半径为 r 处的光度 L_r 为

$$L_r = 4\pi r^2 F_r, \tag{6.25}$$

并且利用方程 (2.17),可以得到

$$T\frac{\partial s}{\partial t} = c_p\frac{\partial T}{\partial t} - \frac{\delta}{\rho}\frac{\partial p}{\partial t} = c_p T\left(\frac{\partial \ln T}{\partial t} - \nabla_{\mathrm{ad}}\frac{\partial \ln p}{\partial t}\right) = -\epsilon_g. \tag{6.26}$$

这一项常常被称为引力能. 利用方程 (6.18)、(6.25) 和 (6.26),能量守恒方程 (6.23) 可以写为

$$\frac{\mathrm{d}L_r}{\mathrm{d}m_r} = \epsilon_n - \epsilon_v + \epsilon_g. \tag{6.27}$$

6.2.4 热通量方程

在恒星内部,热量向外传递主要有三种可能的方式:辐射传热、气体热传导和热对流. 以 L_R 代表辐射热光度, L_D 代表热传导光度, L_C 代表热对流光度,那么总光度 L_r 可以表达为

$$L_r = L_R + L_D + L_C. \tag{6.28}$$

(1) 辐射传热.

根据方程 (3.48),在光学厚的区域内,利用方程 (6.25),可以得到辐射热光度 L_R 为

$$L_R = -4\pi r^2 \frac{4acT^3}{3\rho\kappa_R}\frac{\mathrm{d}T}{\mathrm{d}r}. \tag{6.29}$$

(2) 气体热传导.

一般来说,气体物质的传热效率是很低的,在恒星内部可以忽略. 但是,当恒星中心核内的电子气体处于强简并状态时,其费米能量有可能非常高,使得部分

电子气体的速度接近光速. 这时, 电子气体的热传导将成为向外传递热量的主要方式. 由于传导热通量也具有与辐射热通量相同的梯度型扩散定律, 于是引入一个等效不透明度 κ_D 就可以将传导热光度写成和辐射热光度类似的形式:

$$L_\mathrm{D} = -4\pi r^2 \frac{4acT^3}{3\rho\kappa_\mathrm{D}} \frac{\mathrm{d}T}{\mathrm{d}r}. \tag{6.30}$$

(3) 热对流.

根据方程 (5.114) 和 (6.25), 湍流热光度可以表达为

$$L_\mathrm{C} = 4\pi r^2 \rho c_p \overline{w\vartheta}. \tag{6.31}$$

利用方程 (6.28)、(6.29)、(6.30) 和 (6.31), 总光度 L_r 可以写为

$$L_r = 4\pi r^2 \rho c_p \overline{w\vartheta} - 4\pi r^2 \frac{4acT^3}{3\rho} \frac{\mathrm{d}T}{\mathrm{d}r} \left(\frac{1}{\kappa_\mathrm{R}} + \frac{1}{\kappa_\mathrm{D}}\right) = 4\pi r^2 \left(\rho c_p \overline{w\vartheta} - \frac{4acT^3}{3\rho\kappa} \frac{\mathrm{d}T}{\mathrm{d}r}\right), \tag{6.32}$$

其中 κ 是包括辐射和传导作用的总不透明度.

一种方便的方法是利用方程 (5.40), 可以得到

$$\frac{\mathrm{d}T}{\mathrm{d}r} = -\frac{\rho g T}{p} \left[f\nabla_\mathrm{r} + (1-f)\nabla_\mathrm{ad}\right]. \tag{6.33}$$

在辐射平衡区, $f = 1$; 在对流区, 恒星对流模型将给出 f 的值.

§6.3 元素丰度演化方程

在恒星内部, 有很多物理过程能够改变物质的化学组成, 其中最主要的有热核反应、对流混合、热扩散, 以及转动造成的子午环流等.

6.3.1 热核反应

恒星中心核内发生的热核反应, 不仅释放出大量热量以维持恒星稳定发光, 同时也逐步改变着中心核内的化学组成. 随着热核燃烧过程的依次进行, 相对原子质量越来越重的元素逐步被产生出来.

根据方程 (3.48), 由热核反应造成的元素数丰度 Y_i 的演化方程的一般形式可以写为

$$\frac{\partial Y_i}{\partial t} = \sum_{k,l} \frac{a_{kl}}{1+\delta_{kl}} Y_k Y_l R_{kl} - \sum_j \frac{b_{ij}}{1+\delta_{ij}} Y_i Y_j R_{ij}, \tag{6.34}$$

其中, a_{kl} 是 k 核素与 l 核素发生一次反应所产生的 i 核子的数目, b_{ij} 是 i 核素与 j 核素发生一次反应所消耗的 i 核子的数目.

在恒星结构演化计算中，通常使用质量丰度 X_i：

$$X_i = A_i Y_i, \tag{6.35}$$

其中 A_i 是 i 核素的相对原子质量. 于是，方程 (6.34) 又可以写为

$$\frac{\partial X_i}{\partial t} = \sum_{k,l} \frac{a_{kl}}{1+\delta_{kl}} \frac{A_i R_{kl}}{A_k A_l} X_k X_l - \sum_j \frac{b_{ij}}{1+\delta_{ij}} \frac{R_{ij}}{A_j} X_i X_j. \tag{6.36}$$

6.3.2 对流混合

在对流区内，一般假定对流物质输运的效率非常高，因此对流区内的物质可以认为是完全混合的. 假定对流区所在的区域为 $m_1 < m_r < m_2$，那么对流区内的元素丰度为

$$\bar{X}_i = \frac{\int_{m_1}^{m_2} X_i \mathrm{d}m_r}{\int_{m_1}^{m_2} \mathrm{d}m_r}. \tag{6.37}$$

但是在对流超射区，对流造成的元素混合将不会是完全均匀的. 通常采用扩散模型来近似描述这种部分混合效应：

$$\frac{\partial X_i}{\partial t} = \frac{\partial}{\partial x_k}\left(D_\mathrm{t} \frac{\partial X_i}{\partial x_k}\right), \tag{6.38}$$

其中等效扩散系数 D_t 由湍流模型给出. 完全混合过程也可以采用方程 (6.38) 进行描述，只要等效扩散系数 D_t 选取得足够大即可. 同时，利用方程 (6.38) 还可以对混合所需时间进行估计. 根据方程 (5.70) 和 (5.76)，湍流等效扩散系数 D_t 为

$$D_\mathrm{t} \approx L\sqrt{k}, \tag{6.39}$$

其中 k 是湍动能，L 是湍流的典型长度，则混合时标为

$$\tau_\mathrm{C} \approx \frac{d^2}{D_\mathrm{t}} = \frac{d^2}{L\sqrt{k}}, \tag{6.40}$$

其中 d 为对流区的厚度. 对于太阳来说，其对流区厚度大约为 $2 \times 10^{10}\,\mathrm{cm}$，对流元尺度大约为 $10^8\,\mathrm{cm}$，速度大约为 $5 \times 10^4\,\mathrm{cm}\cdot\mathrm{s}^{-1}$，于是完全混合所需时间大约为 2.5 年.

6.3.3 热扩散

由于恒星内部存在梯度，于是元素将在各种梯度的作用下发生扩散过程. 由于梯度造成的元素扩散可以由下述方程描述：

$$\frac{\partial X_i}{\partial t} + \frac{\partial}{\partial x_k}(V_{ki} X_i) = 0. \tag{6.41}$$

在方程 (6.41) 中, i 组分粒子的微观扩散速度 $\boldsymbol{V}_i$ 可以写为

$$\boldsymbol{V}_i = -D_i^p \frac{\nabla p}{p} - D_i^T \frac{\nabla T}{T} - \sum_s D_i^s \nabla C_s, \tag{6.42}$$

其中 D_i^s 是浓度扩散系数, D_i^p 是压强扩散系数, D_i^T 是温度扩散系数, C_i 是摩尔丰度,

$$C_i = \frac{X_i}{A_i} \bigg/ \sum_s \frac{X_s}{A_s}, \tag{6.43}$$

而 A_i 是 i 组分的相对原子质量. 方程 (6.42) 和 (6.43) 中的求和要对所有组分进行.

方程 (6.42) 中的扩散系数不是完全独立的. 将方程 (6.41) 对所有组分求和, 并注意到 $\partial \rho / \partial t = 0$, 则质量守恒方程要求

$$\begin{aligned} 0 &= \sum_i X_i \boldsymbol{V}_i = -\sum_i X_i \left[\sum_s D_i^s \nabla C_s + D_i^p \frac{\nabla p}{p} + D_i^T \frac{\nabla T}{T} \right] \\ &= -\sum_s \left(\sum_i D_i^s X_i \right) \nabla C_s - \frac{\nabla p}{p} \sum_i D_i^p X_i - \frac{\nabla T}{T} \sum_i D_i^T X_i. \end{aligned} \tag{6.44}$$

由于摩尔丰度梯度、压强梯度和温度梯度是自由的, 可要求

$$\begin{aligned} \sum_i X_i &= 1, \\ \sum_i D_i^s X_i &= 0, \\ \sum_i D_i^p X_i &= 0, \\ \sum_i D_i^T X_i &= 0. \end{aligned} \tag{6.45}$$

对于一个完全电离气体来说, 离子间的碰撞截面由方程 (3.30) 给出. 假定离子所带电荷为 Ze, 其热运动动能为 kT, 根据方程 (3.38), 其碰撞截面为

$$\sigma \approx \left(\frac{Z^2 e^2}{kT} \right)^2. \tag{6.46}$$

因此, 两次碰撞间的平均时间间隔为

$$\tau \approx \frac{1}{\sigma n v} \approx \frac{1}{n} \sqrt{\frac{m}{2kT}} \left(\frac{kT}{Z^2 e^2} \right)^2, \tag{6.47}$$

其中 n 是数密度, v 是离子间的相对速度, m 是质量. 假定入射粒子在碰撞间隙被重力加速, 加速度大小为 g, 则会将产生一个漂移速度

$$v_{\rm d} \approx g\tau \approx \frac{g}{n} \sqrt{\frac{m}{2}} \frac{(kT)^{3/2}}{Z^4 e^4}. \tag{6.48}$$

利用流体静力学平衡条件 $\mathrm{d}p/\mathrm{d}z = \rho g$ 和 $\rho = nm$,并同方程 (6.42) 对比,可得

$$D^p \approx \sqrt{\frac{1}{2}\frac{(mkT)^{3/2}}{Z^4 e^4}}\frac{p}{\rho^2} \qquad (6.49)$$

考虑太阳对流区底部,由方程 (6.48) 给出的漂移速度大约为 $10^{-10}\,\mathrm{cm\cdot s^{-1}}$,于是热扩散的典型时标为 $R_\odot/v_\mathrm{d} \approx 3\times 10^{13}$ 年.

6.3.4 元素丰度演化方程

综合考虑上述物理过程,可以将元素丰度演化方程写为

$$\frac{\partial X_i}{\partial t} + \frac{\partial (V_{ki}X_i)}{\partial x_k} = \frac{\partial}{\partial x_k}\left(D_\mathrm{t}\frac{\partial X_i}{\partial x_k}\right) + \sum_{k,l}\frac{a_{kl}}{1+\delta_{kl}}\frac{A_i R_{kl}}{A_k A_l}X_k X_l - \sum_j \frac{b_{ij}}{1+\delta_{ij}}\frac{R_{ij}}{A_j}X_i X_j. \qquad (6.50)$$

§6.4 边界条件和初始条件

在由方程 (6.18)、(6.22)、(6.27) 和 (6.33) 组成的恒星结构基本方程组中,包含 4 个一阶微分方程,因此需要 4 个边界条件.为了求解元素丰度演化方程 (6.50),以及确定能量守恒方程中热状态随时间的变化项,又要求知道上一时刻恒星的内部结构和元素丰度分布.正确地确定边界条件,以及合理地选择初始条件,才能够使恒星结构演化基本方程组成为一个定解问题.

6.4.1 中心边界条件

在恒星的中心 $r=0$ 处,显然必须满足条件

$$m_r = 0, \qquad (6.51)$$

$$L_r = 0. \qquad (6.52)$$

值得注意的是,恒星中心点处的温度和压强则是自由的.

6.4.2 表面边界条件

恒星表面的情况要比恒星中心复杂得多.严格地说,在恒星大气层中,随着高度的增加,物质的密度持续下降.从这个意义上来讲,恒星没有确定的表面.观测者所看到的恒星圆面,是在观测波段恒星大气中光深为 1 附近的地方.例如,观测到的太阳的视圆面,在不同波段看到的是太阳大气中不同深度的地方,这使得恒星外边界的位置不确定,也就无法规定此处必须满足的边界条件了.

处理恒星表面附近结构的正确方法是将恒星内部结构模型与恒星大气模型相结合,将内部结构确定的重力加速度和光度作为确定大气结构的参数,同时将大气底部的温度和压强作为内部结构的外边界条件,最终寻找到自洽的解.

作为一种上述方法的近似处理，可以将灰大气解作为大气模型，来寻找与内部结构自洽的外边界条件. 根据方程 (4.37) 和 (4.40)，以及方程 (6.25)，引入恒星的有效温度 $T_{\rm eff}$ 满足

$$L = 4\pi R^2 \sigma T_{\rm eff}^4, \tag{6.53}$$

其中 L 代表恒星表面的光度，R 代表恒星表面的半径. 根据方程 (4.41)，可以将灰大气中温度分布写为

$$T^4 = \frac{3}{4} T_{\rm eff}^4 \left(\tau + \frac{2}{3} \right). \tag{6.54}$$

在外边界处 $\tau = 0$，可以得到

$$T^4 = \frac{1}{2} T_{\rm eff}^4. \tag{6.55}$$

同时，此处的密度 $\rho = 0$，根据状态方程 (2.45)，可以得到

$$p = p_R = \frac{a}{3} T^4 = \frac{a}{6} T_{\rm eff}^4. \tag{6.56}$$

由于边界条件分别在恒星的中心和表面附近给出，这使得恒星结构方程组构成了一个两点边值问题.

6.4.3 初始条件

按照恒星结构演化模型的基本假设，涉及时间偏导数的恒星演化行为包括能量守恒方程中气体热状态的变化和元素丰度演化方程，因此恒星演化问题的求解需要给定初始时刻的恒星内部结构和元素丰度分布.

初始丰度的选取可以根据感兴趣的研究对象的性质直接给定. 对于零年龄的主序星，一般假定其内部元素丰度是均匀的，因而可以根据恒星的星族，或者是考虑到某些元素的丰度异常选择一组丰度比，并令其在恒星内部为常数作为丰度分布的初始值. 例如星族 I 型恒星常取太阳的元素丰度比为典型值，而星族 II 型恒星一般选择与太阳同样的丰度比，但是具有较低的金属丰度 Z 值. 对于主序后的恒星模型，一般通过对其可能的前身星的分析来确定其合理的初始丰度分布. 这样做会给恒星模型带来一定的不确定性，因此将模型预测与观测结果进行对比是进一步确认其初始丰度分布的合理性的重要步骤.

严格说来，零年龄时恒星的内部结构是无法通过恒星结构演化模型来确定的. 它与恒星的形成过程密切相关. 一种常用的近似方法是利用恒星在主序阶段的演化时标非常长，可以近似认为其结构处于定常状态而忽略其热状态的变化，通过求解静态结构模型而得到初始结构模型. 另一种方法是利用主序前恒星的某些特殊性质，例如位于林中四郎 (Hayashi) 线上的恒星内部是全对流的，利用恒星结构基本方程组的近似解作为恒星演化问题的初始条件. 对于主序后的恒星演化问题，通过

分析其前身星的结构, 以及考虑恒星自身结构的某些特殊性, 也是常用的得到初始模型的方法.

6.4.4 解的存在和唯一性问题

虽然在恒星内部物理量是连续和有界的, 但是由于边界条件是分别在中心和表面两个边界上给出的, 因此恒星结构演化问题不满足微分方程组解存在唯一性定理的李普希兹 (Lipschitz) 条件. 大量的计算结果证实, 恒星结构演化问题可以存在多个解. 但是, 这些多重解之间的差别相当大, 因此在赫罗图上一个相对较小的区域内, 恒星结构演化基本方程组的解是唯一的.

§6.5 位力定理

一个满足流体静力学平衡的自引力系统, 其所包含的引力能与内能之间存在着关系. 这种关系通常被称为位力定理 (virial theorem).

将流体静力学平衡方程 (6.22) 乘以 $4\pi r^3$ 后在整个恒星内部积分, 并利用方程 (6.18), 从方程的右边可以得到

$$-\int_0^R \frac{Gm_r\rho}{r^2} 4\pi r^3 \mathrm{d}r = -\int_0^M \frac{Gm_r}{r} \mathrm{d}m_r = E_\mathrm{G}, \tag{6.57}$$

其中 E_G 是恒星结构所具有的总引力势能. 从方程的左边可以得到

$$\int_0^R 4\pi r^3 \mathrm{d}p = 4\pi r^3 p \big|_0^R - \int_0^R 12\pi r^2 p \mathrm{d}r = -\int_0^M \frac{3p}{\rho} \mathrm{d}m_r. \tag{6.58}$$

下面分两种情况进行讨论.

6.5.1 单原子理想气体

如果忽略辐射对内能的贡献, 根据方程 (2.38) 和 (2.36) 可以得到其单位质量的内能 u 为

$$u = \frac{3p}{2\rho}. \tag{6.59}$$

代入方程 (6.58) 中, 并利用方程 (6.57), 可以得到

$$E_\mathrm{G} + 2E_\mathrm{T} = 0, \tag{6.60}$$

其中恒星的总内能 E_T 定义为

$$E_\mathrm{T} = \int_0^M u \mathrm{d}m_r. \tag{6.61}$$

方程 (6.60) 表明, 恒星具有的引力势能是其所包含物质的内能的两倍.

另一方面，恒星具有的总能量 E 为

$$E = E_{\rm G} + E_{\rm T} = -E_{\rm T}. \tag{6.62}$$

总能量 E 为负值，这表明恒星在其自身引力的作用下处于一个稳定状态.

当恒星内部没有热核能源时，从它表面辐射掉的能量只能来自于其自身所具有的能量，即

$$L = -\frac{{\rm d}E}{{\rm d}t} = \frac{{\rm d}E_{\rm T}}{{\rm d}t} = -\frac{1}{2}\frac{{\rm d}E_{\rm G}}{{\rm d}t}. \tag{6.63}$$

由于引力能是负的，因此恒星必须收缩. 根据方程 (6.63)，其释放的引力能一半加热了恒星物质，另一半从恒星表面辐射掉.

6.5.2 一般理想气体

对于一般的理想气体，根据热力学公式可以得到

$$u = \frac{1}{\gamma - 1}\frac{p}{\rho}, \tag{6.64}$$

其中 $\gamma = c_p/c_V$，而 c_p 和 c_V 分别是气体的定压比热和定容比热. 如果 γ 是一个常数，那么位力定理可以写为

$$E_{\rm G} + 3(\gamma - 1)E_{\rm T} = 0. \tag{6.65}$$

于是，恒星的总能量为

$$E_{\rm G} + E_{\rm T} = -(3\gamma - 4)E_{\rm T}. \tag{6.66}$$

由此可以得到恒星结构稳定性的一个重要判据：只有当 $\gamma > 4/3$ 时，恒星才能够处于流体静力学平衡状态.

§6.6 多方模型

6.6.1 多方关系

在恒星内部，如果压强 p 和密度 ρ 之间存在关系

$$p = K_0 \rho^{1+\frac{1}{n}}, \tag{6.67}$$

其中 K_0 是一个常数，那么根据方程 (6.18) 和 (6.22)，只需要这两个方程就可以确定恒星的内部结构. 这种模型被称为多方模型. 多方关系 (6.67) 中的 n 被称为多方指数.

满足多方关系的恒星，或者是恒星内部的某些区域，有如下一些例子：

(1) 完全简并电子气体.

在非相对论情况下 $p_e \propto \rho^{5/3}$, 此时 $n = 3/2$. 在相对论情况下 $p_e \propto \rho^{4/3}$, 此时 $n = 3$.

(2) 绝热对流区.

当对流传能占支配地位 ($f = 0$) 时, 如果对流区内物质由完全电离理想气体组成, 那么根据方程 (2.58) 和 (6.33), 对流区内的温度梯度 ∇ 为

$$\nabla = \nabla_{\text{ad}} = \frac{2}{5}. \tag{6.68}$$

利用理想气体的状态方程 (2.54), 可以得到 $p \propto \rho^{5/3}$, 此时 $n = 3/2$.

(3) 等温核.

当等温核内物质为理想气体时, 可以得到 $p \propto \rho$, 此时 $n = \infty$.

6.6.2 艾姆顿方程

利用多方关系 (6.67), 在流体静力学平衡方程 (6.21) 中引入引力势 Φ, 可以得到

$$\frac{d\Phi}{dr} = g = -\frac{1}{\rho}\frac{dp}{dr} = -K_0\left(1+\frac{1}{n}\right)\rho^{\frac{1}{n}-1}\frac{d\rho}{dr} = -K_0(1+n)\frac{d\rho^{\frac{1}{n}}}{dr}. \tag{6.69}$$

积分上式, 可以得到

$$\Phi = \Phi_0 - K_0(1+n)\rho^{\frac{1}{n}}, \tag{6.70}$$

其中积分常数 Φ_0 要由边界条件来确定.

在恒星表面 $\rho = 0$ 处, 通常取 $\Phi = 0$, 因此 $\Phi_0 = 0$, 方程 (6.70) 可以写为

$$\rho = \left[\frac{-\Phi}{K_0(1+n)}\right]^n. \tag{6.71}$$

将方程 (6.71) 代入引力势的泊松方程 (6.14) 中, 可以得到

$$\frac{1}{r^2}\frac{d}{dr}\left(r^2\frac{d\Phi}{dr}\right) = 4\pi G\rho = \frac{4\pi G}{K_0^n(1+n)^n}(-\Phi)^n. \tag{6.72}$$

做变量代换

$$\xi = Ar, \quad u = \frac{\Phi}{\Phi_c} = \left(\frac{\rho}{\rho_c}\right)^{\frac{1}{n}}, \tag{6.73}$$

其中下标 "c" 代表恒星中心的值, 常数 A 定义为

$$A = \sqrt{\frac{4\pi G}{K_0(1+n)}\rho_c^{1-\frac{1}{n}}}, \tag{6.74}$$

则方程 (6.72) 可以写为

$$\frac{1}{\xi^2}\frac{\mathrm{d}}{\mathrm{d}\xi}\left(\xi^2\frac{\mathrm{d}u}{\mathrm{d}\xi}\right) + u^n = 0. \tag{6.75}$$

这个方程被称为指数为 n 的艾姆顿 (Emden) 方程.

为了求解方程 (6.75), 还要设置合适的边界条件. 根据方程 (6.73), 边界条件可以定为

$$\text{当 } \xi = 0 \text{ 时}, \quad u = 1 \quad \text{和} \quad u' = 0. \tag{6.76}$$

这样, 方程 (6.75) 和边界条件 (6.76) 构成一个定解问题. 但是, 正如 §6.4 中所讨论指出的那样, 当边界条件设置在恒星的中心时, 恒星表面的半径是不确定的. 因此, 对于多方模型来说, 还应当要求恒星表面 $\xi = \xi_n$ 处的边界条件 $u = 0$, 以此来确定恒星的半径.

6.6.3 艾姆顿方程的解

由于 $\xi = 0$ 是方程 (6.75) 的一个奇点, 设 n 为有限数, 并考虑到边界条件 (6.76), 将方程的解用级数展开为

$$u = 1 + a_1\xi + a_2\xi^2 + \cdots. \tag{6.77}$$

代入方程 (6.75) 中, 比较同次幂的系数, 就可以得到

$$u = 1 - \frac{1}{6}\xi^2 + \frac{n}{120}\xi^4 + \cdots. \tag{6.78}$$

可以看到, 当 $\xi \to 0$ 时, u 有极大值 1.

对于任意的正数 n, 方程 (6.75) 只能通过数值方法求解. 图 6.2 是艾姆顿方程的数值解. 但是, 当多方指数 n 为 0, 1 和 5 时, 方程 (6.75) 有解析解:

$$n = 0 \text{ 时}, \quad u = 1 - \frac{1}{6}\xi^2, \tag{6.79}$$

$$n = 1 \text{ 时}, \quad u = \frac{\sin \xi}{\xi}, \tag{6.80}$$

$$n = 5 \text{ 时}, \quad u = \left(1 + \frac{1}{3}\xi^2\right)^{-1/2}. \tag{6.81}$$

值得注意的是, 只有当 $n < 5$ 时, 方程 (6.75) 的解才可以满足外边界条件, 即模型的半径是有限的. 表 6.1 给出了一些常用的 ξ_n 的值, 其中 $\bar{\rho}$ 代表恒星的平均密度. 由表中数据可以发现, n 值越大, ξ_n 的值也越大, 表明模型的半径越大, 而从表中最后一列可以看出此时模型的中心聚度越高.

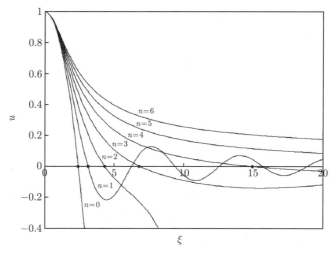

图 6.2 艾姆顿方程的数值解

表 6.1 艾姆顿方程的解

n	ξ_n	$\rho_c/\bar{\rho}$
0	2.449	1.000
3/2	3.654	5.991
3	6.897	54.18
5	∞	∞

6.6.4 恒星的多方模型

对于给定质量 M 和半径 R 的恒星，如果能够确定下来近似描述其内部结构的多方指数 n，就可以由方程 (6.75) 的解构造出恒星的结构模型，即确定其内部温度 T、压强 p 和密度 ρ 的分布.

首先，根据恒星内部物质结构的具体情况确定多方指数 n. 利用方程 (6.67) 和 (6.73)，可以得到

$$\rho = \rho_c u^n, \tag{6.82}$$

$$p = K_0 \rho^{1+\frac{1}{n}} = K_0 \rho_c^{1+\frac{1}{n}} u^{1+n}. \tag{6.83}$$

从上述方程可以看到，只要能够确定恒星的中心密度 ρ_c，就可以确定恒星的内部结构，然后利用理想气体状态方程 (2.54)，就可以确定温度 T 的分布.

利用方程 (6.75) 和 (6.82)，恒星的总质量为

$$\begin{aligned} M &= \int_0^R 4\pi r^2 \rho \mathrm{d}r = \frac{4\pi \rho_c}{A^3} \int_0^{\xi_n} u^n \xi^2 \mathrm{d}\xi = -\frac{4\pi \rho_c}{A^3} \int_0^{\xi_n} \frac{\mathrm{d}}{\mathrm{d}\xi}\left(\xi^2 \frac{\mathrm{d}u}{\mathrm{d}\xi}\right) \mathrm{d}\xi \\ &= 4\pi \rho_c R^3 \left(-\frac{1}{\xi}\frac{\mathrm{d}u}{\mathrm{d}\xi}\right)_{\xi=\xi_n}, \end{aligned} \tag{6.84}$$

其中利用了方程 (6.73). 于是，恒星中心密度 ρ_c 可以写为

$$\rho_c = \frac{M}{4\pi R^3}\left(-\frac{1}{\xi}\frac{du}{d\xi}\right)^{-1}_{\xi=\xi_n} = \bar{\rho}\left(-\frac{3}{\xi}\frac{du}{d\xi}\right)^{-1}_{\xi=\xi_n}, \qquad (6.85)$$

其中 $\bar{\rho}$ 是恒星的平均密度.

利用上述这些关系，可以估算出恒星中心的物理状态. 例如，太阳的平均密度为 $1.4\,\mathrm{g\cdot cm^{-3}}$，取 $n = 3$，查表得到 $\xi_3 \approx 6.9$ 和 $\rho_c \approx 54.2 \times 1.4 = 76.4\,\mathrm{g\cdot cm^{-3}}$，根据 §6.1 给出的太阳半径值 $R_\odot$，可以得到 $A = \xi_3/R_\odot \approx 9.9 \times 10^{-11}$ 以及 $K_0 = 3.85 \times 10^{14}$. 于是, $p_c = 1.24 \times 10^{17}\,\mathrm{dyn\cdot cm^{-2}}$, $T_c = 1.2 \times 10^7\,\mathrm{K}$.

§6.7 等温核的性质

等温核的性质是恒星结构演化中一个非常重要的问题. 在一个无核能源的准静态中心核内，光度基本上为零. 根据方程 (6.29)，核内的温度梯度也将为零，于是形成一个等温核.

假定中心核内物质服从理想气体状态方程 (2.54)，由于此时中心核内的温度 T_c 为常数，可以将其写为

$$p = \frac{\Re T_c}{\mu_c}\rho = K_c\rho, \qquad (6.86)$$

其中 μ_c 是中心核内物质的平均相对原子质量，K_c 是一个由中心核温度决定的常数. 可以注意到，方程 (6.86) 是一个多方关系，其多方指数为 $n \to \infty$. 下面根据多方模型和位力定理讨论等温核的一些主要性质.

利用状态方程 (6.86)，方程 (6.69) 可以改写为

$$-\rho\frac{d\Phi}{dr} = \frac{dp}{dr} = K_c\frac{d\rho}{dr}. \qquad (6.87)$$

取恒星中心的引力势 Φ_c 为零，方程 (6.87) 的解为

$$-\frac{\Phi}{K_c} = \ln\frac{\rho}{\rho_c}, \qquad (6.88)$$

其中 ρ_c 是中心密度.

利用方程 (6.88)，引力势的泊松方程 (6.14) 可以写为

$$\frac{1}{r^2}\frac{d}{dr}\left(r^2\frac{d\Phi}{dr}\right) = 4\pi G\rho_c e^{-\Phi/K_c}. \qquad (6.89)$$

引入变量替换

$$\xi = Ar, \qquad \Phi = K_c u, \qquad (6.90)$$

§6.7 等温核的性质

其中

$$A = \sqrt{\frac{4\pi G\rho_c}{K_c}}. \tag{6.91}$$

方程 (6.89) 可以写成为下列雷因–艾姆顿 (Lane-Emden) 方程：

$$\frac{d^2 u}{d\xi^2} + \frac{2}{\xi}\frac{du}{d\xi} - e^{-u} = 0. \tag{6.92}$$

根据前面假设的条件，方程 (6.92) 的边界条件为

$$\text{当 } \xi = 0 \text{ 时}, \qquad u = 0, \quad \frac{du}{d\xi} = 0. \tag{6.93}$$

方程 (6.92) 可以采用在中心附近级数展开的方法进行求解. 正如 §6.3 所讨论的那样，如果假定中心核表面的密度为零，那么一个重要的结论是等温理想气体球的半径是无限的. 当然，在实际情况中，中心核外还存在恒星的外壳，因此，有必要研究中心核表面密度和压强不为零时解的性质.

如果中心核内所包含的质量为 M_c，根据方程 (6.84) 和 (6.92)，可以得到

$$M_c = \int_0^{R_c} 4\pi r^2 \rho dr = \frac{4\pi\rho_c}{A^3}\int_0^{\xi_c} \xi^2 e^{-u} d\xi = \frac{4\pi\rho_c}{A^3}\left[\xi^2\frac{du}{d\xi}\right]_{\xi_c}. \tag{6.94}$$

于是，利用方程 (6.86) 和 (6.91)，在等温核表面可以得到

$$\left[\xi^2\frac{du}{d\xi}\right]_{\xi_c} = \frac{M_c A^3}{4\pi\rho_c} = \sqrt{4\pi}\left(\frac{G}{\Re}\right)^{3/2}\frac{M_c\rho_c^{1/2}\mu_c^{3/2}}{T_c^{3/2}}. \tag{6.95}$$

可以看到，等温核的半径 ξ_c 取决于核的质量 M_c、核中心的温度 T_c 和密度 ρ_c.

另一方面，可以直接对等温核应用位力定理，并将中心核的表面压强 p_c 不为零考虑进去. 根据方程 (6.57) 和 (6.58)，可以得到

$$-\int_0^{M_c}\frac{Gm_r}{r}dm_r \approx -\left(\frac{4\pi\bar{\rho}}{3}\right)^{1/3}\int_0^{M_c} Gm_r^{2/3} dm_r = -\frac{3}{5}\frac{GM_c^2}{R_c} = \int_0^{M_c} 4\pi r^3 dp$$

$$= 4\pi r^3 p\Big|_0^{M_c} - \int_0^{M_c}\frac{3p}{\rho}dm_r = 4\pi R_c^3 p_c - \frac{3\Re}{\mu_c}T_c M_c. \tag{6.96}$$

从 (6.96) 式中可以解出

$$T_c = \frac{4\pi\mu_c}{3\Re}\frac{R_c^3 p_c}{M_c} + \frac{G\mu_c}{5\Re}\frac{M_c}{R_c}, \tag{6.97}$$

其中 p_c 是外壳作用在等温核表面的压强. 从方程 (6.97) 可以看到，核的质量 M_c 越大，或者是核表面压强 p_c 越高，等温核的温度 T_c 就将越高，因此核的半径 R_c 就会越小.

§6.8 基本方程组的数值求解方法

总的说来,恒星结构演化基本方程组是一组互相耦合的非线性微分方程组. 特别是恒星物质状态方程和不透明度带来的非线性性质,使得采用分析方法求解基本方程组是不可能的. 采用数值方法求解基本方程组是一种非常有效的方法. 单一的数值解虽然不能给出恒星结构演化问题带有普遍规律性的结论,但是可以准确了解每一颗特定恒星的演化图景,通过大样本的计算进而总结出恒星演化的总体概貌.

6.8.1 差分方案

数值求解微分方程的基本思想就是用差分代替微分,从而将微分方程变为代数方程,求解所得到的代数方程而得到原来微分方程的近似解.

对于形如
$$\frac{\mathrm{d}y}{\mathrm{d}x} = f(x) \tag{6.98}$$
的常微分方程,在 (x_1, x_2) 区间上积分上述方程,可以得到
$$y_2 - y_1 = \int_{x_1}^{x_2} f(x)\mathrm{d}x \approx \bar{f}(x_2 - x_1), \tag{6.99}$$

其中 $\bar{f}$ 是被积函数 $f(x)$ 在积分区间内的平均值. 当积分步长 $\Delta x = x_2 - x_1$ 充分小时,方程 (6.99) 给出了方程 (6.98) 的近似解. 当 y_1 给定时,就可以通过下式得到 y_2 的值:
$$y_2 = y_1 + \bar{f}\Delta x. \tag{6.100}$$

对于形如
$$\frac{\mathrm{d}y}{\mathrm{d}x} = f(x, y) \tag{6.101}$$
的常微分方程,采用和上述例子类似的方法,在 (x_1, x_2) 区间上可以构造如下差分方程:

(1) 显格式
$$\frac{y_2 - y_1}{x_2 - x_1} = f(x_1, y_1). \tag{6.102}$$

当 y_1 给定时,可以利用类似于方程 (6.100) 的公式得到 y_2 的值. 这也是其被称为显格式的原因.

(2) 隐格式
$$\frac{y_2 - y_1}{x_2 - x_1} = f(x_2, y_2). \tag{6.103}$$

可以看到，由于未知数 y_2 出现在方程 (6.103) 的右边，因此必须求解方程 (6.103) 才能得到 y_2 的值. 当 f 是未知数 y 的非线性函数时, 迭代方法是求解方程 (6.103) 的一种常用方法.

(3) 中心差分格式

$$\frac{y_2 - y_1}{x_2 - x_1} = \frac{1}{2} \left[f(x_1, y_1) + f(x_2, y_2) \right]. \tag{6.104}$$

在上述差分格式中，显格式和隐格式的误差是 $O(\Delta x)$，而中心差分格式的误差为 $O(\Delta x^2)$. 此外，显格式与中心差分格式会传递截断误差，且不稳定，而隐格式不传递截断误差，且是无条件稳定的.

形如

$$\frac{d}{dx}\left(\lambda \frac{dy}{dx}\right) + f(x, y) = 0 \tag{6.105}$$

的常微分方程代表了服从守恒律的物理量的扩散过程，例如能量守恒方程 (6.23). 于是，差分近似必须满足的一个重要条件是：在没有热源 f 的情况下，通量 $F = -\lambda dy/dx$ 必须是常数. 这样可以保证不会因为差分而引入虚假的热源. 这种格式被称为守恒格式. 对于方程 (6.105) 来说, 一种常用的差分方法是中心差分格式

$$\frac{\lambda_2 + \lambda_1}{x_2 - x_0}\frac{y_2 - y_1}{x_2 - x_1} - \frac{\lambda_1 + \lambda_0}{x_2 - x_0}\frac{y_1 - y_0}{x_1 - x_0} + f(x_1, y_1) = 0, \tag{6.106}$$

它具有 $O(\Delta x^2)$ 的截断误差，并且是守恒格式.

6.8.2 无量纲化变量和基本方程组

在对微分方程进行离散化处理时，选择合适的自变量和因变量是很有必要的，有时甚至对解决问题起到关键性的作用.

对于恒星结构演化问题来说，一方面所涉及的物理量的数值往往都具有巨大的跨度，例如密度的数值从恒星中心到恒星表面可以相差 10 个数量级以上，压强差甚至可以达到 20 个数量级，另一方面在某些区域内物理量可能存在巨大的梯度，例如在恒星光球附近存在的巨大压强梯度和在红巨星中心核内存在的压强和平均相对原子质量梯度. 为适应上述这些情况，一组常用的变量为

$$\begin{aligned}
&x = \ln\left(\frac{m_r}{M - m_r}\right), \\
&y_1 = \ln p, \\
&y_2 = \ln T, \\
&y_3 = \ln r, \\
&y_4 = \ln\left(1 + \frac{L_r}{\eta L}\right),
\end{aligned} \tag{6.107}$$

其中，M 是恒星的质量，L 是恒星表面的光度，η 是一个常数. 利用这组变量，恒星结构演化基本方程组可以写为

$$\begin{aligned}
\frac{dy_1}{dx} &= -\frac{Gm_r B_5}{4\pi r^4 p}, \\
\frac{dy_2}{dx} &= -\frac{B_5 g}{4\pi r^2 p}\left[f\nabla_r + (1-f)\nabla_{\mathrm{ad}}\right], \\
\frac{dy_3}{dx} &= \frac{B_5}{4\pi r^3 \rho}, \\
\frac{dy_4}{dx} &= \frac{B_5}{\eta L + L_r}\left(\epsilon_n - \epsilon_v + \epsilon_g\right),
\end{aligned} \tag{6.108}$$

其中

$$B_5 = \frac{m_r}{M}(M - m_r). \tag{6.109}$$

6.8.3 基本方程组的离散化

将恒星由中心到外边界分为 K 个同心球层，共 $K+1$ 个格点，其中中心格点记为 0，而外边界处格点记为 K.

对于方程组 (6.108) 来说，采用中心差分格式代替微分，可以将其形式上写为

$$\frac{y_i^k - y_i^{k-1}}{x_k - x_{k-1}} = \frac{1}{2}\left[f_i\left(y_1^k, y_2^k, y_3^k, y_4^k\right) + f_i\left(y_1^{k-1}, y_2^{k-1}, y_3^{k-1}, y_4^{k-1}\right)\right], \tag{6.110}$$

其中指标 $i = 1, 2, 3, 4$，而 $k = 1, 2, \cdots, K$. 对于能量守恒方程 (6.27) 中的时间偏导数，一般采用隐格式差分：

$$\epsilon_g = -c_p \frac{\partial T}{\partial t} + \frac{\delta}{\rho}\frac{\partial p}{\partial t} = -c_p \frac{T - T_0}{\Delta t} + \frac{\delta}{\rho}\frac{p - p_0}{\Delta t}, \tag{6.111}$$

其中下标 "0" 代表上一时刻的值，Δt 是演化的时间步长.

定义函数 G_i^k 为

$$G_i^k = \frac{y_i^k - y_i^{k-1}}{x_k - x_{k-1}} - \frac{1}{2}\left[f_i\left(y_1^k, y_2^k, y_3^k, y_4^k\right) + f_i\left(y_1^{k-1}, y_2^{k-1}, y_3^{k-1}, y_4^{k-1}\right)\right] = 0, \tag{6.112}$$

则微分方程组 (6.108) 的解可以由代数方程组 (6.112) 的解近似.

6.8.4 边界条件的离散化

代数方程组 (6.112) 共有 $4K$ 个方程，而未知数有 $4(K+1)$ 个，其余 4 个方程由边界条件补充.

在格点 0 处，内边界条件为方程 (6.51) 和 (6.52). 考虑格点 0 和 1 范围内中心球的性质. 在恒星中心附近一个很小的区域内，密度 ρ_c 和产能率 ϵ_c 可以被看成

常数,因此根据基本方程组,可以得到

$$\begin{aligned}
r &= \left(\frac{3}{4\pi\rho_{\rm c}}\right)^{1/3} m_r{}^{1/3}, \\
p &= p_{\rm c} - \frac{G}{2}\left(\frac{4\pi\rho_{\rm c}^4}{3}\right)^{1/3} m_r{}^{2/3}, \\
L_{\rm r} &= \epsilon_{\rm c} m_r, \\
T &= T_{\rm c} - \frac{G\mu}{2\Re}[f\nabla_{\rm r} + (1-f)\nabla_{\rm ad}]_{\rm c}\left(\frac{4\pi\rho_{\rm c}}{3}\right)^{1/3} m_r{}^{2/3}.
\end{aligned} \tag{6.113}$$

这些关系将恒星中心附近的物理量与中心点的物理量联系起来了. 如果给定了格点 0 的压强 p_0 和温度 T_0, 则格点 1 处的解就可以由方程组 (6.113) 确定. 这样, 格点 0 处的未知数只剩下 p_0 和 T_0 这两个.

外边界条件的处理则较为复杂. 在光学深度很大的地方, 热通量方程 (6.33) 被用来确定温度的分布, 而在光学深度很小的地方, 方程 (6.33) 失效, 温度的分布服从灰大气模型. 因此, 需要寻找一个自洽的方法来确定温度在不同区域光滑地过渡.

通常的处理方法如下所述: 设给定恒星的光度 L 和半径 R, 则可以利用方程 (6.53) 得到恒星的有效温度 $T_{\rm eff}$. 再利用外边界条件 (6.55) 和 (6.56), 又可以得到光深 $\tau = 0$ 处的温度 T_R 和压强 p_R. 假定在恒星大气中重力加速度 $g = GM/R^2$ 为常数, 根据灰大气温度分布和流体静力学平衡方程

$$\begin{aligned}
T^4 &= \frac{3}{4}T_{\rm eff}^4\left(\tau + \frac{2}{3}\right), \\
\frac{{\rm d}p}{{\rm d}\tau} &= \frac{g}{\kappa},
\end{aligned} \tag{6.114}$$

通过从恒星表面向内积分, 就可以得到恒星大气的温度和压强分布.

通常设定某一光学深度处为内部解和大气解的拟合点, 例如 $\tau = 2/3$ 处, 并且要求在拟合点处内外解光滑地衔接. 显然, 从上述大气层积分给出的拟合点处的温度 T_F 和压强 p_F 是恒星光度 L 和半径 R 的函数. 利用这组 (T_F, p_F) 作为外边界条件, 那么在格点 K 处只剩下 L 和 R 是未知数. 于是, 内部区域的差分方程组个数等于未知数的个数, 方程组可以求解.

6.8.5 解恒星结构方程组的迭代算法 —— 亨叶方法

对于一个非线性方程

$$f(y) = 0, \tag{6.115}$$

在任意初始值 y_0 处进行泰勒展开

$$f(y) = f(y_0) + f'(y_0)(y - y_0) + \cdots \tag{6.116}$$

就可以构造迭代格式

$$y_{n+1} = y_n - \frac{f}{f'} \tag{6.117}$$

来寻找满足原方程 (6.115) 的根. 这种方法被称为牛顿迭代法. 它是收敛速度最快的迭代算法.

对于恒星结构问题的离散化代数方程组 (6.112), 采用与上面类似的方法, 可以构造如下迭代格式:

$$G_i^k + \sum_{j=1}^{4}\left(\frac{\partial G_i^k}{\partial y_j^k}\Delta y_j^k + \frac{\partial G_i^k}{\partial y_j^{k-1}}\Delta y_j^{k-1}\right) = 0. \tag{6.118}$$

给定一组试探解 y_i, 通过求解上述方程组就可以得到改正量 Δy_i, 再将改正量与试探解相加, 得到新的试探解. 反复进行上述迭代过程, 直到改正量小于预先指定的精度要求, 并且试探解对方程组的满足程度达到预先指定的精度要求, 就得到了收敛的解. 求解恒星结构方程组的上述迭代方法被称为亨叶 (Henyey) 方法.

由于代数方程组 (6.118) 的系数矩阵只有对角线附近的矩阵元才不为零, 因此可以采用下述技巧进行求解: 当 $k=1$ 时, 代数方程的数目是 4 个, 而未知数有 6 个, 即 $\Delta y_1^0, \Delta y_2^0, \Delta y_1^1, \Delta y_2^1, \Delta y_3^1, \Delta y_4^1$, 因此, 将 $k=2$ 的头 2 个方程补充进来, 就可以将格点 0 和 1 的上述 6 个改正量用格点 2 的 4 个改正量 ($\Delta y_1^2, \Delta y_2^2, \Delta y_3^2, \Delta y_4^2$) 表示出来, 即

$$\Delta y_i^{0,1} = \sum_{j=1}^{4} S_{i,j}^1 \Delta y_j^2 + A_i^1. \tag{6.119}$$

当 $k=2$ 时, 将剩下的 2 个方程和 $k=3$ 的头 2 个方程联立, 共涉及格点 1, 2 和 3 的 12 个改正量. 利用递推关系 (6.119) 将格点 1 的改正量用格点 2 的表示出来, 并且通过消元法又可以将格点 2 的改正量用格点 3 的改正量表达出来. 这样的操作可以重复进行到 $k=K-2$, 并得到下列递推关系:

$$\Delta y_i^k = \sum_{j=1}^{4} S_{i,j}^k \Delta y_j^{k+1} + A_i^k. \tag{6.120}$$

当上述操作进行到 $k=K-1$ 时, 将此时剩下的 2 个方程与 $k=K$ 的 4 个方程联立, 共涉及格点 $K-2$ 和 $K-1$ 的 8 个改正量和格点 K 的 2 个改正量. 利用递推关系 (6.120) 将格点 $K-2$ 的改正量用格点 $K-1$ 的表示出来, 则方程的数目与未知数的数目都是 6, 通过消元法就可以将其全部求出:

$$\Delta y_i^{K-1,K} = A_i^{K-1}. \tag{6.121}$$

利用上述结果 (6.121), 根据递推关系 (6.119) 和 (6.120), 即可解出全部格点的改正量, 从而完成一次迭代过程.

§6.9 元素丰度演化方程的求解

影响元素丰度演化的物理因素主要有三个方面: 热核反应、元素扩散和对流混合. 可以将方程 (6.50) 形式上写为

$$\frac{\partial X_i}{\partial t} + B\frac{\partial}{\partial x}(V_i X_i) = B\frac{\partial}{\partial x}\left(BD_{\mathrm{t}}\frac{\partial X_i}{\partial x}\right) - S_i X_i + R_i, \qquad (6.122)$$

其中, x 是选定的自变量, B 为与选定自变量 x 相关的一个函数, X_i 代表 i 组分元素的质量丰度, V_i 代表 i 组分的微观扩散速度, D_{t} 代表对流混合造成的等效扩散系数, S_i 和 R_i 描述了热核反应造成的 i 组分丰度的变化率.

对于空间位置 x 的偏导数, 可以采用中心差分格式进行离散化:

$$\frac{1}{B^k}\left(\frac{\partial X_i}{\partial t}\right)_k + \frac{V_i^{k+1}X_i^{k+1} - V_i^{k-1}X_i^{k-1}}{x_{k+1} - x_{k-1}} = \frac{R_i^k}{B^k} - \frac{S_i^k}{B^k}X_i^k$$

$$+ \frac{B^{k+1}D_{\mathrm{t}}^{k+1} + B^k D_{\mathrm{t}}^k}{x_{k+1} - x_{k-1}}\frac{X_i^{k+1} - X_i^k}{x_{k+1} - x_k} - \frac{B^{k-1}D_{\mathrm{t}}^{k-1} + B^k D_{\mathrm{t}}^k}{x_{k+1} - x_{k-1}}\frac{X_i^k - X_i^{k-1}}{x_k - x_{k-1}}. \quad (6.123)$$

对于时间 t 的偏导数, 可以采用拉克斯–弗里德里希 (Lax-Friedrichs) 格式:

$$\left(\frac{\partial X_i}{\partial t}\right)_k = \frac{1}{\Delta t}\left[X_i^k - \frac{1}{2}\left(X_{i0}^{k+1} + X_{i0}^{k-1}\right)\right], \qquad (6.124)$$

其中 Δt 是时间步长, 下标 "0" 代表上一时刻的值.

在求解差分方程 (6.123) 时, 可以将其改写为下列矩阵形式:

$$\boldsymbol{\Gamma}^{k-1}\boldsymbol{X}^{k-1} + \boldsymbol{\Gamma}^k\boldsymbol{X}^k + \boldsymbol{\Gamma}^{k+1}\boldsymbol{X}^{k+1} = \boldsymbol{G}^k, \qquad (6.125)$$

其中诸矩阵的各个分量为

$$\Gamma_i^{k+1} = \frac{B^{k+1}D_{\mathrm{t}}^{k+1} + B^k D_{\mathrm{t}}^k}{x_{k+1} - x_k} - V_i^{k+1},$$

$$\Gamma_i^{k-1} = \frac{B^{k-1}D_{\mathrm{t}}^{k-1} + B^k D_{\mathrm{t}}^k}{x_k - x_{k-1}} + V_i^{k-1}, \qquad (6.126)$$

$$\Gamma_i^k = -\frac{B^{k+1}D_{\mathrm{t}}^{k+1} + B^k D_{\mathrm{t}}^k}{x_{k+1} - x_k} - \frac{B^{k-1}D_{\mathrm{t}}^{k-1} + B^k D_{\mathrm{t}}^k}{x_k - x_{k-1}} - \frac{x_{k+1} - x_{k-1}}{B^k \Delta t}\left(1 + S_i^k \Delta t\right),$$

$$G_i^k = -\frac{x_{k+1} - x_{k-1}}{2B^k \Delta t} \left(X_{i0}^{k+1} + X_{i0}^{k-1} + 2R_i^k \Delta t \right).$$

设方程 (6.125) 的解可以表达为递推关系

$$\boldsymbol{X}^k = \boldsymbol{P}^k \boldsymbol{X}^{k+1} + \boldsymbol{Q}^k, \tag{6.127}$$

代入方程 (6.125) 中，可以得到

$$\left(\boldsymbol{\Gamma}^{k-1} \boldsymbol{P}^{k-1} \boldsymbol{P}^k + \boldsymbol{\Gamma}^k \boldsymbol{P}^k + \boldsymbol{\Gamma}^{k+1} \right) \boldsymbol{X}^{k+1} = \boldsymbol{G}^k - \boldsymbol{\Gamma}^k \boldsymbol{Q}^k - \boldsymbol{\Gamma}^{k-1} \boldsymbol{P}^{k-1} \boldsymbol{Q}^k - \boldsymbol{\Gamma}^{k-1} \boldsymbol{Q}^{k-1}. \tag{6.128}$$

方程 (6.128) 对任意一个 $\boldsymbol{X}^{k+1}$ 都必须满足，一种可能的选择是方程左右两边的系数矩阵都为零，于是，可以得到

$$\begin{aligned} \boldsymbol{P}^k &= -\left(\boldsymbol{\Gamma}^k + \boldsymbol{\Gamma}^{k-1} \boldsymbol{P}^{k-1} \right)^{-1} \boldsymbol{\Gamma}^{k+1}, \\ \boldsymbol{Q}^k &= \left(\boldsymbol{\Gamma}^k + \boldsymbol{\Gamma}^{k-1} \boldsymbol{P}^{k-1} \right)^{-1} \left(\boldsymbol{G}^k - \boldsymbol{\Gamma}^{k-1} \boldsymbol{Q}^{k-1} \right). \end{aligned} \tag{6.129}$$

在边界处，矩阵 $\boldsymbol{P}$ 和 $\boldsymbol{Q}$ 往往可以通过边界条件直接得到. 例如在内边界 $k=0$ 处，假如边界条件是 $\mathrm{d}\boldsymbol{X}/\mathrm{d}x = 0$，那么根据方程 (6.127) 可以得到 $\boldsymbol{P}^0 = 1$ 和 $\boldsymbol{Q}^0 = 0$. 又如在外边界 $k=K$ 处 $\boldsymbol{X}^K$ 为常数，则可以得到 $\boldsymbol{P}^K = 0$ 和 $\boldsymbol{Q}^K = \boldsymbol{X}^K$.

第 7 章 恒星的主序和主序前演化

大量观测证据显示, 恒星诞生于巨大的分子云中. 由于引力的不稳定性, 分子云中密度高的地方形成云核, 气体在引力作用下向云核聚集, 进而发生坍缩并最终形成原恒星. 在原恒星内部, 气体满足流体静力学平衡, 同时继续收缩并开始发光, 成为主序前恒星. 覆盖整个恒星内部的对流运动在主序前恒星内部发展, 使得其收缩过程以均匀收缩方式进行, 并且在赫罗图中沿着被称为林中四郎线的位置演化. 当恒星中心的温度升高到氢燃烧的点火温度时, 恒星进入相对平稳的主序演化阶段, 并在赫罗图中占据零年龄主序的位置.

本章首先简要介绍恒星的形成过程, 随后详细讨论主序前恒星的内部结构及其沿林中四郎线的演化情况, 最后将详细介绍大中质量恒星零年龄主序的拟合模型, 并简要介绍了数值模型的一些主要特征.

§7.1 恒星的形成

一般认为, 恒星形成于巨大而稀薄的分子云中. 观测表明, 巨型分子云大都处在一种大体上平衡的状态, 其自身的引力被云中分子的热运动所抵消. 由于引力的不稳定性, 分子云坍缩碎裂, 形成局部密度增高的云核. 此外, 分子云的碰撞和超新星爆发等过程也会干扰这种脆弱的平衡, 造成分子云内部密度不均匀. 周围的气体不断向云核沉积, 使得云核质量持续上升, 其中心的温度和密度也随着升高. 当云核中心的压强上升到与引力相当, 并开始建立流体静力学平衡时, 一颗原恒星就此开始孕育产生了. 此后, 周围气体的继续下落令原恒星的质量不断增加, 最终其中心温度达到氢燃烧的点火温度. 从此, 原恒星迈入了其作为一颗恒星的生命周期.

7.1.1 引力的金斯不稳定性

考虑一个质量为 M, 半径为 R 的单原子理想气体球, 利用理想气体的状态方程 (2.54) 和 (2.56), 其内部包含的内能 E_T 和引力势能 E_G 分别为

$$E_T = \int_0^M \frac{3p}{2\rho} dm_r = \frac{3}{2} \int_0^M \frac{\Re}{\mu} T dm_r = \frac{3\Re}{2\mu} TM,$$
$$E_G = -\int_0^M \frac{Gm_r}{r} dm_r = -\frac{GM^{1/3}}{R} \int_0^M m_r^{2/3} dm_r = -\frac{3GM^2}{5R}, \quad (7.1)$$

其中，温度为 T，压强为 p，密度为 ρ，相对分子质量为 μ。如果该气体球处于流体静力学平衡状态，那么根据位力定理 (6.62)，可以得到

$$M_{\rm J} = \left(\frac{5\Re T}{G\mu}\right)^{3/2} \left(\frac{3}{4\pi\rho}\right)^{1/2}, \tag{7.2}$$

其中 $M_{\rm J}$ 被称为金斯 (Jeans) 质量。

显然，如果 $-E_{\rm G} > 2E_{\rm T}$，那么压强将无法支撑引力，气体球会在自身引力的作用下坍缩。于是，发生引力不稳定性的判据可以写为

$$M > M_{\rm J}. \tag{7.3}$$

对于典型的分子云环境，其温度 $T = 10 \sim 100$ K，数密度 $n = 10 \sim 100$ cm^{-3}，于是其金斯质量 $M_{\rm J} \sim 10^5 M_\odot$。

7.1.2 分子云的坍缩与碎裂

考虑一个满足金斯不稳定性 (7.3) 的大分子云团的坍缩过程。

在坍缩的初期阶段，分子云团的数密度是非常低的，因此整个云团是光学薄的，这就使得坍缩释放的引力势能通过辐射很快会损失掉。因此，坍缩过程基本上是等温的。根据方程 (7.2)，坍缩造成的密度上升会使得金斯质量 $M_{\rm J}$ 不断变小。于是，大云团中会出现多个超过金斯质量 $M_{\rm J}$ 的局部非均匀区域，并且大云团在坍缩过程中逐级破碎为多个子云团。

随着坍缩继续进行，数密度逐渐升高，使得子云团最终成为光学厚的。这时，坍缩释放的引力势能无法通过辐射逃逸，转而加热子云团中的气体。于是，坍缩从最初的等温过程转变为绝热过程。对于绝热过程来说，$T \propto \rho^{2/3}$。根据方程 (7.2)，坍缩造成的密度上升将带来金斯质量 $M_{\rm J}$ 的不断变大。于是，从某个时刻开始，子云团的质量 M 将小于与之相应的金斯质量 $M_{\rm J}$。这表明流体静力学平衡将在子云团内建立，坍缩过程将停止。

7.1.3 原恒星的形成

当云团的质量开始小于金斯质量时，云团中心部分区域的温度最高，将首先建立流体静力学平衡，并形成原恒星，而云团外围的气体仍然以近乎自由的方式下落到原恒星表面。在原恒星内部，自由落体式的坍缩虽然停止了，但是原恒星将遵照位力定理继续进行收缩，其内部的气体不断被加热。当温度升高到物质的离解或者电离温度时，收缩释放的引力势能不再使气体的温度升高，而是使其离解或电离并保持其温度大体不变。于是，原恒星内部压强无法支撑引力，并再次引起自由坍缩，直到所有物质完全电离为止。此后，流体静力学平衡再次建立。显然，离解和电离

所消耗的能量的总和必须小于收缩过程所释放的引力势能的一半. 假定物质由氢组成, 可以得到

$$\frac{GM^2}{R} \approx \frac{M}{m_{\rm H}} \chi, \tag{7.4}$$

其中 M 是原恒星的质量, R 是完全电离后原恒星的半径, $m_{\rm H}$ 是氢原子的质量, χ 是氢的电离能. 在方程 (7.4) 中, 假定电离前原恒星的引力势能远低于电离后的, 因而可以在方程等号左边忽略该项, 由此得出

$$\frac{R_{\max}}{R_\odot} \approx 50 \frac{M}{M_\odot}, \tag{7.5}$$

其中 $R_{\max}$ 是质量为 M 的原恒星可能具有的最大半径.

7.1.4 恒星形成过程的观测证据

从天文观测已经取得的结果来看, 恒星的形成过程与恒星的质量存在一定的关系. 一般来说, 小质量恒星的形成过程与大质量恒星的形成过程有着某些相同之处, 同时也存在一些差别.

从观测的角度来看, 小质量恒星的形成过程大致要经历如图 7.1 所示的四个阶段: (1) 云核所具有的初始角动量使得其吸积下落气体的过程是非各向同性的, 中心部分坍缩较快形成原恒星, 云核外围收缩较慢形成盘状结构. 它们被深埋在下落气体和尘埃组成的包层中. 云核中物质首先落向吸积盘, 然后原恒星再从吸积盘吸积物质到其表面. (2) 原恒星中心氘点火, 产生对流和较差自转放大了磁场, 使得原恒星表面出现强烈的星风. 星风从阻力较小的自转轴方向喷出, 形成准直的双极外向喷流. (3) 随着喷流张角逐渐变大, 其强度也逐步减弱. (4) 吸积盘上的大部分物质最终被原恒星所发出的强烈辐射所吹散, 剩下的部分有可能形成行星系统. 当中心氢燃烧开始启动后, 原恒星成为稳定的主序星.

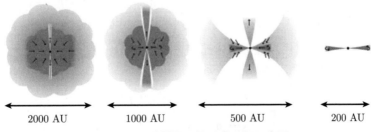

图 7.1 小质量恒星的形成过程示意图

和小质量恒星的形成过程相比较, 大质量恒星形成时的坍缩时标很短, 同时坍缩释放的引力势能会产生极强的紫外辐射, 并且很快清空周围的下落气体, 这会阻

碍原恒星质量的进一步增加. 最近的观测证据显示, 大质量原恒星周围可能存在尘埃盘. 由于绝大部分辐射从原恒星周围清空的区域逃逸出来, 从而不会对尘埃盘产生强烈的加热. 于是, 云团外围的气体可以通过尘埃盘继续落向原恒星. 此外, 形成大质量恒星的云团相对较大, 同时外界以及云核之间的干扰也有利于云团内恒星的形成过程. 这会触发大批原恒星的同时形成, 并组成星团.

§7.2 主序前的演化

7.2.1 林中四郎线

当原恒星的质量不再增加后, 它将遵照位力定理继续进行收缩, 成为一颗主序前恒星. 收缩过程所释放的引力势能的一半将传递到恒星表面辐射掉. 由于这时恒星的半径很大, 于是其光度也很高, 并在恒星内部形成很大的温度梯度. 根据发生对流的施瓦西判据, 这时恒星内部是完全对流的. 假定恒星内部的温度梯度等于绝热温度梯度:

$$\nabla \approx \nabla_{\mathrm{ad}} = \frac{2}{5}. \tag{7.6}$$

可以注意到, 主序前恒星的内部结构满足 $n = \nabla_{\mathrm{ad}}^{-1} - 1 = 3/2$ 的多方关系 (6.67), 可以用多方模型来描述.

将方程 (7.6) 代入物质的状态方程 (2.54) 中, 可以得到

$$p = K_0 \rho^{5/3}. \tag{7.7}$$

根据多方模型的性质 (6.73), 可以得到

$$A^2 = \left(\frac{\xi_{3/2}}{R}\right)^2 = \frac{8\pi G}{5 K_0} \rho_{\mathrm{c}}^{1/3}, \tag{7.8}$$

其中 R 是恒星半径. 利用方程 (6.85), 从方程 (7.8) 中可以解出

$$K_0 = \frac{8\pi}{5} G \rho_{\mathrm{c}}^{1/3} \left(\frac{R}{\xi_{3/2}}\right)^2 = \frac{8\pi G}{5 \xi_{3/2}^2} \left[-\frac{3}{4\pi}\left(\frac{3}{\xi}\frac{\mathrm{d}u}{\mathrm{d}\xi}\right)^{-1}_{\xi_{3/2}}\right]^{1/3} M^{1/3} R. \tag{7.9}$$

将多方关系 (7.7) 代入理想气体的状态方程 (2.54) 中, 消去密度 ρ 后, 就可以确定恒星内部温度 T 和压强 p 的关系为

$$p = \left(\frac{\Re T}{\mu K_0^{3/5}}\right)^{5/2} = \frac{C_0 T^{5/2}}{M^{1/2} R^{3/2}}, \tag{7.10}$$

其中常数 C_0 定义为

$$C_0 = \sqrt{\frac{4\pi}{3}} \left(\frac{\Re}{\mu}\right)^{5/2} \left(\frac{5\xi_{3/2}^2}{8\pi G}\right)^{3/2} \left(-\frac{3}{\xi}\frac{\mathrm{d}u}{\mathrm{d}\xi}\right)^{1/2}_{\xi_{3/2}}. \tag{7.11}$$

为了得到恒星光球处温度 T 和压强 p 的值与恒星可观测量 (光度 L 和有效温度 $T_{\rm eff}$) 之间的联系，在光球以外应用灰大气模型：

$$T^4 = \frac{3}{4} T_{\rm eff}^4 \left(\tau + \frac{2}{3} \right),$$
$$\frac{{\rm d}p}{{\rm d}\tau} = \frac{GM}{R^2 \kappa}. \tag{7.12}$$

假定不透明度 κ 对温度和压强的依赖关系为

$$\kappa = \kappa_0 p^s T^q, \tag{7.13}$$

其中 s 和 q 是两个常数。从光深 $\tau = 0$ 处开始积分，并利用当 $T = 0$ 时 $p = 0$ 的零边界条件给出

$$T^{4-q} = \frac{3\kappa_0 R^2 T_{\rm eff}^4}{16 GM} \frac{4-q}{s+1} p^{s+1}. \tag{7.14}$$

在光深 $\tau = 2/3$ 处，内外解应该衔接，即压强应该相等。于是，利用方程 (7.10) 和 (7.14) 将压强消去，并利用方程 (6.53) 和 (6.54)，最终得到

$$\left(q + \frac{11}{2} s + \frac{3}{2} \right) \lg T_{\rm eff} = \left(\frac{1}{2} s + \frac{3}{2} \right) \lg M + \left(\frac{3}{4} s - \frac{1}{4} \right) \lg L + \lg C_{\rm H}, \tag{7.15}$$

其中 $C_{\rm H}$ 是一个常数，

$$C_{\rm H} = \frac{16 G}{3 \kappa_0 C_0^{s+1}} \frac{s+1}{4-q} (4\pi\sigma)^{-(3s-1)/4}. \tag{7.16}$$

如果大气内的温度比较低 ($T < 5000$ K)，则不透明度主要来自于 H^- 的吸收，粗略地有 $s \approx 1$ 和 $q \approx 3$，因此方程 (7.15) 可以写为

$$\lg T_{\rm eff} = 0.05 \lg L + 0.2 \lg M + \lg C_{\rm H}. \tag{7.17}$$

在赫罗图上，这基本上是一条垂直的直线。

方程 (7.15) 被称为林中四郎线方程。它给出了完全对流恒星模型在赫罗图上的位置。从方程 (7.15) 可以注意到：

(1) 当恒星质量 M 增加时，林中四郎线向有效温度 $T_{\rm eff}$ 升高的方向移动。

(2) 如果恒星内部不完全是对流的，存在辐射平衡区，于是平均来说 $\nabla < \nabla_{\rm ad}$，$n > 3/2$。根据方程 (7.11) 和 (7.16)，此时林中四郎线向有效温度升高的方向移动。这个结果表明，没有恒星可以位于林中四郎线的右边。

7.2.2 林中四郎线上恒星的内部结构

对于某一指定的 ξ 值，由方程 (6.84)，可以得到

$$m_r = \int_0^\xi 4\pi r^2 \rho \mathrm{d}r = -\frac{4\pi\rho_c}{A^3}\xi^2 \frac{\mathrm{d}u}{\mathrm{d}\xi}. \tag{7.18}$$

可以注意到，当 ξ 固定时，其内所包含的质量 m_r 也是不变的. 于是，使用 ξ 作为自变量和使用 m_r 是等价的.

首先考虑恒星半径的变化. 根据方程 (6.73)，可以得到

$$A = \frac{\xi}{r} = \frac{\xi_{3/2}}{R}. \tag{7.19}$$

由于 A 是一个常数，因此可以得到

$$\frac{r}{R} = \frac{\xi}{\xi_{3/2}}. \tag{7.20}$$

将方程 (7.20) 对时间求偏导数，可以得到任一质量层的半径随时间的变化规律为

$$\frac{\dot{r}}{r} = \frac{\dot{R}}{R}. \tag{7.21}$$

上述结果表明，在收缩下落的过程中，恒星内部任何一层物质的相对速度都与恒星半径的相对变化速度相同，即恒星在林中四郎线上的收缩是一种均匀的收缩.

其次，由于恒星所做的是一种均匀收缩，利用方程 (6.18)，可以得到

$$0 = \frac{\partial}{\partial m_r}\left(\frac{\dot{r}}{r}\right) = \frac{\partial}{\partial t}\left(\frac{\partial \ln r}{\partial m_r}\right) = \frac{\partial}{\partial t}\left(\frac{1}{4\pi r^3 \rho}\right) = \frac{1}{4\pi r^3 \rho}\left(-3\frac{\dot{r}}{r} - \frac{\dot{\rho}}{\rho}\right). \tag{7.22}$$

于是，任一质量层的密度 ρ 随时间的变化率为

$$\frac{\dot{\rho}}{\rho} = -3\frac{\dot{r}}{r}. \tag{7.23}$$

对于压强随时间的变化，利用流体静力学平衡方程 (6.22)，可以得到

$$\frac{\partial \dot{p}}{\partial m_r} = \frac{\partial}{\partial t}\left(\frac{\partial p}{\partial m_r}\right) = \frac{\partial}{\partial t}\left(\frac{Gm_r}{4\pi r^4}\right) = -\frac{4Gm_r}{4\pi r^4}\frac{\dot{r}}{r} = \frac{\partial}{\partial m_r}\left(-4p\frac{\dot{r}}{r}\right), \tag{7.24}$$

其中利用了方程 (6.18). 从方程 (7.24)，可以得到

$$\frac{\dot{p}}{p} = -4\frac{\dot{r}}{r}. \tag{7.25}$$

最后，利用物质的状态方程 (2.54)，可以得到任一质量层的温度随时间的相对变化率为

$$\frac{\dot{T}}{T} = \frac{\alpha}{\delta}\frac{\dot{p}}{p} - \frac{1}{\delta}\frac{\dot{\rho}}{\rho} = \left(-4\frac{\alpha}{\delta} + 3\frac{1}{\delta}\right)\frac{\dot{r}}{r} \approx -\frac{\dot{r}}{r}, \tag{7.26}$$

其中最后一个等式对单原子理想气体成立.

完全对流恒星的内部结构是如此的简单, 非常容易构造, 可以作为恒星演化问题的初始模型. 同时, 由于在整个收缩过程中恒星都处在林中四郎线上, 于是初始模型具体的位置可以任意选取而不会带来大的误差.

7.2.3 沿林中四郎线的演化

恒星在赫罗图上沿着林中四郎线向下均匀收缩的过程中, 其内部结构满足流体静力学平衡. 根据位力定理, 释放的引力势能的一半用来加热气体, 另外一半将传递到恒星表面辐射掉. 于是, 恒星中心的密度和温度也在不断上升.

根据引力能的定义 (6.26), 并利用方程 (7.25) 和 (7.26), 引力势能的释放速率为

$$\epsilon_\mathrm{g} = c_p T \left(\nabla_\mathrm{ad} \frac{\dot p}{p} - \frac{\dot T}{T} \right) = c_p T \left(-4 \nabla_\mathrm{ad} + \frac{4\alpha - 3}{\delta} \right) \frac{\dot r}{r} \approx -\frac{3}{5} c_p T \frac{\dot r}{r}, \quad (7.27)$$

其中最后一个等式对单原子理想气体成立. 可以看到, 引力势能的释放速率同恒星半径的相对收缩率成正比. 由于引力势能的释放是此时恒星唯一的能量来源, 从能量守恒方程 (6.27) 可以得到恒星的光度 L 为

$$L = -\frac{3}{5} \frac{\dot R}{R} \int_0^M c_p T \mathrm{d}m_r = -\frac{\dot R}{R} \int_0^M \frac{3p}{2\rho} \mathrm{d}m_r = -\frac{\dot R}{R} E_\mathrm{T} = \dot E_\mathrm{T}. \quad (7.28)$$

可以看到, 恒星的光度也同收缩速率成正比, 并且等于内能的变化率. 这个结果同位力定理的结果一致.

利用位力定理和林中四郎线方程, 可以进一步确定恒星在林中四郎线上的收缩速率. 根据方程 (6.60) 和方程 (7.18), 内能 E_T 的变化率为

$$\frac{\partial E_\mathrm{T}}{\partial t} = -\frac{1}{2} \frac{\partial E_\mathrm{G}}{\partial t} = \frac{1}{2} \frac{\partial}{\partial t} \int_0^M \frac{G m_r}{r} \mathrm{d}m_r = -\frac{G}{2} \frac{\partial}{\partial t} \int_0^{\xi_{3/2}} \frac{(4\pi \rho_\mathrm{c})^2}{A^5} \xi^3 u^{3/2} \frac{\mathrm{d}u}{\mathrm{d}\xi} \mathrm{d}\xi$$

$$= \frac{3G}{5} \frac{\partial}{\partial t} \frac{(4\pi \rho_\mathrm{c})^2}{A^5} \int_0^{\xi_{3/2}} u^{5/2} \xi^2 \mathrm{d}\xi = C_1 \frac{\partial}{\partial t} \frac{GM^2}{R} = -C_1 \frac{GM^2}{R} \frac{\dot R}{R}, \quad (7.29)$$

其中

$$C_1 = \frac{3}{5} \left(-\xi^{3/2} \frac{\mathrm{d}u}{\mathrm{d}\xi} \right)_{\xi_{3/2}}^{-2} \int_0^{\xi_{3/2}} u^{5/2} \xi^2 \mathrm{d}\xi. \quad (7.30)$$

另一方面, 利用方程 (6.53) 和 (7.17), 恒星的光度 L 可以写为

$$\lg L = \lg 4\pi\sigma + 2\lg R + 4\lg T_\mathrm{eff} = \lg 4\pi\sigma + 2\lg R + (0.2\lg L + 0.8\lg M + 4C_\mathrm{H}). \quad (7.31)$$

利用方程 (7.28)、(7.29) 和 (7.31) 消去 L, 可以得到恒星半径的相对变化律为

$$\frac{\dot R}{R} = -\frac{(4\pi\sigma)^{5/4} C_\mathrm{H}^5 R^{7/2}}{C_1 GM}. \quad (7.32)$$

将方程 (7.32) 代入方程 (7.29) 中，又可以得到

$$L = (4\pi\sigma)^{5/4} C_{\mathrm{H}}^5 M R^{5/2}. \tag{7.33}$$

从方程 (7.32) 和 (7.33) 可以注意到：

(1) 位于林中四郎线上的恒星总是处在不断的收缩过程中，并且半径越大的恒星收缩得越快，而质量越大的恒星收缩得越慢.

(2) 随着半径的减小，恒星半径的相对变化率也在变小，即一颗恒星沿林中四郎线的收缩是逐渐变慢的.

(3) 质量和半径越大的恒星其光度也越高.

7.2.4 朝向主序的演化

根据方程 (5.17) 和 (5.38)，辐射温度梯度 ∇_{r} 随时间的相对变化率是

$$\frac{\dot{\nabla}_{\mathrm{r}}}{\nabla_{\mathrm{r}}} = \frac{\dot{\rho}}{\rho} + \frac{\dot{\kappa}}{\kappa} + \frac{\dot{L}_r}{L_r} - 3\frac{\dot{T}}{T} = -3(1+a)\frac{\dot{r}}{r} + (3+b)\frac{\dot{r}}{r} + \frac{5}{2}\frac{\dot{r}}{r} = 3\frac{\dot{R}}{R}, \tag{7.34}$$

其中利用了方程 (7.33) 对时间的导数，同时假定不透明度满足克莱莫公式

$$\kappa = \kappa_0 \rho^a T^{-b}, \tag{7.35}$$

并且取 $a = 1$ 和 $b = 7/2$. 从方程 (7.34) 中可以看到，辐射温度梯度 ∇_{r} 是随着恒星的收缩而不断减小的，其根本原因在于此时恒星的光度也在不断减小.

根据上述结果可以推测，随着恒星光度的下降，恒星内部辐射温度梯度也在不断下降. 最终，恒星内部某些区域的辐射温度梯度将小于绝热温度梯度，这将造成对流运动停止，并使得这些区域转变为辐射平衡区. 一般来说，恒星中心附近的光度最小. 因此，辐射平衡区将首先在中心附近出现，并逐步扩大. 随着这个过程的发展，恒星内部的平均温度梯度也将低于绝热值. 于是，恒星将离开林中四郎线，并如图 7.2 所示向有效温度升高的方向演化.

在离开林中四郎线以后，主序前恒星的内部结构分成为两个性质不同的部分：辐射平衡的内核和对流的外壳. 在外壳中，气体继续均匀地收缩，可以用 $n = 3/2$ 的多方模型近似. 随着外壳中物质不断落入，内核质量也在不断增加，造成其继续收缩. 在内核中，由于辐射的传热效率很低，收缩加热使得气体的温度和压强快速上升. 当中心核的温度足够高时，氢燃烧开始点燃. 在赫罗图中，此时恒星如图 7.2 所示演化到达主序.

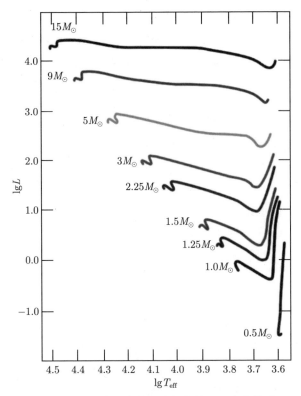

图 7.2 恒星主序前演化进程在赫罗图中的轨迹

图片源自 [27]

§7.3 零年龄主序

刚刚演化到达主序的恒星,其内部的化学组成是均匀的,中心氢燃烧过程所释放的热量刚好弥补了从表面辐射损失掉的能量,而氢的消耗速度是非常慢的,因此恒星的结构基本处于准静态. 常常将处于这种状态的恒星在赫罗图中所处位置称为零年龄主序.

7.3.1 拟合模型

对于一颗大中质量恒星来说,由于质量较大,当到达零年龄主序时其中心的温度较高,中心氢燃烧过程将以碳氮氧循环为主. 与位于林中四郎线上时恒星的内部结构相反,此时恒星中心产能区是对流的,而外壳是辐射平衡的. 于是,可以利用多方模型确定中心对流区的结构,并将其与辐射外壳的解进行拟合,从而确定整个恒星的内部结构.

首先考虑恒星处于辐射平衡状态的外壳的结构. 对于给定的恒星质量 M 和半径 R, 根据上述假设, 外壳内部没有能源 ($\epsilon = 0$), 于是光度 L 是一个常数. 假设恒星物质满足理想气体状态方程 (2.54) 以及不透明度服从方程 (7.35), 选取一组无量纲变量

$$p = \frac{GM^2}{4\pi R^4}s, \quad T = \frac{GM\mu}{R\Re}t, \quad m_r = qM, \quad L_r = lL, \quad r = xR, \tag{7.36}$$

则理想气体状态方程 (2.54) 可以写为

$$\rho = \frac{M}{4\pi R^3}\frac{s}{t}. \tag{7.37}$$

采用类似的方法, 恒星结构基本方程组可以写为

$$\begin{aligned}\frac{dx}{dq} &= \frac{t}{x^2 s}, \\ \frac{ds}{dq} &= -\frac{q}{x^4}, \\ \frac{dt}{dq} &= -C\frac{s^a}{t^{a+b+3}x^4},\end{aligned} \tag{7.38}$$

其中

$$C = \frac{3\kappa_0}{4ac(4\pi)^{a+2}}\left(\frac{\Re}{G\mu}\right)^{b+4} LR^{b-3a}M^{a-b-3}. \tag{7.39}$$

在其表面 ($q = 1$) 处, 假定恒星的结构满足零边界条件

$$s = 0, \quad x = 1, \quad s/t = 0. \tag{7.40}$$

应当注意的是, 在恒星表面处, 方程组 (7.38) 是奇性的. 外边界处的奇异性可以这样来处理. 在外边界附近, $q \approx 1$. 于是, 从方程组 (7.38) 可以导出

$$\frac{ds}{dt} = \frac{1}{C}\frac{t^{a+b+3}}{s^a}. \tag{7.41}$$

积分求解方程 (7.41), 并考虑到边界条件 (7.40), 可以得到

$$s^{a+1} = \frac{1}{C}\frac{a+1}{a+b+4}t^{a+b+4}. \tag{7.42}$$

代回方程 (7.38) 中, 可以得到

$$\frac{dt}{dx} = -C\frac{s^a}{t^{a+b+3}x^4}\frac{x^2 s}{t} = -\frac{a+1}{a+b+4}\frac{1}{x^2}. \tag{7.43}$$

积分求解方程 (7.43), 并利用边界条件 (7.40), 可以得到

$$t = \frac{a+1}{a+b+4}\left(\frac{1}{x} - 1\right). \tag{7.44}$$

在表面附近，利用上述解 (7.44) 可以消除表面附近的奇异性. 到达一定深度后，再采用原方程组 (7.38) 进行直接求解.

值得注意的是，方程组 (7.38) 包含一个参数 C，并且根据方程 (7.39)，它是恒星质量 M、半径 R 和光度 L 的函数. 于是，整个恒星外壳的解也依赖于参数 C 的值. 利用方程组 (7.38)，可以计算出外壳中的温度梯度 ∇ 为

$$\nabla = \frac{\mathrm{d}\ln T}{\mathrm{d}\ln p} = C(M,R,L)\frac{s^{a+1}}{t^{a+b+4}q}. \tag{7.45}$$

可以注意到，当 q 减小时，也就是向恒星内部深入时，温度梯度 ∇ 是增加的. 当温度梯度满足 $\nabla > \nabla_{\mathrm{ad}}$ 时，对流将出现. 此处也正是外壳和内核的分界面. 因此，辐射平衡的外壳解在此处必须与内部对流核的解进行拟合，才能得到零年龄主序星的整体结构的解.

其次考虑恒星对流内核的结构. 在恒星中心对流核内，温度梯度为绝热温度梯度. 根据前面章节的讨论，可以用 $n = 3/2$ 的多方模型来近似. 于是，根据多方模型 (6.73) 和 (6.82)，假定理想气体状态方程 (2.54)，对流核内部应当满足方程

$$\frac{\xi}{r} = \frac{\xi_{\mathrm{f}}}{r_{\mathrm{f}}} = A, \quad \rho = \rho_{\mathrm{c}} u^{3/2}, \quad T = T_{\mathrm{c}} u, \tag{7.46}$$

其中 ξ_{f} 和 r_{f} 是拟合点处的值.

设恒星内部的热核产能率满足幂率规律

$$\epsilon = \epsilon_0 \rho T^{\nu}, \tag{7.47}$$

则能量守恒方程 (6.27) 可以写为

$$\frac{r_{\mathrm{f}}}{\xi_{\mathrm{f}} L}\frac{\mathrm{d}L_r}{\mathrm{d}r} = \frac{\mathrm{d}l}{\mathrm{d}\xi} = \frac{r_{\mathrm{f}}}{\xi_{\mathrm{f}} L} 4\pi r^2 \rho\epsilon = \frac{4\pi}{L}\left(\frac{r_{\mathrm{f}}}{\xi_{\mathrm{f}}}\right)^3 \xi^2 \epsilon_0 \rho_{\mathrm{c}}^2 T_{\mathrm{c}}^{\nu} u^{\nu+3} = B\xi^2 u^{\nu+3}, \tag{7.48}$$

其中，B 是一个与拟合点位置和恒星中心物理条件有关的参数，

$$B = \frac{4\pi}{L}\left(\frac{r_{\mathrm{f}}}{\xi_{\mathrm{f}}}\right)^3 \epsilon_0 \rho_{\mathrm{c}}^2 T_{\mathrm{c}}^{\nu}. \tag{7.49}$$

由于热核反应的能量都是在对流核内产生的，因此在对流核内对方程 (7.48) 积分，就可以得到无量纲的总光度 l 为

$$l = \int_0^{\xi_{\mathrm{f}}} B\xi^2 u^{\nu+3}\mathrm{d}\xi = 1. \tag{7.50}$$

在分别得到内部解和外部解之后，要求二者在拟合点处连续，就可以确定零年龄主序星的结构. 首先，假定已知拟合点处的质量 q_{f} 和半径 r_{f}，利用方程 (6.73)

和 (7.18)，可以得到拟合点处的 ξ_f 和 u_f 为

$$\xi_f = Ar_f,$$
$$q_f M = 4\pi r_f^3 \rho_c \left[-\frac{1}{\xi}\frac{du}{d\xi}\right]_{\xi_f}, \tag{7.51}$$

其中恒星中心密度 ρ_c 为待定参数. 同时, 根据方程 (7.37) 和 (7.46), 利用密度 ρ_f 和温度 T_f 在拟合点处的连续性要求, 可以得到

$$\rho_c = \frac{M}{4\pi R^3}\frac{s_f}{u_f^{3/2}t_f},$$
$$T_c = \frac{GM\mu}{\Re R}\frac{t_f}{u_f}. \tag{7.52}$$

将以上结果代入方程 (7.49) 中, 可以得到

$$B = \frac{\epsilon_0}{4\pi}\left(\frac{G\mu}{\Re}\right)^\nu \frac{x_f^3 s_f^2 t_s^{\nu-2}}{\xi_s^3 u_s^{\nu+3}}\frac{M^{\nu+2}}{LR^{\nu+3}}. \tag{7.53}$$

当拟合点的位置确定下来以后, 由方程 (7.53) 可以确定参数 B 的值.

其次, 外部解 (7.45) 依赖于参数 C 的选择. 显然, 只有当参数 C 取某一特定值时, 才可以使得拟合点处各个变量 (q_f, s_f, t_f, x_f) 的值与内部解光滑的连接, 特别是温度梯度的连续性条件要求:

$$C = \frac{t_f^{a+b+4} q_f}{s_f^{a+1}}\nabla_{\rm ad}. \tag{7.54}$$

当拟合点的位置 ξ_f 确定下来以后, 由方程 (7.54) 可以解出参数 C 的值.

在已知参数 B 和 C 后, 利用方程 (7.39) 和 (7.53), 可以得到

$$(\nu+2)\lg M - \lg L - (\nu+3)\lg R = B_{\rm fit},$$
$$\lg L + (b-3a)\lg R + (a-b-3)\lg M = C_{\rm fit}, \tag{7.55}$$

其中 $B_{\rm fit}$ 和 $C_{\rm fit}$ 是与拟合点位置有关的两个常数. 从方程组 (7.55) 中消去恒星半径 R, 可以得到零年龄主序恒星的质量–光度关系为

$$\lg L = \frac{3\nu + 2a\nu + 3a + b + 9}{\nu + 3a - b + 3}\lg M + \frac{b - 3a}{\nu + 3a - b + 3}B_{\rm fit} + \frac{\nu + 3}{\nu + 3a - b + 3}C_{\rm fit}. \tag{7.56}$$

从方程组 (7.55) 中消去光度 L, 又可以得到零年龄主序恒星的质量–半径关系为

$$\lg R = \frac{\nu + a - b - 1}{\nu + 3 + 3a - b}\lg M + \frac{B_{\rm fit} + C_{\rm fit}}{\nu + 3 + 3a - b}. \tag{7.57}$$

从方程组 (7.55) 中消去恒星质量 M，并利用有效温度的定义 (6.53) 消去半径 R 后，就得到赫罗图上零年龄主序所满足的方程为

$$\lg L = \frac{8\nu a + 12\nu + 12a + 4b + 36}{2\nu a + \nu + a + 3b + 11} \lg T_{\text{eff}}$$
$$+ 2\frac{(a-b-3)B_{\text{fit}} - (\nu+2)C_{\text{fit}}}{2\nu a + \nu + a + 3b + 11} + \frac{2\nu a + 3\nu + 3a + b + 9}{2\nu a + \nu + a + 3b + 11} \lg 4\pi\sigma. \quad (7.58)$$

一般来说，大中质量恒星内部氢燃烧过程主要是碳氮氧循环，因此 $\nu \approx 15$. 另外，假定不透明度满足克莱莫公式，其中 $a = 1$ 和 $b = 7/2$. 将上述数值代入方程 (7.56) 和 (7.57) 中，可以得到

$$L \propto M^{5.2}, \qquad R \propto M^{0.66}. \quad (7.59)$$

与观测结果比较，拟合模型给出的质量–光度关系略陡，而质量–半径关系符合得很好. 将上述数值代入方程 (7.58) 中，可以得到赫罗图中零年龄主序的位置为

$$\lg L \propto 5.4 \lg T_{\text{eff}}. \quad (7.60)$$

可以注意到，在赫罗图中这是一条从左上延伸到右下的直线.

将质量–半径关系 (7.57) 代入对恒星中心密度的估计式 (6.85) 中，并利用理想气体状态方程，可以得到

$$\begin{aligned}\lg \rho_c &\propto \lg M - 3\lg R \propto -0.98 \lg M, \\ \lg T_c &\propto \lg M - \lg R \propto 0.34 \lg M.\end{aligned} \quad (7.61)$$

从上述方程可以注意到，当恒星质量 M 增加时，其中心温度 T_c 增加，而中心密度 ρ_c 下降.

7.3.2 数值模型

上述拟合模型所给出的一般性结论已经被数值模型所证实，如图 7.3 所示. 同时，准确的数值模型也揭示了许多拟合模型所采用的粗略近似所无法涉及的细节. 大量数值模型计算表明，零年龄主序恒星可以被分为两大类，即小质量端的下主序 (LMS) 恒星和大中质量端的上主序 (UMS) 恒星，它们具有显著不同的内部结构和物理起因.

质量 $M > 1.5 M_\odot$ 的零年龄主序星中心温度较高，并且氢燃烧过程以碳氮氧循环为主. 由于碳氮氧循环氢燃烧过程对温度的依赖关系大体上是 $\epsilon \propto T^{15}$，因此氢燃烧主要在靠近恒星中心的较小的区域内进行. 反之，质量 $M < 1.5 M_\odot$ 的零年龄主序星中心温度较低，氢燃烧以质子链为主. 由于质子链对温度的依赖关系近似为

$\epsilon \propto T^5$,于是氢燃烧发生在恒星内部相对较大的区域内. 例如,太阳内部接近一半质量 (或者说 1/3 半径以内) 的区域发生氢燃烧过程,而一颗 $10M_\odot$ 的主序星内部只有不到 1/5 质量发生氢燃烧过程.

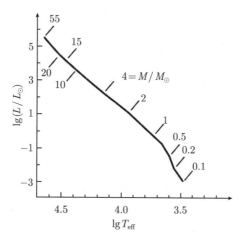

图 7.3 零年龄主序恒星模型在赫罗图中的位置

质量 $M > 1.5M_\odot$ 的零年龄主序星中心核是对流的,其对流区随恒星质量增加而扩大,并且所覆盖的范围很快超过氢燃烧区. 中心核以外是辐射平衡区,仅在氢和氦的电离区存在两个对流薄壳. 出现这个现象的原因在于上主序恒星中心氢燃烧是碳氮氧循环,相对较高的产能率将恒星中心附近的辐射温度梯度大幅提高,造成对流运动. 上主序恒星具有中心对流核的一个主要后果是对流将氢燃烧区域之外的核燃料补充到发生燃烧的区域内. 这不但使得核燃料的供给范围显著扩大,燃烧发生在完全混合区也使得上主序恒星的化学演化完全不同于下主序恒星的情况. 当恒星质量增加时,辐射压在总压强中所占比例随之增加,从而降低了绝热温度梯度,并进一步助长了对流运动的发展. 对于一颗 $50M_\odot$ 的主序星来说,其中心附近辐射压占到总压强的 1/3,并造成对流在其内部 70% 的质量范围内发生. 当恒星质量很大时,对流甚至可以一直延伸到恒星的光球附近,并导致恒星产生独特的演化图景和观测现象.

反之,$M < 1.5M_\odot$ 的恒星中心核是辐射平衡的,外部被直到恒星表面的对流包层所覆盖,并且随着质量的减小,对流包层底部逐步向恒星内部深入. 下主序恒星有效温度相对较低,恒星中最丰富的元素氢和氦的电离区都位于恒星的光球下面. 这些元素的电离使得物质的不透明度增加几个数量级,造成辐射温度梯度超过绝热值并引发外壳中的对流运动. 例如,太阳外部占半径 30%(或者占质量 2%) 的区域是对流的. 当 $M < 0.2M_\odot$ 时,整个恒星基本上都是对流的,这时零年龄主序与林中四郎线几乎是重合的.

7.3.3 影响零年龄主序的一些物理因素

(1) 化学组成和对流参数对零年龄主序的影响.

(i) 氦丰度 Y. 初始氦丰度的不同会影响恒星物质的平均相对原子质量和不透明度的大小. 在恒星外壳中, 氦丰度增加会导致不透明度减小以及温度梯度减小, 从而提高恒星的有效温度. 而在恒星中心核内, 氦丰度增加会导致平均相对原子质量增加以及压强减小. 于是, 恒星将收缩以提高中心温度来抵消压强的减小. 这将造成产能率增加而使恒星变得更亮. 综合上述两方面的因素, 氦丰度的增加会使得零年龄主序恒星看上去更蓝和更亮.

(ii) 金属丰度 Z. 金属丰度增加会造成恒星物质不透明度的增加, 因此温度梯度会随之增加, 并使得恒星的有效温度下降. 另一方面, 对于上主序恒星来说, 金属丰度增加会使得碳、氮和氧的丰度增加, 并略微提高氢燃烧的产能率. 这个效应不是很明显, 因为碳氮氧循环对温度的敏感性更高.

(iii) 混合长参数 α. 经典混合长理论需要对混合长 l 的大小进行选取. 通常采用的方法是取混合长正比于局地压强标高, 即 $l = \alpha H_P$, 其中 α 被称为混合长参数. 对于上主序恒星来说, 中心核内对流效率非常高, 温度梯度等于绝热值, 于是混合长参数 α 不起什么作用. 然而, 对于下主序恒星来说, 恒星外壳是对流的, 于是选取不同的混合长参数 α 会造成恒星模型性质的显著差别. 一般来说, 大的混合长参数 α 使得对流传能效率更高, 减小了对流区内的温度梯度. 于是, 恒星有效温度上升, 看上去更蓝.

(2) 热核反应达到平衡对零年龄主序的影响.

在到达零年龄主序之前, 恒星中心核内一些点火温度较低的元素首先开始燃烧, 如 ^{2}D, ^{3}He, ^{12}C 等. 而当氢燃烧过程开始以后, 不同的过渡元素到达平衡丰度的时间不同, 这会使得氢燃烧开始前后中心核内的化学组成出现一些小的变化. 同时, 氢燃烧产生的热量传递到恒星表面需要大约 $\tau_{\rm KH}$ 时间, 恒星需要进行热调整以适应此时恒星中心附近物理状态的变化.

(3) 物质吸积对零年龄主序的影响.

对于大质量恒星来说, 其中心温度较高, 氢燃烧开动得也较早, 甚至当氢燃烧开始时恒星仍然被埋在分子云中. 于是, 吸积过程在主序早期仍然可能发生, 恒星的质量还可能增加. 对于小质量恒星来说, 虽然氢燃烧开始时其周围分子云已经被吹开, 但是行星盘的存在使得其可以俘获行星际物质, 从而改变恒星表层的化学组成.

7.3.4 零年龄主序的质量极限

(1) 零年龄主序的质量下限.

成为一颗恒星的关键条件是其内部是否发生热核反应而发光. 从前面章节的讨论可以知道, 原恒星的质量越小, 其中心温度越低. 可以预料, 当原恒星的质量小于某个临界值时, 其中心温度将永远无法达到氢燃烧的临界温度. 于是, 原恒星内部不会发生热核反应而成为一颗依靠自身核能发光的正常恒星. 这种 "流产" 了的星体包括褐矮星、大行星等等.

对于低质量恒星来说, 氢燃烧过程只有 PPI 起作用, 而且 ^{3}He 达到平衡的时间甚至可以长于宇宙年龄. 于是, 在氢燃烧开始以后, 恒星在赫罗图上基本不再移动. 同时, 中心核内的电子简并扮演了一个非常重要的角色: 它直接决定了零年龄主序的质量下限. 根据方程 (7.61), 质量越低的恒星, 其中心密度越高, 因此中心核内的电子简并度也越高. 简并度的上升使得电子具有的费米能量变大, 并导致其热传导系数变大. 数值计算表明, 当 $M < 0.5 M_\odot$ 时, 这个效应开始起作用, 并引起恒星中心温度以更快的速度下降. 当 $M < 0.08 M_\odot$ 时, 中心温度将降至氢燃烧阈值温度以下, 这些星体将不再是恒星. 由于此时恒星的结构非常敏感地依赖于状态方程, 如压强电离、库仑相互作用效应、电离和离解等, 以及恒星的金属丰度, 因此零年龄主序的质量下限还与这些因素有关.

(2) 零年龄主序的质量上限.

根据前面的讨论, 当恒星的质量非常大时, 氢燃烧过程开始时其光度也非常高, 以至于整个恒星内部基本上都是对流的. 此时, 一种普遍的观点认为, 恒星是否存在质量上限与氢燃烧的稳定性有密切联系.

一般来说, 恒星结构对于热核反应出现的扰动是稳定的. 这是因为热核反应的产能率是根据恒星流体静力学平衡的需要而自行调整的. 恒星自身的引力是由其内部压强梯度所产生的压力来抗衡的. 但是, 如果恒星表面存在辐射能量损失, 这将造成其内部的压力渐渐不足以抵御引力的作用. 热核燃烧过程所提供的热量必须刚好补偿掉表面辐射造成的内能损失, 从而使得恒星维持一个相对稳定的局部热平衡状态. 如果热核燃烧过程释放的热量过多, 就将引起局部区域的加热和膨胀. 根据理想气体状态方程 (2.54), 气体膨胀将导致其温度下降, 从而降低热核燃烧过程产能率, 并使得扰动发生局部的状态恢复原状.

对位于恒星中央的热核燃烧区来说, 如果存在一个周期性扰动, 且其周期远小于恒星中心附近的热弛豫时标, 那么当体元向内运动而被压缩升温时, 燃烧过程的产能率也会随之上升. 反之, 当体元向外运动而膨胀降温时, 燃烧过程的产能率也随之下降. 这个过程相当于一台热机, 并且处于与高温热源接触时吸热 (产能率大于平均值) 和与低温热源接触时放热 (产能率小于平均值) 的工作状态. 于是, 热机将对外做功, 将一部分热能转变为机械能. 这样一种热核燃烧过程的脉动不稳定性通常被称为 ε 机制. 这种机制在普通恒星中心通常不起作用, 因为一般来说恒星中心的密度很大, 使得扰动的幅度非常小, 而恒星其他部分对扰动有很强的抑制作用. 但是, 对于质量非常大的零年龄主序恒星来说, 其中心温度很高而中心密度相对较小. 于是, 上述 ε 机制可以有效地开动起来, 不断将热能转换为机械能而使得恒星整体处于不稳定状态. 一般认为, 处于这种状态的恒星扰动幅度是增长的, 并有可能造成恒星物质间歇性喷发.

显然, ε 机制开动的临界质量与化学丰度有密切关系. 对于具有与太阳相同金属丰度的恒星来说, 这一临界质量大约为 $90M_\odot$. 但是, 对于金属丰度很低甚至为零的恒星来说, 由于其氢燃烧过程将以质子链方式进行, 因此这一临界质量将变得很大, 甚至超过数百个太阳质量.

第 8 章 恒星主序阶段的演化

从氢热核聚变反应在其中心开动时起,恒星就开始了它光彩夺目的一生. 氢是恒星内部最丰富的物质,同时氢原子核也是结合能最低的核素,其中所包含的核能最多,因此氢燃烧过程是恒星演化进程中持续时间最长的热核燃烧过程,占据了恒星全部寿命的接近 90%. 由此可知,绝大多数观测到的恒星都将处于中心氢燃烧阶段. 观测上有时也将其称为 "矮星". 这些处于其一生演化早期阶段的恒星分布在一个非常宽广的质量范围内,从最小的大约为 $0.08 M_\odot$,直到最大的甚至超过 $200 M_\odot$. 它们将如图 8.1 所示在赫罗图上分布在一条从右下 (低光度和低有效温度) 向上一直延伸到左上 (高光度和高有效温度) 的带状区域内. 通常将这一带状区域称为主序.

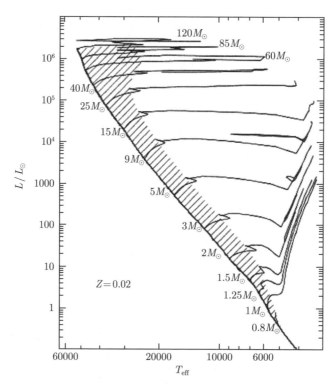

图 8.1　恒星在赫罗图中的演化轨迹示意图

其中阴影区域为主序所处的位置. 图片源自 [29]

一般来说，质量越大的恒星其中心温度越高，因此发生在其中心附近的氢燃烧过程的产能率就会更大，并导致其光度也就更高. 氢燃烧过程存在两种不同的运行方式: 当反应区温度较低时以质子链的方式运行; 而当反应区温度较高时以碳氮氧循环的方式运行. 于是, 根据中心氢燃烧过程运行方式的不同, 可以将处于主序演化阶段的恒星分成为两大类: 质量较小的下主序恒星中心主要以质子链的方式开动; 而质量较大的上主序恒星中心则主要以碳氮氧循环的方式开动. 当恒星的质量很大时, 强烈的辐射压会导致其外包层中的物质大量流失, 并使得这些极其明亮的恒星表现出一些与众不同的特征, 因而组成了被称为"极亮主序"恒星的一个独特的类型.

在中心氢燃烧过程运行期间, 恒星内部高温气体所产生的压强抵御着恒星自身质量所产生的引力, 从而维持其内部处于一个准静态的力学平衡结构. 另一方面, 正在恒星中心附近运行着的氢燃烧过程释放出刚好足够多的热量, 以补偿从恒星表面辐射损失掉的能量, 并使得恒星内部任意一个足够小的局部区域都保持处在热平衡状态. 恒星内部的这样一个分层结构有时会在浮力的驱动下出现不稳定性, 并引发大范围的对流运动. 一般来说, 对流是一种非常有效的传热机制, 并会使得对流区的温度梯度几乎等于当地的绝热温度梯度. 同时, 对流也是一种非常有效的混合机制, 会导致整个对流区内出现均匀的化学组成. 特别是当氢燃烧过程发生在对流区内, 还会导致对流燃烧现象的出现. 对于那些质量较小的恒星来说, 对流将出现在其外包层中, 代替因物质不透明度过大而导致近乎无效的辐射传热过程, 以传递来自于恒星中心核内的热量; 而对于那些质量较大的恒星来说, 对流将出现在其中央区域, 以传递此处氢燃烧过程所释放出来的大量热量.

本章首先介绍下主序恒星、上主序恒星和极亮主序恒星演化的主要特征, 并对决定恒星不同演化特征的物理因素进行简要的讨论, 然后介绍按质量大小对恒星主序阶段以后的演化图景进行分类的物理依据.

§8.1 下主序恒星的演化

下主序恒星一般是指那些质量小于 $1.5M_\odot$ 左右的恒星, 其光谱型一般晚于 F 型. 由于质量较小, 其中心核内的氢燃烧过程一般能够持续进行非常长的时间. 模型计算表明, 质量小于 $0.9M_\odot$ 的恒星在主序演化阶段的寿命将超过宇宙的年龄 138 亿年. 从其内部结构上看, 由于其中心温度较低, 中心氢燃烧过程将以质子链的形式进行, 从而导致下主序恒星具有一个辐射平衡的内核. 同时, 其较低的有效温度将导致对流运动在恒星外壳中充分发展, 并使得下主序恒星具有一个对流的外壳. 当其中心点处的氢燃料耗尽时, 中心氢燃烧过程即刻完成, 恒星将结束其主序阶段的演化.

8.1.1 氢燃烧过程

由于燃烧区温度较低, 下主序恒星的中心核氢燃烧过程以质子链反应为主. 一个完整的质子链反应在将 4 个 ^{1}H 原子核聚合为 1 个 ^{4}He 原子核的同时, 释放出 26.731 MeV 的热量. 质子链氢燃烧过程由 PPI, PPII 和 PPIII 三个子链组成, 并且燃烧区温度越高时, PPII 和 PPIII 反应链的贡献越大. 三个子链中均包含有释放出中微子的弱相互作用反应, 但是由中微子所带走的能量却各不相同. 平均来说, 弱相互作用反应释放出来的中微子将对 PPI 反应链造成 2.0% 的能量损失, 对 PPII 反应链造成 4.2% 的能量损失, 而对 PPIII 反应链则将造成高达 26.1% 的能量损失.

对于那些质量小于 $1M_\odot$ 左右的恒星来说, 其中心氢燃烧过程将以 PPI 反应链的形式为主运行, 其余两个反应链所占的比例均较小. 此外, 在 PPI 反应链中, ^{3}He 达到其平衡丰度所需要的时间是最长的. 尤其是对于那些质量小于 $0.5M_\odot$ 左右的恒星来说, 由于 2 个 ^{3}He 原子核聚合为 1 个 ^{4}He 原子核的反应速率很低, 以至于没有多少 ^{4}He 原子核最终被产生出来. 因此, 对于这些质量特别低的恒星来说, ^{3}He 将成为其中心氢燃烧过程最主要的产物.

当恒星的质量大于 $1M_\odot$ 时, PPII 反应链和 PPIII 反应链将相继在恒星中心附近开动, 而 PPI 反应链则始终占据着氢燃烧中心核内相对靠外的区域. 由于 PPIII 反应链的贡献超过 PPII 反应链时所需温度太高, 以至于碳氮氧循环都已经取代质子链成为氢燃烧过程的主要方式, 因此通过 PPIII 反应链方式所生成的 ^{4}He 一般只占总数的较小部分. 但是, 由于通过其所释放出来的中微子所损失掉的能量很大, 因此 PPIII 反应链此时在氢燃烧过程的总产能率以及产生能量较高的中微子方面仍然具有不可忽视的作用. 尤其是对于那些金属丰度接近于零的恒星来说, 由于碳氮氧循环氢燃烧过程始终无法有效地开动, 因此 PPIII 反应链将是燃烧区温度较高时其中心氢燃烧过程最主要的运行方式.

质子链氢燃烧过程开动所需的最低温度大约为 4×10^6 K, 而在其中心与这一温度相对应的恒星的质量大约为 $0.08M_\odot$. 这也就是决定一颗原恒星最终是否能成为真正意义上的 "恒星" 的最小质量.

8.1.2 内部结构与演化

由于质子链氢燃烧过程的产能率与温度的依赖关系相对较低 ($\epsilon_{\rm pp} \propto T^5$), 下主序恒星中心附近的氢燃烧区相对较大, 通常可以占到恒星总质量的 30% 以上. 同时, 由于其中心温度相对较低, 使得氢燃烧过程的产能率也较小, 因此恒星将具有较低的光度. 另一方面, 恒星中央区域的不透明度此时主要由自由-自由吸收过程决定. 假定该区域的结构可以用指数 $n \approx 3$ 的多方模型来近似, 则可以得到 $\rho \propto T^3$. 根据方程 (4.119), 可以得到 $\kappa \propto \rho T^{-3.5} \propto T^{-0.5}$. 这表明不透明度在恒星中央区域内是一个缓变函数，并且温度越高时不透明度越小. 于是，在恒星中央区域内相对较低的光度和较小的不透明度将导致辐射温度梯度小于当地的绝热温度梯度，并使得恒星的中心核处于辐射平衡状态. 对于那些质量小于 $0.5M_\odot$ 左右的恒星，由于其中心密度很高，位于恒星中心附近的电子气体将开始出现简并状态，并且恒星的质量越小，其中央进入电子简并状态的区域就越大. 处于简并状态的电子气体具有更高的热传导效率，这将进一步降低位于恒星中央的氢燃烧区内的不透明度和辐射温度梯度.

下主序恒星通常具有较低的有效温度 ($T_\text{eff} < 7000$ K). 于是，氢和氦的电离效应会使得当地的不透明度变得非常大，并由此导致辐射温度梯度远远大于当地的绝热温度梯度而在其外包层内引发大范围的对流运动，进而形成一个对流包层. 一般来说，质量越小的恒星，其有效温度越低并导致其氢、氦电离区的位置越深，因此所形成的对流包层也就越厚. 特别是对于那些质量小于 $0.2M_\odot$ 左右的恒星来说，由于其光球区域的密度和压强很大，氢分子以及氦原子之间的碰撞变得非常重要，因此使得碰撞诱导吸收效应成为波长大于 $2~\mu m$ 波段的吸收系数中的一个重要成分. 其他种类的分子也大量存在，例如 H_2O, CO, VO, TiO 等，其中 VO 和 TiO 控制光学波段，而 H_2O 和 CO 则控制红外波段. 当有效温度低于 2800 K 时，尘埃的存在也变得非常重要. 此时，对流包层内非常大的不透明度将使得其底部向恒星内部深入，最终可以直达热核燃烧区内，并形成对流燃烧现象. 于是，对于这些质量很小的恒星来说，由于其外包层中的对流运动一直深入到恒星的中心核内，因此整个恒星的内部结构可以用指数 $n \approx 3/2$ 的多方模型来近似，并由此可以得出 $\rho \propto T^{3/2}$. 值得注意的是，此时恒星中心核内密度随温度上升的速度要比在质量较大的恒星处于辐射平衡状态的中心核内小得多.

随着中心氢燃烧过程的持续运行，温度越高的地方氢燃料消耗的速度就越快，因而导致在恒星中心附近热核燃烧区内形成一个如图 8.2 所示的光滑的元素丰度轮廓. 与此同时，热核燃烧区的氢不断被聚合为氦，造成当地平均相对原子质量逐渐变大. 根据理想气体状态方程 (2.54)，可以得到

$$\frac{\Delta p}{p} = \frac{\Delta \rho}{\rho} + \frac{\Delta T}{T} - \frac{\Delta \mu}{\mu} \approx 4\frac{\Delta T}{T} - \frac{\Delta \mu}{\mu}. \tag{8.1}$$

从方程 (8.1) 可以看到，平均相对原子质量的上升将导致气体压强下降. 但是，根据流体静力学平衡方程 (6.21)，恒星内部某处的压强是由其上全部物质的重力所造成的，因此恒星将缓慢地收缩，以提高其内部的温度和密度来抵消因平均相对原子质量上升所导致的压强的下降. 这将造成氢燃烧过程的产能率和恒星的光度逐步上升.

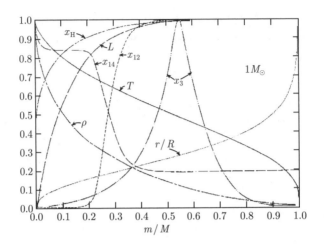

图 8.2　一颗 $1M_\odot$ 恒星的内部结构示意图

图中横坐标是质量分数. 所绘各条曲线中标注 r/R 的是该质量分数处所对应的半径分数, 标注 ρ 的是密度分布, 标注 T 的是温度分布, 标注 L 的是光度分布, 标注 x_H 的是氢丰度分布, 标注 x_3 的是 ^{3}He 丰度分布, 标注 x_{12} 的是碳丰度分布, 标注 x_{14} 的是氮丰度分布

另一方面, 由于外包层处于对流状态, 其内温度梯度的分布基本上等于当地的绝热温度梯度, 因此恒星光度的逐步上升将带动其外包层温度的同步上升, 以传递从恒星中心核内产出的越来越多的热量. 于是, 随着中心氢燃烧过程的不断运行, 恒星表面的光度和有效温度也将逐步上升. 这表明在主序演化阶段, 下主序恒星在赫罗图上将如图 8.3 所示沿主序爬升. 由于在此期间恒星在赫罗图上的位置不会离开零年龄主序很远, 因此其所定义的主序带也就会如图 8.3 所示相对较窄.

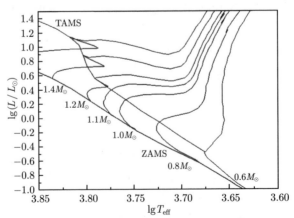

图 8.3　下主序恒星在赫罗图中的演化轨迹

图片源自 [4]

当恒星中心点处的氢燃料耗尽时, 它的演化轨迹将具有最大光度和最高有效温度. 常常将此刻恒星在赫罗图上的位置称为主序拐点 (MSTO). 此后, 恒星将离开主序, 并向低温方向演化.

8.1.3 太阳模型

太阳是一颗典型的星族 I 型下主序恒星. 通过对太阳模型的研究, 可以对下主序恒星内部结构的主要特征进行较为深入的了解. 由于距离地球很近, 太阳的一些基本物理参数得到了相当准确的测定 [3, 16], 其中包括质量 $M_\odot$、光度 $L_\odot$、半径 $R_\odot$ 和年龄 $\tau_\odot$ 等. 最新的光谱分析表明 [2], 太阳光球附近重元素与氢的丰度比 $Z/X = 0.0181$.

所谓 "标准太阳模型", 就是利用最新的输入物理去构造一个质量和化学组成与太阳相同的恒星模型, 并且通过对模型参数的调整, 使得所构造的恒星模型在经过与太阳相同年龄的演化后, 具有和目前太阳相同的光度和半径. 在构造标准太阳模型时, 通常用来对所生成之模型的半径和光度进行调整的参数有混合长参数 α、氦丰度 Y 和金属丰度 Z 等. 这其中, 混合长参数 α 决定了恒星外包层中对流传能的效率, 因此主要影响恒星的半径. 氦丰度 Y 大致决定了物质的平均相对原子质量, 这将直接影响恒星中心的温度和热核反应产能率, 并进而主要影响恒星的光度. 而金属丰度 Z 则决定了物质的不透明度, 因而将对恒星外包层中对流区的内边界之位置产生显著的影响.

大量模型计算表明, 模型参数的如下选择可以得到满足上述要求的标准太阳模型, 即 $Z \approx 0.02$, $Y \approx 0.28$ 和 $\alpha \approx 1.8$. 特别值得注意的是, 混合长参数 α 被合理地定标了. 这是混合长参数在恒星对流问题中最精确合理的测定. 标准太阳模型的内部结构如图 8.2 所示. 根据光度的分布可以注意到, 氢燃烧过程在大约占太阳总质量 50% 的内核中进行. 同时, 根据半径的分布可以得出, 氢燃烧区占太阳半径的大约 30%. 从氢丰度分布可以看出, 离太阳中心越近, 氢被消耗掉越多, 而其中心点的氢大约还剩下初始值的一半. 此外, 从碳、氮丰度的分布中还可以注意到, 在占总质量大约 20% 的中心核区, 碳丰度从表面初始值下降到接近于零, 而氮丰度则增加大体上相同的数量. 这表明碳氮循环在这一区域内已经达到平衡丰度. 但是, 太阳内部的氢燃烧过程仍然以质子链为主, 因为此时碳氮氧循环的速率相对来说是很低的, 其所产生的热量只占太阳总光度的 1% 左右. 从图 8.2 中还可以看出, 在占总质量大约 50% 的中心核区, ^{3}He 的丰度已经达到 (或接近) 其平衡值, 这表明质子链氢燃烧过程已经以其最高效率在运行. 同时, 模型计算还表明, 太阳内部绝大部分质量区域是处于辐射平衡状态的, 对流运动只出现在太阳光球层以下占总质量大约 2% 的范围内, 其几何厚度大约占太阳总半径的 30%.

太阳 5 分钟震荡的发现更为直接探测太阳的内部结构提供了一个独一无二的机遇. 通过对太阳光球进行亮度和视向速度的观测表明, 太阳内部存在着超过 10^6 个不同频率的声波模式 (有时又被称为太阳 p 模式振动). 通过精确测定这些声波模式的频率 (其测量的准确度可以达到 10^{-5}), 并利用类似于地球物理学中常用的反演方法, 就可以直接探测太阳内部的物理结构. 这就为检验恒星结构演化模型, 乃至探究恒星内部的物理过程, 提供了一个最好的实例. 这方面的研究开创了一个崭新的领域 —— 日震学. 例如, 日震学研究给出了太阳对流区底部所在的位置 [9]$(R_{bc} \approx 0.713 R_\odot)$, 对流区内的氦丰度 [1]$(Y_{ce} \approx 0.245)$, 以及声速和自转角速度在太阳内部的分布等等.

一个利用日震学方法检验发生在太阳内部的物理过程的典型例子是元素在太阳内部的扩散. 研究发现, 日震学反演方法所给出的声速在太阳内部的分布与标准太阳模型的结果如图 8.4 所示存在较大的偏差. 分析表明, 这种偏差可能来源于太阳对流区内氦元素的实际丰度比标准太阳模型预期的略低一些. 一种可能的解释是: 由于重力的作用, 相对原子质量大的元素会发生扩散沉降, 并导致化学分层的出现. 重力场中元素的这种扩散过程有时也被称为重力沉淀效应. 例如, 在地球大气层中, 高海拔地区的大气含氧量少正是这种效应作用的结果. 在扩散沉降过程的作用下, 氦将逐渐从太阳对流区中沉淀下来并落入辐射平衡的内核中, 导致对流区以下氦丰度逐渐增大. 图 8.5 显示出考虑扩散沉降过程后太阳内部氢丰度分布的轮廓. 从中可以注意到, 扩散过程造成了对流区内氢丰度的显著上升, 并且模型所给出的对流区内的氦丰度值也与日震学反演结果基本相符. 考虑重力沉淀效应后, 对流区内的平均相对原子质量将会减小, 而其下辐射内核的平均相对原子质量则

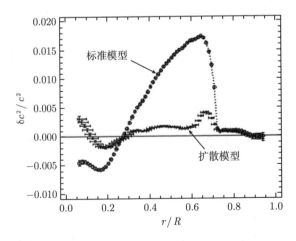

图 8.4 日震学反演所给出的声速平方分布与不同太阳模型声速平方分布之间的相对差

略有增大. 由于模型所给出的光度和半径必须与太阳的观测值相同, 因此无论平均相对原子质量的大小如何, 标准模型与扩散模型所给出的有效温度及其对流区内的温度分布基本上是相同的. 但是, 由于扩散模型所给出的辐射内核的平均相对原子质量比标准模型的略大, 根据方程 (6.8), 扩散模型所确定的声速也将略高于标准模型. 图 8.4 比较了通过日震学方法测定的声速分布与标准模型所给出的声速分布之间的相对差, 以及与扩散模型所给出的声速分布之间的相对差. 从图中可以注意到, 标准模型所给出的声速的平方与反演的结果相比最多相差大约 2%, 而扩散模型将这个差距缩小到大约 0.5%.

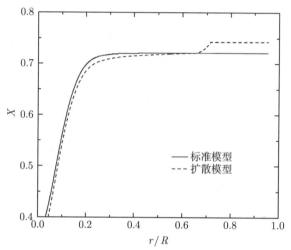

图 8.5 标准太阳模型与扩散太阳模型的氢丰度分布图

图片源自 [10]

在太阳对流区底部附近, 对流超射过程会造成元素的部分混合. 这虽然是一个非常细微的物理效应, 但是利用日震高精度的观测资料, 仍然可以对这个现象进行细致的研究. 从图 8.6 中可以注意到, 扩散沉降过程会使得重元素在对流区底部附近 ($0.6 \sim 0.7 R_\odot$) 形成一个沉积区, 并导致其丰度在此区域内出现一个峰值. 但是, 在考虑超射区内对流混合过程后, 沉积在这个区域内的重元素将会被输运到其两侧, 并导致原来存在于此区域内的重元素丰度的峰值被平滑掉. 图 8.7 比较了日震反演结果与扩散模型和超射模型之间的声速分布之差. 从图中可以发现, 考虑了元素在超射区内的对流混合效应后, 日震学反演结果与太阳模型之间的声速平方差在这一区域内得到了进一步的改善.

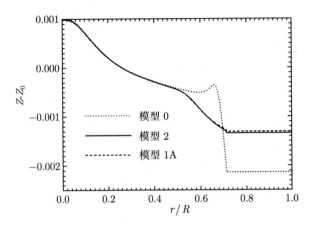

图 8.6　扩散太阳模型与对流超射太阳模型的金属丰度分布图

图片源自 [37]

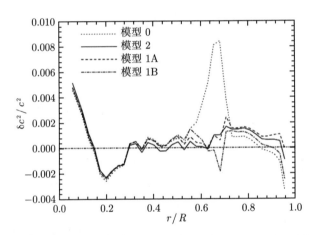

图 8.7　日震学反演所给出的声速平方分布与不同太阳模型声速平方分布之间的相对差

图片源自 [37]

§8.2　上主序恒星的演化

上主序恒星的质量大约在 $1.5 \sim 60 M_\odot$ 的范围内, 其光谱型一般早于 A 型. 由于质量相对较大, 因此这类恒星在到达零年龄主序时, 其中心温度也相对较高. 于是, 随后发生在其中心附近的氢燃烧过程将以碳氮氧循环为主. 与质子链氢燃烧过程不同的是, 碳氮氧循环氢燃烧过程进行得相对较快, 因而会使得上主序恒星在主

序演化期间的寿命相对较短. 根据方程 (6.12), 恒星的寿命 τ 可以估计为

$$\frac{\tau}{\tau_\odot} \approx \frac{M/M_\odot}{L/L_\odot}, \tag{8.2}$$

其中 M 和 L 分别代表恒星的质量和光度, $\tau_\odot$, $M_\odot$ 和 $L_\odot$ 分别代表太阳的年龄、质量和光度. 于是, 一颗 $5M_\odot$ 恒星在其主序阶段的寿命大约为 1 亿年, 而一颗 $40M_\odot$ 恒星在主序阶段的寿命仅仅只有大约 200 万年.

碳氮氧循环氢燃烧过程相对较高的产能率会在上主序恒星中央区域引发大范围的对流运动, 并使得此时位于恒星中心附近的氢燃烧过程表现为对流燃烧现象. 另一方面, 上主序恒星较高的有效温度将导致其外包层具有较低的不透明度. 因此, 对流核外的整个恒星外包层将处于辐射平衡状态. 随着中心氢燃烧过程的持续运行, 位于恒星中央的对流核将会逐渐缩小, 并且在对流核外形成一个越靠外氢丰度越高的元素丰度变化区. 当对流核内的氢燃料耗尽时, 对流运动将会在恒星中心附近区域内完全消失. 此时, 恒星将结束其主序阶段的演化.

8.2.1 氢燃烧过程

对于上主序恒星来说, 由于其质量相对较大, 因此当其演化成为零年龄主序恒星时, 其中心附近的温度相对较高. 例如, 一颗 $5M_\odot$ 的零年龄主序恒星, 其中心温度为 2.5×10^7 K 左右. 因此, 除去金属丰度极低, 甚至为零的情况外, 上主序恒星的中心氢燃烧过程以碳氮氧循环方式为主. 与下主序恒星中心氢燃烧时的质子链相比, 碳氮氧循环氢燃烧过程对温度的变化更加敏感, 其产能率 $\epsilon_{\rm CNO} \propto T^{15}$. 这会使得碳氮氧循环氢燃烧过程发生在恒星中心附近一个更小的区域内. 在其之外温度相对较低的地方, 质子链氢燃烧过程仍然可以开动, 但是, 其产能率和对氢燃料的消耗速度与恒星中心附近的碳氮氧循环氢燃烧区域相比都是很小的, 可以近似忽略不计.

一般来说, 碳氮氧循环氢燃烧过程是由碳氮循环和氮氧循环两组热核反应所构成的. 模型计算表明, 碳氮循环在恒星到达零年龄主序时就已经达到其平衡状态. 因此, 反应区内物质中的碳基本上都已经转变成为了氮. 氮氧循环的情况则复杂得多. 对于那些质量较大的恒星来说, 氮氧循环将有可能在其主序演化期间达到平衡状态, 但是对于那些质量较小的恒星来说, 氮氧循环直到其主序阶段结束也不可能达到平衡状态. 因此, 对于上述这两种情况而言, 恒星中心附近热核燃烧区内的氮丰度在整个主序演化期间是随时间变化的, 必须仔细考虑循环过程中氧向氮的转变.

8.2.2 星风物质损失过程

观测表明, O, B 型恒星的光谱中通常可以观察到一些发射线, 或者是吸收成

分蓝移而发射成分红移的谱线. 这些特征表明恒星存在一个向外快速膨胀的大气层, 其所造成的物质流失的速率大约为 $10^{-8} \sim 10^{-6} M_\odot \mathrm{yr}^{-1}$. 这种星风物质损失现象将成为影响这些质量很大恒星的演化进程的重要因素之一.

目前普遍认为, O, B 型恒星的星风是一种由辐射压驱动的高速气体流. 在恒星的大气层中, 原子不停地吸收光子, 然后又马上将其释放出来, 形成观测到的吸收线或者发射线. 但是, 由于被吸收的光子是沿半径向外运动的, 而再发射出来的光子却基本上是各向同性的, 因此吸收原子将受到一个向外作用的力. 在上述光压的作用下, 吸收原子通过与其他粒子发生碰撞以及电磁相互作用, 驱动大气中的其他物质共同形成一种向外流动的风.

作为一种简单的近似, 假定恒星表面辐射所携带的全部动量都传递给了向外流动的物质, 则可以得到

$$\dot{M} v_\infty \approx \frac{L}{c}, \tag{8.3}$$

其中, $\dot{M}$ 是物质损失率, v_∞ 是星风的最终速度, L 是恒星的光度, c 是真空中的光速. 一般来说, 星风的最终速度 v_∞ 会比恒星表面的逃逸速度略大一些. 因此, 对于 O, B 型恒星来说, 星风的运动速度可以达到 $2000 \, \mathrm{km \cdot s^{-1}}$. 此外, 恒星物质的金属丰度越高, 则参与吸收的原子就会越多, 由此产生的星风物质损失率也越大.

虽然辐射压驱动星风机制得到了广泛的认可, 但是模型计算所给出的星风物质损失率往往与观测到的存在一定差距. 因此, 通常采用参数化的公式对观测数据进行拟合, 并将其应用于恒星结构演化模型的计算中. 一个适用于赫罗图中光度较高 ($L > 10^3 L_\odot$) 区域的星风物质损失率的经验拟合公式是[11]

$$\lg \dot{M} = -8.158 + 1.769 \lg (L/L_\odot) - 1.676 \lg T_\mathrm{eff}, \tag{8.4}$$

其中, 物质损失率 $\dot{M}$ 以 $M_\odot \mathrm{yr}^{-1}$ 为单位, L 是恒星的光度, T_eff 是恒星的有效温度.

8.2.3 对流与自转引起的物质混合过程

当温度很高时, 辐射场的压强和内能将对恒星物质的热力学性质产生显著的影响. 对于一个由完全电离气体和与之达到热平衡的辐射场所组成的系统来说, 根据方程 (2.43) 和 (2.56), 系统单位质量的内能 u 可以表达为

$$u = \frac{3 \Re T}{2 \mu} + \frac{a T^4}{\rho}, \tag{8.5}$$

同时, 根据方程 (2.45) 和 (2.54), 系统的总压强 p 可以写为

$$p = p_\mathrm{G} + p_\mathrm{R} = \frac{\Re}{\mu} \rho T + \frac{1}{3} a T^4. \tag{8.6}$$

定义气体压强与总压强之比为

$$\theta = \frac{p_{\rm G}}{p} = \frac{\Re \rho T}{\mu p}, \tag{8.7}$$

利用方程 (2.18) 和 (8.7)，可以得到系统的绝热温度梯度为

$$\nabla_{\rm ad} = \frac{2}{5} \frac{\theta^2 + (1-\theta)(4+\theta)}{\theta^2 + 1.6(1-\theta)(4+\theta)}. \tag{8.8}$$

值得注意的是，当辐射压强可以忽略不计时 ($\theta \approx 1$)，$\nabla_{\rm ad} \approx 0.4$，而当气体压强可以忽略不计时 ($\theta \approx 0$)，$\nabla_{\rm ad} \approx 0.25$. 由此可见，由于辐射压强增大会导致系统的绝热温度梯度显著降低，因此对流运动更容易在质量较大恒星的中央区域发展.

有许多观测证据表明，上主序恒星中心对流核的大小要比施瓦西判据所确定的略大一些. 这表明中心对流核存在一定程度的超射现象. 从物理上看，对流混合的范围不会严格局限在由施瓦西判据所确定的非稳定分层区域内，因为这个判据给出的是浮力非稳定性出现的条件，而非对流运动真实发生的范围. 在对流区边界附近，湍流运动可以造成边界形状的随机变动，并将稳定分层区内的物质卷入对流区，产生不同程度的混合现象. 无论细致的物理过程如何，对流超射现象将扩大对流混合区的范围，使得可供燃烧的氢燃料增多，并导致恒星光度的增加和中心氢燃烧阶段寿命的延长. 此外，当中心氢燃烧过程结束后，所形成的氦核也将具有更大的质量.

对于那些质量很大的恒星，由于其中心温度很高，使得中心对流核外的元素丰度变化区内物质的不透明度主要来自于离子的自由-自由吸收和自由电子的散射过程. 此时，不透明度将正比于氢丰度. 由于越靠外的区域氢丰度越大，因此辐射温度梯度也越大. 同时，很高的温度使得辐射压强在气体总压强中所占的比重较大，并导致气体绝热温度梯度的显著降低. 这两方面因素综合起作用就会使得元素丰度变化区有可能成为半对流区.

如何准确处理对流所造成的物质混合过程一直是恒星结构演化模型中一个主要的不确定因素. 对于超射现象来说，一种简单的假设是采用完全混合模型. 当超射区内对流运动的时标远远短于恒星演化的典型时标时，这个假设大体上是正确的. 而对于半对流运动来说，其导致的混合过程显然不可能是充分有效的. 随着混合过程的持续进行，半对流区内的相对原子质量梯度将会逐步减小，并导致其内辐射温度梯度的不断降低. 假定混合过程足够有效，则半对流区内的辐射温度梯度将最终降低至当地的绝热温度梯度. 此时，中心对流核外相对原子质量梯度区内的流体将处于一种临界状态. 显然，上述假设条件在恒星内部不一定能够得到满足. 因此，真实的情况应该介于无混合情况与上述极端情况二者之间. 这就需要对恒星内部的对流运动情况做出准确的描述，并据此建立合理的对流混合模型.

另一方面，观测表明质量很大的恒星大多都存在快速的自转，其典型的赤道旋转速度大约为 $200\,\mathrm{km\cdot s^{-1}}$. 快速转动所产生的离心力将会抵消一部分引力的作用，使得恒星看上去类似于一颗质量稍小的无自转恒星. 此外，自转还会引发环流、剪切不稳定性、磁扭矩等多种物理过程，并造成恒星内核与外包层之间角动量的转移和物质的混合. 这不但有助于降低恒星中心核的角动量，以避免其在以后的演化进程中出现自转速度过快的问题，还为解释在此类恒星表面观测到的氮丰度和氦丰度的过高提供了一种可能的途径.

8.2.4 内部结构与演化

当氢燃烧过程在恒星中心附近开动以后，碳氮氧循环高效的产能率会在恒星中央区域引发大范围的对流运动，以便将氢燃烧过程所产生的大量热量迅速传递出去. 显然，质量越大的恒星，其中心温度和氢燃烧过程产能率越高，由此形成的中心对流核所占质量范围也更大. 模型计算表明，氢燃烧区所占质量大体稳定在恒星总质量的 15% 左右；而对流核所占质量则可以从 20%~60%.

随着氢燃料的不断消耗，位于恒星中央的对流核内的平均相对原子质量将持续增加. 假定在对流核内温度梯度近似等于当地的绝热温度梯度，并利用理想气体的状态方程 (2.54)，可以近似得到

$$\frac{\Delta p}{p} = \frac{\Delta \rho}{\rho} + \frac{\Delta T}{T} - \frac{\Delta \mu}{\mu} \approx \frac{5}{2}\frac{\Delta T}{T} - \frac{\Delta \mu}{\mu}. \tag{8.9}$$

从方程 (8.9) 可以注意到，平均相对原子质量的增加将造成气体压强的减小，因此对流核将随之缓慢收缩升温，以抵消平均相对原子质量增加所产生的效应，并维持当地压强保持基本不变. 于是，正在恒星中心附近运行着的氢燃烧过程的产能率也将同步增加，并导致恒星在主序演化期间其光度逐渐上升. 对比方程 (8.1) 和 (8.9) 可以注意到，随着恒星中心附近相对原子质量的不断增大，上主序恒星中心温度的上升速度要比下主序恒星的更快.

另一方面，由于质量相对较大，恒星在到达零年龄主序时将具有较高的有效温度. 模型计算表明，上主序恒星在主序阶段的有效温度将超过 10000 K. 在这样高的温度下，氢在恒星光球以下区域内几乎处于完全电离状态，这会使得物质的不透明度呈数量级的降低. 于是，除了存在为数不多的几个很薄的对流夹层以外，整个恒星外包层基本上处于辐射平衡状态. 根据方程 (7.45)，其温度梯度将与恒星的光度成正比:

$$\nabla = \frac{\mathrm{d}\ln T}{\mathrm{d}\ln p} = C\frac{s^{a+1}}{t^{a+b+4}q} \propto L. \tag{8.10}$$

因此，在主序演化期间光度的上升会导致整个外包层的平均温度梯度变大，并使得恒星的有效温度逐步降低.

§8.2 上主序恒星的演化

综合上述两方面因素,恒星在主序演化期间看上去将在赫罗图上逐渐变亮且变红,如图 8.8 所示.

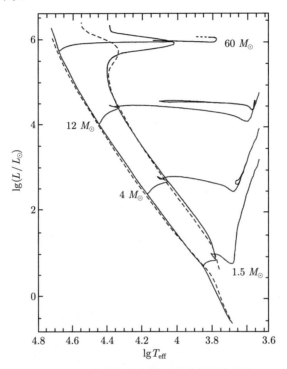

图 8.8 上主序恒星在赫罗图中的演化轨迹

图中左、右两条实线所围区域为主序所处的位置,而两条虚线所围区域为采用不同的星风物质损失率时主序所处的位置. 图片源自 [29]

中心对流核的出现对恒星主序阶段的演化会产生两方面的影响. 首先, 大范围的对流运动会将热核燃烧区以外的氢燃料输送到中心附近的燃烧区内烧掉, 从而大大增加了核燃料的供给范围, 并大幅延长了上主序恒星在中心氢燃烧演化期间的寿命. 其次, 根据方程 (6.29), 在对流核内辐射温度梯度的变化可以近似表达为

$$\frac{\Delta \nabla_{\rm r}}{\nabla_{\rm r}} = \frac{\Delta \rho}{\rho} + \frac{\Delta \kappa}{\kappa} + \frac{\Delta L_{\rm r}}{L_{\rm r}} - 3\frac{\Delta T}{T} \approx \frac{\Delta L_{\rm r}}{L_{\rm r}} - \frac{7}{2}\frac{\Delta T}{T}, \tag{8.11}$$

其中, 假定不透明度满足克莱莫公式 (4.119). 从方程 (8.11) 可以注意到, 在对流核边界附近, 辐射温度梯度的变化与当地温度的变化密切相关. 由于中心氢燃烧过程使得对流核内的平均相对原子质量逐渐增大, 因此对流核内的温度也将不断升高, 并导致其边界附近辐射温度梯度逐渐减小. 于是, 对流核的边界将如图 8.9 所示逐渐向内退缩, 并在其沿途经过的地方留下一个元素丰度变化的区域. 通常将这一元素丰度变化区称为相对原子质量梯度区.

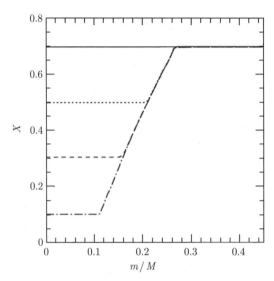

图 8.9　恒星中心对流核逐步退缩所形成的元素丰度变化区

图片源自 [20]

随着中心氢燃烧过程的持续运行,恒星中心温度的不断升高将导致氢燃烧区变得越来越大,而与此同时,中心对流核则变得越来越小. 可以预料,在主序演化阶段的后期,对流核的边界将退缩到氢燃烧区以内. 模型计算表明,此时恒星中心的氢丰度 $X_c \approx 0.05$. 此后,对流运动不再能够为中心氢燃烧过程补充新的燃料,这将使得上主序恒星之后的演化行为类似于下主序恒星的情形: 随着氢燃烧区平均相对原子质量的不断增大,恒星将整体缓慢地收缩升温以抵消平均相对原子质量对压强的影响. 于是,伴随着光度的逐步上升,恒星在赫罗图上将如图 8.8 所示转而向有效温度升高的方向移动. 在其中心附近氢完全耗尽时,恒星的演化轨迹再次到达有效温度极大值处.

对于不同质量的恒星,其主序演化期间所能到达的有效温度极小值也不相同,它们的连线定义了主序星在赫罗图上有效温度的红边界. 一般将零年龄主序所处的位置定义为主序星在赫罗图上的蓝边界,它与上述红边界所包围的区域通常被称为主序带. 对比图 8.3 和图 8.8,与下主序恒星不同的是,上主序恒星在赫罗图上所占据的区域相对要显著宽很多. 这也就是将此区域称为主序带的原因之一.

对于那些质量大于 $15M_\odot$ 的恒星,半对流运动将间歇性地出现在相对原子质量梯度区内,并且质量越大的恒星其内部半对流运动出现得越频繁,有时甚至进一步发展成为对流运动. 此外,星风物质损失过程开始对其主序期间的演化行为产生显著的影响. 当恒星表面附近的一层物质损失掉后,原先位于其下的物质将暴露在恒星的表面. 由于作用于其外部的压强随着最外层物质的流失而消失,因而恒星的整个外包层将膨胀降温, 以重新达到流体静力学平衡状态. 因此, 物质损失过程将使得恒星具有更低的有效温度, 这会让此类恒星在赫罗图上所对应的主序带如图 8.8 所示显著变宽, 并且光度越高的区域主序带的红边缘越红. 对于那些具有与太阳相同金属丰度的恒星来说, 其在主序演化的中前期将被分类为 O, B 型矮星. 进入到主序阶段的晚期, 其中质量小于 $40M_\odot$ 的部分恒星可能会因其有效温度偏低而被分类成 O, B 型超巨星, 而对于那些质量大于 $40M_\odot$ 的恒星来说, 由于此时恒星的光度很高而有效温度相对于主序前期来说显著降低, 从而其表面的星风物质损失率将大幅增加. 于是, 大量的物质损失将会使得这些恒星表现出 Of 型星的特征, 即在其光谱中出现表征星风特征的发射线或者蓝端吸收红端发射的 P Cygni 轮廓谱线. 由于星风物质损失率与恒星的金属丰度有关, 当金属丰度减小时, 上述典型质量将有所增加.

§8.3 极亮主序恒星的演化

极亮主序恒星是指那些质量大于 $60M_\odot$ 的恒星. 由于其极高的光度, 导致恒星表面存在剧烈的物质损失过程, 以至于其绝大部分物质通过星风方式损失掉所需要的时间将短于恒星在主序演化期间所花费的时间. 于是, 在其主序演化阶段或者是主序演化阶段临近结束时, 这些恒星外包层中的氢丰度将大幅降低, 因而表现为以氦、氮的宽发射线为主要观测特征的 WR 型星.

8.3.1 恒星的临界状态

(1) Γ 极限.

对于那些光度非常高的恒星来说, 其表面附近区域内的辐射压强也会非常大. 当单独依靠辐射压强就足以平衡其自身的引力时, 恒星将处于一种临界状态, 即光度再高恒星就不可能处于流体静力学平衡状态.

根据方程 (6.21) 和 (6.29), 流体静力学平衡方程可以写为

$$\frac{dp}{dr} = \frac{dp_G}{dr} - \frac{\rho \kappa L_r}{4\pi r^2 c} = -\rho g, \tag{8.12}$$

其中 p_G 代表气体的压强, κ 是物质的不透明度, ρ 是气体的密度, g 是重力加速度. 从方程 (8.12) 出发, 上述临界状态可以表述为

$$\frac{\rho \kappa L_r}{4\pi r^2 c} = \rho g. \tag{8.13}$$

可以注意到, 方程 (8.13) 定义了一个极限光度

$$L_{\text{crit}} = \frac{4\pi r^2 cg}{\kappa} = \frac{4\pi c GM}{\kappa}, \tag{8.14}$$

其中 M 是恒星的质量. 通常将上述极限光度 $L_{\rm crit}$ 称为 $\varGamma$ 极限.

如果取不透明度 κ 为电子的散射不透明度, 则方程 (8.14) 可以近似写为

$$\frac{L_{\rm Edd}}{L_\odot} \approx 3.4 \times 10^4 \frac{M}{M_\odot}. \tag{8.15}$$

由方程 (8.15) 定义的极限光度 $L_{\rm Edd}$ 通常被称为爱丁顿极限.

一般来说, 考虑原子和离子的吸收过程会使得物质的不透明度大幅增加. 于是, 极限光度 $L_{\rm crit}$ 也将随之显著降低.

方程 (8.12) 表明, 当恒星的光度超过 $\varGamma$ 极限时, 恒星表面附近的流体静力学平衡条件将被破坏. 此时, 辐射压强将推动气体开始运动并最终逃离恒星, 从而导致恒星质量快速下降. 当恒星的光度降至 $\varGamma$ 极限以下时, 流体静力学平衡再次在恒星表面附近建立, 不稳定的物质损失过程结束. 于是, 恒星将重新回到平稳的演化状态.

(2) $\varOmega$ 极限.

假定恒星的自转角速度为 $\varOmega$, 根据方程 (6.21), 并考虑到离心力的作用, 此时在恒星赤道面上流体静力学平衡方程应该修正为

$$\frac{1}{\rho}\frac{{\rm d}p}{{\rm d}r} = -g + \varOmega^2 r, \tag{8.16}$$

其中 r 是到恒星中心的距离. 在方程 (8.16) 中, 等号右边的第一项代表引力, 第二项代表离心力.

从方程 (8.16) 可以注意到, 当离心力与引力达到平衡时, 恒星将处在一种临界状态. 由此可以定义一个恒星表面的临界角速度

$$\varOmega_{\rm crit} = \sqrt{\frac{GM}{R^3}}. \tag{8.17}$$

当自转角速度超过上述临界值 $\varOmega_{\rm crit}$ 时, 恒星表面赤道附近的物质将会被抛出. 由方程 (8.17) 定义的临界角速度 $\varOmega_{\rm crit}$ 一般被称为 $\varOmega$ 极限.

根据方程 (8.17), 还可以定义一个恒星赤道面上的临界自转速度

$$v_{\rm crit} = R\varOmega_{\rm crit} = \sqrt{\frac{GM}{R}}. \tag{8.18}$$

(3) 物质损失过程.

物质损失过程是影响极亮主序恒星演化进程的最重要的物理因素. 观测结果和理论模型均表明, 存在两种类型的物质损失过程: 一类是由辐射压强驱动的高速星风, 它能产生持续稳定的物质流失过程, 但是其物质损失率较低. 另一类是当恒星表面达到 $\varGamma$ 极限或者 $\varOmega$ 极限时, 其大气层中可能会出现多种流体不稳定性, 并导

致局部区域产生团块状的间歇式物质外流现象. 例如, 亮蓝变星 (LBV) 复杂多变的爆发现象很可能与恒星外包层达到上述极限条件有关. 一般来说, 这种团块状物质损失过程所产生的物质损失率要比辐射压驱动的星风大得多. 它可以是间歇期相对较长的准稳态快速物质流失过程, 也可能引发非稳定的剧烈物质抛射过程.

8.3.2 内部结构与演化

由于其中心附近的温度很高, 极亮主序恒星的中心氢燃烧过程仍然以碳氮氧循环的形式进行. 由于质量越大的恒星其中心聚度越低, 因此发生热核燃烧过程的区域越大, 由此造成恒星的光度也越高. 与上主序恒星的情况类似, 碳氮循环甚至在恒星到达零年龄主序之前就已经达到其平衡状态了. 此外, 由于反应区温度很高, 氮氧循环此时也发挥着显著的作用.

另一方面, 中心氢燃烧过程所产生的很高的光度使得在恒星中央很大范围内辐射温度梯度超过了当地的绝热温度梯度, 从而在中心核内引发了大范围的对流运动. 由于质量越大的恒星光度越高, 因此中心对流核所占据的区域也越大. 对于具有与太阳相同金属丰度的恒星来说, 当其质量超过 $80M_\odot$ 时, 其中心对流核将一直延伸到恒星光球附近. 由于此时恒星的有效温度也很高, 在中心对流核之外, 恒星相对很薄的外包层将处于辐射平衡状态.

随着中心氢燃烧过程的持续运行, 对流核内的氢丰度将不断下降, 并导致其边界处不透明度和辐射温度梯度的减小. 于是, 中心对流核的边界将不断向内退缩, 并留下一个元素丰度梯度区. 尤其值得注意的是, 虽然在这一区域内碳、氮和氧的丰度之和为一个常数, 但是不同地方它们之间的丰度比却反映了当时对流核内碳氮氧循环的具体情况. 例如, 在最靠外的地方可以发现有氮而无碳, 并且氧大体上为初始值, 这反映了氢燃烧过程刚开始时碳氮循环处于平衡状态而氧尚未参与进循环中来. 随着对流核边界向内退缩, 氮丰度会逐步增大而氧丰度将逐步减小, 反映出氮氧循环发挥着越来越显著的作用. 显然, 质量越大的恒星, 这种变化趋势就越显著.

对于那些具有与太阳相同金属丰度的恒星来说, 在主序演化期间其外包层都将先后达到 Γ 极限或者 Ω 极限. 由于此时恒星的演化时标相对较长, 超 Γ 极限或者超 Ω 极限所导致的物质外流现象将表现为一种准稳态的快速物质损失过程, 并使得恒星呈现出 Of 型星的特征. 值得注意的是, 此时恒星中央巨大的对流核所占质量范围也在随着中心氢燃烧过程的持续运行而快速地缩小. 当对流核所含质量减小的速度快于恒星总质量减小的速度时, 对流核外富氢包层内所包含的质量实际上是随演化逐渐增加的, 然而其内氢丰度却是不断降低的. 外包层中氢丰度的减小将导致其不透明度的迅速降低. 于是, 快速的物质损失过程使得这些质量特别巨大的恒星在赫罗图上表现为: 在其主序阶段开始后不久, 恒星就因外包层中的氢丰度显著降低而折向有效温度升高的方向演化,并由此导致该区域主序带如图 8.10 所示显著收窄. 模型计算表明, 直到其中心的氢燃料耗尽时, 极亮主序恒星仍将具有一个相当大质量的含氢包层.

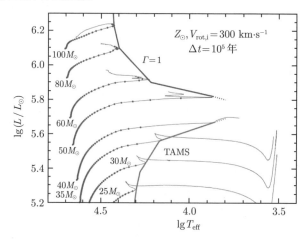

图 8.10 极亮主序恒星在赫罗图中的演化轨迹

图中右上边折线为 Γ 极限所处的位置. 图片源自 [18]

随着其富氢包层被快速剥离, 极亮主序恒星的有效温度最终将大幅升高至超过 60000 K. 当经过碳氮氧循环处理并使得其丰度得到明显增大的氮出现在其表面时, 恒星将在主序阶段的中后期演化成为 WNL 型星. WNL 型星是 WR 型星的一个子类. 相对于其他子类的 WR 型星来说, WNL 型星的有效温度较低但光度却极高, 并且最主要的特征是其表面存在符合碳氮氧循环平衡丰度的大量氮元素.

对于那些质量大于 $120 M_\odot$ 左右的恒星来说, 超 Γ 极限现象在恒星到达零年龄主序前就已经出现在其外包层中, 并导致其中心对流核外原本就很薄的富氢包层在中心氢燃烧开始不久就完全流失掉了. 这类恒星因而可以被看做生来就是 WNL 型星. 它们将一直停留在赫罗图中 WNL 型星所处的相应区域度过其主序演化阶段, 直到其中心的氢燃料消耗殆尽.

当恒星的金属丰度减小时, 物质的不透明度将随之降低, 而极限光度却反而增大, 因而上述典型质量范围也将相应变大.

§8.4 恒星按质量分类

纵观恒星一生的演化历程, 在其中心附近区域所进行的热核燃烧过程的种类不同直接决定了恒星具有完全不同的外观表象, 而热核燃烧序列的顺序进行则将不同演化阶段的恒星联系起来. 当现有的核燃料消耗殆尽后, 恒星的中心核将快速收缩,释放出来的引力势能不断加热气体物质并使其温度升高,直到新的热核燃烧过程开动以使得恒星内部结构重新回到准静态的平衡状态. 因此,恒星的演化进程呈现出准稳态与快速演化状态交替进行的特征. 特别是在中心核内发生氢燃烧过程期间,恒星将位于赫罗图中主序所在的位置. 而当中心氢燃烧阶段结束以后,恒星的演化进程呈现为各具特色的几种不同的演化图景. 决定恒星选择不同演化图景的最重要的物理参量是恒星的质量. 显然,不同质量的恒星在不同演化阶段时,其中心的温度和密度是不同的. 这将直接影响到恒星中心核内热核燃烧过程的发生方式,以及恒星随后的演化进程.

恒星中心核内自由电子是否处于简并状态对其后的演化进程具有至关重要的影响. 如果自由电子是非简并的,则中心核内气体可以用理想气体来近似. 当热核燃烧过程开动时,其所释放的热量将加热气体并导致其膨胀降温,这反过来限制了热核燃烧过程产能率的进一步上升. 当热核燃烧过程所释放的热量刚好被及时传递出燃烧区时,恒星中心核将达到稳定状态. 于是,在非简并的恒星中心核内,热核燃烧过程将以稳定的方式进行. 反之,如果自由电子在恒星中心核内处于简并状态,情况则完全不同. 此时,恒星中心核内的压强主要来自于处于简并状态的高速运动的电子,离子的热运动所产生的压强则很小. 当热核燃烧过程开动时,其所释放的热量会使得离子的温度上升. 由于离子的压强不足以使得气体发生膨胀,因此温度的上升反过来将导致热核反应速率的增加. 这样一个反馈过程将使得恒星中心核内的热核燃烧过程有时以失控方式进行,直到离子的压强最终超过电子简并压强并导致中心核膨胀降温为止,或者以爆炸式燃烧方式进行,并有可能导致诸如超新星爆发等绚丽多彩的天象奇观.

根据恒星中心核的物理状态及其整体演化图景的不同,一般将恒星按质量分成为三类:

(1) 小质量恒星 ($M < 2.2M_\odot$). 其中心氦核在点燃前处于电子简并状态,而其演化的最终结局为白矮星.

(2) 中等质量恒星 ($2.2M_\odot < M < 10M_\odot$). 其中心碳氧核处于电子简并状态,而其演化的最终结局为白矮星.

(3) 大质量恒星 ($M > 10M_\odot$). 其中心核在成为铁核之前总是处于非简并状态. 随着铁核的坍缩,其演化最终以超新星爆发结束.

小质量恒星在其中心氢燃烧阶段结束后将形成一个处于电子简并状态的氦核,并演化进入红巨星分支. 当中心核温度达到氦点燃的临界温度时,氦燃烧将以失控方式进行,形成所谓"氦闪耀"现象. 随后,稳定的氦燃烧过程将在其中心核内开动,同时恒星也将处于水平分支演化阶段. 当中心核内的氦燃料耗尽后,小质量恒星将历经渐近巨星分支和行星状星云演化阶段,并最终成为白矮星.

中等质量恒星在其中心氢燃烧阶段结束后将演化进入红巨星分支. 此后,由于其中心氦核处于非简并状态，当温度达到氦燃烧的临界温度时，中心氦燃烧过程将平稳开动. 对于质量偏小的恒星来说，整个中心氦燃烧阶段都将在红巨星分支度过. 对于质量偏大的恒星来说，中心氦燃烧阶段的前半部分将在红巨星分支度过，而在其后半部分恒星将出现蓝回绕现象，从红巨星演化成为蓝巨星或者黄巨星，然后又返回红巨星分支. 当中心核内的氦燃料耗尽后，中等质量恒星与小质量恒星类似，将历经渐近巨星分支和行星状星云阶段而最终演化成为白矮星.

由于中心核始终处于非简并状态，大质量恒星能够经历从氢燃烧开始一直到硅燃烧结束的全部热核燃烧过程，并最终形成处于电子简并状态的铁核. 当其铁核内部出现动力学不稳定性而开始坍缩后，恒星将在其中心核坍缩形成中子星 (或者黑洞) 的过程中发生超新星爆发而结束其星光熠熠的演化进程. 质量偏小的恒星在其中心氢燃烧阶段结束后将首先演化进入红超巨星阶段，并在此期间完成后续的全部热核燃烧过程，最终以红超巨星或者蓝超巨星为前身星爆发成为超新星. 而那些质量偏大的恒星在主序后将演化成为 WR 型星，并在此阶段完成后续热核燃烧过程而爆发成为超新星.

第 9 章 小质量恒星主序后的演化

§9.1 小质量恒星的演化图景

小质量恒星一般是指那些质量小于 $2.2M_\odot$ 的恒星. 由于质量较小, 其中心核内的氢燃烧过程一般能够持续进行非常长的时间. 对于质量小于 $1.5M_\odot$ 的恒星, 由于其中心温度较低, 中心氢燃烧过程将以质子链的形式进行, 从而导致恒星具有一个辐射平衡的内核. 与此同时, 恒星较低的有效温度导致对流运动在恒星外包层中充分发展, 这使得恒星具有一个对流的外包层. 对于质量大于 $1.5M_\odot$ 的恒星, 由于其中心温度相对较高, 中心氢燃烧过程将以碳氮氧循环的方式进行, 并导致恒星中心附近出现一个小的对流核. 此外, 相对较高的有效温度会使得恒星的外包层处于辐射平衡状态. 当其中心点的氢燃料基本耗尽时, 中心氢燃烧过程结束, 恒星将在赫罗图上离开主序而进入红巨星分支.

小质量恒星的最重要特征是其中心氢燃烧过程结束后所形成的氦核处于电子简并状态. 进入红巨星分支后, 氢燃烧过程将继续在氦核表面的薄壳中进行, 燃烧后的余烬不断添加到氦核中, 使得氦核的质量和温度不断上升. 同时, 恒星有效温度的持续降低造成对流运动不断向恒星内部延伸, 并使得恒星如图 9.1 所示在赫罗图上沿红巨星分支演化爬升. 当其中心附近温度上升到氦燃烧点火所需温度时, 恒星内部将出现失控式的氦燃烧现象. 值得庆幸的是, 由于恒星中心附近存在中微子能量损失过程, 这种失控式氦燃烧不是在小质量恒星的正中心发生, 而是在相对

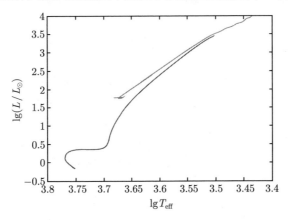

图 9.1 一颗质量为 $1M_\odot$ 的恒星在赫罗图中的演化轨迹

靠近氦核表面的地方出现. 这里的电子简并度通常不算太高, 因此氦燃烧过程所释放的热量很快将电子气体的简并状态解除, 从而导致燃烧区膨胀降温并最终使得氦燃烧过程停止. 这种短时的失控式氦燃烧现象被称为"氦闪耀". 氦闪耀过程可以重复进行, 直到最终解除整个中心氦核的电子简并状态. 之后, 氦燃烧过程将在小质量恒星的中心附近平稳地开动. 处于这一演化阶段的恒星在赫罗图上将分布在从红巨星分支一直延伸到水平分支的宽阔区域内.

在中心氦燃烧阶段, 小质量恒星内部结构上的一个主要特征是存在一个逐步扩大的中心对流核, 这使得越来越多的氦燃料被运送到恒星中心附近热核燃烧区内. 当中心氦燃烧过程结束时, 由碳和氧组成的恒星中心核将收缩形成一个电子简并核, 之外是一个基本上由氦组成的幔隔层, 最外面则是原初的氢氦混合物所组成的外包层. 此时, 氦燃烧过程将在碳氧核表面点燃, 并使得恒星如图 9.1 所示在赫罗图上进入渐近巨星分支演化阶段. 壳层源氦燃烧的余烬不断沉积到碳氧核内, 导致恒星中心的温度和密度不断上升. 这会使得恒星中心附近的中微子能量损失快速升高, 同时反过来也限制了恒星中心温度的进一步上升. 当氦幔层的质量由于热核燃烧过程而降低到临界值以下时, 壳层源氦燃烧过程在氦幔层底部熄灭, 随后氢燃烧过程将在氦幔层表面点燃. 壳层源氢燃烧过程的产物持续补充到氦幔层中, 直到其底部温度重新达到氦燃烧的点火温度时, 壳层源氦燃烧过程再次开动, 同时熄灭了氦幔层表面的壳层源氢燃烧过程. 恒星在渐近巨星分支演化阶段出现的这样一种壳层源氦燃烧和壳层源氢燃烧在氦幔层的内、外表面交替进行的热核燃烧过程被称为"热脉冲"现象. 此时, 随着其光度越来越高, 恒星外包层中的绝大部分富氢物质将通过快速物质损失的方式从其表面逃逸出去, 并造成恒星的有效温度快速上升. 当中心碳氧核外的物质被星风剥离到少于 $10^{-2}M_\odot$ 时, 小质量恒星将经由行星状星云演化阶段到达白矮星序列, 开始了从高温高光度的起始端向低温低光度的结束端冷却的白矮星演化进程.

§9.2 沿红巨星分支的演化

当其中心点的氢燃料耗尽后, 氢燃烧过程将从恒星中心点开始向外移动, 并形成一个燃烧壳层. 随着氢燃烧壳层源逐渐向外推移, 燃烧过程所产生的氦余烬不断沉积到恒星中心核内, 形成一个从零开始并且不断长大的氦核. 由于氦核质量不断增大, 其自身引力产生的压缩效应造成其密度也越来越高, 最终导致氦核内的电子气体进入了简并状态. 电子气体简并度的不断增加一方面导致了压强的快速升高, 这将在很大程度上抵消引力的压缩作用, 并保持质量不断增大的氦核处于一个相对稳定的状态. 另一方面, 自由电子的平均速度快速上升将大大提高电子气体的热传导效率, 这将造成热量快速从恒星内核中被传递出去, 并且使得中心氦核逐渐成为等温核. 同时, 那些被转移出来的热量无法在恒星外包层中被同样迅速地传送到恒星的表面辐射掉, 因此将加热外包层并引起其膨胀降温. 于是, 在离开主序以后, 恒星在赫罗图上将朝向红端演化.

在到达红巨星分支时, 对流将在恒星外包层中迅速发展, 并逐步向恒星内部延伸. 此时, 恒星中心附近处于电子简并状态的等温氦核的性质决定着小质量恒星在整个红巨星分支阶段的演化行为.

9.2.1 简并氦核的性质

对处于红巨星分支阶段的小质量恒星来说, 氦核中的电子气体将处于非相对论性的简并状态. 根据方程 (2.120), 其状态方程满足下列多方关系:

$$p_{\mathrm{e}} = \frac{8\pi}{15mh^3}\left(\frac{3h^3}{8\pi\mu_{\mathrm{e}}m_{\mathrm{H}}}\right)^{5/3}\rho^{5/3} = K\rho^{5/3}. \tag{9.1}$$

可以注意到, 这是一个指数 $n = 3/2$ 的多方关系, 并且多方关系中的系数 K 为常数. 通常来说, 电子气体的简并压强将远远大于离子气体的压强和辐射压强, 成为总压强中的支配性因素.

对于方程 (9.1) 的多方关系, 假定简并氦核表面的密度很低, 根据多方模型方程 (6.74), 可以得到

$$\left(\frac{\xi_n}{R_{\mathrm{c}}}\right)^2 = \frac{4\pi G}{K(1+n)}\rho_{\mathrm{c}}^{(n-1)/n} = \frac{8\pi G}{5K}\rho_{\mathrm{c}}^{1/3}, \tag{9.2}$$

其中 R_{c} 是简并氦核的半径, ξ_n 是氦核表面处的 ξ 值, ρ_{c} 是氦核中心的密度. 于是, 根据方程 (9.2), 可以得到

$$R_{\mathrm{c}} = \sqrt{\frac{5K}{8\pi G}}\xi_n\rho_{\mathrm{c}}^{-1/6}. \tag{9.3}$$

同时, 利用方程 (6.84), 可以得到

$$M_{\mathrm{c}} = 4\pi R_{\mathrm{c}}^3\rho_{\mathrm{c}}\left[-\frac{1}{\xi}\frac{\mathrm{d}u}{\mathrm{d}\xi}\right]_{\xi_n} = \frac{4\pi}{3}\left(\frac{5K}{8\pi G}\right)^{3/2}C_n\xi_n^3\rho_{\mathrm{c}}^{1/2}, \tag{9.4}$$

其中 M_{c} 是简并氦核的质量, C_n 是一个常数. 从方程 (9.3) 和 (9.4) 中消去中心密度 ρ_{c} 后, 可以得到

$$R_{\mathrm{c}} = \left(\frac{4\pi}{3}\right)^{1/3}\frac{5KC_n^{1/3}\xi_n^2}{8\pi G}M_{\mathrm{c}}^{-1/3}. \tag{9.5}$$

从方程 (9.5) 可以注意到, 简并氦核的性质完全由其质量决定: 氦核的质量越大, 其半径越小, 并且氦核中心的密度也就越高. 这是处于电子简并状态的恒星中心核的一个普遍的性质. 因为中心核的质量越大, 其自引力也就越强, 因此中心核将被压缩得更紧, 从而产生更高的电子简并压强来与之抗衡.

对处于电子简并状态的等温氦核来说, 在它内部密度和压强是如此之大, 以至于它已经几乎感受不到外面稀薄的恒星外包层的存在. 如果简并是相对论性的, 则气体的温度可以被当成零度, 那么中心核收缩所释放出来的引力势能将完全转变成电子气体的费米能. 但是, 对于此时的氦核来说, 其简并度不算很高, 电子的运动是非相对论性的, 因此氦核收缩所释放的引力势能一部分将成为电子气体的费米能, 其余部分则成为理想气体的内能. 于是, 根据位力定理 (6.97) 和方程 (9.5), 可以得到

$$T_c \approx \frac{G'\mu_c}{3\Re} \frac{M_c}{R_c} = \left(\frac{3}{4\pi}\right)^{1/3} \frac{8\pi G G' \mu_c}{15\Re K C_n^{1/3} \xi_n^2} M_c^{4/3}. \tag{9.6}$$

从方程 (9.6) 可以注意到, 氦核的质量越大, 其温度也就越高.

9.2.2 沿红巨星分支的演化

在主序演化阶段结束以后, 氢燃烧壳层源紧贴在等温氦核表面, 其内氢燃烧过程所释放的热量维持着恒星表面的光度. 随着氢燃烧过程持续不断地进行, 新生成的氦不断添加到处于简并状态的氦核中, 导致氦核的质量和温度持续上升. 这个过程反过来也提升了氢燃烧壳层源的温度, 使得壳层源逐渐变薄以及恒星的光度持续增加.

依据恒星质量的不同, 在到达红巨星分支前后, 壳层源内氢燃烧过程的方式也由主序演化期间的质子链为主转变为以碳氮氧循环为主. 模型分析表明, 此时氢燃烧过程所产生的光度可以近似表达为

$$L_H \propto M_c^7 R_c^{-16/3} \propto M_c^{8.8}, \tag{9.7}$$

其中 L_H 表示壳层源氢燃烧过程所产生的光度. 壳层源氢燃烧过程的产物反过来又将导致氦核质量的增加. 这一过程同样可以表达为

$$\dot{M}_c = \frac{L_H}{X_H Q_H}, \tag{9.8}$$

其中 X_H 代表氢丰度, Q_H 代表氢燃烧过程中每克氢进行热核反应后所释放的热量. 由于简并氦核的质量将一直增加下去, 因此恒星在红巨星分支演化阶段将沿林中四郎线爬升.

§9.2 沿红巨星分支的演化

在到达红巨星分支后,对流开始出现在恒星外包层中,并形成一个一直延伸到恒星表面附近的对流区.随着恒星光度的不断升高,外包层中的辐射温度梯度也逐渐变大,因此造成对流区的底部逐步向恒星内部侵蚀.由于对流运动在传递热量的同时还会造成对流区内物质的混合,因此当对流运动开始深入到主序期间氢燃烧过程发生过的区域时,就会将前期氢燃烧过程的产物带到恒星的表面.小质量恒星在红巨星分支演化阶段出现的这一对流区底部不断向内延伸的过程常常被称为第一次掘取 (FDU) 过程.这时,可以在恒星的光谱中观察到一些丰度反常的化学组分,如 ^{3}He 甚至 ^{13}C 等元素的丰度过高.这些丰度反常的化学元素的出现是恒星内部曾经发生过氢燃烧过程的重要证据之一.

在第一次掘取过程中,对流向内的侵蚀可以一直持续到对流区的底部逼近氢燃烧壳层源所在的地方,并在此形成一个元素丰度的不连续面,尤其是恒星外包层中的氢被运送至此造成跨越该界面后氢丰度的突然增加.此时第一次掘取过程结束.之后,对流区的底部将在氢燃烧壳层源的推挤作用下开始向恒星外部回退.

在第一次掘取过程结束后不久,氢燃烧壳层源将移动到达对流掘取过程刚刚形成的元素丰度间断面.随着壳层源逐渐移入元素丰度间断面,氢丰度的突然上升将会造成平均相对原子质量的突然下降,并导致跨过元素丰度间断面后密度和氢燃烧过程产能率的显著下降.因此,恒星的光度将如图 9.2 所示随之降低,直到壳层源完全移出元素丰度间断面并进入化学组成均匀的外包层为止.之后,恒星将如图 9.2 所示沿林中四郎线继续爬升.恒星光度出现上述上升后下降再上升的变化,会使得恒星在此阶段的逗留时间显著高于红巨星分支的其余部分,并在星团观测中表现为恒星数目随光度的分布存在一个明显增多的平台.通常将这一现象称为

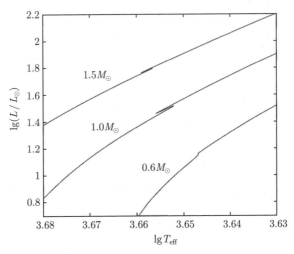

图 9.2　小质量恒星在红巨星分支演化期间的赫罗图

红巨星聚团 (RGB bump). 显然, 聚团现象的出现是红巨星内部存在元素丰度突变层的一个直接证据.

当氦燃烧过程在恒星内部处于电子简并状态的中心核内点火时, 恒星在赫罗图中演化到达红巨星分支的顶端. 由于氦燃烧过程的点火温度大体上是固定的 ($\approx 10^8$ K), 而简并氦核的性质基本上完全取决于其质量, 综合考虑上述两个方面就可以得到一个重要的结论: 在红巨星分支的顶端, 所有小质量恒星的中心氦核都具有基本相同的质量. 模型计算表明, 当氦核质量增长到 $M_{\rm He} \approx 0.45 M_\odot$ 时, 恒星中心简并核内的最高温度到达氦燃烧的点火温度. 同时, 由于氢燃烧壳层源的温度也与氦核质量密切相关, 因此在红巨星分支的顶端, 不同质量的恒星也将具有大体上相同的光度.

此外, 上述结论的一个重要推论是: 对于初始质量过低的恒星, 由于其简并氦核的质量 $M_{\rm He}$ 永远不会达到 $0.45 M_\odot$, 所以它们不会发生氦燃烧过程. 模型计算表明, 初始质量 $M < 0.5 M_\odot$ 的恒星属于这种情况, 它们将最终演化成为氦白矮星.

9.2.3 不同物理因素对红巨星分支位置的影响

由于中心简并氦核的性质对于小质量恒星来说基本上是相同的, 因此其外包层的结构是影响红巨星分支在赫罗图上所处位置的关键性因素.

金属丰度是红巨星分支在赫罗图上所处位置的一个非常敏感的因素. 首先, 金属丰度增加则不透明度增加, 特别是分子和 H^- 离子的不透明度增加, 将造成恒星外包层内的对流运动向内延伸, 从而使得红巨星分支具有更低的有效温度. 对于星团观测来说, 常常用红巨星分支在赫罗图中的位置来指示其金属丰度. 此外, 氦丰度也会对红巨星分支的位置有一定影响. 氦丰度增加则不透明度减小, 于是将得到一个稍热的红巨星分支. 其次, 红巨星分支顶端光度的高低与金属丰度密切相关. 在红巨星分支演化阶段, 恒星的光度主要由壳层源氢燃烧过程提供. 由于燃烧的方式是碳氮氧循环, 因此壳层源氢燃烧过程的产能率正比于金属丰度. 显然, 金属丰度的增加将导致红巨星分支的顶端具有更高的光度. 因此, 准确测定红巨星分支顶端的光度就可以确定一个恒星系统的金属丰度.

另外一个对红巨星分支位置有显著影响的因素是对流的混合长参数 α. 在靠近恒星的光球附近, 由于存在强烈的辐射散热效应, 对流运动是非绝热的, 造成此处的温度梯度远远大于气体的绝热温度梯度. 显然, 当混合长参数 α 增大时, 对流传能的效率将增加, 并造成此处的温度梯度减小, 于是产生出一个较热的红巨星分支.

§9.3 氦 闪 耀

当小质量恒星处于电子简并状态的中心氦核生长到 $0.45 M_\odot$ 时, 氦燃烧过程将被点燃. 由于此时热核燃烧过程发生在电子简并区, 因此燃烧所释放的热量仅仅加热了离子气体并使其温度上升, 而不会引起对压强起主要贡献作用的电子气体状态的显著变化. 于是, 氦燃烧过程将以核失控的方式进行, 直至离子气体的压强超过电子气体的压强, 从而推动中心核膨胀并最终解除氦核内电子气体的简并状态为止. 这种小质量恒星中心核内发生的失控式氦燃烧过程即氦闪耀.

氦燃烧过程不会从恒星的正中心开始, 而是在离中心较远的地方发生. 这是因为氦核内部密度非常高, 由此引发等离子中微子过程. 由于中微子能量损失率与物质密度密切相关, 于是越靠近恒星中心的地方, 中微子造成的能量损失越大, 导致此处的温度也越低. 因此, 恒星内部温度最高的地方不在氦核的正中心, 而是在偏离中心的地方.

随着氦核质量的增加, 氦核内部所能达到的最高温度也在升高, 而其出现的位置则更加靠外. 当最高温度达到氦燃烧的点火温度时, 第一次氦闪耀就从温度最高的地方开始了. 失控式氦燃烧过程所释放的热量迅速加热了最初闪耀点及其周边的离子气体, 形成一个逐渐变宽的闪耀层, 其内边界位于氦燃烧过程产能率与中微子能量损失率相等的地方, 而外边界处的温度则刚好等于氦燃烧的点火温度. 由于越靠近恒星的中心, 电子气体的简并度越高, 因此解除简并状态所需要的热量也就越多. 于是, 闪耀层外边界附近电子气体的简并状态将首先被解除, 然后逐步向内发展, 直至闪耀层的内边界. 当闪耀层内电子气体的简并状态被解除以后, 氦燃烧过程所释放的热量将导致其内离子气体的压强超过电子气体的压强. 于是, 闪耀层内的物质将发生膨胀并降温, 最终导致热核聚变反应停止, 从而结束一次完整的氦闪耀过程.

模型计算表明, 第一次氦闪耀过程会在大约几秒钟的时间内释放出巨大的热量. 当闪耀层解除简并状态并开始膨胀时, 闪耀层以上的物质也在其推动下开始向外运动并膨胀降温. 特别值得注意的一点是, 氢燃烧壳层源在闪耀层向外的推移作用下迅速膨胀降温, 并最终导致氢燃烧过程熄灭. 由于此时氢燃烧过程维持着恒星表面绝大部分的光度, 因此闪耀过程开始后恒星的总光度甚至会略微下降. 另一方面, 闪耀释放的热量将在闪耀层内引发对流运动, 并在简并电子气体热传导的作用下迅速向外扩展. 模型计算表明, 闪耀诱发的对流运动可以一直延伸到氦核表面附近. 但是, 由于此时热核反应进行得如此迅速, 以至于通常认为对流运动的时标远远短于热核反应的时标这个假设不再成立. 一般来说, 这将造成对流运动的发展滞后于氦闪耀过程.

在氦闪耀过程期间, 壳层源氢燃烧过程的熄灭会对恒星未来的演化进程产生重大影响. 这是因为氢燃烧过程熄灭后, 恒星外包层内对流区的底部会向恒星内部延伸. 一旦对流运动越过已经熄灭了的氢燃烧壳层源, 则此前氢燃烧过程的产物 (^{4}He, ^{14}N 等) 将会被带到恒星的表面. 特别是当初始金属丰度非常低时, 氦闪耀诱发的对流运动甚至可以向外越过氦核表面且进入到恒星富氢的外包层中, 并且将氢带到恒星内部温度很高的地方. 于是, 在氦闪耀过后, 这种恒星内部还会发生氢在高温环境下的快速燃烧现象. 闪耀过后, 恒星外包层中的对流运动迅速向内发展, 甚至会到达氦闪耀所诱发的对流运动曾经到达过的地方, 并将上述两次热核燃烧过程的产物 (主要是 ^{12}C 和 ^{14}N) 直接带到这些极端贫金属恒星的表面, 从而彻底改变其表面的金属丰度.

对于小质量恒星来说, 氦闪耀过程可能会如图 9.3 所示进行很多次. 第一次氦闪耀过程发生时, 氦核内部的电子气体正处在简并状态最强的时期. 同时, 闪耀过程所释放的热量将被用来解除从闪耀层内边界开始一直延伸到氦核表面的电子简并状态. 因此, 这将是一次覆盖范围最广的闪耀, 其强度也将是最强烈的. 模型计算表明, 此时最初的闪耀点位于占氦核质量一半左右的球面所在的地方, 氦燃烧过程所产生的光度可以高达 $10^{10}L_\odot$. 当第一次氦闪耀过程完全结束以后, 原先过度膨胀的闪耀层将发生回落, 并导致氦核表面温度回升. 最终, 壳层源氢燃烧过程在氦核表面复燃, 从而带动了恒星表面光度的回升. 随着氦核质量的继续增加, 当氦核内部的最高温度再次到达氦燃烧的点火温度时, 下一次氦闪耀过程开始发生. 但是, 对于随后发生的氦闪耀过程来说, 由于其闪耀层逐步向恒星中心移动, 并且需要解除电子简并状态的区域基本上仅限于闪耀层本身, 因此氦燃烧过程所产生的最高光度也将大幅降低至 $10^4L_\odot$ 左右, 并且逐次下降. 同时, 由于此时闪耀层与氢燃烧壳层源之间隔着一层很宽的已被解除简并状态的氦幔层, 因此氦闪耀过程对氢燃烧壳层源的影响也大幅减弱, 一般仅仅只是造成氢燃烧产能率一定程度的下降, 而恒星的总光度则维持在一个较低的水平上. 当最后一次氦闪耀过程解除掉恒星中心点的电子简并状态后, 稳定的氦燃烧过程就在恒星中心核内建立起来了.

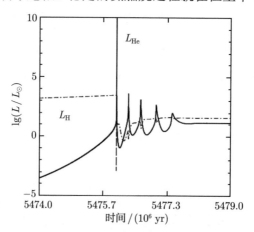

图 9.3　小质量恒星在氦闪耀期间光度随时间的演化

图片源自[21]

模型计算表明, 氦闪耀过程总共会消耗掉氦核大约 5% 的质量.

§9.4 水平分支阶段的演化

最后一次氦闪耀过程结束以后, 恒星中心核内的电子简并状态被完全解除, 其中心附近的密度也从大约 $10^6\,\mathrm{g\cdot cm^{-3}}$ 大幅降低到 $10^4\,\mathrm{g\cdot cm^{-3}}$ 左右. 于是, 根据理想气体的状态方程, 气体的温度重新成为影响其压强的敏感因素之一. 当氦燃烧过程在恒星中心附近开动时, 其释放的热量将加热燃烧区及其周围的气体物质. 这将使得恒星中心附近区域做出必要的调整, 以将这些热量及时传递出去. 因此, 闪耀过后的中心氦燃烧过程将以稳定的方式进行. 此外, 在经历氦闪耀过程以后, 氢燃烧壳层源被中心氦燃烧过程所引起的膨胀现象向外推移到温度较低的区域, 造成氢燃烧过程效率的大幅下降. 由于壳层源氢燃烧过程仍然提供了此时恒星大部分的热量, 于是在氦闪耀过后, 恒星表面的光度也将显著降低. 此时, 恒星在赫罗图上将位于水平分支所处的位置上.

9.4.1 零年龄水平分支

零年龄水平分支 (ZAHB) 是指那些稳定的氦燃烧过程在化学组成均匀的中心氦核内开动时的小质量恒星模型在赫罗图上的位置. 显然, 由于之前发生过多次氦闪耀过程, 并且每一次闪耀过程发生时闪耀层所在的位置都不相同, 因此中心氦核内的化学组成分布存在一定程度上的不均匀性. 但是, 由于氦闪耀过程仅仅只消耗掉闪耀区内大约 5% 的氦, 于是在构造零年龄水平分支模型时, 中心氦核内的元素丰度分布可以用一定数量的氦已经通过 3α 反应转变为碳来加以近似. 在中心氦核之外, 还存在一个由富氢物质组成的外包层, 其化学组成有可能受到第一次掘取过程的影响, 并造成氦丰度略高于初始值. 于是, 零年龄水平分支恒星模型由以下四个物理参数决定: 恒星的总质量 M、中心氦核的质量 M_He、外包层中的氦丰度 Y 和金属丰度 Z. 根据前面的讨论可以知道, $M_\mathrm{He} \approx 0.45 M_\odot$, 因而决定零年龄水平分支模型的物理参数只剩下三个.

零年龄水平分支恒星模型的内部结构以存在两个热核燃烧区为主要特点. 氦燃烧过程将出现在恒星的中心核内. 由于氦燃烧过程是一种对温度极其敏感的热核聚变反应, 其产能率 $\epsilon_\mathrm{He} \propto T^{40}$, 因此氦燃烧过程只会发生在恒星中心附近一个非常小的区域内. 同时, 氦燃烧过程所释放的巨大热量将导致对流运动出现在中心附近燃烧区, 并迅速向外扩展到甚至占氦核质量近一半的区域. 由于不同质量的恒星其中心氦核的质量大体上相同, 因此中心氦燃烧过程所产生的光度对所有小质量恒星来说也基本上是相同的. 另一方面, 壳层源氢燃烧过程发生在中心氦核的表面附近，其燃烧效率由氦核的质量和外包层的质量共同决定. 显然，外包层的质量越大，位于其底部的氢燃烧壳层源的温度就越高，则其内氢燃烧过程的产能率也会越高，最终导致恒星表面的光度越高. 此外，由于中心氦核是大体上相同的，因此外包层的质量越大，其半径也越大，造成恒星表面的有效温度越低. 于是，如图 9.4 所示，零年龄水平分支在赫罗图上是一条从左下延伸到右上的大体上水平的曲线. 沿着这条水平线从高温端到低温端，恒星的总质量在不断增加. 这也就是小质量恒星中心氦燃烧演化阶段被称为水平分支的原因.

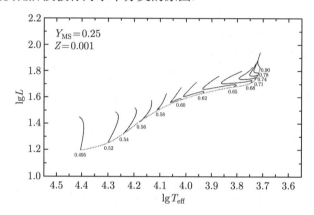

图 9.4 处于水平分支阶段时小质量恒星在赫罗图中的演化轨迹

图片源自[31]

有大量观测证据表明，在从红巨星分支顶端到零年龄水平分支这个过程中，恒星外包层内的物质有可能发生大量丢失. 在这期间，存在很多可能导致物质损失的物理机制. 例如，对于单星来说，氦闪耀导致的对流和波动现象有可能诱发动力学非稳定性，并在红巨星表面产生相应的物质损失效应. 但是，至今仍然没有确凿的证据表明究竟是何物理机制导致了某些红巨星出现大量的物质损失. 对处于双星系统中的红巨星来说，通过洛希 (Roche) 瓣的物质交流和公共包层物质抛射都有可能在其表面产生大量的物质损失.

外包层中富氢物质的过度丢失会给水平分支恒星模型带来显著的影响. 模型计算表明，当外包层的质量小于 $10^{-2}M_\odot$ 时，氢燃烧壳层源的温度开始快速降低，造成其内氢燃烧效率和恒星表面光度的显著下降. 当外包层的质量小于 $10^{-4}M_\odot$ 时，外包层底部的温度将低于氢燃烧过程开动的临界温度，并造成壳层源氢燃烧过程停止. 同时，表层物质的剥离也使得这些恒星的有效温度大幅升高. 通常将这些位于水平分支高温端以外但光度过低而有效温度更高的小质量恒星组成的集合称为极端水平分支 (EHB). 观测上发现的 B 型亚矮星 (sdB) 被认为是处在极端水平分支阶段的恒星. 观测同时表明，水平分支以及极端水平分支常常出现在年老的贫金属星团的赫罗图中. 另一方面, 对于那些几乎没有受到物质损失影响的红巨星来说, 由于其外包层都非常厚 $(0.3 \sim 1.8M_\odot)$, 对流运动可以在外包层中得到充分的发展, 以至于在氦闪耀过后它们仍然围聚在红巨星分支的旁边, 形成一个光度与水平分支大致相同的红簇群 (RC). 在观测上, 这种红簇群一般出现在年轻的富金属星团的赫罗图中.

9.4.2 中心氦燃烧阶段

小质量恒星中心核内稳定的氦燃烧过程首先从 3α 反应开始, 燃烧的产物是碳. 由于 3α 反应的速率对氦丰度的大小较为敏感 $(\propto Y^3)$, 当大量的氦被消耗掉时, 其反应速率将显著下降. 另一方面, 当相当数量的碳被积累起来以后, $^{12}\text{C}(\alpha, \gamma)^{16}\text{O}$ 反应将变得越来越重要. 除了增加氦燃烧过程的产能率以外, 碳俘获 α 粒子生成氧这个反应还会将碳变为氧, 这将直接影响恒星中心核内的化学组成. 正是鉴于该反应的上述重要性, 常常将其称为 4α 反应. 尤其是在氦燃烧过程的最后阶段, 当恒星中心的氦丰度 $Y < 0.2$ 时, 4α 反应的速率将超过 3α 反应的, 这使得中心核内的碳丰度从此时起开始下降. 当氦燃烧过程结束时, 恒星中心核内最终碳与氧的比值 (C/O) 将取决于 4α 反应的速率, 而这一至关重要的热核反应速率至今仍存在较大的不确定性. 由于中心氦燃烧过程开始时所有小质量恒星都具有大小基本相同的氦核, 因此其中心氦燃烧阶段所需要的时间也大体相同. 模型计算表明, 小质量恒星在这一阶段的寿命为 1.2 亿年左右.

由于氦燃烧过程发生在恒星中心附近一个很小的区域内, 这将导致对流运动在燃烧区内出现, 并向外延伸至氦核内部较远的地方, 形成一个范围比燃烧区大得多的中心对流核. 随着氦燃烧过程持续不断地运行, 中心对流核所包括的质量范围会逐步扩大. 因为根据方程 (6.29), 此时辐射温度梯度的变化可以近似表达为

$$\frac{\Delta \nabla_\text{R}}{\nabla_\text{R}} = \frac{\Delta\rho}{\rho} + \frac{\Delta\kappa}{\kappa} + \frac{\Delta L_r}{L_r} - 3\frac{\Delta T}{T} \approx \frac{\Delta L_r}{L_r} - \frac{3}{2}\frac{\Delta T}{T}, \tag{9.9}$$

其中假定不透明度主要来自于电子散射过程 (4.114). 利用理想气体的状态方程 (2.54), 并考虑到对流核内的温度梯度近似等于气体的绝热温度梯度: $\nabla \approx \nabla_\text{ad}$, 可以近似得到 $\rho \propto T^{3/2}$. 从方程 (9.9) 可以注意到, 当氦燃烧过程在恒星中心附近区域进行时, 燃烧区内的氦被聚合为碳, 并被对流运动带到对流核的各个地方, 使得对流核内平均相对原子质量逐步增加. 根据理想气体的状态方程 (2.54), 平均相对原子质量的增加将导致压强的下降, 于是恒星将进行自我调整, 升高温度和密度以抵消平均相对原子质量降低对压强的影响. 由于氦燃烧过程对温度的变化极其敏感, 温度的升高将导致氦燃烧产能率的大幅提高, 进而带动恒星光度的快速上升. 此时, 根据方程 (9.9), 中心对流核表面附近的辐射温度梯度也随之增加, 导致对流核所包括的范围逐步扩大.

小质量恒星氦燃烧阶段出现的中心对流核扩大现象会带来一个棘手的问题,即中心对流核外的混合问题. 按照通常的处理方式, 假定对流运动是非常迅速的, 于是所有元素在中心对流核内都将被混合均匀. 随着中心氦燃烧过程的运行, 对流核的逐步扩大会在其表面形成一个化学丰度间断面, 在其内部是氦与碳氧的混合物构成的对流区, 而在其外部是基本上由氦组成的辐射平衡区. 由于电荷数越高的元素其自由-自由吸收系数也越大, 因此化学组成的差别导致了丰度间断面两侧不透明度以及辐射温度梯度的差别, 即在对流核内辐射温度梯度大大高于气体的绝热温度梯度, 而在对流核外辐射温度梯度则刚好小于绝热温度梯度. 这个效应将使得辐射温度梯度在中心对流核边界处出现不连续性. 当然, 事实上对流运动不会刚好停止在通常由施瓦西判据确定的对流区边界处, 而是会冲出上述边界并进入稳定分层区一定的深度. 这个现象常常被称为对流超射. 从三维流体力学数值模拟的结果来看, 在对流区边界附近流体的流动主要是沿边界的走向发展. 但是, 由于湍流会造成对流区边界形状的不规则变化, 因此可以使得流动深入到稳定分层区内并将其中的流体卷入到流动中来, 形成所谓的 "湍流挟带效应". 于是, 对流核边界以外的氦有可能被对流超射现象带入到中心对流核内, 而对流核内新生成的碳和氧则可能会被扩散到对流核外. 由此引发的一个重要问题是湍流造成的不同化学元素在对流超射区内的混合过程是怎样的. 一种简单的假设是完全混合, 这将导致元素在超射区内均匀地分布. 值得注意的是, 完全混合假设会造成超射区内碳氧丰度的大幅增加, 因此将显著提高该区域的不透明度和辐射温度梯度, 于是, 在混合前被认定为属于稳定分层的地方, 发生混合后有可能必须重新认定为属于非稳定分层了, 这就造成了界定中心对流核边界所处位置时的不确定性. 另一种较为合理的处理方法是假定混合过程类似于一种扩散过程, 这将消除对流核表面处元素丰度的不连续性, 并造成超射区中出现元素丰度梯度. 因此, 在超射区内应该采用勒都判据来判断流体分层的稳定性. 模型计算表明, 由于超射区的厚度一般来说应该比较薄, 因而此处的平均相对原子质量梯度较大, 并导致超射区继续维持其稳定分层状态. 这种满足施瓦西判据但不满足勒都判据的区域通常被称为半对流区.

当中心氦燃烧过程接近尾声 ($Y < 0.1$) 时, 4α 反应逐渐取代 3α 反应成为氦燃烧的主要方式, 这也逐步降低了恒星中心附近氦燃料消耗的速度. 与此同时, 相对于越来越低的中心氦丰度来说, 对流核逐渐增大所新摄入的氦越来越有效地补充了中心附近氦燃料的消耗. 当从对流核外新摄入的氦的数量刚好和中心附近氦燃烧过程消耗掉的相等时, 中心氦燃烧过程将达到一种燃料的供给与消耗相对平衡的状态, 并会使得其产生的光度在一段时间内大体维持不变. 模型计算表明, 辐射温度梯度在对流核边界以内一个相当宽的区域内非常接近当地的绝热温度梯度. 在这期间, 中心对流核内的平均相对原子质量随着碳变为氧而逐渐增大, 导致温度和密度的同步升高. 根据方程 (9.9), 上述两方面因素的综合作用会造成辐射温度梯度

的显著下降. 因此, 一旦辐射温度梯度低于气体的绝热温度梯度, 将导致对流核的大幅溃缩. 之后, 由于没有新的燃料补充到中心附近氦燃烧区内, 这将导致中心附近现存燃料的加速消耗, 而燃烧后新生成的氧被对流运动带到对流区边界附近. 研究表明, 当自由-自由吸收过程起主导作用时, 某种元素的不透明度正比于其电荷数. 因此, 对流区边界附近氧丰度的增加将显著提高这里的不透明度和辐射温度梯度, 导致对流核边界重新快速向外扩展, 直至延伸进入到基本上由氢组成的辐射平衡区. 于是, 新的氦燃料通过对流运动再次被大量补充到恒星中心附近的燃烧区, 使得恒星中心的氦丰度快速回升. 此外, 中心附近氦丰度的骤增会造成氦燃烧过程大幅提速, 所释放的热量又会进一步加剧对流核向外发展的趋势, 并导致摄入更多的氦燃料, 这将形成一种非稳定过程. 这种现象有时被称为对流核的 "喘息脉冲". 在小质量恒星中心氦燃烧阶段末期, 对流核的喘息脉冲现象可能会重复发生数次. 喘息脉冲现象除了能明显延长中心氦燃烧阶段的寿命外, 还会显著提高最终形成的碳氧核内的氧丰度.

模型计算表明, 对于那些位于极端水平分支的恒星来说, 由于覆盖在其中心氦核外面的富氢包层很薄 ($M_{\rm env} < 0.03 M_\odot$), 致使其处于整个中心氦燃烧阶段的有效温度都要高于 20000 K, 因此这类恒星模型的富氢包层将整体上处于辐射平衡状态. 在中心氦燃烧过程期间, 由于此时氦燃烧过程所释放的热量占支配地位, 因此恒星的光度将随着中心温度的升高而明显增大. 同时, 光度变大将导致富氢包层内的辐射温度梯度同步增加, 并使得恒星的有效温度缓慢降低. 当恒星中心的氦丰度很低时, 中心对流核将发生喘息脉冲现象, 致使模型在赫罗图上表现出如图 9.5 所示的原地打圈行为, 直到恒星中心的氦燃料完全耗尽为止.

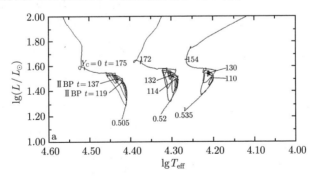

图 9.5 极端水平分支恒星在赫罗图中的演化轨迹

图片源自[8]

对于那些分布在水平分支上的恒星来说, 由于其富氢包层较厚 ($0.05 M_\odot < M_{\rm env} < 0.25 M_\odot$), 从而保证了位于包层底部附近的壳层源氢燃烧过程的顺利进行. 模型计算表明, 在中心氦燃烧过程期间, 中心氦燃烧过程所产生的热量在逐步

增大,而壳层源氢燃烧过程所释放的热量在不断减小,并且二者之和在整个水平分支演化阶段大致保持不变. 壳层源氢燃烧过程所释放的热量在总光度中所占的比例取决于富氢包层的厚度,包层越厚则氢燃烧过程所占比例越大. 在中心氦燃烧阶段的前期,壳层源氢燃烧过程在富氢包层中高效地向外推进,燃烧所形成的余烬不断沉积到氦核内,使得中心氦核质量持续增加. 同时,由于富氢包层不断变薄,因而恒星在赫罗图上将如图 9.4 所示大体上沿着水平分支不断移向有效温度更高的地方. 当中心氦燃烧过程所产生的热量在恒星总光度中占支配地位后,此时恒星的内部结构就非常类似于那些位于极端水平分支的恒星的情况. 于是,在中心氦燃烧阶段的后期,恒星在赫罗图上将向光度升高而有效温度降低的方向演化.

对于那些富氢包层非常厚的红簇群恒星来说,在中心氦燃烧阶段的前期,壳层源氢燃烧过程所释放的热量在总光度中占支配地位. 随着中心氦核的缓慢膨胀,氢燃烧壳层源逐步降温,造成其燃烧效率下降,并导致恒星的光度出现一定程度的降低. 当中心氦燃烧过程取代壳层源氢燃烧过程成为恒星光度的主要提供方式以后,随着氦燃烧效率的持续上升,恒星的光度在中心氦燃烧阶段的后期又会出现一定程度的回升. 另一方面,恒星的半径和有效温度则主要由其对流包层的质量决定. 由于壳层源氢燃烧过程对包层质量的影响不大,因而恒星在整个中心氦燃烧阶段将如图 9.4 所示停留在红巨星分支附近.

9.4.3 水平分支上的缺口 —— 天琴座 RR 变星

水平分支跨越了一个很宽广的有效温度范围,从富氢包层很薄时的大约 20000 K 到富氢包层很厚时的大约 5000 K. 由于质量较小,到达水平分支时恒星的年龄一般都很大. 例如,一颗初始质量为 $1.4M_\odot$ 的恒星,演化到达水平分支时的年龄大约为 40~50 亿年. 因此,观测到的水平分支恒星一般都属于星族 II 型恒星. 在有效温度大约处于 5900~7500 K(对应的光谱型为 A~F) 的一个窄带内,观测发现所有位于其中的恒星都表现出周期性的脉动现象. 通常将这类脉动变星称为天琴座 RR(RR Lyrae) 变星.

天琴座 RR 变星的脉动周期在 0.2~0.9 天,在可见光波段的变化幅度为 0.2~1.6 星等. 根据观测到的光变曲线的不同特征,又可将其细分为三类: RRab 型属于基准模式,具有大变幅、光变曲线不对称等特征; RRc 型属于一阶模式,表现为小变幅、正弦型光变曲线等特征; RRd 型属于同时出现上述两种光变特征的双模式脉动体.

天琴座 RR 变星所具有的重要性质之一是其脉动性质服从所谓的 "周期–光度关系". 模型计算表明[32],对于基准模式和一阶模式而言,其周期–光度关系分别为

$$\lg \Pi_0 = 0.84 \lg (L/L_\odot) - 0.68 \lg (M/M_\odot) - 3.48 \lg (T_{\rm eff}/6500) - 1.772, \qquad (9.10)$$

$$\lg \Pi_1 = 0.83 \lg(L/L_\odot) - 0.65 \lg(M/M_\odot) - 3.39 \lg(T_{\text{eff}}/6500) - 1.867, \qquad (9.11)$$

其中,基准模式的周期 Π_0 和一阶模式的周期 Π_1 均以天为单位. 由于脉动的周期可以从观测上较准确地测定,于是利用方程 (9.10) 和 (9.11) 就可以相对准确地得到恒星的光度, 因此这类变星常常被称为宇宙中的标准烛光.

§9.5 沿渐近巨星分支的演化

当小质量恒星中心的氦丰度已经非常低时, 氦燃烧过程所释放的热量将迅速减少, 并导致中心对流核的快速消退. 在恒星中心附近的氦燃料完全耗尽后, 新生成的碳氧核将在其自身巨大的引力作用下迅速收缩, 所释放的引力势能加热了核外基本上由氦组成的幔隔层, 使其底部温度迅速升高, 并很快达到氦燃烧的点火温度. 于是, 在中心氦燃烧过程结束后不久, 氦燃烧过程将转移到碳氧核表面附近的一个壳层内进行, 形成一个氦燃烧壳层源. 与此同时, 在中心碳氧核引力能释放和壳层源氦燃烧产热的共同推动下, 氦幔层以外的外包层将快速膨胀, 并导致恒星有效温度迅速下降.

壳层源氦燃烧过程的开动, 标志着小质量恒星进入了其一生中最璀璨夺目的演化阶段. 通常将恒星的这一演化阶段称为渐近巨星分支. 与先前讨论过的红巨星分支相比较, 二者如图 9.1 所示具有大体相同的光度, 只不过渐近巨星分支的有效温度比红巨星分支的略高一些而已. 这也正是渐近巨星分支这一称谓的来由.

在渐近巨星分支演化阶段, 小质量恒星的内部结构可以被划分为三个主要的区域: 在几何尺度非常小 ($\sim 10^9$ cm) 的中心碳氧核和几何尺度非常大 ($\sim 10^{13}$ cm) 的外部富氢包层之间, 基本上由氦组成的幔隔层经历着复杂多变的物理状态. 特别值得注意的是, 在此阶段恒星内部存在两个热核能源, 即运行在碳氧核表面附近的氦燃烧壳层源和运行在富氢包层底部附近的氢燃烧壳层源. 通常根据这两个热核能源的工作状况, 将渐近巨星分支演化阶段分成为早期渐近巨星分支 (EAGB) 和热脉冲渐近巨星分支 (TPAGB) 两个部分.

9.5.1 早期渐近巨星分支阶段

小质量恒星进入早期渐近巨星分支演化阶段以后, 其中心碳氧核在失去热核能源释能的支撑下开始快速收缩. 这将导致恒星中心的密度迅速升高, 并很快进入电子简并状态, 以产生足够的电子简并压强来抵御引力的作用. 随着中心碳氧核收缩过程的进行, 电子的简并度不断升高, 使得其内电子的运动速度越来越大. 于是, 电子气体的热传导过程成为中心碳氧核内最有效的传热方式, 并很快使其成为一个等温核. 另一方面, 随着恒星富氢包层的迅速膨胀和降温, 大范围的对流运动首先在恒星光球层以下区域出现, 并迅速朝恒星内部扩展.

在壳层源内发生的氦燃烧过程主要是 3α 反应, 其产物为碳. 随着氦燃烧过程在壳层源内持续运行, 新生成的碳添加到中心碳氧核内, 使得其质量不断增加, 并导致恒星中心的密度和温度逐渐升高. 这将直接导致紧贴在中心碳氧核表面的氢燃烧壳层源的温度随之升高, 并使得氢燃烧过程的产能率也同步增加. 这与恒星处在红巨星分支时的情况很类似, 即恒星此后的内部结构特征几乎完全由碳氧核的质量决定. 壳层源氦燃烧过程不断增加的产热加热了整个氦幔层, 使得其逐步膨胀, 并将紧贴于氦幔层表面的氢燃烧壳层源向外推, 造成其内温度和氢燃烧过程产能率的下降. 模型计算表明, 在壳层源氦燃烧过程开始后不久, 氢燃烧过程将因壳层源处温度过低而熄灭. 之后, 壳层源氦燃烧过程成为恒星内部唯一的热核能源. 随着壳层源氦燃烧过程的持续增强, 恒星将如图 9.1 所示在赫罗图中沿林中四郎线向上爬升.

由于处于电子简并状态的中心碳氧核是稳定的, 因此经历早期渐近巨星分支的小质量恒星的演化是以壳层源氦燃烧过程为特征的核时标进行的. 与恒星处在红巨星分支时的情况不同的是, 此时中心碳氧核内的温度非常高 ($2 \times 10^8 \sim 3 \times 10^8$ K), 使得等离子中微子过程逐步增强, 并成为冷却恒星中心附近区域的一种有效的方式. 模型计算发现, 由于存在中微子能量损失过程的作用, 在整个渐近巨星分支演化阶段内, 小质量恒星中心附近的温度都不会升高到碳燃烧过程的点火温度, 因此随着氦燃烧过程的持续运行, 壳层源在早期渐近巨星分支阶段可以一直向外推移. 当整个氦幔隔层被基本上消耗殆尽时, 氦燃烧过程的产能率迅速下降, 导致已经熄灭的氢燃烧壳层源收缩升温, 并最终达到氢燃烧过程的点火温度而复燃. 这一特征标志着早期渐近巨星分支演化阶段的结束. 自此刻开始, 小质量恒星进入到了以周期性的失控式氦燃烧过程和稳定氢燃烧过程交替进行为特征的热脉冲渐近巨星分支演化阶段.

模型计算表明, 不是所有的小质量恒星都能经历完整的渐近巨星分支演化阶段. 这取决于其位于水平分支阶段时富氢包层质量的大小, 并且还与渐近巨星分支阶段恒星表面物质损失的情况有关. 渐近巨星分支阶段恒星表面的物质损失现象通常被认为是以稳定的星风形式出现的, 但是也可能存在非均匀的团块抛射过程. 导致这种物质损失的物理机制至今仍不十分清楚. 一种简单的思路是, 假定被星风带走的物质的引力势能来自恒星内部的某种机械能, 那么可以得到

$$\frac{GM}{R}\dot{M} \approx 4\pi R^2 F_{\rm M}, \tag{9.12}$$

其中, G 是万有引力常数, M 和 R 分别是恒星的质量和半径, $\dot{M}$ 是物质损失率, $F_{\rm M}$ 是提供给星风的机械能通量. 假定 $F_{\rm M}$ 正比于恒星的辐射通量, 则方程 (9.12) 可以进一步被写为

$$\dot{M} = -4 \times 10^{-13} \eta \frac{LR}{M}, \tag{9.13}$$

其中, 物质损失率 $\dot{M}$ 的单位是 $M_\odot \cdot \mathrm{yr}^{-1}$, 等号右边表达式中的光度 L、质量 M 和半径 R 均以太阳值为单位. 参数 $\eta = 0.3 \sim 3$ 通常用来调节演化阶段不同可能产生的差异. 方程 (9.13) 通常被称为瑞默斯 (Reimers) 定律.

对于那些最初位于极端水平分支蓝半段的恒星来说, 在氦燃烧壳层源形成以后, 由于其富氢包层的质量非常小, 使得其氢燃烧壳层源因太靠近恒星表面而熄灭. 于是, 壳层源氦燃烧成为此后唯一的热核能源. 随着壳层源氦燃烧产能率的持续增加, 恒星的外包层将不断升温并同步膨胀, 以及时将热核燃烧过程所释放的热量传递到恒星表面. 于是, 这类恒星在经历中心氦燃烧阶段后不会向位于赫罗图最红端的渐近巨星分支演化, 而是直接朝向位于赫罗图最蓝端的白矮星序列演化. 通常将处于这一演化阶段的小质量恒星称为渐近巨星分支流散体 (AGB manqué). 另一方面, 那些位于极端水平分支红半段的恒星具有相对较厚的富氢包层和较低的有效温度. 持续增加的壳层源氦燃烧产热在遇到温度较低, 从而不透明度较大的富氢物质时, 其传递过程会受到阻滞, 致使富氢包层迅速膨胀降温, 并最终导致对流运动的出现以大幅增加包层内的传热效率. 于是, 在中心氦燃烧阶段后, 此类恒星将演化进入早期渐近巨星分支阶段. 但是, 当氦燃烧壳层源逐步逼近氢幔隔层的表面时, 由于其富氢包层的厚度不足以让壳层源氢燃烧过程复燃, 因此整个富氢包层在壳层源氦燃烧过程的加热下开始逐步升温, 从而在到达早期渐近巨星分支终点前就离开渐近巨星分支并朝向白矮星序列演化. 有时将这类提前离开渐近巨星分支的小质量恒星称为早期渐近巨星后继分支 (PEAGB). 以上演化过程可参见图 9.6.

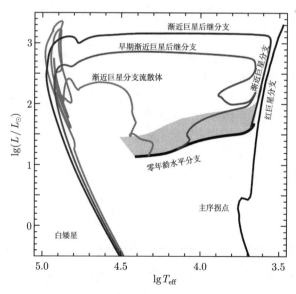

图 9.6 极端水平分支恒星处于渐近巨星分支时在赫罗图中的演化轨迹示意图

图片源自[6]

9.5.2 壳层源内热核燃烧过程的稳定性

如果热核燃烧过程发生在恒星内部的一个薄壳内,则在一定条件下,燃烧过程会以核失控的方式出现.

考虑一个内半径为 r_0、厚度为 D 的热核燃烧层,壳层内密度记为 ρ,并且满足条件 $D \ll r_0$. 假设在燃烧进行过程中,壳层内质量 $M_{\rm D}$ 保持不变,即

$$M_{\rm D} = 4\pi r_0^2 \rho D = \text{const.}, \tag{9.14}$$

一旦壳层的厚度出现一个扰动 ΔD,那么由此带来的密度扰动 $\Delta \rho$ 应当满足如下关系:

$$\frac{\Delta \rho}{\rho} = -\frac{\Delta D}{D}. \tag{9.15}$$

根据流体静力学平衡方程 (6.21),在球壳两边的压力差应该与球壳受到的重力相平衡,即

$$-\frac{Gm_0 M_{\rm D}}{r^2} = 4\pi r^2 (p - p_0), \tag{9.16}$$

其中,m_0 是所考虑球壳以内的球体所包含的质量,p_0 是球壳内边界处的压强,而 p 是其外边界处的压强. 当壳层的厚度有一个扰动 ΔD 时,假定 p_0 保持不变,则根据方程 (9.15) 和 (9.16),在其外边界上产生的压强的响应 Δp 是

$$\frac{\Delta p}{p} = -4\frac{\Delta D}{r_0} = 4\frac{D}{r_0}\frac{\Delta \rho}{\rho}. \tag{9.17}$$

另一方面,假定球壳内的物质服从理想气体状态方程 (2.54),则密度扰动 $\Delta \rho$ 与压强扰动 Δp 和温度扰动 ΔT 之间应该满足下列关系:

$$\frac{\Delta \rho}{\rho} = \alpha \frac{\Delta p}{p} - \delta \frac{\Delta T}{T}. \tag{9.18}$$

对于单原子理想气体来说,$\alpha = \delta = 1$. 将方程 (9.18) 代入方程 (9.17) 中,消去密度扰动后,可以得到温度响应 ΔT 与压强响应 Δp 之间的关系为

$$\frac{\Delta T}{T} = \left(1 - \frac{r_0}{4D}\right)\frac{\Delta p}{p}. \tag{9.19}$$

当上述壳层的扰动来自热核燃烧过程所产生的热量注入 $\Delta \epsilon$ 时,如果不考虑热量从球壳表面的流失,那么根据方程 (2.17) 和 (9.19),壳层的热状态将进行以下调整:

$$\Delta \epsilon = c_p T \left(\frac{\Delta T}{T} - \nabla_{\rm ad}\frac{\Delta p}{p}\right) = c_p \Delta T \left[1 - \nabla_{\rm ad}\left(1 - \frac{r_0}{4D}\right)^{-1}\right]. \tag{9.20}$$

从方程 (9.20) 可以注意到，导致壳层源出现失控式热核燃烧过程，即热量的注入反过来引起壳层温度升高的条件是

$$\nabla_{\rm ad}\left(1-\frac{r_0}{4D}\right)^{-1} < 1. \tag{9.21}$$

考虑到壳层厚度 D 所必须具备的条件，满足上述条件的一种可能的方式是

$$1-\frac{r_0}{4D} < 0. \tag{9.22}$$

于是，上述热核燃烧过程出现非稳定性的条件可以定性地表示为

$$D < \frac{1}{4}r_0. \tag{9.23}$$

从物理上看，对于一个具有一定质量并处于流体静力学平衡状态的球层来说，若其厚度越大，则其内密度变化所导致的压强变化也越大. 如果球壳内的物质是由理想气体所组成的，则存在一个临界厚度，使得球壳内密度变化所导致的压强变化的过程刚好可以保持在等温状态下进行. 超过临界厚度，由膨胀产生的密度下降会导致压强过度地下降，并最终造成温度的下降；反之，当壳层厚度小于临界厚度时，膨胀导致的密度下降不会造成压强的显著下降，因而壳层在受压后将出现温度上升的现象.

9.5.3 热脉冲渐近巨星分支阶段

当恒星富氢包层底部的温度达到氢燃烧过程的点火温度后，氢燃烧过程将在壳层源中稳定地进行. 此后，氢氦两个壳层源同时存在于恒星内部，并共同提供热量以维持恒星表面的光度. 在此阶段中，氢燃烧壳层源在富氢包层中逐步向外推移，燃烧过程新生成的氦余烬不断被添加到氦幔隔层中，使得其底部的氦逐渐被压缩和加热，并导致氦燃烧过程的产能率逐步探底回升.

当沉积到幔隔层中的氦余烬的质量达到一个临界值时，氦燃烧壳层源的厚度被压缩到低于其临界厚度，于是引发了如图 9.7 所示的失控式氦燃烧过程. 发生这一过程所需的氦余烬的临界质量与中心碳氧核的质量有关. 对于一个 $0.8 M_\odot$ 的碳氧核来说，这个临界质量在 $10^{-3} M_\odot$ 左右. 模型计算表明，在大约 1 年的时间内，失控式氦燃烧过程所释放的热量将会达到 $10^8 L_\odot$ 左右. 同时，快速释放的热量将驱动对流运动在几乎整个氦幔隔层内发展，并将此时氦燃烧 (主要是 3α 反应) 新生成的碳带到氦幔隔层内的各个地方. 值得注意的是，由于失控式氦燃烧过程持续的时间较短，因此其释放的热量只是加热了幔隔层本身，使其不断膨胀加厚，最终导致壳层源内温度开始降低，并进而使氦燃烧过程快速调整到一个稳定状态为止.

同时, 氦幔隔层的快速膨胀过程将氢燃烧壳层源向外推移, 导致其温度迅速降低并最终造成氢燃烧过程熄灭.

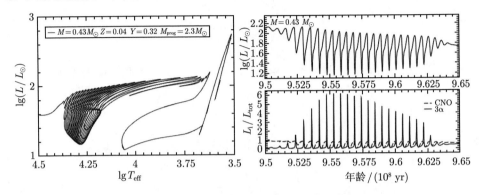

图 9.7 小质量恒星经历热脉冲过程时的示意图

其中左图是其在赫罗图中的演化轨迹, 右上图是光度的演化, 右下图是氢燃烧过程与氦燃烧过程对总高度的贡献. 图片源自[22]

当壳层源氦燃烧过程调整到稳定燃烧状态后, 其产能率将大幅下降, 并导致对流运动在幔隔层中完全消失. 紧随其后的是, 存在于富氢包层中的对流运动在没有了氢燃烧壳层源的阻碍后迅速向内发展, 其底部边界有可能会穿越已经熄灭了的氢燃烧壳层源所在的位置, 有时甚至会如图 9.8 所示直达对流运动刚刚消失的氦幔隔层内部. 于是, 此前刚刚结束的氢燃烧过程和随后发生的失控式氦燃烧过程所新生成的产物有可能被对流运动直接带入到恒星外部的富氢包层中, 并造成恒星表面的化学组成异常. 此时发生在恒星整个外包层内的上述对流物质混合过程通常被称为第三次掘取 (TDU) 过程. 模型计算表明, 稳定的壳层源氦燃烧过程将会进行数百年的时间, 直到将上次壳层源氢燃烧过程所积累的氦余烬完全耗尽为止, 从而完成一个完整的热脉冲燃烧过程. 此后, 壳层源氢燃烧再次点燃, 一个新的热脉冲燃烧周期即将开始.

第三次掘取过程的出现对恒星热脉冲渐近巨星分支阶段的演化会产生多方面的影响. 首先, 当外包层内的对流区底部到达已经熄灭的氢燃烧壳层源处时, 碳氮氧循环氢燃烧过程的产物 (^{4}He 和 ^{14}N 等) 就将被运送到恒星的表面, 造成观测上出现氮增丰现象. 其次, 一旦对流运动进一步深入到氦幔隔层内曾经发生过对流的区域, 失控式氦燃烧阶段的产物 (主要是 ^{12}C) 将被混合进入整个外包层. 这不但会造成恒星表面碳增丰, 还会逐步提高氢燃烧壳层源的碳丰度, 并进而影响未来壳层源氢燃烧过程的效率. 再者, 在掘取恒星内部重元素物质的同时, 还把恒星外部富氢物质直接送达对流运动可以到达的最深处, 在改变富氢包层底部所处位置的同时也限制了恒星中心核质量的增长速度.

§9.5 沿渐近巨星分支的演化   211

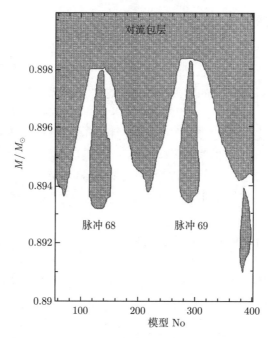

图 9.8 小质量恒星内部第三次掘取过程的示意图

图片源自[14]

热脉冲燃烧过程可以循环进行很多次，这取决于恒星是否还具有足够质量的富氢物质包层. 在相邻两次短暂的热脉冲燃烧过程之间是持续很长时间的稳定的壳层源氢燃烧过程. 对于包含一个 $0.5M_\odot$ 碳氧核的小质量恒星来说，每一段稳定的壳层源氢燃烧过程大约持续 5×10^4 年. 根据前面的讨论可知，恒星在这一阶段的内部结构特征完全由处于电子简并状态的碳氧核的质量决定. 模型计算表明，此时恒星的光度 L 与其内核质量 M_c 之间存在一个类似于红巨星分支阶段时的对应关系，常称其为 M_c-L 关系[23]：

$$\frac{L}{L_\odot} \approx 5.9 \times 10^4 \left(\frac{M_c}{M_\odot} - 0.52\right). \tag{9.24}$$

热脉冲燃烧循环刚开始时，外包层中的对流运动还不会马上深入到化学组成变化区. 随着中心碳氧核质量的不断增加，热脉冲燃烧的强度也随之逐渐提高. 当第三次掘取过程出现以后，尤其是氢燃烧壳层源内的碳丰度开始逐步增加时，热脉冲燃烧的强度将进一步得到提高，其反过来又促进了掘取过程的进一步发展. 之后，随着第三次掘取过程的一次次出现，越来越多的碳被掘取到恒星的表面，甚至会使其碳和氧的比例和主序时相比发生倒转，形成在观测上发现的碳星.

9.5.4 慢中子过程核合成

大量光谱观测表明,许多渐近巨星分支恒星表面经常会出现一些相对原子质量比铁还大的元素的增丰现象,如锆 (Zr)、钇 (Y)、锶 (Sr)、钡 (Ba)、镧 (La)、铅 (Pb) 等. 在恒星内部所具有的物理条件下,这些元素都是以铁族元素中丰度相对较大的作为种子,通过慢中子过程核合成产生的. 特别是锝 (Tc) 这种元素的发现更成为渐近巨星分支恒星内部存在核合成过程开动的最有力证据,因为其中寿命最长的一种同位素 (^{99}Tc) 的半衰期仅为 2×10^5 年. 观测和模型计算都一致表明,慢中子过程核合成的主要产物 (相对原子质量在 $90 < A < 204$ 范围内的元素,有时也称其为慢中子过程的主成分) 是在处于渐近巨星分支演化阶段的小质量恒星内部产生的.

慢中子过程核合成的必要条件之一是存在一个合适的中子源,并要求中子数密度 $N_n < 10^{11}$ cm^{-3}. 对于小质量恒星来说,由于氦幔隔层内的温度不够高,^{13}(α, n)^{16}O 反应是最主要的中子源反应. 因此,如何在氦幔隔层内储备一定量的 ^{13}C 就成为慢中子过程核合成开动的最关键因素. 在热脉冲渐近巨星分支阶段,稳定的壳层源氢燃烧过程主要是以碳氮氧循环的方式进行,燃烧所产生的余烬将沉积到氦幔隔层中,其中就包含有 ^{13}C. 但是,由于燃烧区温度很高,致使绝大部分的反应都已经达到平衡状态,并导致 ^{13}C 的平衡丰度非常低,无法满足产生足够数量的中子的要求.

随着第三次掘取过程的出现,富氢物质被向内发展的对流运送到氦幔隔层内上半部分,与刚刚结束的热脉冲燃烧过程中新生成的碳相遇. 但是,由对流运动新确立的富氢包层底部处的温度不足以触发碳氮氧循环氢燃烧过程. 然而,在此处附近存在多种可能的物理机制,使得氢有可能继续从包层底部向恒星内部扩散,并在包层底部以下形成一个指数型衰减的氢丰度分布. 例如,在对流向内延伸到最深处时,对流超射会在刚刚确立的富氢包层底部以下造成物质的部分混合. 此外,对流诱导的重力内波将向对流区以下的稳定分层区域传播,并将对流区内物质向稳定分层区扩散. 还有,当富氢包层内的对流运动向外退去以后,会在包层底部附近产生一个角速度剧烈变化的较差自转层. 强烈的剪切运动将导致湍流的出现,并在包层底部附近区域产生物质的部分混合.

当少量的氢被扩散到温度足够高的区域时,从 ^{12}C 开始的碳氮循环氢燃烧过程就开动了. 但是,由于氢的数密度太低,碳氮循环过程不可能进行到底,甚至只能在完成最初的一两步反应后就因氢被耗尽而停止. 于是,反应 ^{12}C(p, γ)^{13}N (, β^+)^{13}C 将被首先完成. 如果此处氢丰度仍然足够高的话,反应 ^{13}C(p, γ)^{14}N 还能够继续进行. 因此,在富氢包层底部以下会形成一个位置靠上的 ^{14}N 屉格和一个位置靠下的 ^{13}C 屉格. 这些屉格有可能在第三次掘取过程刚刚结束时就形成了,也可能是在随后稳定的氦燃烧过程期间逐步形成的.

当氢燃烧壳层源中的氢燃料基本上耗尽后,氢燃烧壳层源复燃. 随着新的氢燃烧过程余烬沉积到氦幔隔层表面,刚刚形成的 ^{13}C 屉格被不断压缩并逐步升温. 当其温度升高到 9×10^7 K 时, ^{13}C$(\alpha, n)^{16}$O 反应在屉格内稳定地开动并放出中子. 模型计算表明,此时反应释放出来的中子的数密度可以达到 $N_n \approx 10^7$ cm^{-3}. 这些中子被屉格内早已存在的原初铁族元素捕获,并由此启动慢中子过程核合成. 当下一次热脉冲燃烧过程发生时,这些新生成的慢中子过程产物将被对流运动注入整个氦幔隔层中. 之后不久,再次出现的第三次掘取过程将把慢中子过程的产物搬运到恒星的表面,并把在外包层中相对丰富的铁族元素送入马上将要形成的 ^{13}C 屉格中.

9.5.5 渐近巨星分支之后的演化

影响小质量恒星渐近巨星分支阶段演化寿命的最主要因素是存在于恒星表面附近的物质损失过程. 从方程 (9.13) 可以注意到,随着恒星质量逐渐减少,其表面附近的重力加速度将同步下降,这反过来造成了富氢物质更容易从恒星表面丢失.

进入渐近巨星分支演化阶段后,小质量恒星内部将出现脉动不稳定性,并导致其光度发生周期性的变化. 观测表明,这类恒星在亮度上的变化周期分布在从 100 天左右到超过 1000 天的范围内. 通常将具有这种变化特征的渐近巨星分支恒星称为脉若 (Mira) 型变星. 有一种模型认为,此时发生于恒星表面附近的物质损失过程与观测到的脉动现象紧密相关. 从物理本质上看,脉动现象是波动在恒星内部传播的一种表象. 当波传播到恒星大气层中时,介质的运动速度有可能超过局地声速并产生激波,从而在大气层外部较稀薄的区域产生出一些密度偏高的团块. 当这些团块向外移动到位于 $1.5 \sim 2$ 倍恒星半径处时,此处温度已下降到大约 1500 K, 于是气体物质开始凝结,并形成大量的尘埃颗粒. 这些尘埃颗粒基本上是不透明的,一旦形成就会在此时恒星强大的辐射压作用下开始加速运动,并通过黏滞作用拖拽着周围主要成分为氢分子的透明气体物质一同逃离恒星表面. 观测表明,当脉动周期超过 600 天时,恒星表面的物质损失率甚至可以高达 $10^{-4} M_\odot \cdot$ yr^{-1}. 于是,恒星在很短的一段时间内就将损失掉其全部富氢包层. 通常将此时出现的如此巨大的物质损失率称为"超星风"现象. 模型计算表明,当恒星的富氢包层质量低于 $10^{-2} M_\odot$ 时,其表面的物质损失率会大幅增加,导致富氢包层被迅速剥离,于是恒星在赫罗图上将离开渐近巨星分支,并如图 9.9 所示朝有效温度升高的方向演化. 依据处在水平分支时质量的不同,小质量恒星在热脉冲渐近巨星分支阶段的寿命最长可达 $1 \times 10^6 \sim 2 \times 10^6$ 年.

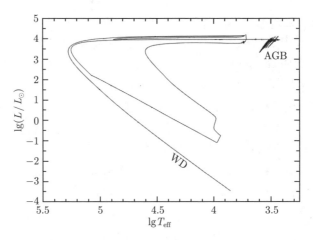

图 9.9　渐近巨星分支阶段结束后小质量恒星在赫罗图中的演化轨迹示意图

图片源自[5]

在离开渐近巨星分支以后，由于壳层源氢燃烧过程仍然可以稳定进行，恒星的光度将大体上保持不变. 但是，由于表面持续不断的物质损失，导致恒星的有效温度节节攀升，并引发剩余外包层的相应收缩. 这一过程在图 9.9 上表现为沿一条水平线从红到蓝的快速移动. 当恒星的有效温度升高到超过 30000 K 时，其连续谱辐射的峰值频率将出现在紫外波段. 由于此时光子的能量很高，恒星大气层中的物质通过光致电离过程被全部电离和离解，因此渐近巨星分支阶段末期出现的超星风现象消失，代之以由紫外波段线吸收导致的辐射压驱动的高速星风. 高速星风中的粒子经过一段时间的运动后将追上前期渐近巨星分支阶段末期低速运动的被抛射物质，二者发生碰撞并形成一个光学薄的压缩壳层. 在这个压缩壳层中，粒子间发生碰撞或者是粒子受到中心恒星紫外辐射的激发而产生电离，并在随后的复合过程中发出与电离势相应频率的辐射，成为观测到的那些形状各异而又五彩缤纷的行星状星云. 观测上通常将处于此阶段的恒星称为行星状星云中心星.

当恒星的富氢包层质量低于 $10^{-5}M_\odot$ 时，壳层源氢燃烧过程终因温度过低而熄灭. 此时，恒星的有效温度将达到甚至超过 10^5 K，其在赫罗图上已经到达白矮星序列，并开始其冷却过程. 但是，有一小部分恒星在经历行星状星云期间，甚至已经到达白矮星序列后不久，还会因为氦幔隔层内发生最后一次热脉冲燃烧过程而如图 9.9 所示重新返回渐近巨星分支. 这类恒星通常被称为再生渐近巨星分支恒星. 模型计算表明，如果此时富氢包层非常薄，热脉冲燃烧过程所引发的对流运动会将这一薄层完全卷入到氦幔隔层中，并在高温中随氦燃烧过程一同烧掉. 因此，这类恒星应该表现出来的一个重要特征是在其表面观测不到 (或者基本观测不到) 氢，如观测上发现的 PG1159 型星. 此外，混入氦幔隔层中的微量氢还会在其上半部分温度较低的区域燃烧，所生成的 ^{13}C 迅速与周围富氦物质反应，放出中子并引发慢中子过程核合成. 由于此时形成的 ^{13}C 屉格非常靠近恒星表面，这将造成恒星表面直接受到中子辐照，从而导致观测上出现铁丰度显著降低的现象.

第 10 章 中等质量恒星主序后的演化

§10.1 中等质量恒星的演化图景

中等质量恒星的质量在从 $2.2M_\odot$ 至大约 $10M_\odot$ 的范围内. 由于质量相对较大, 使得这类恒星在到达零年龄主序时其中心温度也相对较高. 因此, 在主序阶段发生在其中心附近的氢燃烧过程将以碳氮氧循环为主, 并引发对流运动的发生, 形成一个中心对流核. 随着氢燃烧过程的持续运行, 中心对流核所占区域会逐步退缩, 从而在其边界沿途经过的地方形成一个相对原子质量逐渐增加的区域. 另一方面, 较大的质量也导致恒星在主序阶段具有较高的光度, 这会使恒星外壳具有较高的温度和较低的不透明度. 因此, 对流核外的整个恒星包层处于辐射平衡状态.

当恒星中心的氢燃料完全耗尽以后, 对流将在中心附近区域消失, 并形成一个基本上由氦组成的中心核. 与小质量恒星此时情形的重要区别是, 中等质量恒星在主序阶段结束后所形成的氦核是由处于非简并状态的理想气体组成的. 稍后, 氢燃烧过程将转移到中心氦核表面点燃, 形成氢燃烧壳层源. 在失去热核燃烧释能的支撑后, 中心氦核将快速收缩, 释放的引力势能加热了恒星的外包层, 并使其快速膨胀. 于是, 恒星将如图 10.1 所示从赫罗图的蓝端快速演化到红端, 形成观测上发现的所谓 "赫氏空隙". 在到达红巨星分支后, 对流运动在恒星的外包层中出现, 并迅速向恒星内部发展, 将前期积攒在内部的热量快速带到恒星表面释放掉. 随着壳层源氢燃烧过程的运行, 燃烧所产生的余烬不断沉积到中心氦核内, 使其持续受到压缩并升温, 这反过来又带动了氢燃烧壳层源温度的上升和产能率的增加. 于是, 恒星继续膨胀以增大表面散热面积, 并在赫罗图中如图 10.1 所示沿红巨星分支爬升.

当恒星中心的温度达到氦燃烧的点火温度时, 氦燃烧过程在恒星中心附近区域平稳开动. 此时, 恒星在赫罗图上到达红巨星分支的顶端. 与此同时, 恒星外包层内持续向内发展的对流运动也相应到达最深处, 且其底部所处位置将深入到主序阶段留下的元素丰度梯度区, 并导致分层断面的出现. 在氦燃烧过程高效的产能率驱动下, 对流运动在中心氦核内迅速发展, 并形成一个逐步扩大的中心对流核. 受其影响, 在恒星光度中占支配地位的氢燃烧壳层源的产能率将逐步降低, 导致恒星在赫罗图中沿红巨星分支回落. 当氢燃烧壳层源逼近此前形成不久的分层断面时, 燃烧所释放的热量被断面外不透明度相对较大的富氢物质阻滞, 导致壳层源被加热并使得其产能率回升, 进而引起恒星光度的缓慢回升. 此时, 恒星在赫罗图上

§10.1 中等质量恒星的演化图景

到达红巨星分支的底端. 此后, 质量较小的恒星将停留在红巨星分支的底端附近, 直到恒星中心的氦燃料完全耗尽, 成为红簇群的成员, 而质量较大的恒星将朝有效温度升高的方向演化, 并在恒星中心的氦燃料完全耗尽后返回红巨星分支, 在赫罗图上形成蓝回绕现象.

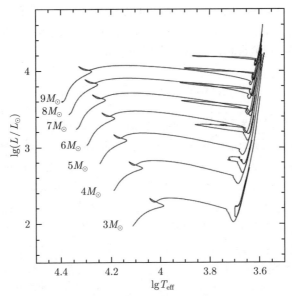

图 10.1 中等质量恒星在赫罗图中的演化轨迹

图片源自[33]

在恒星中心的氦燃料完全耗尽后, 中心附近的对流很快消失, 留下一个主要由碳和氧所组成的中心核. 不久, 氦燃烧过程在中心碳氧核表面点燃. 壳层源氦燃烧产生的余烬使得中心核质量不断增加, 而中心核自身的引力作用促使其收缩, 很快其内自由电子进入简并状态, 并产生出足够大的简并压强以支撑中心核处于平衡状态. 此时, 中等质量恒星将如图 10.1 所示在赫罗图上进入渐近巨星分支. 对于初始质量小于 $4M_\odot$ 的恒星来说, 其处于渐近巨星分支阶段的演化特征与质量与其相仿的小质量恒星的情况大体相同. 然而, 初始质量大于 $4M_\odot$ 的恒星在进入热脉冲渐近巨星分支阶段后, 存在于其富氢包层内的对流区底部将会触及正在发生氢燃烧过程的壳层源上部, 并产生所谓"热底燃烧"(HBB) 的现象. 于是, 整个外包层内的氢都将作为燃料参与到燃烧过程中, 这将大大提升此时恒星的光度. 此外, 由第三次掘取过程从氦幔隔层中取出的碳, 将被随后发生的热底燃烧过程转变为氮, 造成此类恒星表面不是碳逐渐增丰, 而是氮大幅增丰. 上述这两类恒星最终都将以形成碳氧白矮星作为演化结局.

对于质量在 $8 \sim 10 M_\odot$ 范围内的中等质量恒星来说, 其中心碳氧核最初由处于弱简并状态的理想气体组成,当恒星中心的温度升高到碳燃烧过程的点火温度时,中心碳燃烧过程将会平稳地进行,直到恒星中心的碳燃料完全耗尽,并形成一个由氧、氖和镁组成的,处于电子简并状态的中心核. 进入热脉冲渐近巨星分支阶段后,壳层源氦燃烧使得中心核的质量不断增加,同时,恒星表面出现的物质损失又会使得恒星的质量快速减少. 如果在恒星的富氢外包层被剥光前其中心核质量就已经超过钱德拉塞卡 (Chandrasekhar) 极限,则中心核将坍缩形成中子星,并发生超新星爆发,否则恒星将演化成为大质量的氧氖镁白矮星.

§10.2 主序之后的演化

当恒星中心的氢燃料耗尽时,对流将迅速从中心附近区域消失,并形成一个基本上由氦和少量重元素组成的中心核. 随着中心氦核内的热量不断向外传递,它开始逐步收缩升温,并通过释放引力势能来弥补损失掉的热量以维持流体静力学平衡状态. 当氦核表面的温度达到氢燃烧的点火温度时,氢燃烧过程在氦核表面附近点燃. 模型计算表明,一开始氢燃烧壳层源的厚度较大. 但是,由于其内边缘附近的氢丰度很低并被很快耗尽,因此壳层源的厚度迅速减小. 与小质量恒星不同的是,由于其中心氢燃烧过程发生在对流核内,因此中等质量恒星中心氦核的质量不是从零开始的. 更为重要的是,它是由处于非简并状态的理想气体所组成的. 这也是中等质量恒星区别于小质量恒星的最主要之处. 它决定了此后中等质量恒星的演化图景与小质量恒星的情况大相径庭.

10.2.1 勋伯格–钱德拉塞卡极限

考虑一个由理想气体组成的处于等温状态的中心核,其质量为 M_c,半径为 R_c,温度为 T_c. 根据位力定理 (6.97),其表面的压强 p_c 为

$$p_c = C_1 \frac{M_c T_c}{R_c^3 \mu_c} - C_2 \frac{M_c^2}{R_c^4}, \tag{10.1}$$

其中, μ_c 表示中心核的平均相对原子质量, C_1 和 C_2 是常数. 方程 (10.1) 等号右边的第一项代表了核内理想气体所产生的压强,第二项代表了核自身重力造成的压强,而这二者之差就是核之外的恒星包层对等温核的压强. 从方程 (10.1) 可以注意到,等温核内理想气体的压强与核质量成正比,而核自身重力则与核质量的平方成正比.

为简单起见,假定中心核的质量 M_c 和温度 T_c 近似为常数,则根据方程 (10.1),其表面的压强 p_c 将只是半径 R_c 的函数. 可以注意到,该函数存在一个极大值,其出现的位置可以通过令方程 (10.1) 对 R_c 的偏导数为零得到

$$\frac{\partial p_c}{\partial R_c} = -3C_1 \frac{M_c T_c}{R_c^4 \mu_c} + 4C_2 \frac{M_c^2}{R_c^5} = 0. \tag{10.2}$$

从方程 (10.2) 中解出半径 R_c, 就可以得到极大值的位置 $R_{\max}$ 在

$$R_{\max} = C_3 \frac{M_c \mu_c}{T_c}, \tag{10.3}$$

其中 C_3 是一个常数. 在这个位置处, 等温核表面的压强取最大值 $p_{\max}$ 为

$$p_{\max} = C_4 \frac{T_c^4}{M_c^2 \mu_c^4}, \tag{10.4}$$

其中 C_4 是一个常数. 这是等温核所能承受的来自于其上包层所施压强的最大值. 从方程 (10.4) 可以注意到, $p_{\max}$ 与中心核质量的平方成反比.

另一方面, 在氢燃烧壳层源以外, 恒星的外包层处于辐射平衡状态. 利用无量纲变量的近似解 (7.36), 可以估计外包层底部的压强 p_b 和温度 T_b 的大小:

$$T_b = \frac{GM\mu_e}{R\Re} t_b = C_5 \frac{M\mu_e}{R}, \tag{10.5}$$

$$p_b = \frac{GM^2}{4\pi R^4} p_b = C_6 \frac{T_b^4}{M^2 \mu_e^4}, \tag{10.6}$$

其中, μ_e 表示外包层的平均相对原子质量, C_5 和 C_6 可以被看成常数. 从方程 (10.6) 的第二个等式可以注意到, 外包层底部的压强 p_b 与恒星的质量 M 和包层底部的温度 T_b 有关. 由于位于外包层和等温核中间的氢燃烧壳层源的温度大体上保持不变, 因此外包层施加在等温核表面的压强 p_b 就只由恒星的质量 M 决定. 值得注意的是, p_b 与恒星质量 M 的平方成反比.

等温核内部的解必须与外包层内的解在壳层源附近光滑地衔接起来, 才能得到处于整体平衡状态的内外自洽的解. 因为等温核可以承受的压强存在一个极大值 $p_{\max}$, 因此, 存在整体自洽解的必要条件是

$$p_b < p_{\max}. \tag{10.7}$$

利用方程 (10.4) 和 (10.6), 通过细致的分析表明[30], 条件 (10.7) 可以更加准确地表达为

$$\frac{M_c}{M} < 0.37 \left(\frac{\mu_e}{\mu_c}\right)^2. \tag{10.8}$$

等温核质量与恒星总质量的这个临界比值常常被称为勋伯格–钱德拉塞卡(Schönberg-Chandrasekhar) 极限. 对于一个氢丰度 $X=0.7$ 和氦丰度 $Y=0.3$ 的外包层来说, 此临界比值大约为 0.08.

对于核质量与总质量之比小于临界值的中心核来说, 外包层施加在等温核表面的压强较低, 而等温核自身可以拥有的压强较高, 于是中心核将进行调整, 使得

核内外的压强光滑地衔接. 但是, 当中心核质量比过大时, 外包层施加在等温核表面的压强将大于等温核内部可以产生的最大压强. 于是, 中心核将处于热失衡状态, 并在外包层的压迫下快速进行收缩.

10.2.2 赫氏空隙区

模型计算表明, 当中心氢燃烧过程结束时, 质量较小的恒星中心刚刚形成的氦核的质量与总质量之比小于临界值. 因此, 在主序演化阶段结束时, 其中心氦核是稳定的. 随着壳层源氢燃烧过程的持续运行, 核质量与总质量之比在不断增加. 于是, 中心氦核缓慢收缩升温, 以平衡外包层压强的上升. 当核质量与总质量之比达到临界值时, 氦核表面的压强将到达其最高值, 使得中心核与外包层处于临界平衡状态. 之后, 氦核将在外包层富余的压力作用下开始快速收缩, 从而增大其内部的压强梯度以平衡因核质量增加而产生的过大的自身重量, 并保持与外包层处于流体静力学平衡状态. 这样一个压强梯度的增大将伴随产生一个温度梯度的上升, 造成热量加速从中心核中流失, 并导致氦核处于热失衡状态而进一步收缩. 对于质量较大的恒星来说, 其中心氦核的质量与总质量之比在中心氢燃烧过程结束不久就已经超过临界值, 于是, 其中心氦核刚刚形成就立刻开始进行收缩, 从而使得中心核温度不断升高.

当中心氦核处于热失衡状态并开始快速收缩时, 一个有趣的现象是恒星的外包层却发生了膨胀. 模型计算表明, 引力势能的释放将如图 10.2 所示在氢燃烧壳层源两侧具有相反的符号: 在氦核内引力势能释放为热能; 在包层中压强做功使得热能转变为引力势能. 从物理上看, 中心氦核快速收缩将释放出大量的引力势能. 根据位力定理, 这些能量的大约一半加热了中心核自身, 使其温度升高, 其余一半将通过辐射方式传递出去. 当这些热量穿过氢燃烧壳层源后, 将遇到外包层中不透明度很大的富氢物质, 因而受到阻滞并造成传递过程不畅. 于是, 外包层将受到加热, 并开始膨胀降温. 假定此处物质的不透明度服从克莱莫公式 (4.119), 则随着温度的降低, 包层内不透明度迅速增加. 这更加剧了热量在此区域的阻滞, 导致包层进一步的膨胀, 并最终造成恒星的有效温度快速降低. 这个过程有时被称为引力热滞胀循环 (GTHC). 此外, 在引力热滞胀循环的作用下, 外包层的加速膨胀吸收了部分来自壳层源氢燃烧过程的核产能, 并造成恒星光度的明显下降. 由于引力势能释放的过程是以热时标进行的, 因此恒星将在短时间内快速从赫罗图中的蓝端移动到红端. 同时, 由于整个过程的时标很短, 造成观测上很难发现处于这一演化阶段的恒星, 因而在赫罗图中形成一个很少有恒星占据的赫氏空隙 (HG) 区.

当恒星在赫罗图上演化接近林中四郎线时, 对流出现在其外包层内, 并逐步向恒星内部扩展. 对流运动迅速将包层中堆积的热量传递到恒星表面散失掉, 从而解决了恒星外包层中辐射传能不畅的问题, 并阻止了恒星有效温度的快速降低. 另一方面，随着壳层源氢燃烧过程的持续运行，中心氦核的质量将不断增加，并导致其继续收缩升温．这反过来也促使在其表面附近进行的壳层源氢燃烧过程产能率的提升．当对流在恒星的外包层中大范围发展以后，由于热量被对流运动迅速带走，引力热滞胀循环因此被阻断，于是壳层源氢燃烧过程产能率的逐步增大将最终使得恒星的光度开始回升．此刻，恒星在赫罗图上到达光度的最低点．这标志着恒星主序之后的快速演化阶段结束，以及沿红巨星分支阶段的演化开始．

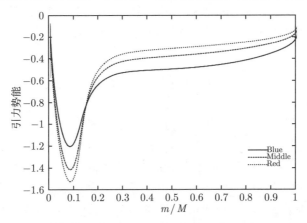

图 10.2　跨越赫氏空隙时一颗 $5M_\odot$ 恒星内部引力势能的分布图

其中标注"Blue"的线代表位于赫罗图靠蓝端的恒星模型，标注"Middle"的代表位于赫罗图中部的恒星模型，标注"Red"的代表位于红端的恒星模型．图中三条线大体重合的位置位于恒星内部氢燃烧壳层源的外边界附近

§10.3　早期红巨星分支的演化

进入红巨星分支以后，壳层源氢燃烧过程继续在中心氦核表面运行，燃烧所产生的余烬不断沉积到氦核内，使得其质量不断增大，并继续快速收缩升温，这反过来又提升了壳层源氢燃烧过程的产能率．于是，恒星将沿红巨星分支向高光度区域爬升．由于此时中心氦核的收缩仍然保持以热时标进行，导致恒星演化的速度依然很快，因此在实际观测中很难发现处于早期红巨星分支阶段的中等质量恒星．当恒星中心的温度达到氦燃烧的点火温度时，氦燃烧过程在恒星中心附近开动．这标志着早期红巨星分支演化阶段的结束．此时，恒星在赫罗图上将到达红巨星分支的顶端．

在恒星沿红巨星分支向上爬升的过程中，其外包层中的对流运动继续向恒星内部发展．模型计算表明，在早期红巨星分支阶段的后期，对流区的底部将接触到主序演化期间所形成的元素丰度变化区,并开始出现第一次掘取过程. 除去金属丰度极低的情况外, 中等质量恒星在中心氢燃烧过程中以碳氮氧循环为主, 燃烧所形成的主要产物包括氦和氮, 并被同时发生在中心附近的对流运动一直运送到元素丰度梯度区. 第一次掘取过程的发生将先前存留在恒星中心附近的氢燃烧产物搬运到恒星表面, 并造成表面元素丰度异常, 特别是氮丰度的显著增加, 以及碳氮比将会大幅度降低. 同时, 由于内部丰富的氦被混入外包层中, 导致外包层的平均相对原子质量有所增加, 并使得恒星的有效温度略有升高. 当恒星演化到达红巨星分支顶端时, 对流运动也向内发展到最深处, 并在此处形成一个元素丰度的间断面.

§10.4 中心氦燃烧阶段的演化

对于中等质量恒星来说, 由于中心氦核的密度较低, 电子气体不会处于简并状态, 于是当恒星中心的温度达到氦燃烧的点火温度 ($\sim 10^8$ K) 时, 氦将在恒星中心附近平稳点燃. 之后, 从氦核表面传递出去的热量将被中心氦燃烧过程释放的热量补偿, 从而填补了前期因向外传热所导致的氦核内部压强的不足, 氦核将重新建立起处于大体上准静态的局地热平衡结构. 此外, 氦燃烧过程很高的产能率将使得对流运动出现在热核燃烧区, 并向外延伸到甚至占氦核质量近半数的区域内.

在中心氦燃烧阶段的大部分时期, 中心氦燃烧过程以 3α 反应为主, 其主要产物为碳. 当恒星中心的氦丰度 $Y_c \approx 0.2$ 时, 4α 反应的速率超过 3α 反应的速率, 这使得碳丰度开始下降而氧丰度快速上升. 模型计算表明, 在中心氦燃烧过程结束时, 碳和氧的丰度比大约为 0.3, 并且质量越大的恒星这一丰度比会略小一些. 此外, 在整个中心氦燃烧阶段, 壳层源氢燃烧过程所释放的热量一直在恒星光度中占据着支配地位, 中心氦燃烧过程的产热直到此阶段快要结束时才变得与壳层源氢燃烧过程的大体相当.

随着中心氦燃烧过程的持续运行, 中心附近的氦被逐步转变为碳和氧, 并导致平均相对原子质量的上升. 为了维持中心附近区域的压强保持平衡, 恒星中心的温度将缓慢升高, 并由此导致氦燃烧过程的产能率在整个中心氦燃烧阶段都保持持续稳定的增加. 受此影响, 其中心对流核所占的质量范围将随着氦燃烧过程产能率的增大而逐步扩大. 于是, 和小质量恒星中心氦燃烧时的情形相类似, 在其对流核边界处不断增加的丰度间断以及核外半对流区内元素的部分混合问题, 依然成为此刻模型计算中的不确定因素.

10.4.1 早期中心氦燃烧阶段

为简单起见, 记中心氦核的质量为 M_c, 半径为 R_c. 利用方程(10.1), 可以得到

$$p_{\rm c} = C_1 \frac{M_{\rm c} T_{\rm c}}{R_{\rm c}^3 \mu_{\rm c}} - C_2 \frac{M_{\rm c}^2}{R_{\rm c}^4} \approx 0, \tag{10.9}$$

其中 $T_{\rm c}$ 是氦核的平均温度, $\mu_{\rm c}$ 是其平均相对原子质量. 此时, 由于氦核表面的压强 $p_{\rm c}$ 和右边两项相比是小的, 于是可以进一步得到

$$R_{\rm c} \approx \frac{C_2}{C_1} \frac{M_{\rm c}}{T_{\rm c}} \mu_{\rm c}. \tag{10.10}$$

从方程 (10.10) 可以注意到, 假定中心氦核的质量和平均温度近似不变时, 氦核的半径与其平均相对原子质量成正比.

在早期中心氦燃烧阶段, 热核燃烧使得氦核内的平均相对原子质量逐渐增大, 并导致氦核缓慢膨胀. 受其影响, 氢燃烧壳层源被逐步向外推移, 并引发其逐步膨胀降温, 这将导致此时在恒星光度中居支配地位的壳层源氢燃烧过程产能率的下降. 于是, 在中心氦燃烧过程开始后, 恒星的总光度将逐渐降低, 其在赫罗图上将沿红巨星分支回落. 同时, 光度的降低减小了恒星外包层中的辐射温度梯度. 因此, 对流运动在外包层中逐步消散, 并导致对流区底部向恒星表面回退. 由于此时恒星的演化是以中心氦燃烧过程的典型时标进行的, 因此恒星将在此区域停留相当长的时间. 观测到的处于红巨星分支阶段的中等质量恒星大都处于这一演化阶段.

随着氢燃烧壳层源的一路向外移动, 它最终渐渐逼近了前期对流运动向内侵蚀时所留下的元素丰度间断面. 由于该间断面以外是由富氢物质所组成的, 其不透明度和间断面以内的富氦物质相比会非常大. 因此, 当辐射所传递的壳层源氢燃烧过程产生的热量遇到间断面以外的富氢物质时将会受到很强的阻滞. 部分滞留在内的热量促使间断面附近区域温度升高, 并进而导致壳层源氢燃烧过程的产能率如图 10.3 所示不再下降, 甚至开始逐步回升. 于是, 随着壳层源氢燃烧过程产能率的止跌回升, 恒星在赫罗图上将到达一个新的光度最低点. 这标志着早期中心氦燃烧阶段的结束.

10.4.2 第二簇群与蓝回绕

随着光度的不断回升, 恒星进入到了中心氦燃烧阶段的后期. 模型计算表明, 不同质量的恒星在此阶段的演化行为存在很大差异: 质量较小的 ($\leqslant 4M_\odot$) 恒星将停留在红巨星分支附近, 并形成观测上发现的第二簇群 (SC); 质量较大的 ($> 4M_\odot$) 恒星则会经历蓝回绕现象, 首先朝向赫罗图上蓝端演化成为一颗黄巨星甚至是蓝巨星, 然后返回红巨星分支.

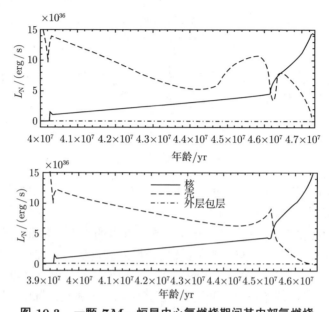

图 10.3 一颗 $7M_\odot$ 恒星中心氦燃烧期间其内部氢燃烧过程与氦燃烧过程的产能率随时间的演化

其中下半部分代表只考虑碳氮循环氢燃烧过程,而上半部分代表考虑碳氮氧循环氢燃烧过程. 图片源自[35]

对于质量较小的恒星,由于其在红巨星分支顶端时的光度相对较低,导致外包层中对流运动向内侵蚀的程度较浅. 在进入中心氦燃烧阶段后期,其内氢燃烧壳层源距离元素丰度间断面相对较远,因此间断面外富氢物质造成的传热障碍对壳层源内氢燃烧效率的提升作用不够显著,并最终导致恒星的光度仅略有升高. 模型计算表明,直到恒星中心的氦燃料完全耗尽时,氢燃烧壳层源仍然没有到达元素丰度间断面处. 于是,恒星一直停留在红巨星分支附近,并形成第二簇群.

对于质量较大的恒星,情况则有很大不同. 由于在红巨星分支顶端时恒星的光度相对较高,因此对流运动向恒星内部侵蚀的程度较深,并留下一个距离氢燃烧壳层源相对较近的元素丰度间断面. 随着氢燃烧壳层源与元素丰度间断面的距离越来越近,间断面外富氢物质导致的传热障碍对壳层源内氢燃烧效率的提升作用越来越大,从而使得恒星的光度越来越高. 同时,富氢包层底部附近物质受到壳层源氢燃烧过程持续增强的加热,温度迅速升高并导致不透明度大幅度减小,从而使得其内对流逐渐消散以及对流区底部快速向恒星表面回退. 于是,伴随着有效温度的不断升高,恒星将如图 10.4 所示在赫罗图上朝向蓝端演化. 当氢燃烧壳层源到达元素丰度间断面时,由于跨过间断面后密度突然降低,氢燃烧过程的产能率将达到极大值并开始下降,由此导致恒星的光度缓慢地由上升转为下降. 此时,由于从富氢包层底部传入的热量大体上保持稳定,恒星在赫罗图上将在原地附近停留,直到恒星中心的氦燃料基本耗尽. 此后, 恒星的无氢内核因核燃料耗尽将收缩升温, 从而再次启动引力热滞胀循环, 并使得恒星快速返回红巨星分支, 形成蓝回绕现象.

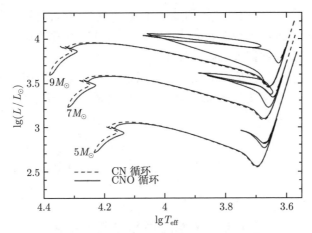

图 10.4 中等质量恒星中心氦燃烧期间在赫罗图中的蓝回绕现象

图片源自[35]

中等质量恒星在中心氦燃烧后期出现的蓝回绕现象与小质量恒星在壳层源氢燃烧时期出现的红巨星聚团现象, 都是氢燃烧壳层源在遭遇前期对流向内侵蚀所形成的元素丰度间断面时, 在多种物理因素的共同作用下所促成的奇妙现象. 它们的存在直接反映了在恒星内部存在元素丰度突变区这一事实, 是发源于外包层内的对流运动向恒星内部侵蚀的重要表征. 对于中等质量恒星来说, 由于蓝回绕现象是以中心氦燃烧过程的典型时标进行的, 因此可以预料, 在赫罗图上它所出现的这一宽广的范围内都会在观测上发现有恒星分布于其中. 尤其重要的是, 蓝回绕现象是造父变星这种宇宙中最重要的标准烛光的唯一一种形成渠道.

10.4.3 造父变星

造父变星 (Cepheid) 是一些很亮的黄巨星或者黄超巨星, 其光度分布在 $300 \sim 50000\,L_\odot$ 范围内, 光谱型分布在 F6—K2 范围内. 在赫罗图上, 它们分布于一条几乎平行于红巨星分支, 但有效温度较高的窄带内. 通常将这条窄带称为经典脉动不稳定带 (CIS).

模型计算表明, 质量在 $4 \sim 15 M_\odot$ 范围内的中等质量或者大质量恒星, 当其演化到蓝回绕阶段时将会穿越经典脉动不稳定带而成为一颗造父变星. 显然, 恒星在蓝回绕阶段可能会不止一次穿越经典脉动不稳定带. 根据金属丰度的高低不同, 通常又将其细分为两类: 属于富金属星族 I 型的经典造父变星 (classical Cepheid) 和属于贫金属星族 II 型的 II 型造父变星 (Type II Cepheid).

造父变星的变化现象属于规则的周期性脉动现象,其脉动周期为 1~50 天,光变幅度在 0.01~2 个星等. 这种变星通常表现出单一的脉动周期, 既可以是基准模式, 又可以是一阶模式. 质量较小的造父变星有时也可能表现为双周期脉动体, 即同时表现出基准模式和一阶模式的脉动现象. 对于单一周期的造父变星来说, 其光变曲线和视向速度曲线都表现出不对称性.

造父变星最重要的性质是其光度和周期之间存在著名的周期-光度关系. 对处于基准模式的经典造父变星而言, 其周期-光度关系可以表达为[28]

$$\lg(L/L_\odot) = 2.573 + 1.270 \lg \varPi, \tag{10.11}$$

其中 $\varPi$ 是以天为单位的脉动周期. 因此, 它们被广泛用做标准烛光来测量遥远天体的距离.

§10.5 沿渐近巨星分支的演化

当中等质量恒星中心的氦燃料基本耗尽时, 中心氦燃烧过程的产能率将大幅下降, 并造成对流运动在恒星中心附近迅速消退. 待中心附近的氦完全耗尽后, 将形成一个碳氧核. 由于热量继续从其中传出, 碳氧核开始收缩, 并释放引力势能来补充从其表面传出的热量, 以维持碳氧核继续处于流体静力学平衡状态. 同时, 碳氧核受到压缩后升温, 最终使得其表面温度达到氦燃烧的点火温度. 于是, 氦燃烧过程将转移到碳氧核表面附近的壳层源中进行. 壳层源氦燃烧过程所释放的热量迅速加热了整个氦幔隔层, 并使其膨胀. 受其影响, 在氦幔隔层表面附近的氢燃烧壳层源被向外推移, 并引发其膨胀降温. 不久之后, 氢燃烧过程因壳层源温度过低而熄灭. 此后, 中心碳氧核的收缩促使氦幔隔层外的富氢包层进入引力热滞胀循环, 从而使得中等质量恒星在赫罗图上快速返回红端, 并最终进入渐近巨星分支. 和前期红巨星分支相比较, 二者都位于林中四郎线附近, 但此时的恒星将具有更高的光度.

中等质量恒星和小质量恒星一样, 在中心氦燃烧过程结束后, 都将经历渐近巨星分支演化阶段. 但与小质量恒星不同的是, 中等质量恒星具有非常厚的富氢包层, 因此将会经历完整的渐近巨星分支演化阶段. 对于那些质量相对较小 ($M \leqslant 4M_\odot$) 的恒星来说, 它们在渐近巨星分支阶段的演化特征与小质量恒星的情形非常类似. 通常将这两类恒星统称为低质量渐近巨星分支 (LAGB) 恒星. 而对于那些质量相对较大的 ($M > 4M_\odot$) 恒星来说, 它们在早期渐近巨星分支阶段会发生第二次掘取现象, 并在热脉冲渐近巨星分支阶段将经历热底燃烧过程. 通常将这些恒星称为高质量渐近巨星分支恒星. 初始质量特别大的 ($8 \sim 10M_\odot$) 恒星能够在其中心平稳地开动碳燃烧过程. 在碳燃烧过程结束后, 其中心附近形成一个主要由氧、氖和镁组成的处于电子简并状态的内核, 并由此进入渐近巨星分支演化阶段. 这类恒星通常被称为超级渐近巨星分支 (SAGB) 恒星.

10.5.1 早期渐近巨星分支阶段

中心碳氧核经过短暂的收缩之后, 其内密度快速增大, 并使得自由电子进入简并状态. 电子的高速运动产生出巨大的简并压强, 从而完全抵消掉中心核自身的重量, 并使得碳氧核处于大体上准静态的平衡结构. 处于高度简并状态的电子同时也造就了高效率的热传导过程, 很快将富余的热量传出, 导致中心核处于大体上等温的状态.

随着氢燃烧壳层源不断向外移动, 氦燃烧过程的主要产物 (碳) 将不断沉积到碳氧核内, 使得其质量持续增加. 根据前面的讨论, 此时处于电子简并状态的中心核的温度完全由碳氧核自身的质量决定. 于是, 随着质量的增加, 碳氧核的温度逐渐升高. 这也导致位于碳氧核表面的氦燃烧壳层源温度的同步上升. 因此, 在早期渐近巨星分支阶段, 中等质量恒星的光度稳步增大.

另一方面, 恒星光度的升高将导致其有效温度的逐渐下降. 因此, 发源于恒星外包层中的对流运动将不断向恒星内部侵蚀. 对流区的底部如果到达甚至穿越处于休眠状态的氢燃烧壳层源所在的位置, 那么在将氢燃烧过程的产物 (主要是氦和氮) 发掘至恒星表面的同时, 还会将包层中的富氢物质运送到对流运动所能到达的最深处. 发生在中等质量恒星早期渐近巨星分支阶段的对流掘取现象被称为第二次掘取. 模型计算表明, 对于质量较小 ($M \leqslant 4M_\odot$) 的恒星来说, 其氢燃烧壳层源在中心氦燃烧阶段一直未能到达位于红巨星分支顶端时对流向内侵蚀所留下的元素丰度间断面. 因此, 在进入早期渐近巨星分支以后, 虽然受氦幔隔层膨胀的影响, 其氢燃烧壳层源向外推移并膨胀降温, 导致氢燃烧效率大幅减弱, 但是其最终并未完全熄灭. 于是, 在继续存在的氢燃烧壳层源的阻碍下, 外包层中的对流运动始终无法进一步向内渗透, 从而也就没有第二次掘取现象的发生. 然而, 对于质量较大 ($M > 4M_\odot$) 的恒星来说, 其氢燃烧壳层源在中心氦燃烧阶段就已经跨越了元素丰度间断面, 并在恒星进入早期渐近巨星分支后不久就完全熄灭, 因而不会对此后外包层中的对流运动向内侵蚀产生阻碍. 同时, 氢燃烧壳层源熄灭时所在位置比较靠近恒星表面, 这使得随后出现的对流运动能够穿越处于休眠状态的氢燃烧壳层源, 并产生第二次掘取现象. 模型计算表明, 第二次掘取现象一般出现在演化进行到早期渐近巨星分支阶段的末期. 与第二次掘取现象发生前相比较, 恒星无氢内核的质量将降低 $0.2 \sim 1 M_\odot$, 并且质量越大的恒星, 其无氢内核的质量降低得越多. 从氦幔隔层中发掘出来的物质主要是氦和氮. 由于被掘出物质的数量相对较多, 第二次掘取造成的观测现象要比红巨星分支演化期间的第一次掘取显著得多. 尤其重要的是,恒星无氢内核质量的大幅降低将有效地限制以后形成的白矮星的质量.

10.5.2 热脉冲渐近巨星分支阶段

当氦幔隔层的质量低于临界值时,壳层源氦燃烧过程的产能率大幅度降低,使得氦幔隔层开始收缩升温,并最终导致氢燃烧过程在其表面附近复燃. 从此刻开始,恒星进入了热脉冲渐近巨星分支阶段. 此时,由于恒星中心的密度非常高($10^6 \sim 10^8$ g·cm^{-3}),等离子中微子过程可以造成大量的能量损失,从而成为恒星中心附近区域最有效的冷却机制. 模型计算表明,中等质量恒星中心碳氧核的温度一般不会升高到使得碳燃烧过程点火. 从总体上来说,中等质量恒星所经历的热脉冲渐近巨星分支阶段的演化特征与小等质量恒星所经历的非常类似.

进入热脉冲渐近巨星分支阶段后,高质量渐近巨星分支恒星不同于低质量渐近巨星分支恒星的最重要特征是所谓的"热底燃烧"过程. 在发生第三次掘取现象之后,稳定的壳层源氦燃烧过程加热了整个氦幔隔层,并使得原来一直延伸到氦幔隔层表面的富氢包层中的对流运动缓慢回退. 当壳层源内的氦燃料耗尽时,氦燃烧过程停止,而氢燃烧过程在氦幔隔层的表面复燃. 随着燃烧过程的持续运行,氢燃烧壳层源不断向外推移. 氢燃烧过程所产生的余烬不断沉入氦幔隔层中,使得其质量逐渐增大. 这反过来又提升了整个中心核的温度,并导致壳层源氢燃烧过程产能率和恒星光度的升高. 对于恒星外包层而言,光度的升高导致辐射温度梯度增大,并引起对流运动重新开始向恒星内部发展. 对于高质量渐近巨星分支恒星来说,此时氢燃烧壳层源距离富氢包层内对流区的底部很近. 随着氢燃烧壳层源的逐步外移和对流区底部的不断内侵,经过不长时间以后,二者最终相遇. 此时,对流区的底部进入到氢燃烧壳层源的中上部,形成了独具特色的热底燃烧过程. 随着燃烧所产生的余烬沉入处于辐射平衡状态的氦幔隔层中,对流区的底部也将同步向外移动. 对于低质量渐近巨星分支恒星来说,由于其富氢包层的质量较小,其氢燃烧壳层源不会与富氢包层内对流区的底部相遇,因此也就没有热底燃烧过程发生.

热底燃烧过程的出现会对高质量渐近巨星分支恒星的演化产生两方面的影响. 首先,由于壳层源氢燃烧过程是在对流区底部进行的,其氢燃料的供给将来自于整个富氢包层,这与低质量渐近巨星分支恒星内部氢燃料只能来自于壳层源本身完全不同. 模型计算表明,此时恒星的光度将显著增加. 其次,壳层源中的碳氮氧循环氢燃烧过程会将燃烧前刚刚从氦幔隔层中掘取出来的碳很快转变成为氮,造成一直延伸到恒星表面的整个外包层缺碳却富氮,于是随着第三次掘取现象的重复发生,高质量渐近巨星分支恒星将逐渐表现为富氮的恒星,而不像低质量渐近巨星分支恒星那样逐渐变成碳星.

直到渐近巨星分支阶段临近结束时,热底燃烧过程才开始减弱并快速消失. 此时,碳开始迅速出现在恒星的表面,并形成高光度的碳星. 同时,表面巨大的物质损失使得恒星被其抛射出去的气体和尘埃所包围. 气体中的分子被中心恒星所发出的高强度辐射所激发, 并产生脉泽现象. 在观测上最常见到的一类脉泽源是羟基红外源 (OH-IR). 当恒星富氢包层被完全抛射掉后, 剩下的简并核最终成为质量为 $1M_\odot$ 左右的碳氧白矮星.

10.5.3 慢中子过程核合成

由于渐近巨星分支阶段的相似性, 中等质量恒星和小质量恒星一样, 是慢中子过程核合成的重要场所.

对于质量 $M < 3M_\odot$ 的恒星来说, 其慢中子过程核合成与小质量恒星的情形完全相同. 此时, $^{13}\text{C}(\alpha, \text{n})^{16}\text{O}$ 反应是唯一的中子源, 而反应所必需的 ^{13}C 则储备在从对流于第三次掘取过程中形成的元素丰度间断面扩散到氦幔隔层中的氢被碳俘获所形成的屈格中. 在下一次热脉冲氦燃烧过程发生之前, ^{13}C 屈格的温度将升高到 9×10^7 K, 从而触发上述中子源反应并启动慢中子过程核合成过程.

对于质量 $M > 3M_\odot$ 的恒星来说, 除了上述中子源反应外, $^{22}\text{Ne}(\alpha, \text{n})^{25}\text{Mg}$ 反应同样能够提供中子. 这个反应在温度高于 3.5×10^8 K 时开动. 这一条件在处于热脉冲氦燃烧过程中壳层源的底部附近可以达到, 而反应所需的 ^{22}Ne 可以从以氮 (^{14}N) 开始的 α 粒子俘获链 (3.121) 中产生. 模型计算表明, 由于此时中子源是在热脉冲氦燃烧过程中触发的, 反应所释放出来的中子的数密度可以达到 $N_\text{n} \approx 10^9 \sim 10^{11} \text{cm}^{-3}$, 并且其峰值仅仅只能持续大约 1 年的时间, 随后迅速下降. 值得注意的是, 由于此时中子的峰值数密度较高, 可能致使一些寿命较长的放射性核素进一步做中子俘获反应, 而不是按照通常情况做电子 (或者正电子) 衰变反应. 于是, 一些慢中子过程核合成的次要通道被触发, 并导致某些核素的同位素比发生变化.

10.5.4 超级渐近巨星分支

对于那些初始质量非常大的 $(8 \sim 10M_\odot)$ 中等质量恒星来说, 由于其中心氦燃烧过程结束后所形成的碳氧核温度很高, 此时其内的自由电子依然没有进入简并状态. 随着碳氧核的逐步收缩, 其中心部分首先进入电子简并状态并出现可观的中微子能量损失, 而外围部分仍然保持非简并状态. 于是, 恒星内部温度最高的地方不在其正中心, 而是在偏离中心之外的某个地方. 当此处的温度最终达到碳燃烧的点火温度时, 碳燃烧过程将以一种类似于小质量恒星中曾经出现过的氦闪耀, 但是强度比其弱得多的失控式燃烧过程被点燃. 经过一次或者几次这种相对温和的碳闪耀过程, 其燃烧锋面将移动到恒星的中心, 最终正式启动平稳的中心碳燃烧过程. 之后, 中心碳燃烧过程所释放的巨大热量将在碳氧核中央区域引发大范围的对流运动, 同时逐渐扩大的对流核将为燃烧过程提供更丰富的核燃料储备.

碳燃烧过程的主要产物是氖和镁. 当其燃烧过程结束后, 超级渐近巨星分支恒星中心附近将形成一个主要由前期氦燃烧过程所形成的氧以及碳燃烧过程所形成的氖和镁所组成的中心核. 进入早期渐近巨星分支阶段后, 其中心氧氖镁核进入电子简并状态, 之外依次排列的是由碳和氧组成的内幔隔层、由氦组成的外幔隔层, 以及最外面的富氢包层. 在每一个分界面附近, 都存在一个正在燃烧, 或者是已经处于休眠状态的壳层源. 其中最重要的是位于氦幔隔层表面附近的氢燃烧壳层源, 因为当它熄灭以后, 外包层内的对流运动就会向内发展. 当其越过已经处于休眠状态的氢燃烧壳层源时, 将发生第二次掘取现象. 模型计算表明, 对流向下侵蚀到最深处时, 所形成的无氢内核的质量会略小于未来核坍缩所需的临界质量 ($\approx 1.37 M_\odot$).

进入热脉冲渐近巨星分支阶段后, 壳层源氢燃烧的产物将不断沉积在氦幔隔层的表面, 并导致恒星无氢内核质量不断增大. 同时, 恒星表面出现的巨大的物质损失也在快速剥离富氢包层. 当恒星表面的物质损失过程先于无氢内核的质量到达核坍缩临界质量时会将富氢包层完全剥光, 此时超级渐近巨星分支恒星最终将演化成为大质量氧氖镁白矮星; 反之, 中心核将发生坍缩, 超级渐近巨星分支恒星最终将发生超新星爆发.

第11章 大质量恒星主序后的演化

观测表明,在一个恒星系统中,恒星的质量越大,其数目就越少. 另一方面,大质量恒星的寿命相对于中小质量恒星来说是很短的. 然而,在星系漫长的演化进程中,大质量恒星正是因其寿命短而可以从星际分子云中反复形成,并通过超新星爆发过程将在其内部形成的重元素不断回馈到周围星际介质中. 这不但可以驱动星系内物质的化学演化,而且还会对星系的恒星形成过程产生显著影响.

§11.1 大质量恒星演化的一般图景

大质量恒星通常是指那些初始质量大于 $10M_\odot$ 左右的恒星. 由于其中心温度在其一生中绝大部分演化时期内一直很高,因此大质量恒星中心核内的电子气体大都处于非简并状态. 于是,从氢燃烧过程开始一直到硅燃烧过程结束,大质量恒星能够经历完整的恒星热核燃烧序列. 这使得大质量恒星成为宇宙中最重要的元素核合成场所.

在主序演化期间,氢燃烧过程在大质量恒星中心附近进行,此处的高温造成其所释放的巨大热量将在恒星内部形成一个占超其质量一半以上的对流核,于是中心氢燃烧过程结束后将形成一个质量相对较大的氦核. 之后,氢燃烧过程转移到氦核表面进行. 随着中心氦核快速收缩升温,不久氦燃烧过程在恒星中心附近平稳开动. 氦燃烧过程将恒星中心附近的氦聚合为碳和氧,因此在其结束后将形成一个碳氧核,而氦燃烧过程转移到其表面进行. 与此同时,氢燃烧过程继续在无氢内核表面进行. 随着中心温度的不断升高,碳燃烧、氖燃烧、氧燃烧和硅燃烧过程相继在恒星中心附近点燃,并最终形成一个铁核. 在这期间,随着上述某个热核燃烧过程在恒星中心附近结束,相应的壳层源燃烧过程将在由此形成的中心核表面开动. 于是,当铁核最终出现时,恒星内部的结构犹如一个洋葱一样,在铁核心之外依次是硅壳层、氧壳层、氖壳层、碳壳层、氦壳层,而最外部是富氢包层.

铁是结合能最大的元素,因此不会再发生热核燃烧过程. 同时,由于此时铁核内物质的密度很高,自由电子将很快进入简并状态. 当铁核的质量逐渐增大并最终超过钱德拉塞卡极限后,铁核将发生坍缩并形成中子星或者黑洞,而坍缩过程所释放出来的引力势能引发反弹激波将恒星的外包层炸开,形成宇宙中蔚为壮观的超新星爆发现象,从而结束大质量恒星一生光彩熠熠的演化进程. 伴随着猛烈的超新星爆发过程,恒星内部物质被反弹激波加热到极高的温度,并触发剧烈的爆炸式热核燃烧过程. 燃烧所形成的众多产物最终被高速抛射到附近的星际空间中, 成为形态各异的超新星遗迹 (SNR).

§11.2　中心氦燃烧阶段的演化

在中心氢燃烧过程结束以后, 大质量恒星中心附近将形成一个处于辐射平衡状态的氦核, 并开始收缩以在其内部保持一个适当的压强梯度来平衡自身的引力. 经过短暂的停顿后, 氢燃烧过程转移到氦核表面重新点燃. 当恒星中心的温度升高到氦燃烧的点火温度时, 氦燃烧过程在恒星中心附近点燃. 从此时起, 大质量恒星开始了中心氦燃烧阶段的演化. 由于主序演化时期物质损失过程的影响, 不同初始质量的恒星将以非常不同的外部结构形态进入中心氦燃烧演化阶段, 这就使得大质量恒星在此时期出现差异很大的演化图景.

11.2.1　质量 $M < 15M_\odot$ 的恒星的演化

对于那些具有与太阳相同金属丰度的恒星来说, 其中心氦燃烧阶段的演化非常类似于中等质量恒星. 在离开主序以后, 恒星首先将如图 11.1 所示在引力热滞胀循环的作用下以热时标穿越赫罗图中部区域并进入红超巨星分支. 在到达红超巨星分支顶端时, 氦在恒星中心点燃, 导致氦核中央大部分区域进入对流状态. 同时, 恒星外包层内的对流运动向内发展到最深处, 并留下一个元素丰度的间断面.

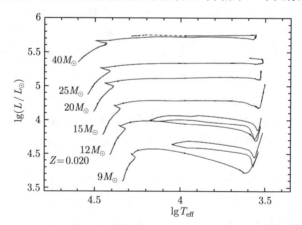

图 11.1　大质量恒星在赫罗图中的演化轨迹

图片源自[19]

随着中心氦燃烧过程的持续运行, 对流核所覆盖的质量范围逐渐变大, 而包层中的对流运动向外回退并导致恒星沿红超巨星分支回落. 当氢燃烧壳层源向外移动到元素丰度间断面附近时, 恒星将如图 11.1 所示在赫罗图上出现蓝回绕现象,并以一颗蓝超巨星的面貌度过其中心氦燃烧过程的后半段. 值得注意的是, 在位于红超巨星分支顶端时, 元素丰度间断面离氢燃烧壳层源越近, 蓝回绕现象就出现得越早, 恒星作为蓝超巨星演化的时间就会更长. 因此, 包层中对流区底部向内超射现象有助于提高蓝超巨星对红超巨星的数目比.

当其中心的氦燃料基本上耗尽时, 恒星将重新返回红超巨星分支. 由于此类恒星的物质损失率较低, 其富氢包层不会在中心氦燃烧阶段完全损失掉. 于是, 在中心氦燃烧过程结束以后, 恒星中心附近将形成一个碳氧核. 不久, 氦燃烧过程将转移到碳氧核的表面附近点燃, 并形成一个氦燃烧壳层源. 在氦幔隔层之外是富氢包层, 而氢燃烧壳层源位于其底部附近继续运行.

11.2.2 质量在 $15M_\odot < M < 40M_\odot$ 范围内的恒星的演化

对于该质量范围内的恒星来说, 当氢燃烧过程在氦核表面附近的壳层源中点燃后, 其所释放的巨大热量将在位于其外侧的平均相对原子质量梯度区内引发对流运动, 并导致一个元素丰度间断面出现在离氢燃烧壳层源不远的地方. 于是, 受到元素丰度间断面外富氢物质高不透明度的阻碍, 氢燃烧过程所释放的部分热量将会滞留在壳层源内, 造成该区域被加热并升温. 这一现象的重要后果是中心氦核在受到壳层源不断增加的压力作用下将加快其收缩进程, 并使得恒星的中心温度很快就达到氦燃烧的点火温度. 因此, 这些恒星在赫罗图上刚刚离开主序成为蓝超巨星不久, 其中心氦燃烧过程就开始了. 这也导致了此时很难从观测上来区分位于赫罗图上这一区域内的蓝超巨星究竟是处于中心氢燃烧阶段, 还是处于中心氦燃烧阶段.

中心氦燃烧过程开动起来以后, 氦燃烧过程所释放的热量将补偿掉从氦核表面流出的热量, 并在氦核内部重新建立起局部热平衡状态. 同时, 对流运动将在氦核中央大部分区域内发展, 以迅速传递氦燃烧过程所释放的大量热量. 此外, 随着中心氦燃烧过程的持续运行, 中心对流核所占的质量范围将逐步扩大. 这会将氢燃烧壳层源逐步向外推移并造成其产能率下降, 从而导致原先存在于其外侧平均相对原子质量梯度区内的对流运动逐渐消失. 尤其值得注意的是, 氦核内部局地热平衡状态的建立彻底打破了引力热滞胀循环的触发机制. 这将使得恒星如图 11.1 所示在赫罗图上停止快速向红端移动, 而选择继续在蓝超巨星所占据的区域内徘徊逗留.

在中心氦燃烧过程开动以后, 恒星重新开始了一段以核时标为代表的演化进程. 此时, 很高的光度和较低的有效温度使得星风物质损失过程再次成为影响恒星演化进程的重要因素. 特别是对于那些蓝超巨星来说, 当物质损失的时标短于恒星包层的热弛豫时标时, 持续的物质流失会导致恒星外包层膨胀降温, 并使得物质的不透明度快速增大. 于是, 流经包层的辐射将因此受到阻滞而产生对包层的加热效应,并由此引发包层的进一步膨胀降温.这种由内部过高的气体压强做功以驱动恒星外包层的引力势能升高而引发的热不平衡过程称为压强势滞胀循环(PGHC).由此可见,此时发生在恒星表面的剧烈物质损失过程成为触发压强势滞胀循环的一种有效机制.在其作用下,恒星将在中心氦燃烧阶段的后期如图11.1所示在赫罗图中逐渐向红端加速演化.

从前面的讨论可以注意到,由壳层源氢燃烧过程所引发的对流运动在平均相对原子质量梯度区产生的物质混合过程是决定该类恒星主序之后的演化进程不同于质量小于 $15M_\odot$ 恒星的情况的关键因素.由于主序阶段结束后恒星的演化速度明显加快,此时处于平均相对原子质量梯度区内的对流混合效率一直是一个争论不休的问题.模型计算表明,如果采用施瓦西判据并假定高效率的完全混合过程,这类恒星将主要以蓝超巨星的面目度过其中心氦燃烧演化阶段.但是,如果采用勒都判据并假定低效率的扩散型混合过程,则不会导致在氢燃烧壳层源的外侧出现元素丰度间断面,从而也就不会引发中心氦燃烧过程提前开动.于是,类似于中等质量恒星主序之后的演化进程,恒星将在引力热滞胀循环的作用下快速穿越赫罗图中部区域,并主要以红超巨星的面目度过其中心氦燃烧演化阶段.观测表明,存在相当多的蓝超巨星,其数目比同一恒星系统中红超巨星的数目大得多,并且金属丰度越高的恒星系统其蓝超巨星对红超巨星的数目比也越高.但是,现有的模型计算表明,在平均相对原子质量梯度区内,无论是采用扩散混合模型还是完全混合模型,都无法再现观测到的蓝红比与金属丰度的相关关系.

在中心氦燃烧阶段的后期,此类恒星无论其质量大小都将位于赫罗图上红超巨星所处的范围内.此时,对流运动在恒星的外包层中很大范围内发展,并将热量迅速地传递到恒星的表面散失掉.这将阻断压强势滞胀循环,并使得恒星不再向更红的方向演化.同时,非常低的有效温度使得这些恒星具有很高的物质损失率,并导致其外包层的快速流失.由于氢元素是低温区恒星物质不透明度中最主要的贡献者,因此这些恒星将一直停留在红超巨星区域内,直到其含有氢的外包层被基本上剥光为止.

对于那些质量小于 $25M_\odot$ 的恒星来说,由于其光度相对较低,因此直到中心氦燃烧过程结束时,其含氢外包层仍然没有被完全剥离干净.但是,其残留的含氢包层不会太厚,并且有可能无法维持壳层源氢燃烧过程继续运行.于是,此类恒星将以红超巨星的面目结束其中心氦燃烧演化阶段.另一方面,那些质量超过 $25M_\odot$ 的恒星将具有更大的物质损失速率,因此在其中心氦燃烧过程结束前,其富氢包层连同位于其下的平均相对原子质量梯度区就会被完全剥离掉,并导致恒星的有效温度迅速升高到 10^5 K 左右.当其无氢内核直接暴露在恒星的表面时,这类恒星将被分类为 WNE 型星. WNE 型星是 WR 型星的另一个富氮子类,其光度较 WNL 型星偏低,但有效温度却分布在一个较宽的范围内. WNE 型星的表面同样表现出氮丰度显著增加的特征,但是不含 (或者基本不含) 氢.

11.2.3 质量在 $40M_\odot < M < 60M_\odot$ 范围内的恒星的演化

在中心氢燃烧阶段,这类恒星经历了剧烈的星风物质损失过程,在其表面附近只保留下一个很薄的富氢包层. 离开主序以后,其中心氦核开始收缩升温,并通过引力热滞胀循环驱动其富氢包层快速膨胀降温. 于是,随着包层不透明度的迅速增大,恒星将如图 11.2 所示很快就达到 Γ 极限或者 Ω 极限. 由于此时恒星的演化时标很短,超 Γ 极限或者超 Ω 极限所导致的物质外流现象将表现为非稳定的团块物质抛射过程,并使得恒星呈现出亮蓝变星的特征. 一种简单的想法认为,由此导致的物质损失率应当使得恒星一直保持处于上述极限的临界状态上. 于是,在经历了短暂的物质抛射时期后,此类恒星的含氢包层将被完全剥光,并最终导致其氦核直接暴露在恒星的表面. 此时,恒星将被分类为 WNE 型星. 随后,当其中心温度达到氦燃烧的点火温度时,恒星将以 WNE 型星的面目开始其中心氦燃烧过程.

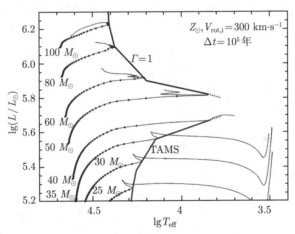

图 11.2 赫罗图高光度区大质量恒星的演化轨迹

图片源自[18]

值得注意的是,根据上述演化图景,可以预言存在两种类型的 WNE 型星: 一种是由初始质量较小的红超巨星所生成的 WNE 型星,并处于中心氦燃烧阶段的末期; 另一种是由初始质量较大的亮蓝变星所生成的 WNE 型星,将处于中心氦燃烧阶段的初期. 这两种恒星在质量、光度和有效温度方面存在重叠,但是其自转状态却可能存在较大的差异. 由红超巨星所生成的 WNE 型星自转应该较慢,因为在处于红超巨星期间其氦核与对流包层之间所发生的角动量转移会大大降低中心氦核的转速. 与此相反,由亮蓝变星直接抛射外包层所生成的 WNE 型星则可以旋转得很快. 这或许可以解释观测上所发现的存在宽线与窄线两类 WNE 型星.

观测表明，WR 型恒星表面的物质损失率比同质量的主序恒星要大很多. 有趣的是，有些 WNE 型星具有相同的光度和有效温度，但是观测却发现其物质损失率可以相差一个量级. 也许其他物理因素 (例如自转、磁场等) 的差异是导致其物质损失率相差很大的原因. 同时，随着氢燃烧过程在其中心附近持续运行，占恒星中央大部分质量的对流核也在逐步扩大. 可以预料，当对流核外的辐射包层很薄时，对流核的进一步发展将受到恒星表面物质损失过程的制约. 因此，当物质损失过程的时标快于中心氢燃烧过程的时标时，在达到一个极大值后，对流核所包含的质量将随恒星的总质量一同降低. 于是，在中心氢燃烧阶段的中后期，原先在此类恒星中心氢燃烧过程的产物有可能会出现在恒星的表面，并使得碳丰度显著增加. 此时，恒星将被分类为 WC 型星. WC 型星是 WR 型星的富碳子类. 如果进一步考虑到对流核表面可能存在的扩散混合效应，则在由此导致的半对流区内还应该存在一个由内到外氢丰度上升而碳丰度下降的过渡区. 因此，观测上在 WNE 型星和 WC 型星之间也应该出现一个 WN/WC 过渡区.

在中心氦燃烧阶段的末期，由于此时对流核内的氦丰度已经很低，将造成 4α 反应的速率超过 3α 反应的速率，因此对流核内的碳丰度开始下降而氧丰度快速上升. 当此时中心氦燃烧过程的产物最终也出现在恒星的表面时，恒星将由 WC 型星演化成为 WO 型星. WO 型星则是 WR 型星的富氧子类. 在中心氦燃烧过程结束以后，恒星中心附近将形成一个碳氧核，而氦燃烧过程则转移到碳氧核表面进行，并形成氦燃烧壳层源.

11.2.4 质量 $M > 60 M_\odot$ 的恒星的演化

对于这些质量特别大的恒星来说，在其主序演化阶段的一个重要特征是其巨大的中央对流核所占质量范围随着中心氢燃烧过程的持续运行而快速地缩小. 当对流核质量减小的速度快于恒星总质量减小的速度时，对流核外含氢包层内所包含的质量将会随演化逐渐增加. 于是，当其中心的氢燃料耗尽时，恒星仍将具有一个相当大质量的富氢包层，并且氢燃烧过程转移到富氢包层底部附近的壳层源中点燃.

在中心氢燃烧过程结束以后，氦核开始收缩升温，而恒星的外包层迅速膨胀，很快将达到 Γ 极限或者 Ω 极限，并如图 11.3 所示成为一颗亮蓝变星. 但是，由于此时氦核的质量很大，其中心的温度很快也将达到氦燃烧的点火温度. 因此，在这样一个短暂的亮蓝变星演化阶段中，由超 Γ 极限或者超 Ω 极限所导致的非稳定物质抛射过程不大可能造成恒星整个富氢包层的完全流失.

在中心氦燃烧过程开动以后，由于其外包层中的氢丰度已经出现显著的降低，并导致不透明度减小，因此恒星将重新回到有效温度较高的区域，并在随后的整个中心氦燃烧演化阶段继续以 WNL 型星的面目出现. 氦燃烧过程所释放的巨大热量促使氢核中央的广大区域进入对流状态, 并且随着中心氢燃烧过程的持续运行, 对流核所占据的区域逐渐扩大. 同时, 氢核表面的氢燃烧壳层源也在不断向外推移, 其燃烧所产生的余烬沉积到氢核表面, 在导致氢核质量增加的同时, 也使得富氢包层的质量不断减少. 另一方面, 恒星表面持续不断的物质损失过程则大大加速了富氢包层质量流失的速度. 于是, 对于那些初始质量相对较小的恒星来说, 在中心氢燃烧阶段的后期, 其富氢包层将丧失殆尽, 并演化成为 WNE 型星, 有些则在中心氢燃烧阶段的末期进而演化成为 WN/WC 型甚至 WO 型星. 不过, 对于那些初始质量特别巨大的恒星来说, 其富氢包层在整个中心氢燃烧阶段都始终存在, 因而这些恒星将以 WNL 型星的面目结束这段演化进程.

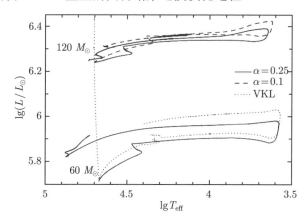

图 11.3　极亮主序恒星在赫罗图中的演化轨迹

图中不同的线型代表采用不同的物质损失率时的演化轨迹图片源自[36]

11.2.5　慢中子过程核合成

对太阳表面所进行的元素丰度分析表明, 在其相对原子质量高于铁的超重元素的组成中存在两种慢中子过程核合成的产物. 一种是相对原子质量在 $90 < A < 204$ 范围内的核素, 通常称其为主成分. 它们是种子核素受到强度大体上按照指数规律衰减的中子辐照作用所产生的. 另一种是相对原子质量在 $60 < A < 90$ 范围内的核素, 有时也被称为弱成分. 它们被认为是种子核素在高温环境下受到均匀的中子辐照作用所产生的. 模型计算表明, 主成分的核合成场所是在处于渐近巨星分支 (AGB) 演化时期中小质量恒星内部的氦幔隔层中, 而弱成分的核合成场所则主要是在处于中心氦燃烧阶段末期大质量恒星中心附近的氦燃烧区内.

除了占主导地位的主成分外, 恒星内部的慢中子过程核合成还会导致一个弱成分出现的原因是某些位于慢中子过程反应通道中分叉点上的核素 (主要是 ^{79}Se 和 ^{85}Kr) 处于激发态时做电子衰变反应的寿命会比处于基态时短得多. 显然, 对处于局地热动平衡状态的气体来说,这些核素在不同状态上的占据数与当地的温度密切相关. 于是, 当反应区的温度较低时, 这些核素的原子核大都处于基态, 其较长的寿命将使得下一步反应以继续俘获中子为主, 并产生慢中子过程的主成分. 反之, 当反应区的温度较高时, 处于激发态的原子核数目将大幅增加, 而其较短的寿命将使得这部分原子核随后发生电子衰变反应, 并由此产生慢中子过程的弱成分. 由此可见, 慢中子过程反应所选择的具体路径不同将导致不同元素的丰度比, 以及同一元素的同位素比对于主成分和弱成分而言出现差异.

对于大质量恒星来说, 慢中子过程中所需的中子来自于 ^{22}Ne$(\alpha, n)^{25}$Mg 反应. 在中心氦燃烧过程开动以后, 恒星中心核内原先经过碳氮氧循环处理后生成的 ^{14}N 将开始其 α 粒子俘获链 (3.121), 并最终生成 ^{22}Ne. 当中心氦燃烧过程临近尾声时, 恒星中心的温度将达到 3.5×10^8 K 以上, 并触发 ^{22}Ne$(\alpha, n)^{25}$Mg 反应. 模型计算表明, 此时反应区内的中子数密度可以达到 $N_n \approx 10^8$ cm^{-3}. 值得注意的是, 此时中子的数密度将正比于恒星物质的金属丰度. 由于慢中子过程的种子核素的数密度也正比于金属丰度, 因此中子数与种子数之比与恒星的金属丰度无关. 于是, 质量越大的恒星, ^{22}Ne 在其中心燃烧得越充分, 由此产生的慢中子过程弱成分产物的数量也越多.

§11.3 中微子能量损失过程与恒星中心核的演化

中心氦燃烧过程结束以后, 对流运动很快将在恒星的中央区域消失, 并形成一个主要由碳和氧组成的化学组成大体上均匀的中心核. 碳氧核之外是一层较厚的氦幔层以及在某些情况下可能存在的富氢包层, 例如质量较小的红超巨星和质量非常大的 WNL 型星. 此时, 由于其内的电子气体处于非简并状态, 因此中心碳氧核将开始进行收缩升温, 以产生合适的压强梯度来平衡其自身的引力. 当碳氧核表面的温度达到氦燃烧的点火温度时, 将在附近形成一个氦燃烧壳层源. 随着壳层源内氦燃烧过程效率的逐步提高, 其释放的大量热量将驱动碳氧核外平均相对原子质量梯度区内出现对流运动, 并逐步扩展至几乎整个氦幔层中.

尤其值得注意的是, 中微子能量损失过程开始成为影响此后恒星结构演化的主导因素. 由于中微子与物质的作用截面极小, 通常情况下可以认为它们将在被产生后很短的时间内直接逃离恒星, 于是中微子能量损失过程将成为此时恒星中心核内最有效的冷却机制. 对于大质量恒星的中心核来说, 当温度低于大约 10^9 K 时, 光子中微子过程将主导中微子能量损失率; 而当温度高于大约 10^9 K 时, 电子对湮没中微子过程成为中微子能量损失的主要方式. 值得注意的是, 当温度超过 10^9 K 时, 中微子能量损失率 $\epsilon_\nu \propto T^9$. 图 11.4 绘出了不同温度时各主要热核燃烧过程的产能率和中微子能量损失率, 其中假定恒星中心温度 T_c 与中心密度 ρ_c 之间满

足 $\rho_c = (T/10^7\text{K})^3\,\text{g}\cdot\text{cm}^{-3}$. 从图 11.4 中可以注意到，与中微子能量损失率相比，各个热核燃烧过程的产能率对温度的变化要敏感得多.

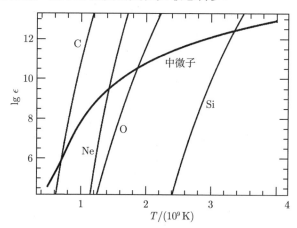

图 11.4 主要热核燃烧过程的产能率和中微子能量损失率随温度的变化

图片源自[34]

对于某一特定的热核燃烧过程来说，当温度偏低时，其产能率不足以抵消中微子能量损失率，这将导致当地气体受到冷却并将继续收缩升温，而当温度偏高时，其过高的产能率将导致气体被加热并膨胀降温. 于是，只有当热核燃烧过程的产能率大体上等于中微子能量损失率时，气体的能量得失才能达到平衡，并使得其保持自身热状态的稳定. 由此可见，这二者大致平衡的条件将直接确定出每一个主要的热核燃烧过程发生时恒星中心应具有的相应温度.

另一方面，在恒星中心附近没有热核燃烧过程发生的期间，其中心核将发生收缩现象，并导致其温度上升. 根据位力定理 (6.63)，中心核收缩过程所释放出来的引力势能大约有一半成为气体的内能，而另一半则必须通过某种方式传递出去. 假定此时辐射和对流所传递的热量可以忽略不计，则这部分能量只能通过中微子能量损失的方式带走，此时中心核内部的温度分布将完全由当地的中微子能量损失率来决定.

§11.4 晚期各个热核燃烧阶段的演化

随着恒星中心温度的不断升高，在其中心附近将相继发生碳燃烧、氖燃烧、氧燃烧和硅燃烧等热核燃烧过程. 前一个热核燃烧过程的主要产物往往将成为后一个热核燃烧过程的核燃料，同时后一个热核燃烧过程所需温度一般也将显著高于前一个热核燃烧过程. 由于温度的升高将导致中微子能量损失率的大幅增加，因此恒星在随后的演化进程中时标将会越来越短.

与此形成鲜明对照的是,恒星外包层的结构仍然由辐射和对流过程决定,并且其演化进程还保持在以包层正常的热时标进行. 于是,与越来越快的中心核演化进程相对比,恒星的外包层似乎停止了其演化的步伐. 有鉴于此,在讨论恒星晚期各个时期的演化进程时,可以不必再同时考虑其外包层的相应变化.

11.4.1 碳燃烧阶段的演化

碳燃烧过程将在恒星的中心温度大约为 $7\times 10^8 \sim 8\times 10^8$ K 时发生,这与假定碳燃烧过程的产能率与中微子能量损失率达到平衡时所给出的温度范围基本相同. 在碳燃烧过程中,两个 ^{12}C 原子核直接发生聚合反应,生成一个处于高激发状态的 ^{24}Mg 原子核. 随后,^{24}Mg 原子核通过多种方式衰变,并释放出质子、中子和 α 粒子等. 同时,反应区内现存的各种原子核将进一步捕获这些粒子,并最终形成以 ^{20}Ne 和 ^{24}Mg 为主的热核燃烧产物. 由于碳燃烧过程的速率与碳丰度的平方成正比,因此反应区内最初的碳氧比对随后发生的中心碳燃烧过程及其最终产物的情况都有着显著的影响.

对于初始质量小于 $20M_\odot$ 左右的恒星来说,中心碳燃烧过程所释放的大量热量将驱动碳氧核中央区域出现对流运动,并且对流核所占质量范围随着碳燃烧过程的持续运行而不断向外扩大. 有趣的是,当恒星的初始质量大于 $20M_\odot$ 时,碳燃烧过程的开动将不再会诱发其中心附近区域出现对流运动. 这是由于质量越大的恒星其中心温度越高,因此在其中心氦燃烧阶段的末期 4α 反应所起到的作用也越显著,并导致其碳氧核内碳的丰度越低. 当碳燃烧过程开动时,那些质量较大的恒星因其中心的碳丰度较低而造成其产能率相对偏低. 于是,当碳燃烧过程所产热量的绝大部分被中微子能量损失过程直接带走后,燃烧区内的温度梯度将低于当地的绝热温度梯度,并使得中心碳燃烧过程在辐射平衡区内平稳地运行.

模型计算表明,中心碳燃烧过程将会持续运行数百至数千年不等. 这与中心氦燃烧阶段末期 4α 反应速率的不确定性存在密切的关系. 初始时刻其中心附近碳丰度较高的恒星,在碳燃烧过程开动后将会形成一个较大的对流核,并导致其中心碳燃烧过程具有一个较长的寿命. 当燃烧过程结束时,恒星中央区域内的对流运动将很快消失,并在此形成一个由碳燃烧过程的主要产物氖与镁,以及尚未参加反应的氧组成的中心核. 尤其值得注意的是,对于初始质量大于 $20M_\odot$ 的恒星来说,由于其中心碳燃烧过程发生的区域处于辐射平衡状态,因此当燃烧过程结束以后,所形成的氧氖镁中心核的质量将从零开始增长.

在中心碳燃烧过程结束之后,处于辐射平衡状态的氧氖镁核将开始其收缩升温过程. 与之前碳氧核的收缩过程类似,此时氧氖镁核收缩的速度仍然由当地中微子能量损失率决定. 由于此时中心核内的温度更高,并导致一个更大的中微子能量损失率,因此其收缩的速度也将更快.

§11.4 晚期各个热核燃烧阶段的演化

对于初始质量小于 $20M_\odot$ 左右的恒星，当其氧氖镁核表面达到碳燃烧的点火温度时，碳燃烧过程将在其上点燃，并形成一个燃烧壳层源. 与之前的中心碳燃烧阶段类似，燃烧过程所释放出来的绝大部分热量将被中微子直接带走，并由此确定了壳层源内的温度. 剩余的热量从氧氖镁核以及碳燃烧壳层源中传出，将在壳层源及其外侧附近区域内引发对流运动，并形成一个所占质量范围逐渐扩大的对流层. 此时，对位于该对流层以外的恒星外包层来说，就仿佛看到恒星中央的对流区复活了一样. 当整个对流层内的碳燃料消耗殆尽时，对流运动很快消失，这一区域随即被并入氧氖镁核中，并开始进入其下一阶段收缩升温的演化进程. 当扩大了的氧氖镁核表面再次达到碳燃烧的点火温度时，上述过程将重新开动，并形成如图 11.5 所示的间歇式壳层源对流燃烧现象. 模型计算表明，当第二次壳层源碳燃烧过程开动后，所导致的对流运动很快向外一直延伸至氢燃烧壳层源附近，从而形成一个很厚的对流燃烧区. 大量新的核燃料的补充使得壳层源碳燃烧过程可以持续运行一段较长的时间. 此时，对流层内的温度梯度为当地的绝热温度梯度. 这种温度分布的特征会使得越靠外的地方中微子能量损失率越低，并导致辐射温度梯度的分布表现为内低外高的形状. 随着对流层内碳丰度的逐步降低，其底部壳层源内碳燃烧过程的产能率将不断减小，并导致对流层内热光度与辐射温度梯度也随之降低. 当碳燃烧过程的产能率大致与当地中微子能量损失率相等时，对流运动将首先在壳层源附近消退，并使得碳燃烧壳层源重新回到辐射平衡状态. 随着热光度的继续降低，位于碳燃烧壳层源外侧的对流层其内边界将继续向外退缩，从而使得该对流层越来越薄.

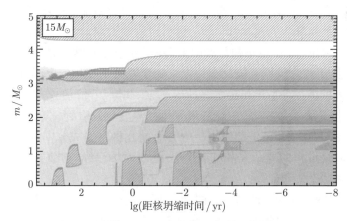

图 11.5　间歇式的壳层源对流燃烧过程示意图

图中阴影部分区域为对流区. 图片源自 [34]

对于初始质量大于 $20M_\odot$ 的恒星，当其中心点处的碳丰度降为零时，碳燃烧过程将继续在以恒星中心点为内边界的壳层源中进行. 壳层源内碳燃烧过程所释放出来的热量基本上与当地中微子过程损失掉的能量相等. 随着碳燃烧过程的持续运行, 壳层源将在处于辐射平衡状态的碳氧核中逐步向外推移, 并在恒星的中央留下一个质量逐渐增长的氧氖镁核心. 之后, 氧氖镁核将同样依照所释放出来的引力势能与当地中微子能量损失率大体相等的速度收缩, 而余下的热量将与壳层源中的剩余热量一起, 通过辐射转移的方式向外传递. 由于在先前的中心碳燃烧过程中, 离恒星中心点越近的地方碳燃料消耗得越多, 因此当壳层源向外移动时, 离恒星中心点越远时其内的碳丰度越高, 并由此导致碳燃烧过程的产能率也将持续增大. 最终, 从壳层源中传出的过多剩余热量将驱动其外侧区域出现对流运动, 并迅速向外发展, 直至延伸到氢燃烧壳层源附近. 之后, 壳层源将得到大量碳燃料的补充, 使得其内的碳燃烧过程可以持续运行一段较长的时期. 与质量相对较小时的情况相类似, 当碳燃烧过程的产能率降低至与中微子能量损失率大体相等时, 对流在壳层源附近区域内快速消退, 并使得壳层源碳燃烧过程在辐射平衡区域中继续运行.

11.4.2 氖燃烧阶段的演化

在中心碳燃烧过程结束后, 恒星中心核内最丰富的物质主要是氧、氖和镁, 其中氧原子核的库仑势垒最低. 但是, 在氧原子核之间发生热核聚变反应之前, 当恒星中心的温度达到大约 1.5×10^9 K 时, 处于局地热动平衡状态中的一部分高能光子所具有的能量已经高于氖原子核中 α 粒子的结合能. 于是, 氖燃烧过程以一种独特的方式在恒星中心附近开动. 首先, 高能光子将 α 粒子从氖原子核中击出, 并生成氧原子核. 这些刚刚才获得自由的 α 粒子马上又将被氧原子核捕获, 重新生成氖原子核. 由于上述反应的速率都很快, 这一过程很快将达到平衡状态. 随后, 氖原子核也将参与到捕获 α 粒子的行列中来, 并最终转变成为镁原子核. 综合起来看, 上述过程等价于两个氖原子核反应并生成一个氧原子核和一个镁原子核.

显然, 氖燃烧过程也将和碳燃烧过程一样, 其燃烧过程的产能率刚好与当地的中微子能量损失率大体相等. 对比二者发生的温度可以看到, 氖燃烧过程大约要比碳燃烧过程快 500 倍. 由于此时恒星中心核的几种主要成分中氖所具有的丰度较低, 因此氖燃烧过程的寿命大多短于一年. 这一时标已经与此时红超巨星外包层的动力学时标相当.

中心氖燃烧过程的开动总会如图 11.5 所示在恒星中央区域驱动大范围的对流运动. 这大大扩展了核燃料的储备, 并显著延长了中心氖燃烧过程的寿命. 当恒星中心点处的氖丰度下降为零时, 该区域的对流运动快速消退, 标志着中心氖燃烧过程的结束. 随后, 氖燃烧过程转入壳层源中进行. 由于丰度较低, 氖燃烧过程作为一种热核产能机制来说对恒星的演化影响不大, 但是它可以明显提高之后中心核内的氧丰度, 而且伴随氖燃烧过程所发生的大量次生反应是恒星核合成过程的一个重要组成部分.

11.4.3 氧燃烧阶段的演化

当恒星中心点的温度升高到 2×10^9 K 左右时,氧燃烧过程将在恒星中心附近发生. 在燃烧过程中,两个 ^{16}O 原子核首先聚合形成一个处于激发态的 ^{32}S,随后, ^{32}S 很快会经由多种方式发生衰变回到基态,同时释放出质子、中子和 α 粒子等. 这些次级粒子继续与反应区内的各种原子核发生为数众多的复杂反应,形成一个涉及上百种核素的庞大的核反应网络,并最终生成以硅和硫为主,并伴有相当数量的氯、氩、钾、钙等元素组成的热核燃烧产物.

在恒星中心附近发生氧燃烧过程期间,首先值得注意的一个方面是多种弱相互作用反应的发生显著提高了恒星中心核内物质的中子富余度. 这对之后发生的恒星核合成过程会产生至关重要的影响. 一些主要的反应包括多个电子俘获反应

$$^{33}\text{S} + e^- \rightarrow {}^{33}\text{P} + \nu, \tag{11.1}$$

$$^{35}\text{Cl} + e^- \rightarrow {}^{35}\text{S} + \nu, \tag{11.2}$$

$$^{37}\text{Ar} + e^- \rightarrow {}^{37}\text{Cl} + \nu, \tag{11.3}$$

以及正电子衰变反应

$$^{30}\text{P} \rightarrow {}^{30}\text{Si} + e^+\nu. \tag{11.4}$$

模型计算表明,这是大质量恒星晚期演化过程中发生在其中心核内的最主要的一次中子增殖过程,所产生的中子富余度将会一直被保持到之后铁核形成的阶段.

其次,在中心氧燃烧阶段的后期,不同核素之间还会出现一些孤立的准平衡群. 例如,当光致蜕变反应

$$^{29}\text{Si} + \gamma \rightarrow {}^{28}\text{Si} + n \tag{11.5}$$

与中子俘获反应

$$^{28}\text{Si} + n \rightarrow {}^{29}\text{Si} + \gamma \tag{11.6}$$

的速率完全相等时, ^{28}Si 与 ^{29}Si 将达到平衡,而当光致蜕变反应

$$^{30}\text{P} + \gamma \rightarrow {}^{29}\text{Si} + p \tag{11.7}$$

与质子俘获反应

$$^{29}\text{Si} + p \rightarrow {}^{30}\text{P} + \gamma \tag{11.8}$$

的速率同样完全相等后, ^{30}P 也将加入到上述平衡群中. 随着燃烧区内的温度越来越高,孤立的准平衡群之间还会发生融合现象,使得准平衡群的数目逐渐减少,而每个群中所包含核素的数目却不断增加.

模型计算表明, 中心氧燃烧过程将会具有与中心氦燃烧过程相当, 甚至稍长一些的寿命. 这是因为虽然氧燃烧过程发生时的温度略高于氦燃烧过程, 但是由于此时中心核内的氧丰度相当高 (0.7 以上), 因此燃烧过程可以持续运行较长的时间. 另一方面, 自中心氦燃烧过程以后, 氧是核能存储最为丰富的元素. 于是, 氧燃烧过程也自然成为大质量恒星晚期演化过程中最主要的释能过程. 在中心氧燃烧阶段, 大量热量的释放将会驱动恒星中心核内出现大范围的对流运动. 这也进一步为燃烧过程提供了更为充沛的核燃料. 随着中心氧燃烧过程的持续运行, 对流核所占的质量范围逐步扩大, 并如图 11.5 所示一直延伸到氦燃烧壳层源附近. 当恒星中心附近的氧燃料耗尽时, 将形成一个由硅和硫为主要成分的中心核.

当恒星中心点的氧丰度接近为零时, 对流运动迅速在恒星中央区域消失, 并使得刚刚形成的硅硫核处于辐射平衡状态. 之后, 硅硫核将开始快速收缩升温, 以平衡核内中微子过程所造成的能量损失. 当其表面的温度达到氧燃烧的点火温度时, 壳层源氧燃烧过程在中心核表面附近开动, 并如图 11.5 所示在壳层源及其外侧区域内引发大范围的对流运动. 此时, 对于以氦燃烧壳层源为内边界的恒星外包层来说, 就好像位于恒星中央的对流燃烧区再次复活了. 当对流层内的氧燃料耗尽后, 对流将会在此区域内消失, 而新形成的硅硫层将汇入中心核内并随其一同进入收缩升温过程, 直到下一次壳层源氧燃烧过程的开动. 这个过程非常类似于壳层源碳燃烧过程时曾经遇到过的情形: 重复出现的壳层源氧燃烧过程再次表现为一个间歇式的壳层源对流燃烧现象. 由于氧燃烧过程的时标很短, 因此尽管其燃烧现象多次重复出现, 但是对位于其外侧的壳层源碳燃烧过程来说, 这只是其演化进程中一个很短暂的时期, 并不会影响其在恒星内部所处的位置. 模型计算表明, 在第一次壳层源氧燃烧过程期间, 位于其外侧的氦燃烧壳层源将逼近更靠外的碳燃烧壳层源, 并且氦燃烧过程所释放的热量对碳燃烧壳层源产生一定程度的加热, 导致对流运动重新在其附近区域出现. 当发源于壳层源中的对流运动向外发展, 最终与残存在碳氧壳层外部的对流层汇合并组成一个很厚的对流区时, 壳层源碳燃烧过程又再次发展成为一个对流燃烧现象. 一般来说, 当第二次壳层源氧燃烧过程开动后, 其引发的对流层外边界已经距离碳燃烧壳层源很近, 并可能将氦燃烧壳层源推入碳燃烧对流区内, 从而形成碳和氦的对流混合燃烧现象.

11.4.4 硅燃烧阶段的演化

中心氧燃烧阶段结束后, 处于辐射平衡状态的硅硫核开始收缩升温. 当其中心点的温度超过 3×10^9 K 时, 硅燃烧过程将在恒星中心附近发生. 从热核反应的具体方式上来看, 硅燃烧过程是一种与前面几个燃烧过程截然不同的热核燃烧过程. 此时, 光子的能量已经可以击碎绝大多数的原子核, 并在此过程中释放出质子、中子和 α 粒子等, 而存在于反应区内的各种原子核随即捕获这些粒子, 生成新的核素. 由于反应区内温度极高, 各种反应的速度都很快, 因此每一个光致蜕变反应都将在很短的时间内同与之相应的粒子捕获反应达到平衡. 于是, 硅燃烧过程实际上是一种由光致蜕变反应主导的原子核融合过程, 结合能最高的核素将具有最大的平衡丰度. 由此可知, 硅燃烧过程的主要产物为铁族元素.

从其发生时所需温度可知, 中心硅燃烧过程的寿命很短, 大约在从几天到几周的时间范围以内. 这是在此区域内物质所存储的核能的最后一次释放. 值得注意的是, 反应区内燃料的具体成分不同将直接影响到最终产物的组成情况, 尤其是那些包含中子较多的核素, 例如 ^{29,30}Si 和 ^{33,34}S 等. 由于燃烧过程开始前这些多余的中子将会一直保留到燃烧过程结束以后, 因此当燃烧是以 ^{28}Si 和 ^{32}S 为燃料进行时, 其生成的产物主要是 ^{56}Ni. 而当燃料中还包含一定数量的 ^{29,30}Si 和 ^{33,34}S 时, 其生成的产物将主要是 ^{54}Fe 甚至是 ^{56}Fe.

当硅燃烧过程在恒星中心附近开动以后, 开始出现于中心氧燃烧阶段后期的众多准平衡群彼此相互并合, 此时形成了一个由镁开始一直延伸到铁族元素为止的单一准平衡群. 随着燃烧过程的持续运行, 恒星中心的温度不断上升, 氖、氧和碳相继加入到准平衡群中. 在中心硅燃烧阶段的末期, 恒星中心的温度可以达到 4×10^9 K. 这时, 氦最终也加入进来, 从而使得所有核素完全达到平衡状态. 有时将这种状态称为核统计平衡. 此时, 除了温度和密度以外, 任意一种核素的平衡丰度只与当地物质的中子富余度有关.

中心硅燃烧过程同样会如图 11.5 所示在恒星中央区域引发大范围的对流运动, 并且对流核所占质量的范围也会随着燃烧过程的持续运行而不断向外延伸. 当对流核内的硅燃料基本耗尽时, 对流运动将迅速消退, 留下一个以铁族元素为主并处于辐射平衡状态的中心核. 随后, 中央铁核开始收缩升温. 当其表面温度达到硅燃烧的点火温度时, 壳层源硅燃烧过程在铁核表面附近开动, 其所释放的大量热量将驱动对流运动在壳层源及其以外区域内发展. 同样, 此时的壳层源硅燃烧过程仍将会以间歇式的对流燃烧方式重复进行. 但是, 模型计算表明, 此时恒星内部留给壳层源硅燃烧过程的空间是很有限的. 在其第二次开动期间, 其外侧的氧燃烧壳层源也会被推入更靠外的对流混合燃烧区内, 形成一个覆盖范围更大的碳氖氧对流混合燃烧区. 然而, 一个值得注意的问题是, 硅燃烧过程的时标有时甚至短于对流区的动力学时标, 因而此时对流混合的效率不会很高, 必须采用扩散混合模型来处理, 并合理地确定湍流扩散系数的大小.

当中心硅燃烧阶段结束时, 恒星中央铁核的质量一般都超过 $1M_\odot$, 并且初始质量越大的恒星其铁核质量也越大. 随着铁核的收缩升温, 其内电子气体开始进入简并状态. 值得注意的是, 当温度超过 3.5×10^9 K 时, 电子气体的运动速度是相对论性的, 因而其压强随温度和密度上升的趋势将迅速放慢. 因此, 虽然此时电子气体已经处于部分简并状态, 但仍然无法阻止铁核的收缩过程. 于是, 按照当地中微子能量损失率所确定的速度,铁核将继续快速收缩,并越来越临近动力学非稳定性的边缘.

§11.5 超新星爆发之前的演化

大质量恒星最终都将因其中心附近出现动力学非稳定性而导致中心核发生坍缩过程,并产生超新星爆发现象. 从观测方面看,根据其光谱特征和光变曲线形状可以将超新星细分为很多种类,而这些分类特征则主要取决于其前身星外包层的性质. 但是,从爆发机制上看,在恒星中心附近出现的动力学非稳定性的性质才是决定其爆发类型最为关键的因素.

到目前为止,有下面三种机制被认为可以触发恒星中心核的坍缩,并导致不同类型的超新星爆发现象.

11.5.1 铁核坍缩过程

当处于电子简并状态的铁核质量超过钱德拉塞卡极限时,它将开始坍缩. 这是绝大多数大质量恒星的中心核将面临的最终命运. 同时,电子俘获过程和光致蜕变过程将有助于坍缩过程的进一步加速. 中心核坍缩过程所释放的巨大引力势能将转变成为处于极端简并状态的电子气体的费米能,并在电子俘获过程中最终转变为所释放出来的中微子的能量. 伴随着大量中微子逃出中心核,其中一部分能量将通过中微子与物质的相互作用传递给恒星的外包层,并触发超新星爆发现象.

11.5.2 电子俘获过程

对于那些处于质量下限附近的大质量恒星,在中心碳燃烧阶段结束后,所形成的氧氖镁核不久将进入电子简并状态. 随着中心核质量不断增加,电子气体的简并度也持续上升. 当自由电子的能量高于镁原子核甚至氖原子核的电子衰变反应阈值时,其逆反应将能够发生,即

$$^{24}\text{Mg} + e^- \rightarrow {}^{24}\text{Na} + \nu, \tag{11.9}$$

$$^{20}\text{Ne} + e^- \rightarrow {}^{20}\text{F} + \nu. \tag{11.10}$$

大量自由电子被捕获一方面直接降低了电子的简并压强,另一方面又提高了电子气体的平均相对质量,并导致钱德拉塞卡极限质量的降低. 这两方面的效应最终将导致当地的流体静力学平衡遭到破坏,并触发中心核开始坍缩. 中心核被压缩升温所引发的爆燃过程迅速将当地物质加热至核统计平衡状态. 在这之后所发生的超新星爆发过程与铁核坍缩时的情况大体相同.

对于那些具有与太阳相同金属丰度的恒星来说,模型计算表明,由电子俘获过程所触发的超新星的数目较少,而其所产生的放射性镍元素和其他金属元素也较

少, 因而其亮度将会较低, 并且所形成的中子星的运动速度也相对较慢. 但是, 对于金属丰度很低的恒星来说, 这种类型的超新星将会是出现频率最多的一类.

11.5.3 电子对非稳定性

那些初始质量非常大的恒星中心碳氧核的温度很高, 以至于一部分高能光子在与原子核碰撞的过程中会转变成为正负电子对, 而正、负电子相遇时将湮没为光子, 因此光子与正负电子对将保持处于热平衡状态. 当出现一个扰动并导致温度升高时, 就会有更多的高能光子转变为电子对, 这将导致中心核内据支配地位的辐射压强出现下降. 因此, 中心核将在其外包层的重力作用下被压缩, 并引起其温度的进一步上升. 可以预料, 中心核在这样一种非稳定性的作用下将发生坍缩.

由电子对非稳定性所触发的中心核坍缩过程最终将因中心核温度过高而导致爆炸式热核燃烧过程的发生. 模型计算表明, 在恒星中心核内相继发生的碳燃烧过程和氖燃烧过程所释放出来的热量均不足以将坍缩过程停住, 但有时氧燃烧过程所释放的热量足以将坍缩过程停住, 进而将其转变为爆发过程. 模型计算表明, 对于初始质量在 $130 \sim 250 M_\odot$ 范围内的恒星, 电子对非稳定性可以有效地触发超新星爆发过程, 并且爆发之后不产生任何残留天体. 当恒星的质量更高时, 爆炸式氧燃烧也无法将中心核的坍缩过程停住, 于是恒星将直接坍缩成为一个黑洞.

电子对非稳定性能否有效开动还与恒星的金属丰度密切相关. 对于具有与太阳相同金属丰度的恒星来说, 主序演化期间的物质损失过程会非常强, 导致其氦核质量的增长受到很大程度的制约. 但是, 对于那些具有很低金属丰度的恒星来说, 无论是星风还是热核反应的非稳定性所导致的物质损失过程都将大幅减弱, 从而使得电子对非稳定性能够在这些恒星的中心核内运行, 并成为一种非常有效的超新星过程触发机制.

第 12 章 超新星与致密天体

恒星依靠不断提取贮存于其内物质中的核能发光来维持自身的演化,最终也将因其核能储备的完全耗尽而结束其星光熠熠的一生. 对于中小质量恒星,由于其最终形成的中心核的质量低于钱德拉塞卡极限,电子气体的简并压强将足以支撑其中心核处于流体静力学平衡结构并成为白矮星,因而这些恒星将在随后漫长的冷却过程中默默地结束自己的一生. 对处于双星系统中的白矮星来说,当其从伴星身上攫取到足够多的物质,并使得其质量最终超过钱德拉塞卡极限时,将引发热核爆炸并形成超新星爆发,而这最后一次核能的毁灭性释放甚至会把整个恒星完全炸开,在终结恒星一生的同时,将其全部物质重新散布回它从中形成的星云中. 然而,大质量恒星中心所形成的铁核的质量将超过钱德拉塞卡极限,由此引发中心核的坍缩并形成中子星或者黑洞,而坍缩过程所释放出来的巨大能量会将恒星的外包层炸开,形成壮丽的超新星爆发现象.

本章首先介绍超新星的分类以及不同种类超新星的爆发机制,然后简单介绍白矮星和中子星的结构和演化.

§12.1 超新星及其分类

超新星爆发现象是恒星演化到最后时刻的绝唱,也是宇宙中璀璨夺目的天文奇观之一. 在其最亮的时候,恒星表面的光度可以达到 $10^9 \sim 10^{10} L_\odot$,并在随后几个月的时间内依旧明亮但慢慢变暗. 表 12.1 列出了曾经观察到的最近 2000 年来爆发在银河系内的超新星以及超新星遗迹. 从表中极大时刻的视亮度可以注意到,当一颗恒星发生超新星爆发现象时,它的亮度看上去有可能比全天最亮的恒星 —— 天狼星 ($-1^m.7$) 还要亮,有时甚至可以超过金星的亮度 (-4^m). 在爆发过程中被抛射出去的恒星外壳高速向外运动,形成不断膨胀变大的超新星遗迹.

近年来,大量的超新星爆发现象在河外星系中被观测到. 由于其极大时刻的视亮度非常之高,有时一颗超新星爆发时的亮度甚至可以和整个寄主星系的亮度相当,这使得超新星观测成为研究遥远星系中恒星演化性质的一种重要途径.

从发生爆发现象的物理机制上看,超新星可以被分为两大类,即内核坍缩型和热核爆炸型. 对于绝大多数处于演化末期的恒星中心核来说,在经历一次次热核燃烧过程以及其后的收缩过程后,其中心附近的密度都已经非常大. 因此,无论是大质量恒星中央所形成的铁核,还是中小质量恒星中央所形成的碳氧核,其内的自由电子都将处于高度简并的状态. 当中心核的质量超过钱德拉塞卡极限时,由于电子气体的简并压强不再足以支撑其自身的重量,中心核将在引力的作用下开始自由坍缩. 此刻,中心核物理状态的不同将导致此后完全不同的物理过程发生,并产生不同种类的超新星爆发现象. 对位于大质量恒星中央的铁核,由于其内部已经不再包含任何可供利用的核能,因此坍缩过程将一直进行下去,直到所有原子核都相互紧贴在一起,形成一个主要由中子所组成的内核. 由于中子也是费米子,在其简并压强与核力的共同作用下,刚刚形成的中子星几乎是不可压缩的,于是仍在下落的物质撞击到中子星的表面,发生反弹并形成激波,最终将中子星以外的恒星外壳炸开,形成"内核坍缩型"超新星爆发现象. 另一方面,对位于中小质量恒星中央的碳氧核来说,由于其内部仍然包含着相当丰富的核能,当中心核内的温度升高到碳燃烧的点火温度时,会引发爆炸式的热核燃烧过程,其释放的热量足以将整个恒星完全炸开而不留下任何致密天体,从而形成"热核爆炸型"超新星爆发现象.

表 12.1　银河系内部分超新星和超新星遗迹

时间/yr	名称	极大时视亮度	超新星遗迹	类型
185	南门客星	-8^m	RCW 86	Ia
386	南斗客星		G11.2-0.3?	
393	尾中客星	-3^m	SNR 393	
1006	周伯星	-9^m	SNR 1006	Ia?
1054	天关客星	-6^m	蟹状星云	II
1066?			G350.1-0.3	
1181	传舍客星	-1^m	3C 58	II
1408		-3^m	天鹅座 X-1?	
1572	阁道客星、第谷 (Tycho)	-4^m	仙后座 B	Ia
1604	尾分客星、开普勒 (Kepler)	-3^m	开普勒 (Kepler)	Ia?
1680?		6^m	仙后座 A	IIb
1868?			G1.9+0.3	

从观测上看,通常根据其光谱和光变曲线的不同特征,将超新星细分为很多种类. 从光谱特征上看,有氢的谱线特征的超新星被分类为 II 型,而没有的则被分类为 I 型. 对于 I 型超新星来说,在其光谱中存在 SiII 线特征的被分类为 Ia 型,而在那些没有表现出 SiII 线特征的超新星中,存在 HeI 线特征的被分类为 Ib 型,连 HeI 线特征也不存在的则被分类为 Ic 型. 另一方面,光变曲线的形状是超新星最为显著的观测特征. 如图 12.1 所示,超新星爆发时其亮度首先表现为一个快速的上升阶段,然后是一个相对缓慢的下降阶段. 尤其是对于 II 型超新星来说,在其光变曲线的下降阶段存在一个亮度几乎不变的平台这一特征的被分类为 IIP 型,

而亮度大体上直线下降的则被分类为 IIL 型.

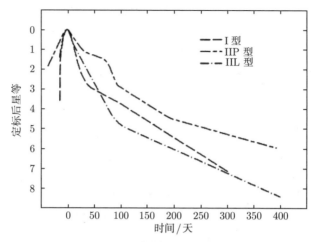

图 12.1 不同种类超新星的光变曲线

图片源自[12]

有趣的是，上述这些观测特征中的大多数都属于内核坍缩型超新星爆发过程，并且主要取决于中心核之外恒星包层的情况. 例如, 对于以红超巨星为前身星的超新星爆发, 由于其外包层中含有丰富的氢, 在爆发过后这些氢将被抛射出去, 因此形成观测到的 II 型超新星. 模型计算表明, 随着富氢包层质量的不断减小, 其光变曲线的形状会逐渐从 IIP 型演变成为 IIL 型. 当富氢包层很薄时, 氢的谱线特征甚至只能在爆发初期被观察到. 观测上将具有这种特征的超新星进一步分类为 IIb 型. 最近, 观测上还发现了一类被称为 IIn 型的超新星, 在爆发初期其光谱的宽发射线上还重叠着一些窄发射线. 这些超新星的前身星被认为是质量非常大的蓝超巨星或者是亮蓝变星, 并且其富氢包层在爆发前刚刚被损失掉. 造成恒星外包层大量物质损失的物理机制有可能是星风或者非稳定的物质抛射过程, 也可能是双星系统中伴星间的物质交流或者公共包层物质抛射过程. 如果物质损失过程将恒星的富氢包层在超新星爆发之前就已经完全剥光, 则在观测上就只能看到 I 型超新星了. 对于大质量恒星来说, 如果在爆发前恒星仍然具有一个富氦的外包层 (WNE 型星), 那么其爆发将表现出 Ib 型特征, 如果其前身星连富氦包层也已经被剥光 (WC 型星或者 WO 型星), 则随后的爆发将表现为 Ic 型超新星.

值得注意的是, 硅是氧燃烧过程的主要产物, 因此它不会大量出现在恒星的外包层中, 除非发生爆炸式氧燃烧过程的范围一直延伸到很靠近恒星表面的地方, 并导致超新星爆发. 由此可知, Ia 型超新星应当是整个恒星发生热核爆炸的产物. 最新发现的一类被称为 Iax 型超新星, 其爆发时的亮度仅有正常 Ia 型超新星的 1%, 大体上就是一种微型超新星.

§12.2 内核坍缩型超新星

12.2.1 内核的坍缩

当恒星处于电子简并状态的中心核的质量超过钱德拉塞卡极限时,它将开始坍缩. 从方程 (12.45) 可以注意到,中心核内电子的平均相对质量越大,则其所对应的钱德拉塞卡极限质量就越小. 例如,当电子的平均相对质量为 2 时,钱德拉塞卡极限质量为 $1.46M_\odot$. 对于大质量恒星中央的铁核来说,其内电子平均相对质量的典型值大约为 2.22,由此可以得出其所对应的钱德拉塞卡极限质量大约为 $1.18M_\odot$. 此外,许多细致的物理因素还将会对钱德拉塞卡极限质量做出一定程度的修正,例如中心核内的温度不可能为零而是存在有限的值,对于完全电离的气体,带电粒子间存在库仑相互作用,中心核表面的压强不为零等等. 从另一方面来看,铁核的质量不是随时间平稳地增长,而是随着硅壳层源的间歇式对流燃烧过程的发展而逐次增加的,因此当最后一次壳层源硅燃烧过程结束时,新生成的铁不会使得包含其之后的铁核质量刚好等于钱德拉塞卡极限质量,而一般是会超过这一临界值. 此外,每次壳层源硅燃烧过程结束后,究竟有多少新生成的铁即将进入铁核内还取决于处理之前的对流过程时是采用完全混合假设还是采用部分混合模型.

在坍缩过程开始前后,有两个物理过程会加速坍缩过程的发展速度,并导致整个内核很快转变成为动力学非稳定的,分别是光致蜕变反应和电子俘获过程.

(1) 光致蜕变反应.

在中心硅燃烧阶段的末期,高能光子的能量已经高于大多数原子核的结合能,并将它们击碎为较小的部分. 同时,相对质量较小的轻核也在不断聚合成为较重的原子核. 当所有这些反应达到平衡状态后,每一种核素的丰度值将由萨哈方程 (3.143) 来确定. 当中心核的温度升高到接近 10^{10} K 时,最丰富的核素已经不再是结合能最大的铁族元素,而是结合能相对较小的氦. 这一过程与物质的电离过程很类似: 当温度足够高时,电子将被光子从原子中击出. 光致蜕变反应会消耗大量的热量,原先由氢元素通过多种热核燃烧过程形成铁时所释放出来的能量,此刻将要全部归还回去. 光致蜕变反应所需温度很高,因此这种过程对于质量很大的恒星来说会起主导作用,并导致对总压强有重要贡献的辐射压强的大幅降低. 这最终导致中心核发生近乎自由落体式的坍缩.

(2) 电子俘获过程.

当中心核的密度已经变得很大时,其内自由电子将处于简并度很高的状态,以至于部分电子的能量将超过某些放射性原子核做电子衰变反应所释放出来的能量. 于是,高能电子将被稳定的原子核捕获并形成放射性核素,同时刚刚形成的放射性核素又不断衰变为原先稳定的核素. 由于上述反应速率都很快,二者很快达到平衡. 由于一部分自由电子将被新生成的放射性核素束缚在其内部, 因此将导致电子气体的压强下降, 并进一步加剧坍缩过程的发展.

内核的坍缩过程是非常快的. 因为坍缩开始时内核的平均密度将达到 10^{10} g·cm^{-3}, 根据方程 (6.10), 这将使得内核的动力学时标仅为大约 20 ms. 坍缩过程所释放的引力势能将迅速加热核内的物质, 并触发光致蜕变反应大量发生, 这反过来又加速了坍缩发展的过程. 随着密度的快速升高, 电子俘获过程也在快速开展, 并导致核内物质迅速被中子化. 当密度接近核物质密度 ($\rho_{\rm nuc} \approx 3 \times 10^{14}$ g·cm^{-3}) 时, 原子核将相互紧贴并开始融合, 最终使得整个内核犹如一个巨大无比的超级原子核. 这时, 内核中最主要的成分将是中子, 并且处于高度简并状态. 此时在巨大的中子气体简并压强以及原子核之间存在的核力的共同作用下, 内核突然变得不可压缩, 并导致坍缩过程的停止. 对于一个 $1.4 M_\odot$ 左右的铁核来说, 坍缩过程停止时其半径大约为 20 km.

12.2.2 反弹与激波

当坍缩过程开始以后, 以钱德拉塞卡极限质量为代表的中心核将作为一个整体开始收缩. 此时中心核对流体静力学平衡的偏离还不算很大, 因此其内部结构仍可由多方模型来近似. 类似于主序前恒星的收缩过程, 根据方程 (7.21), 此时某一质量层收缩的速度 v 与其到恒星中心点的距离 r 成正比. 具有这种特征的收缩过程被称为均匀收缩. 显然, 钱德拉塞卡极限质量所在之处将具有最大的收缩速度.

另一方面, 随着中心核的不断收缩, 电子俘获过程会使得富中子核素在物质的化学组成中所占比例越来越高, 中心核内的物质将逐渐被中子化. 这将使得核内电子的平均相对质量不断增大, 并导致钱德拉塞卡极限质量逐渐下降. 对于正在发生的坍缩过程而言, 这就意味着均匀收缩区域在不断减小.

正在发生坍缩过程的中心核可以被分成两个性质截然不同的区域, 从恒星中心点到此刻钱德拉塞卡极限质量之间的近乎均匀收缩区内, 收缩速度随半径增大, 并在这一区域的外边界附近达到最大值, 而从钱德拉塞卡极限质量到中心核表面之间是大体上自由下落的区域, 位于该区域内的任一质量层以其此前作为钱德拉塞卡极限质量时的速度为初始值, 在位于其半径以内物质的重力作用下自由下落. 显然, 均匀收缩区域的逐渐减小将造成其外自由下落区内收缩速度随半径的增加而降低.

在中心核内, 密度是随半径减小的, 并造成绝热声速也随半径减小, 因此随着坍缩过程的不断发展, 中心核内收缩速度的最大值很快将会超过局地声速. 通常将收缩速度等于绝热声速的地方称为声速点. 此后, 它将成为内部均匀收缩区与外部自由下落区的分界面.

当恒星中心点的密度达到核物质密度 $\rho_{\rm nuc}$ 时, 中心点附近的收缩过程将突然停止，并激发出向外传播的由压强驱动的波，就好像重锤敲在鼓面上产生声波一样．向外传播的波以当地的绝热声速经过正在下落的流体时，相对于恒星中心点的观察者来说其传播速度将越来越慢．当其传播到声速点时，其波阵面将最终停止不动．与此同时，下落物质不断撞击到恒星中央已经基本停止收缩的核心部分，激发出更多的压强波．这些波不断向外传播，在到达声速点时与早先已经到达这里的波汇合，并在此形成一个压强壁垒，使得穿越该压强壁垒后下落流体的速度明显放慢．这样一个速度间断面构成了一个激波．

随着物质不断落入恒星中央具有核物质密度的核心部分，这个基本上由中子所构成的星核在其质量快速增长的同时，也感受到来自下落物质越来越大的冲击力．理论模型与实验均表明，核物质的可压缩性非常小，但是并不为零，于是下落物质的动能将转变成为中子星核被压缩后所贮存的弹性势能．模型计算表明，当中子星核的密度达到 $1.5\rho_{\mathrm{nuc}}$ 左右时，下落物质对其的压缩达到极大状态，而后星核将开始反弹．假定下落物质在中子星核表面的碰撞是完全弹性碰撞，并且中子星核的表面处于静止状态，那么下落物质将反弹回到其开始下落前的位置．由于中子星核本身也处在反弹过程中，因此下落物质在其表面的碰撞犹如一次"超弹性"碰撞．在获得星核弹性势能的注入后，这些物质将反弹到更高的位置，甚至有可能将整个恒星外包层炸开．

在流体中，上述反弹过程将通过激波的形式进行．下落物质与中子星核坚硬的表面发生碰撞后激发出更多的压强波，并最终导致声速点处的激波得到大幅放大．与普通的压强波不同的是，激波不但会导致其波阵面内外密度和速度的显著不同，从而造成介质的整体运动，而且激波阵面的传播速度可以高于绝热声速．理论分析表明，激波中所包含的能量越多，其波阵面的运动速度越快．

12.2.3 超新星爆发过程中的能量平衡

内核坍缩型超新星的爆发过程，归根到底是坍缩过程所释放出来的引力势能与爆发过程中诸多物理过程所需能量之间的一个转换过程．这些能量转换过程的物理机制有的已经非常清楚，有的则仍然存在不确定性．这就使得内核坍缩型超新星的爆发机制至今仍然存在许多争议．

在能量的供给方面，考虑坍缩过程发生前一个典型的铁核，其质量 $M_{\mathrm{c}} = 1.4 M_\odot$，而半径 $R_{\mathrm{c}} = 5 \times 10^8$ cm．当其坍缩至半径 $R_{\mathrm{n}} = 2 \times 10^6$ cm 时，所释放出来的引力势能为

$$E_{\mathrm{gc}} = GM_{\mathrm{c}}^2 \left(\frac{1}{R_{\mathrm{n}}} - \frac{1}{R_{\mathrm{c}}} \right) \approx \frac{GM_{\mathrm{c}}^2}{R_{\mathrm{n}}} \approx 3 \times 10^{53} \text{ erg}. \tag{12.1}$$

从能量的消耗方面来看，首先考虑光致蜕变反应所吸收的热量．例如考虑下列

等效过程:
$$^{56}\text{Fe} \leftrightarrow 13\,^4\text{He} + 4\text{n}. \tag{12.2}$$

每个铁原子核离解时所吸收的热量为
$$Q_{\text{Fe}} = (13m_{\text{He}} + 4m_{\text{n}} - m_{\text{Fe}})\,c^2 \approx 124.4 \text{ MeV}, \tag{12.3}$$

因此,中心核内的铁原子核全部离解时所吸收的热量为
$$E_{\text{Fe}} = \frac{1.4 M_\odot}{m_{\text{Fe}}} Q_{\text{Fe}} \approx 6 \times 10^{51} \text{ erg}. \tag{12.4}$$

其次,考虑电子俘获过程所吸收的热量,即
$$\text{e} + \text{p} \leftrightarrow \text{n} + \nu. \tag{12.5}$$

其反应吸热为 $Q_{\text{e}} = 0.272$ MeV. 当中心核内的质子全部转换为中子时,所吸收的热量为
$$E_{\text{e}} = \frac{1.4 M_\odot}{m_{\text{H}}} Q_{\text{e}} \approx 7 \times 10^{50} \text{ erg}. \tag{12.6}$$

可以注意到,坍缩过程所释放出来的能量要远远大于伴随坍缩过程所发生的上述两种物理过程所消耗掉的热量.

此外,内核的坍缩最终将导致超新星爆发,并将质量很大的恒星外包层完全炸开. 首先考虑包层的引力束缚能. 假定包层的质量 $M_{\text{e}} = 10 M_\odot$,则其所包含的引力束缚能为
$$E_{\text{ge}} = \int_{M_{\text{c}}}^{M} \frac{Gm}{r} \text{d}m \approx \frac{GM_{\text{e}}^2}{10 R_{\text{c}}} \approx 5 \times 10^{51} \text{ erg}, \tag{12.7}$$

其中假定包层内大部分物质位于距离其内边界一个量级的范围内. 观测表明,被抛射出去的恒星外包层将形成超新星遗迹,其典型运动速度 $v_{\text{R}} \approx 10^9 \text{ cm} \cdot \text{s}^{-1}$. 由此可以得到包层的动能为
$$E_{\text{ke}} = \frac{1}{2} M_{\text{e}} v_{\text{R}}^2 \approx 10^{52} \text{ erg}. \tag{12.8}$$

最后,观测表明超新星的典型亮度可以达到 $L \approx 2 \times 10^8 L_\odot$,并将持续 3 个月左右的时间. 于是,其总共发出的辐射能为
$$E_{\text{ph}} = Lt \approx 10^{49} \text{ erg}. \tag{12.9}$$

综合上述分析可以发现,内核坍缩过程所释放出来的能量只需一小部分就可以提供给上述超新星爆发过程中多种物理过程所消耗的能量. 一个值得注意的方面是
$$E_{\text{ph}} \approx 10^{-2} E_{\text{ke}} \approx 10^{-4} E_{\text{gc}}. \tag{12.10}$$

同时也必须注意到,超新星爆发现象是众多物理过程相互联系并共同作用的结果,这也将使得超新星模型成为恒星结构演化问题中最复杂的模型之一.

12.2.4 中微子输运过程

中微子的产生与逃逸一直伴随着大质量恒星晚期中心核的演化. 在铁核坍缩之前, 电子对湮没中微子过程将产生大量的中微子. 由于与物质的作用截面极小, 这些中微子将直接逃离恒星, 并成为冷却中心核的最主要的方式. 由于此时中心核内的温度很高, 而电子的简并度不算太高, 因此正负电子对湮没过程产生的中微子所具有的能量将大体上与电子的热运动能量相当.

然而, 在铁核坍缩过程中, 由于中心核内的物质密度可以高达 $10^{10} \sim 10^{14}$ g·cm^{-3}, 因此电子气体的简并度非常高, 并导致电子具有非常大的费米能量. 利用方程 (2.118), 在相对论性简并条件下, 电子的费米能量 ε_F 为

$$\varepsilon_\mathrm{F} = c\left(\frac{3h^3}{8\pi m_\mathrm{H}}\right)^{1/3}\left(\frac{\rho}{\mu_e}\right)^{1/3}, \tag{12.11}$$

其中, μ_e 是电子的平均相对质量, ρ 是密度. 值得注意的是, 当 $\rho \approx 10^{10}$ g·cm^{-3} 时, $\varepsilon_\mathrm{F} \approx 13$ MeV, 而当 $\rho \approx 10^{14}$ g·cm^{-3} 时, $\varepsilon_\mathrm{F} \approx 380$ MeV. 此时, 中微子主要是通过电子俘获过程 (12.5) 所产生的, 因此其典型能量将大致与被俘获的电子所具有的能量相当. 可以注意到, 当密度很高时, 中微子所具有的能量是非常大的. 同时, 铁核内每一个质子转变成为中子时都要放出一个中微子, 因此一个 $1.4 M_\odot$ 的铁核完全中子化后将会产生出大约 1.7×10^{57} 个高能中微子. 模型计算表明, 坍缩过程所释放出来的能量的大约 90% 最终是由中微子所携带走的. 这表明内核坍缩型超新星爆发主要是一次宇宙中微子事件.

另一方面, 铁核内如此高的物质密度使得中微子输运过程成为能量的最主要的传输方式. 根据方程 (3.168), 能量为 E_ν 的中微子与核子的作用截面 σ_ν 为

$$\sigma_\nu \approx 10^{-44}\left(\frac{E_\nu}{m_e c^2}\right)^2 \text{ cm}^2. \tag{12.12}$$

可以注意到, 中微子的能量越高, 其与核子作用的截面就越大. 如果中微子是与相对质量为 A 的重核发生相互作用, 那么其主要作用方式是所谓的 "相干散射", 并可以将其作用截面 σ_ν 表达为

$$\sigma_\nu \approx 10^{-45}\left(\frac{E_\nu A}{m_e c^2}\right)^2 \text{ cm}^2. \tag{12.13}$$

如果重核的相对质量 A 很大, 那么其与中微子的作用截面 σ_ν 将得到明显的增加.

将电子的费米能量 ε_F 代入中微子的散射截面 σ_ν 中, 可以得到

$$\sigma_\nu \approx 10^{-49} A^2 \left(\frac{\rho}{\mu_e}\right)^{2/3} \text{ cm}^2, \tag{12.14}$$

于是，中微子相干散射的平均自由程 l_ν 为

$$l_\nu = \frac{Am_H}{\rho \sigma_\nu} \approx \frac{1.7 \times 10^{25}}{\mu_e A} \left(\frac{\mu_e}{\rho}\right)^{5/3} \text{cm}. \tag{12.15}$$

若取 $\mu_e = 2$，$\rho = 10^{10}$ g·cm^{-3}，$A = 100$，则可以得到 $l_\nu \approx 60$ km. 值得注意的是，此时中微子的平均自由程与坍缩时铁核的尺度大体相当，甚至更短，这表明中微子必须通过与物质的多次碰撞之后才可能逃离铁核，或者说铁核对于中微子来说将是不透明的. 于是，在铁核内部，能量的传输主要是通过中微子扩散过程的方式来进行的.

12.2.5 爆发机制

模型计算表明，当密度 $\rho > 3 \times 10^{11}$ g·cm^{-3} 时，中微子的扩散速度甚至低于当地气体物质收缩时的速度. 于是，在从中心点到这二者相等之处的中心核区内，中子化过程所产生的中微子将完全被囚禁于其中. 同时，可以按照类似于定义恒星的光球的方式，在中心核相对靠外的某地定义一个恒星的中微子光球层，在其之外密度足够低，以至于中微子可以自由的逃离. 显然，能量越大的中微子与物质作用的截面越大，因而与之对应的中微子囚禁区就会越大，而中微子光球层所处的位置越是在相对靠外的密度较低的地方.

在中微子囚禁区内，密度的不断增加导致同属于费米子的中微子也处于高度简并状态. 这将大大减弱电子俘获过程，因为新释放出来的中微子所具有的能量必须高于当前中微子的费米能量. 模型计算表明，当密度 $\rho > 3 \times 10^{12}$ g·cm^{-3} 时，中子化过程就基本上停止了. 此时，只有当某些中微子通过扩散过程离开囚禁区后，新的电子俘获过程才可能发生，而中微子的扩散时标大约为几秒钟，远远长于坍缩过程几十毫秒的时标. 模型计算表明，铁核中大约有一半以上的物质被中子化了，这将导致坍缩过程所释放的近半数的引力势能以中微子动能的形式被贮存在中微子囚禁区内.

当基本上由中子所组成的星核反弹开始后，原先一直位于声速点处的激波在得到中子星核反弹势能的注入后，其所具有的能量将大幅增加，并导致其开始快速向外移动. 模型计算表明，此时激波阵面在中心核内的移动速度可以高达 $3 \times 10^9 \sim 5 \times 10^9$ cm·s^{-1}. 当下落的物质穿越激波面时，其温度和密度将急剧上升. 下落物质主要由铁组成，而铁原子核中每个核子 (质子或者中子) 的结合能平均大约为 9 MeV. 高温导致光子具有极高的能量，甚至可以将铁原子核完全击碎为质子和中子. 同时，密度增大使得电子俘获过程在激波阵面后迅速发生，并同时放出大量的中微子. 这些新产生的中微子由于距离激波阵面很近，其中的一部分将扩散到激波面外，并在到达中微子光球层之后就迅速逃逸掉. 上述光致蜕变反应和电子俘获过程将消耗激波中的大量能量，导致其移动速度迅速减慢，并最终停顿下来. 模型计算

表明, 激波的上述移动过程大约耗时 10 ms, 移动的距离总共大约为 100~300 km. 之后, 物质继续穿越激波面而下落到中子星核内, 使得其质量以 $1\sim 10 M_\odot\cdot\text{s}^{-1}$ 的速率快速增加. 如果激波不能得到其他能量的注入, 中子星核很快就将因其质量太大而再次发生坍缩, 并成为黑洞. 此刻, 坍缩过程所释放的引力势能大都被贮存在中微子囚禁区内, 而在激波阵面与中微子囚禁区之间宽阔的区域内, 中微子只能通过扩散过程逐步向外渗透. 模型计算表明, 类似于中心核内的热核燃烧过程会引发对流一样, 中微子向外传递不畅同样会在该区域内引发对流运动. 通常将这个过程称为"中微子驱动对流". 对流运动将迅速导致物质的混合过程发生, 并将中微子所携带的能量直接运送到激波所在之处. 此外, 对流区内温度的降低也有助于物质对中微子能量的吸收, 从而对激波所在区域产生强劲的加热效应并促使其复活. 更为重要的是, 对流运动提供了一种将热能通过做功直接转变为机械能的有效方式.

模型计算表明, 对于初始质量小于 $11 M_\odot$ 的恒星, 在经过大约 0.1 s 的停顿后, 激波重新复活, 其产生的冲击力完全能够克服其外物质下落所造成的压力, 并使得超新星爆发现象得以发生. 不过, 此类模型在将恒星外包层炸开的同时, 其强大的激波甚至会将正在发生坍缩过程的中心核的靠外部分也一同炸开, 并使得超新星爆发过程所抛射出来的物质包含过多富中子的核素, 而遗留下来的中子星的质量则过低.

模型计算表明, 正在吸积物质的中子星核对于 g 模式振动来说是非稳定的, 从而将在星核内部激发出重力内波. 有一种想法认为, 这些重力内波在传播到星核表面时会与星核外的稀薄流体发生碰撞, 并产生大量的声波, 就像海浪拍击在海面上一样. 当这些声波传播到激波所在位置时, 就会造成其局部受到挤压并导致其增强, 从而引发非对称的爆发. 例如, 对于球谐度 $l=1$ 的 g 模式振动所导致的激波增强效应来说, 中子星核的一侧仍在继续吸积下落物质, 而爆发却在其另一侧发生了. 这种非对称的爆发会使得所遗留下来的中子星受到来自于爆发过程的反冲作用, 并有助于解释在某些射电脉冲星中所观测到的相当大的运动速度.

12.2.6 爆炸式核合成

所谓"爆炸式核合成"过程, 是指热核燃烧过程的时标短于当地动力学时标的核合成过程. 根据方程 (6.10), 动力学时标近似由当地密度决定. 于是, 温度成为决定热核燃烧过程的时标之最重要的因素. 在内核坍缩型超新星爆发过程中, 激波所在的位置是流体中温度最高的地方, 并且激波越是靠近恒星的中心, 其温度就越高. 模型计算表明, 当激波刚刚开始向外运动时, 其温度可以高达 10^{10} K.

当温度高于 5×10^9 K 时, 任何核燃料都将在动力学时标内达到核统计平衡.

此时, 爆炸式核合成过程的主要产物是铁族元素.

爆炸式硅燃烧过程将发生在 $4 \times 10^9 \sim 5 \times 10^9$ K 的温度范围内. 当温度较低 ($4 \sim 5 \times 10^9$ K) 时, 爆炸式硅燃烧的产物与稳态燃烧时类似, 分布在从 ^{28}Si 到 ^{56,57}Ni 之间, 而当温度较高 ($\geqslant 5 \times 10^9$ K) 时, 丰度分布的低限将从较轻的 ^{28}Si 移动到较重的 ^{48,49}Ti. 模型计算表明, 对于初始质量 $M \leqslant 25 M_\odot$ 的超新星爆发事件, 其抛射物中 ^{56}Ni 的数量大约为 $0.07 \sim 0.08 M_\odot$.

爆炸式氧燃烧过程发生在 $3 \times 10^9 \sim 4 \times 10^9$ K 的温度范围内, 其产物同样类似于稳态氧燃烧过程的产物, 分布在从 ^{28}Si 到 ^{42}Ca 之间. 但是, 由于爆炸式核合成过程进行得很快, 核燃料的中子富余度将被一直保持到燃烧过程的产物中.

爆炸式氖燃烧过程发生在 $2.5 \times 10^9 \sim 3 \times 10^9$ K 的温度范围内, 而爆炸式碳燃烧过程将发生在 $1.8 \times 10^9 \sim 2.5 \times 10^9$ K 的温度范围内. 由于对流氖壳层和对流碳壳层距离恒星中心较远, 通常只是壳层的一部分经历爆炸式燃烧过程, 其产物也与稳态燃烧过程的相近. 但是, 当激波阵面扫过壳层时, 所造成的短时高温会带来爆发性的中子辐照, 并形成大量富中子核素. 同时, 高温也会启动光致蜕变 p 合成过程, 高能光子在将中心氦燃烧阶段末期慢中子过程核合成的产物重新击碎为铁族元素的同时, 生成某些贫中子的 p 核素.

针对太阳的化学组成研究表明, 快中子过程核合成必须发生在极高的温度下, 以至于氦核都会被高能光子击碎为质子和中子, 同时反应区又必须以极快的速度被冷却, 以至于之前光致蜕变反应所产生的一部分质子和中子还来不及重新聚合成为氦. 显然, 对反应区如此独特的环境要求使得内核坍缩型超新星成为快中子过程的可能的场所. 此外, 当超新星爆发后, 原先被囚禁在内的中微子从新生的中子星中不断逃逸出来, 并导致中子星快速冷却. 这些中微子在逃逸过程中将与中子星表面附近的物质发生相互作用, 并形成高速外流星风. 模型计算表明, 快中子过程也有可能发生在这个由中微子驱动的星风中. 再者, 非球对称超新星爆发所形成的喷流也是一个可能的场所.

12.2.7 光变曲线与光谱特征

内核坍缩型超新星的一个典型代表是 II 型超新星, 其完整的光变曲线通常可以被分成为三个变化阶段, 即激波暴增段、平台段和尾段, 而其光谱大体上由一个准黑体谱构成, 其上还会叠加许多表征其大气正在快速膨胀的 P Cygni 轮廓谱线. 最初时, 恒星的有效温度很高, 并使得所有谱线都很宽. 当处于光变曲线平台段期间, 谱线宽度所对应的温度与氢的电离温度一致. 同时, 氢的巴尔末系在光谱中非常显著. 随着时间的推移, 钠 D 线系和电离金属线逐渐增强. 平台段过后, 上述谱线依旧显著.

(1) 激波暴增段.

当激波阵面从恒星表面喷出时，超新星开始在夜空中展现其璀璨夺目的光芒.

对于以红超巨星作为其前身星的超新星来说，在激波的加热下，恒星表面的有效温度迅速升高至 4×10^5 K 左右. 此时恒星的半径大约为 10^{13} cm, 因此根据方程 (1.11), 恒星的热光度将会达到 10^{45} erg·s^{-1} 左右. 由于激波从内核表面传播到恒星表面需要一定的时间，超新星的快速增亮现象一般要比内核坍缩过程晚 2 到 3 小时发生.

模型计算表明，激波暴增段一般只会持续十几分钟，并且从来没有被观测到过. 但是，在激波所经过的地方，物质将被高度电离. 于是，[CIII]、[NIII]、[NIV]、[NV]等高度电离物质的紫外与光学窄发射线将成为这种高温、高亮状态的另一种具体表征. 随着表面附近物质的快速绝热膨胀，恒星的有效温度迅速下降，并导致其热光度也随之降低.

对于那些富氢包层较薄的前身星，例如蓝超巨星来说，可以预料恒星的有效温度将会上升得更高. 但是，由于其前身星的半径较小，故与之相对应的热光度会相对较低，并且激波暴增段的持续时间也将较短. 对于在超新星爆发前其富氢包层已经完全损失掉的恒星来说，此时其半径只相当于太阳的半径. 于是，当超新星爆发时，其激波暴增段会相对更暗、更短.

(2) 平台段.

当温度降至氢原子的电离温度 (5500 K) 附近时，被抛射物质中的氢离子会发生复合形成氢原子，并将其保存的热量释放出来. 这种过程所形成的电离复合阵面将从外向内扫过恒星的富氢包层，所释放出来的电离能会使得恒星的光度如图 12.2 所示在一段相当长的时间内维持在相对稳定的水平上. 这就是 II 型超新星光变曲线的中段会出现一个平台的物理原因.

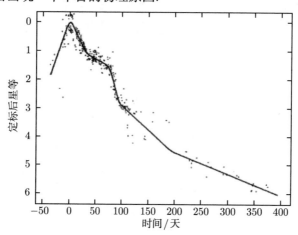

图 12.2　IIP 型超新星的光变曲线

图片源自[12]

显然, 光变曲线平台段的光度和平台段的持续时间与前身星富氢包层的厚度密切相关. 由于氢离子的复合过程要在被抛射物质离开恒星相当远的距离 ($\sim 10^{15}$ cm) 时才会发生, 而此处的温度大体上是固定的, 因此光变曲线平台段的光度近似与恒星此时的半径平方成正比. 对于那些富氢包层较厚的前身星来说, 在之前的激波暴增段, 其有效温度的上升相对较小, 因而当被抛射物质在离开恒星相对较近的距离时, 其温度就已经降低至氢的电离温度, 平台段的光度也就相对较低. 但是, 由于被抛射掉的物质较多, 其所释放出来的电离能的总量相对也较大, 平台段的持续时间会相对较长. 由此形成的光变曲线被分类为 IIP 型. 反之, 如果前身星的富氢包层较薄, 则在激波暴增段恒星有效温度的上升将会更大, 导致被抛射物质只有在离开恒星更远时, 其温度才会降至氢的电离温度. 这将会使得光变曲线平台段的光度略高一些. 然而, 被抛射物质的总量较小, 能够释放出来的电离能也相对较少, 因此光度平台的持续时间也将会较短. 此类超新星的光变曲线被分类为 IIL 型.

对于在超新星爆发前其富氢包层已经完全损失掉的恒星来说, 由于不存在氢复合过程, 因而其光变曲线也就不会出现平台段. 这些内核坍缩型超新星通常被分类为 Ib 型或者 Ic 型.

(3) 尾段.

在经历平台段之后, 储存于激波中的能量很快耗尽, 抛射物中的放射性核素的衰变所释放出来的能量成为维持超新星尾段光度的主要能源.

在所有被抛射的物质中, ^{56}Ni 的衰变最为重要. 模型计算表明, 在内核坍缩型超新星爆发过程中, 大约有 $0.1 M_\odot$ 的 ^{56}Ni 被抛射出来. 这些 ^{56}Ni 衰变为 ^{56}Co 时将释放出 5.9×10^{48} erg 的能量, 其半衰期为 6.1 天. 这些能量大多被用来加速爆炸过程, 从而不会对超新星的光度产生多大影响. 而同样质量的 ^{56}Co 衰变为 ^{56}Fe 时将释放出 1.3×10^{49} erg 的能量, 其半衰期为 77.3 天. 光变曲线的尾段正是由其产生的.

§12.3 热核爆炸型超新星

12.3.1 恒星的热核爆炸现象

当热核燃烧过程的时标比恒星的动力学时标还短时, 这种热核燃烧过程被称为爆炸式热核燃烧过程. 如果一颗恒星被发生于其内部的爆炸式热核燃烧过程完全炸开, 这一过程就将引发热核爆炸型超新星爆发现象.

爆炸式热核燃烧过程能否将恒星完全炸开取决于热核燃烧过程本身所释放的能量能否大于恒星的引力束缚能. 一颗质量为 M、半径为 R 的恒星的引力束缚能

可以估算为

$$E_g \approx \frac{GM^2}{R} \approx 3 \times 10^{50} \left(\frac{M}{M_\odot}\right)^2 \left(\frac{10^9 \text{cm}}{R}\right) \text{erg}. \tag{12.16}$$

假定这颗恒星完全由碳组成,在经历爆炸式热核燃烧过程后其物质完全被转变为铁,那么平均每个碳原子核将释放出 12 MeV 的能量,故热核燃烧过程所释放的总能量为

$$E_n \approx \frac{M}{m_C} 12 \text{ MeV} \approx 1.5 \times 10^{51} \left(\frac{M}{M_\odot}\right) \text{erg}. \tag{12.17}$$

从方程 (12.16) 和 (12.17) 可以注意到,对于一颗 $1.4 M_\odot$ 的白矮星来说,引力将不足以束缚上述热核燃烧过程的产物.

12.3.2 爆炸式热核燃烧过程

爆炸式热核燃烧过程的发生主要有两种方式,即燃烧阵面超声速传播的爆轰过程和燃烧阵面亚声速传播的爆燃过程. 由于燃烧阵面的传播速度不同,使得上述两种爆炸式热核燃烧过程的性质完全不同.

(1) 爆轰燃烧过程.

由于燃烧阵面的传播速度超过局地声速,因此燃烧阵面将以激波的形式传播. 此时,只要知道激波阵面两侧的状态方程和燃烧过程所释放的能量,就可以确定燃烧阵面的传播速度.

设爆轰过程的激波阵面以速度 U 传播. 以下标 1 代表燃烧阵面前燃料的性质,下标 2 代表燃烧阵面后产物的性质,并且假定燃烧阵面前的燃料处于静止状态 ($v_1 = 0$),而燃烧阵面后的产物以速度 v_2 运动. 激波阵面前后质量守恒要求下列方程成立:

$$\rho_1 U = \rho_2 (U - v_2), \tag{12.18}$$

其中 ρ 是密度. 在激波运动方向上,流体的动量守恒要求

$$p_1 + \rho_1 U^2 = p_2 + \rho_2 (U - v_2)^2, \tag{12.19}$$

其中 p 是压强. 结合方程 (12.18) 和 (12.19),可以得出

$$\left(\frac{U}{V_1}\right)^2 = -\frac{p_2 - p_1}{V_2 - V_1}, \tag{12.20}$$

其中 $V = 1/\rho$ 是单位质量物质的体积. 可以注意到,压强和密度在穿过激波阵面后必须同时升高,或者同时下降. 方程 (12.20) 将燃料与产物的状态联系了起来,通常被称为瑞利关系.

在激波阵面前后,能量也必须守恒,因此可以得到

$$p_1 V_1 + \frac{1}{2} U^2 + u_1 + q = p_2 V_2 + \frac{1}{2}(U - v_2)^2 + u_2, \tag{12.21}$$

其中 u 是物质单位质量的内能，q 是单位质量的燃料在热核燃烧过程中所释放出来的热能. 将方程 (12.18)、(12.19) 和 (12.21) 结合起来，可以得到

$$u_1 - u_2 + q + \frac{1}{2}(p_1 + p_2)(V_1 - V_2) = 0. \tag{12.22}$$

方程 (12.22) 通常被称为于戈尼奥 (Hugoniot) 方程. 在激波阵面两边物质的状态方程和燃料的状态 (p_1, V_1) 已知的情况下，方程 (12.22) 成为产物的状态 (p_2, V_2) 所必须满足的关系.

在 p-V 图上，方程 (12.20) 所代表的是一条直线，而方程 (12.22) 所代表的则是一条曲线. 由于二者描述的是同一个爆轰燃烧过程，因此这两条线将如图 12.3 所示存在交点. 一种特殊情况是这两条线正好相切，于是其交点就是两条线的切点. 它描述了爆轰燃烧过程达到平衡时产物的状态. 假定燃烧过后的产物可以用理想气体来描述，根据方程 (2.36) 和 (2.38)，方程 (12.22) 可以改写为

$$u_1 - \frac{3}{2}p_2 V_2 + q + \frac{1}{2}\left(\frac{V_1}{U}\right)^2 (p_2^2 - p_1^2) = 0. \tag{12.23}$$

在两条线的切点处，它们的斜率必须相同. 于是，根据方程 (12.20) 和 (12.23)，可以得到

$$\left(\frac{U}{V_1}\right)^2 = \frac{5}{3}\frac{p_2}{V_2} = c_s^2, \tag{12.24}$$

其中 c_s 是产物的绝热声速. 再利用方程 (12.18)，可以得到

$$U = v_2 + c_s, \tag{12.25}$$

从方程 (12.25) 可以注意到，相对于产物而言，激波阵面以其绝热声速运动.

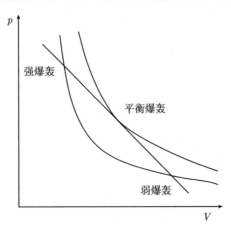

图 12.3　爆轰燃烧过程的 p-V 图

在实际爆轰燃烧过程中，激波阵面的传播速度有可能高于上述最小值，并造成 p-V 图上的直线与曲线存在两个交点，其中压强较高的代表激波对燃料的过度压缩，将导致强爆轰过程，而压强较低的表明激波对燃料的压缩不足，将产生弱爆轰过程.

(2) 爆燃燃烧过程.

和爆轰燃烧过程相比，爆燃过程是一种激烈程度小得多的燃烧过程，其火焰所形成的峰面的传播速度小于局地声速，但是这种燃烧过程却比爆轰燃烧过程要复杂得多，因为燃烧造成的温度升高是通过热量的传导或输运的形式逐步延伸到温度较低的区域，使得冷的燃料点火燃烧. 一般来说，与整个燃烧区的几何尺度相比较，火焰锋面的厚度依然是很薄的，可以被当做间断面. 燃烧过程的时标通常大大短于声波传播的时标，因此可以大体上认为冷的燃料穿过火焰锋面后将变成为热的产物，针对爆轰燃烧过程导出的间断面条件 (12.20) 此时仍然适用，但是火焰锋面的传播速度却主要依赖于热传导的效率，而不是激波运动的速度. 与爆轰燃烧过程相比，主要的差别在于跨过火焰锋面后，产物的压强和密度同时下降.

由于其内外密度存在显著的差别，当火焰锋面向外传播时，会引发瑞利-泰勒不稳定性沿火焰锋面发展，并在浮力的作用下形成垂直于火焰锋面上下运动的液泡，这会使得火焰的锋面产生皱褶. 同时，液泡之间的相对运动将导致湍流的进一步发展，从而使得火焰锋面的结构更加复杂化. 火焰锋面结构的这种复杂化将大大增加火焰的表面积，因此将导致其燃烧效率的大幅度提高. 理论和模型分析表明，当火焰锋面的结构由湍流涡旋主导时，其传播速度大体上与湍流速度涨落相同.

12.3.3 简并碳氧核的热核爆炸模型

对于那些主要由碳和氧所组成的白矮星，当其中心密度 $\rho_c \approx 2 \times 10^9 \text{ g} \cdot \text{cm}^{-3}$ 时，电子气体的高度简并将导致等离子中微子过程的能量损失率开始降低. 同时，热核反应的电子屏蔽效应则显著增强. 于是，碳燃烧过程开始在恒星中心附近启动，并且其产能率将逐渐增加并最终超过中微子能量损失率. 但是，由于恒星中心附近的电子气体处于相对论性简并状态，并使得物质的热传导系数变得非常大，因此碳燃烧过程所产生的热量将被迅速传递到恒星的外部，从而使得其能够在恒星中心附近平稳地运行. 此外，对流运动也将出现在恒星中央相对较大的区域内，并形成一个对流燃烧区以辅助传热. 这样一个阴燃过程将会持续大约 1000 年，并逐步加热了整个恒星.

当恒星中心附近的温度 $T_c \approx 7 \times 10^8$ K 时，碳燃烧过程的时标大体上将与对流运动的典型时标相等. 此后，由于碳燃烧过程的时标很短，热核反应将基本上在原地完成. 同时，浮力的不稳定性和湍流的作用会使得流体中存在不均匀性，并导致恒星中心附近热核燃烧区内会突然出现一些零星的火苗. 这些零星火苗的数量及其出现的地点都存在相当大的不确定性,并会对最终的热核爆炸过程产生一定影响. 火苗迅速发展并形成火焰锋面,从而将原来的阴燃过程转变为爆燃过程. 与此同时,火焰锋面在流体不稳定性和湍流的共同作用下发生卷曲褶皱,导致其燃烧效率大幅提高并加快了火焰锋面扫过流体的速度. 于是,不同的火苗形成一个个不规则的火球,在自身迅速扩大的同时也在彼此不断并合. 另一方面,湍流也会造成火焰锋面的断裂,并不断形成新的火球. 很快,恒星中心附近区域的火焰锋面完全连成一片,并以相当快的速度向恒星表面推进. 此时,燃烧过程进行得如此之快,以至于物质穿过火焰锋面后就已经被解除简并状态了,其内部压力迅速升高. 火焰锋面的移动是亚声速的,因此随着燃烧区的逐步扩大,恒星也随之膨胀,以缓和其中心部分压强的持续增大.

对处于电子简并状态的物质,密度越高的地方简并度也越高,但是单位质量物质的热容量反而会越小. 因此,当火焰锋面经过时,密度越高的地方温度就会升高得越显著. 同时,更多的热量被用于解除当地电子的简并状态,因此火焰锋面过后流体的运动速度也就会相对较慢. 于是,靠近恒星中心部分的温度将会是最高的,可以达到 $4 \times 10^9 \sim 5 \times 10^9$ K,并造成这里的物质直接被加热到核统计平衡状态,形成以铁族元素为主的热核燃烧产物. 对于燃烧前密度处于 $10^6 \sim 10^7$ g·cm^{-3} 的区域,热核燃烧的产物以硅为主. 而在此之外的区域,热核燃烧的产物将以氧、氖、镁、钠等为主,其运动速度最高可以达到 10^9 cm·s^{-1}. 当火焰锋面到达密度很低的恒星外壳中时,湍流爆燃过程将完全熄灭. 整个热核爆炸过程持续大约几秒钟. 模型计算表明,当假定火焰锋面移动速度逐步从恒星中心开始一直增加并最终达到声速的 30% 时,所形成的热核爆炸在光变曲线和光谱特征方面与观测到的 Ia 型超新星基本一致.

由于越靠外的地方绝热声速越小,可以预料,当火焰锋面移动到相对靠近恒星表面的地方时,其传播速度有可能超过当地的声速. 于是,热核燃烧过程将由爆燃过程向爆轰过程转变. 这样一种爆炸式燃烧模式通常被称为"延迟爆轰". 由于越过激波阵面后流体的压强和密度将同时上升,因此燃料在爆轰过程中将比在爆燃过程中燃烧得更加充分. 模型计算表明,假定爆燃阶段火焰锋面的移动速度大约为声速的 1%,并且当火焰锋面移动到密度 $\rho \approx 10^7$ g·cm^{-3} 时启动爆轰燃烧过程,则所得到的超新星模型与观测结果相符.

12.3.4 电子对非稳定性热核爆炸模型

由于强烈的星风物质损失过程,正常金属丰度的恒星的质量一般都不会太大,并且在主序演化期间其外包层质量还会大量损失,最终使得主序结束时所形成的氦核不会很大. 但是,对于那些金属丰度极低甚至为零的恒星,由于其大气中不存在能够产生密集谱线吸收的原子,因而辐射压驱动星风的机制就无法起作用. 于是，这些恒星在其主序演化期间不会损失过多的质量，并可能形成质量超过 $40M_\odot$ 的氦核.

当氦燃烧过程在这些超大质量氦核中心附近结束并且碳燃烧过程开始点燃时，其中心点附近的温度将超过 10^9 K. 这时，电子对非稳定性开始启动. 高能光子在与离子的碰撞过程中转变为正负电子对，并吸收大量热量. 吸热将会导致压强降低，于是恒星开始收缩升温，以弥补压强的不足. 而温度越高时，高能光子碰撞所产生的电子对也越多，从而吸收掉更多的热量. 这样一种动力学非稳定性将导致恒星中心核坍缩，而坍缩过程所造成的快速升温则直接触发了爆炸式热核燃烧过程. 值得注意的是，在此阶段爆炸式热核燃烧过程是由坍缩过程驱动的，因而其燃烧锋面的移动不是由燃烧过程自己主导的.

模型计算表明，爆炸式碳燃烧和氖燃烧过程所释放的热量均不足以弥补电子对产生过程所消耗掉的能量. 此后，对于质量超过 $133M_\odot$ 的氦核来说，坍缩过程所造成的升温进一步导致了光致蜕变不稳定性的发生，并使得恒星直接坍缩成为黑洞. 而对于质量小于 $133M_\odot$ 的氦核，爆炸式氧燃烧过程产生的热量若仍不足，则随后发生的爆炸式硅燃烧过程所释放的热量将超过电子对产生所消耗掉的能量. 能量的及时补充将使得电子对产生与湮没过程最终达到平衡，这表明坍缩过程将会停止.

由于惯性的作用，当中心核最终停止收缩时，它将受到过度的压缩与升温，并导致爆炸式热核燃烧过程所释放的热量大于维持流体静力学平衡所需要消耗的能量. 显然，氦核最初的质量越大，此时其受到的压缩就会越大，随后爆炸式热核燃烧过程所释放的能量也就越多. 于是，坍缩过程随即转变为热核爆炸过程，并将整个恒星完全炸开. 模型计算表明，一颗初始质量为 $70M_\odot$ 的氦核发生爆炸后将生成大约 $0.1M_\odot$ 的镍，而其抛射物所具有的动能大约为 4.9×10^{51} erg，而一颗 $130M_\odot$ 的氦核爆炸后将生成大约 $40M_\odot$ 的镍，并且其抛射物所具有的动能大约为 8.7×10^{52} erg.

对于那些在爆发前已经完全失去其含氢包层的氦星来说，当其质量大于 $100M_\odot$ 左右时，恒星的最外层并不跟随其中心核一起坍缩. 当经历热核爆炸后快速膨胀的中心核最终与几乎停留在原地的外包层相遇时，将形成一个非常强的激波. 稍后，当此激波从恒星光球层喷出时，会产生一个类似于 II 型超新星的快速增亮阶段，但是其光谱中却并不含氢. 同时，爆炸式热核燃烧过程所生成的大量镍将会使得超新星的亮度极高，并保持很长的时间. 有时将这种特别亮且持续时间又特别长的超新星称为特超新星 (hypernova). 而对于那些质量较小的氦星来说，由于其生成的镍较少，会造成超新星的亮度很低，甚至很难被发现.

另一方面，对于那些具有含氢包层的前身星，当其快速膨胀的中心核冲入不透明度非常大的外部含氢包层时，二者之间巨大的温差会导致辐射能激波的形成.

当此激波到达恒星表面时,阻塞在激波阵面之后的辐射能将以 X 射线爆发或者紫外爆发的形式瞬间释放出来. 同时,中心核内物质将与包层物质发生剧烈的流体动力学相互作用并导致中心核的膨胀速度减慢并诱发瑞利–泰勒不稳定性,造成它们之间物质的混合. 随着抛射物不断膨胀及冷却,从中发出的辐射也就逐渐变暗且变红.

12.3.5 光变曲线

除了最初可能出现的短暂的快速增亮外,热核爆炸型超新星的光度主要来源于爆炸式热核燃烧过程所生成的放射性核素镍 (^{56}Ni) 的衰变:

$$^{56}\text{Ni} \to {}^{56}\text{Co} + e^+ \to {}^{56}\text{Fe} + e^+. \tag{12.26}$$

元素的放射性衰变可以用其半衰期来进行描述:

$$\frac{dN}{dt} = -\lambda N, \tag{12.27}$$

其中, N 是粒子数,而衰变指数 λ 与其半衰期 $\tau_{1/2}$ 的关系是

$$\lambda = \frac{\ln 2}{\tau_{1/2}}. \tag{12.28}$$

对于由 (12.26) 所描述的衰变反应,不同核素的粒子数的变化可以写为

$$\frac{dN_{\text{Ni}}}{dt} = -\lambda_{\text{Ni}} N_{\text{Ni}}, \tag{12.29}$$

$$\frac{dN_{\text{Co}}}{dt} = \lambda_{\text{Ni}} N_{\text{Ni}} - \lambda_{\text{Co}} N_{\text{Co}}, \tag{12.30}$$

$$\frac{dN_{\text{Fe}}}{dt} = \lambda_{\text{Co}} N_{\text{Co}}, \tag{12.31}$$

其中 N_{Ni}, N_{Co}, N_{Fe} 分别是 ^{56}Ni, ^{56}Co, ^{56}Fe 的粒子数,而 λ_{Ni}, λ_{Co}, λ_{Fe} 分别是它们的衰变指数. 假定 ^{56}Ni 的初始粒子数为 $N_{\text{Ni},0}$,而 ^{56}Co 和 ^{56}Fe 的初始粒子数为零,容易验证,方程组 (12.29)~(12.31) 的解为

$$N_{\text{Ni}} = N_{\text{Ni},0} e^{-\lambda_{\text{Ni}} t}, \tag{12.32}$$

$$N_{\text{Co}} = \frac{\lambda_{\text{Ni}}}{\lambda_{\text{Ni}} - \lambda_{\text{Co}}} N_{\text{Ni},0} \left(e^{-\lambda_{\text{Co}} t} - e^{-\lambda_{\text{Ni}} t} \right), \tag{12.33}$$

$$N_{\text{Fe}} = \frac{N_{\text{Ni},0}}{\lambda_{\text{Ni}} - \lambda_{\text{Co}}} \left[\lambda_{\text{Ni}} \left(1 - e^{-\lambda_{\text{Co}} t} \right) - \lambda_{\text{Co}} \left(1 - e^{-\lambda_{\text{Ni}} t} \right) \right]. \tag{12.34}$$

如果 ^{56}Ni 和 ^{56}Co 的每个原子核衰变时所释放的能量分别为 Q_{Ni} 和 Q_{Co},则由上述衰变反应释放的能量所主导的光变曲线可以描述为

$$L = Q_{\text{Co}} \frac{dN_{\text{Fe}}}{dt} - Q_{\text{Ni}} \frac{dN_{\text{Ni}}}{dt} = Q_{\text{Co}} \lambda_{\text{Co}} N_{\text{Co}} + Q_{\text{Ni}} \lambda_{\text{Ni}} N_{\text{Ni}}. \tag{12.35}$$

当时间足够长后，^{56}Ni 的粒子数接近于零. 此时，从方程 (12.33) 和 (12.35) 可以近似得到

$$\lg L \approx \lg\left(Q_{\text{Co}}\lambda_{\text{Co}} N_{\text{Co}}\right) \approx \lg\left(\frac{\lambda_{\text{Co}}\lambda_{\text{Ni}}}{\lambda_{\text{Ni}} - \lambda_{\text{Co}}} Q_{\text{Co}} N_{\text{Ni},0}\right) - \frac{\lambda_{\text{Co}}}{\ln 10} t. \quad (12.36)$$

可以注意到，此时光变曲线大体上是一条直线，并且其斜率由 ^{56}Co 的半衰期决定.

由方程 (12.36) 可以推知，超新星爆发过程中所生成的镍越多，则超新星看上去就越亮. 由于镍主要生成在恒星的中心附近温度很高的地方，其衰变所释放的高能光子要穿越整个恒星才能逃逸出来，因此从温度较高的地方发出的能量较大的光子就会被温度较低的地方吸收，并以能量较低的光子再次发射出来. 于是，光子在辐射转移的过程中将会被逐渐红化. 模型计算表明，温度越低的气体，这种红化效应就越显著. 对于最初光度较暗的超新星，由于其内部气体的初始温度较低，因此光子的红化过程发展会更加迅速，对于观察者来说，其光度下降的速度也就会如图 12.4 所示相对较快. 光变曲线的上述宽度与最大光度之间的关系常常被称为菲利普斯 (Phillips) 关系[25]. 通过上述标定后，此类超新星常常被用来作为标准烛光，对宇宙中非常遥远的天体到地球的距离进行测量.

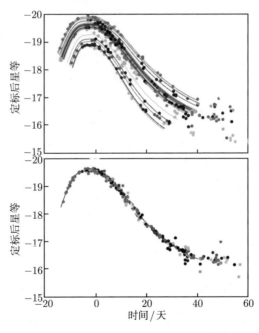

图 12.4 极大时亮度不同的 Ia 型超新星其光变曲线的形状

图片源自[24]

12.3.6 Ia 型超新星模型

Ia 型超新星被认为是由碳和氧所组成的白矮星发生热核爆炸现象所形成的. 这种类型的白矮星其表面基本上不会含有过多的氢, 因而保证了在随后爆发的超新星的光谱中没有氢. 同时, 碳和氧的爆炸式热核燃烧过程有助于形成在超新星爆发过程中观测到的中等相对原子质量元素 (例如硅). 依据其前身星所处环境的不同, 目前 Ia 型超新星主要有两种模型.

(1) 单简并恒星模型.

对于孤立的白矮星来说, 由于其内部的密度很高, 等离子中微子过程会造成大量的能量损失, 并导致其中心温度不断降低, 因而不会发生热核爆炸而成为超新星. 但是, 如果一颗白矮星处于一个双星系统中, 那么它就有可能通过吸积来自于伴星的物质, 并使得其质量不断增长. 当其伴星是一颗主序星或者红巨星时, 来自于伴星表面的富氢物质通过稳定的洛希瓣物质交流过程最终沉积到白矮星的表面. 当这些富氢物质在白矮星表面堆积到一定的数量时, 氢燃烧过程在富氢包层底部开动. 随着氢不断被转变成为氦, 白矮星的质量开始逐渐增加. 模型计算表明, 当白矮星吸积伴星物质的速率过高时, 其富氢包层将快速膨胀, 并使得白矮星重新成为一颗渐近巨星分支恒星, 而当吸积率过低时, 氢燃烧过程将以失控方式进行, 并通过新星爆发过程最终将原先吸积的物质重新喷发出去. 值得注意的是, 稳定的吸积过程只在 $10^{-6} \sim 10^{-7} M_\odot \cdot \mathrm{yr}^{-1}$ 这样一个非常窄的吸积率范围内存在, 并且白矮星的质量越大, 其稳定吸积过程所对应的吸积率也越大.

当白矮星的质量不断增大时, 其半径将随之减小以提高其内部的密度和电子简并压强来抵御不断增大的引力作用, 于是白矮星将释放出引力势能, 并与中微子能量损失一道共同决定其内部结构的演化. 模型计算表明, 当其质量增长到非常接近钱德拉塞卡极限时, 白矮星将发生热核爆炸, 并成为 Ia 型超新星. 纯爆燃模型所产生的镍通常会较少 (大约 $0.3 \sim 0.4 M_\odot$), 只能解释那些比较暗的超新星爆发, 但是, 考虑 2D 或者 3D 模型则会大大增加镍的产出 (大约 $0.5 M_\odot$), 并与大多数观测所预计的相符. 延迟爆轰模型能够大大提高镍的产出量, 因而可以解释绝大多数的 Ia 型超新星. 这种当白矮星的质量临近钱德拉塞卡极限时才会发生的超新星爆发过程通常被称为钱德拉塞卡质量模型.

对于质量明显低于钱德拉塞卡极限的白矮星, 其外包层中的氦燃烧过程有时会以爆炸式燃烧方式进行, 并由此引发一个向内传播的爆轰燃烧阵面. 当此爆轰阵面进入碳氧核以后, 会导致碳燃烧过程也以爆轰燃烧方式进行. 这样一个非球对称的热核爆炸过程能够解释那些光度相对较低的超新星爆发现象, 但是却无法避免地会产生高速运动的镍. 这种模型有时也被称为亚钱德拉塞卡质量模型.

(2) 双简并恒星模型.

如果一个双星系统中的两颗子星都是白矮星,并且二者之间的距离非常近,那么引力波辐射会有效地带走系统的角动量,最终导致两颗白矮星发生并合现象. 3D 数值模拟表明,由于两颗白矮星的质量一般不会完全相同,因而密度较低的那颗星会在并合过程中完全解体,其物质则快速沉积到密度较高的另一颗白矮星上. 当并合过程结束后最终形成的白矮星的质量超过钱德拉塞卡极限时,热核爆炸过程将发生并导致超新星爆发. 值得注意的是,由双星演化模型预计的白矮星并合所给出的超新星诞生率与观测结果一致.

然而,当未解体的白矮星吸积另一颗白矮星解体后的碳氧物质的速率显著高于 $10^{-6}M_\odot\mathrm{yr}^{-1}$ 时,碳会在偏离恒星中心的地方点火. 模型计算表明,由此形成的爆燃过程的火焰锋面将向恒星中心移动,并在火焰锋面过后生成以氧、氖和镁为主的燃烧产物. 此后,镁的电子俘获过程将导致压强下降,并使得整个恒星处于动力学不稳定状态. 持续的物质吸积会导致内核的密度不断升高,并引起电子俘获过程加速,从而引发恒星开始坍缩,最终形成一颗中子星.

§12.4 白 矮 星

当恒星演化最终留下的简并核的质量小于钱德拉塞卡极限时,其内电子气体的运动所产生的简并压强足以抵御引力的作用,并使得简并核能够一直处于稳定的力学平衡状态. 这种奇异的天体通常被称为白矮星. 天狼星的伴星就是一颗著名的白矮星.

观测和模型计算都表明,白矮星的平均质量在 $0.6M_\odot$ 左右,半径大约为 $5000 \sim 8000$ km,其平均密度因而将高达 10^6 g·cm^{-3}. 一般来说,它们的内部将不再进行任何热核燃烧过程,而只是依靠残存的热量而发光,并且将因此逐步冷却.

12.4.1 白矮星的内部结构

白矮星内部不同的物质对其结构起着不同的作用. 电子是费米子,服从泡利不相容原理. 在白矮星内部如此高密度的环境中,自由电子的费米能量很高,因而提供了几乎全部压强和最有效的传热方式. 另一方面,离子拥有恒星几乎全部的质量,并且储存了以后将要辐射出去的热量. 由此可见,白矮星的力学结构基本上完全由电子的性质决定.

对于质量较小的白矮星来说,电子气体是非相对论性的. 根据方程 (2.120),电子的简并压强为

$$p_\mathrm{e} = \frac{8\pi}{15m_\mathrm{e}h^3}\left(\frac{3h^3}{8\pi\mu_\mathrm{e}m_\mathrm{H}}\right)^{5/3}\rho^{5/3}. \tag{12.37}$$

可以注意到,方程 (12.37) 所代表的是一个多方关系,并且其多方指数 $n=3/2$.

对于质量接近钱德拉塞卡极限的白矮星来说，在其内部电子的平均速度非常接近于光速. 于是，根据方程 (2.121)，此时电子的简并压强为

$$p_{\mathrm{e}} = \frac{2\pi c}{3h^3}\left(\frac{3h^3}{8\pi \mu_{\mathrm{e}} m_{\mathrm{H}}}\right)^{4/3} \rho^{4/3}. \tag{12.38}$$

这也是一个多方关系，只是其多方指数 $n = 3$.

由上述讨论可以预料，任意质量的白矮星的内部结构可以由多方模型描述，并且其多方指数 $n = 3/2 \sim 3$. 对于上述范围内的多方指数 n，利用方程 (6.73) 和 (6.84)，恒星的半径 R 和质量 M 分别满足

$$\left(\frac{\xi_n}{R}\right)^2 = \frac{4\pi G}{K_n(1+n)}\rho_{\mathrm{c}}^{(n-1)/n}, \tag{12.39}$$

$$M = 4\pi R^3 \rho_{\mathrm{c}} \left[-\frac{1}{\xi}\frac{\mathrm{d}u}{\mathrm{d}\xi}\right]_{\xi_n}, \tag{12.40}$$

其中，多方关系中的系数 K_n 对于任意 n 值来说都是一个常数. 利用方程 (12.39) 和 (12.40) 消去中心密度 ρ_{c}，可以得到白矮星的质量 M 与半径 R 的关系为

$$M = 4\pi R^{\frac{n-3}{n-1}}\left[\frac{K_n(1+n)}{4\pi G}\right]^{\frac{n}{n-1}} \xi_n^{\frac{n+1}{n-1}} \left[-\frac{1}{\xi}\frac{\mathrm{d}u}{\mathrm{d}\xi}\right]_{\xi_n}. \tag{12.41}$$

对处于非相对论性简并状态 ($n = 3/2$) 的电子气体来说，多方模型给出

$$\xi_n^{\frac{n+1}{n-1}}\left[-\frac{1}{\xi}\frac{\mathrm{d}u}{\mathrm{d}\xi}\right]_{\xi_n} \approx 132.4. \tag{12.42}$$

这样，质量-半径关系 (12.41) 可以具体写为

$$M = 0.701\left(\frac{10^4 \mathrm{km}}{R}\right)^3 \left(\frac{2}{\mu_{\mathrm{e}}}\right)^5 M_\odot, \tag{12.43}$$

其中 μ_{e} 是电子的平均相对质量. 从方程 (12.43) 可以注意到，当恒星的质量增加时，其半径将减小，以提高电子的简并压强来抵御引力作用的增强.

对处于相对论性简并状态 ($n = 3$) 的电子气体来说，多方模型给出

$$\xi_n^{\frac{n+1}{n-1}}\left[-\frac{1}{\xi}\frac{\mathrm{d}u}{\mathrm{d}\xi}\right]_{\xi_n} \approx 2.018, \tag{12.44}$$

于是，质量-半径关系 (12.41) 可以进一步写为

$$M_{\mathrm{Ch}} = \frac{5.836}{\mu_{\mathrm{e}}^2} M_\odot. \tag{12.45}$$

由方程 (12.45) 定义的这个临界质量 $M_{\rm Ch}$ 就是钱德拉塞卡极限. 对于常见的由碳和氧所组成的简并核, $\mu_{\rm e}=2$, 因此 $M_{\rm Ch}=1.459M_\odot$.

从方程 (12.43) 和 (12.45) 可以注意到, 当电子气体从非相对论性简并状态发展成为相对论性简并状态时, 随着恒星中心密度的不断增大, 其半径将持续缩小, 然而其质量却将趋于钱德拉塞卡极限. 换句话说, 处于简并状态的电子气体可以支撑的质量存在上限, 在达到这个极限时, 恒星将被压缩成为一个奇点.

12.4.2 白矮星外包层的结构

一般来说, 白矮星具有一个不算很厚的外包层. 在白矮星表面附近强大引力的作用下, 经过一段时间以后, 外包层中不同元素将按照其相对原子质量的大小被分离开来: 相对原子质量大的将下沉, 而相对原子质量小的则上浮. 当然, 如果白矮星外包层中出现对流运动, 那么在对流区内不同物质将发生混合. 这样一个分层大气层的不同观测特征是区分不同类型白矮星的主要依据.

(1) 白矮星的光谱分类.

不同类型的白矮星的主要光谱特征由表 12.2 给出. 按照其光谱中出现的吸收线特征, 白矮星大体上被分为两大类: 以氢吸收线为代表的 DA 型, 或者以无氢吸收线为特征的 DB 型、DO 型等. 这反映了白矮星大气层中物质的主要成分是以氢为主, 还是以氦为主.

表 12.2　不同光谱型白矮星的主要特征

光谱型	有效温度/K	主要谱线特征
DA	4000~80000	H, 无 He, 无金属
DB	12000~30000	He, 无 H, 无金属
DO	45000~100000	He^+ 为主, 伴有 He 或者 H
DC	4000~12000	连续谱, 无谱线
DQ	4000~24000	C, 当有效温度 < 15000 K 时伴有 He
DZ	4000~12000	金属线, 无 C

从表 12.2 中可以注意到, DA 型白矮星存在于一个非常宽广的有效温度范围内, 从有效温度很低的 4000 K 一直延伸到氢吸收线能够被探测到的极高的有效温度处. 但对于大气层中以氦为主导成分的白矮星来说, 情况则略显不同. 当有效温度较低时, 中性氦线是最主要的光谱特征, 此类白矮星因此被分类为 DB 型, 而当有效温度较高时, 电离氦线成为其光谱中的主要特征, 这些白矮星将被分类为 DO 型. 当其有效温度低于 12000 K 时, 由于氦原子大都处于基态, 因而在白矮星的连续谱中基本上看不到吸收线, 这些白矮星因此被分类为 DC 型. 当以氦为主导成分的大气层很薄, 或者大气层中存在物质混合过程时, 碳会出现在白矮星的表面, 并产生相应的吸收线, 这类白矮星因而被分类为 DQ 型. 当白矮星表面存在相当数量

的重元素时, 其吸收特征将主导白矮星的光谱, 此类白矮星就被分类为 DZ 型. 由于重力沉淀效应的影响, 这些存在于白矮星表面的重元素不太可能是其原初物质, 但却很可能是刚刚被白矮星所吸积的物质中带过来的.

(2) 外包层的物理结构.

白矮星的中心核是处于高度电子简并状态的. 同时, 高速运动的电子气体使得其热传导系数非常大, 并导致中心核大体上是等温的. 但是, 白矮星的外包层却不是这样的, 其内气体的状态可以近似为理想气体. 因此, 白矮星的结构由简并等温核与理想气体外包层组成. 在白矮星的外包层中, 热量的传递方式主要是辐射和对流, 但白矮星的光度一般不算太高, 而外包层的厚度也不算太厚, 因此对流的作用常常不是最主要的.

设简并核与外包层在白矮星内部某个位置处交界. 显然, 内外压强在交界面处必须连续. 假定此处电子气体处于非相对论性简并状态, 可以得到

$$\frac{\Re}{\mu}\rho_0 T_0 = \frac{8\pi}{15 m_e h^3}\left(\frac{3h^3}{8\pi m_H}\right)^{5/3}\left(\frac{\rho_0}{\mu_e}\right)^{5/3}, \tag{12.46}$$

其中 μ 是外包层的平均相对原子质量, μ_e 是简并核中电子的平均相对原子质量, T_0 和 ρ_0 分别是交界面处的温度和密度. 从方程 (12.46) 中解出交界面处的密度, 可以得到

$$\rho_0 = \frac{\pi m_H}{3h^3}\left(\frac{20 m_e m_H \Re \mu_e}{\mu}\right)^{3/2} \mu_e T_0^{3/2}. \tag{12.47}$$

假定外包层处于辐射平衡和流体静力学平衡状态, 并且采用克莱莫不透明度 ($\bar{\kappa} = \kappa_0 \rho T^{-3.5}$), 根据方程 (7.45), 可以得到外包层内的温度梯度为

$$\frac{dT}{dp} = \frac{3\bar{\kappa}L}{16\pi acGMT^3} = \frac{3\kappa_0 \mu L}{16\pi acG\Re M}\frac{p}{T^{15/2}}, \tag{12.48}$$

其中 M 是恒星的质量, L 是恒星的光度. 在零边界条件下积分上式, 给出

$$p = \left(\frac{64\pi acG\Re M}{51\kappa_0 \mu L}\right)^{1/2} T^{17/4}. \tag{12.49}$$

将方程 (12.49) 代入理想气体状态方程 (2.54) 中, 可以得到

$$\rho = \left(\frac{64\pi acG\mu M}{51\kappa_0 \Re L}\right)^{1/2} T^{13/4}. \tag{12.50}$$

将方程 (12.50) 应用到交界面处, 并消去密度, 最终可以得到交界面处的温度为

$$T_0 \approx 6 \times 10^7 \left(\frac{L/L_\odot}{M/M_\odot}\right)^{2/7} \text{K}. \tag{12.51}$$

可以注意到, 白矮星的光度越高, 其中心核的温度也越高. 取白矮星的质量 $M \approx 1M_\odot$, 光度 $L \approx 10^{-4} \sim 10^{-2}L_\odot$, 代入方程 (12.51) 中, 可以得到交界面处温度 $T_0 \approx 4.2 \times 10^6 \sim 1.6 \times 10^7$ K. 这个温度也就是白矮星中心简并核的温度.

此外, 利用交界面处温度 T_0, 还可以得到交界面处的密度 $\rho_0 \approx 10^3$ g·cm^{-3}. 同时, 外包层的厚度 D 可以利用其处于流体静力学平衡状态来估计:

$$\frac{\Re}{\mu}\frac{\rho_0 T_0}{D} \approx \rho_0 g, \tag{12.52}$$

其中 g 是白矮星表面附近的重力加速度. 于是, 白矮星外包层内的质量可以估算为

$$M_{\rm env} \approx 4\pi R^2 \rho_0 D \approx 4\pi R^2 \rho_0 \frac{\Re T_0}{\mu g} \approx 10^{-4} M_\odot. \tag{12.53}$$

(3) 外包层的化学分层结构.

从方程 (6.42) 可以知道, 压强梯度、温度梯度的浓度梯度都会导致不同元素之间的扩散过程. 但是, 相对原子质量不同的元素在同一个物理因素的作用下其扩散运动是有所不同的. 一方面, 在有浓度梯度的区域内, 粒子的无规热运动会导致不均匀的物质逐渐被混合均匀. 另一方面, 在压强梯度的作用下, 相对原子质量大的元素会感受到一个与重力方向相同的浮力而下沉, 而相对原子质量小的元素则在浮力作用下上浮. 此外, 当流体中还存在温度梯度时, 由于温度较高的地方粒子的平均动量也较大, 因此当粒子从高温区被交换到低温区时会附带产生一个同方向的力. 显然, 由于当温度相同时相对原子质量越大的粒子其所携带的动量也越大, 因而相对原子质量较小的粒子所受到的推力反而较大, 并将向温度较低的地方移动. 于是, 压强梯度和温度梯度将导致不同的元素在恒星内部发生分离, 而浓度梯度则会使得它们彼此混合. 再者, 当辐射压强很大时, 某些重元素对辐射的吸收和发射还会导致其受到辐射托浮效应的作用, 并沿辐射转移的方向移动.

对于白矮星来说, 其表面附近巨大的重力加速度使得重力沉淀效应很快就导致物质分层现象的出现. 一种特殊情况是重力沉淀效应与浓度梯度造成的混合相互抵消, 并最终使得白矮星内部的化学分层结构达到平衡状态. 显然, 此时任意一种元素的漂移速度均为零. 根据方程 (6.42), 可以得到

$$\sum_s D_i^s \frac{{\rm d}C_s}{{\rm d}r} = \frac{D_i^p + D_i^T \nabla}{H_p}, \tag{12.54}$$

其中, D_i^s 是 i 组分的浓度扩散系数, D_i^p 是其压强扩散系数, D_i^T 是其温度扩散系数, C_i 是其摩尔丰度, ∇ 是当地的温度梯度, H_p 是当地的压强标高. 可以注意到, 不同元素的丰度轮廓完全由当地的物理结构决定. 模型计算表明, 在白矮星中央的碳氧核内, 压强标高很长, 并导致扩散过程进行得非常慢, 因此元素的丰度轮廓大

体上仍然保持了白矮星刚刚生成时的情况. 在碳氧核之外, 氦元素基本上达到了平衡轮廓, 于是形成一个几乎由纯氦组成的幔层. 经过不长的一段时间以后, 原先混合在氦幔层中的少量氢将浮现在恒星的表面附近, 并形成一个不透明的氢包层. 此时, 恒星在观测上将被分类为 DA 型. 若对流或者其他物理过程将这少量的氢重新混合到相比之下质量很大的氦幔层中, 则恒星又将被分类为 DB 型, 或者是其他富氢的类型.

12.4.3 白矮星的演化 —— 冷却过程

由于再也没有了热核燃烧过程所提供的能源, 白矮星随时间的演化就是一个简单的冷却过程. 随着白矮星内部所包含的热量逐步从其表面辐射掉, 白矮星中心核的温度将越来越低, 最终演化成为一颗冰冷暗淡的黑矮星.

白矮星内部的电子气体处于高度简并状态, 因而其动能几乎不再发生变化. 离子的动能就是此时恒星的全部热能, 并可以传递到恒星的表面辐射掉. 对于一颗质量为 M 的白矮星来说, 根据方程 (2.56), 离子的总动能 u 可以估算为

$$u \approx \frac{3}{2}kT_0 \frac{M}{\mu_I m_H}, \tag{12.55}$$

其中 μ_I 是中心核内离子的平均相对质量. 于是, 从恒星表面辐射掉的光度 L 就等于离子动能的减少:

$$L = -\frac{du}{dt} = -\frac{3kM}{2\mu_I m_H}\frac{dT_0}{dt}. \tag{12.56}$$

利用方程 (12.51) 和 (12.56), 可以得到恒星中心核的温度 T_0 的演化方程为

$$\frac{dT_0}{dt} = -\frac{2\mu_I m_H}{3k C_{WD}} T_0^{7/2}, \tag{12.57}$$

其中 C_{WD} 是一个常数. 对方程 (12.57) 进行简单的积分, 就可以得到中心核温度 T_0 随时间的演化:

$$T_0^{-5/2} - T_0^{-5/2}\Big|_{t=0} = \frac{5\mu_I m_H}{3k C_{WD}} t. \tag{12.58}$$

白矮星的寿命 τ_{WD} 通常是指当白矮星的光度过低而无法观测之前所经历的时间. 显然, 这样定义的寿命 τ_{WD} 可以用中心核温度很低时所经历的时间来代替. 于是, 根据方程 (12.51) 和 (12.58), 可以得到

$$\tau_{WD} = \frac{3k C_{WD}}{5\mu_I m_H} T_0^{-5/2} \approx 10^7 \left(\frac{M/M_\odot}{L/L_\odot}\right)^{5/7} \text{年}. \tag{12.59}$$

方程 (12.59) 表明, 质量越大或者光度越小的白矮星寿命越长. 取白矮星的质量 $M \approx 1 M_\odot$, 光度 $L \approx 10^{-3} L_\odot$, 利用方程 (12.59), 可以估计其寿命大约为 10^9 年.

实际的冷却过程远比上述简单描述要复杂多变. 首先, 当白矮星刚刚形成时, 中心核的高温、高密状态使得等离子中微子过程有效地开动. 中微子一旦被产生出来, 就会直接逃离白矮星, 且其能量损失率有可能比通过光子的辐射转移过程大 10 倍以上, 从而成为白矮星形成初期快速冷却的重要机制. 于是, 白矮星在此阶段的演化时标直接反映了等离子中微子过程的能量损失率.

其次, 当中心核的温度很低时, 带电粒子之间的库仑相互作用将对白矮星的冷却过程产生显著的影响. 库仑相互作用会导致离子互相排斥, 结果每个离子都被囚禁在内能最小的位置附近. 当库仑相互作用能与热能之比达到 1 附近时, 离子从理想气体变成为库仑液体, 而当上述比值达到 180 时, 离子将进一步相变为结晶状固体. 这时, 离子只能在晶格点阵附近做振动而不能自由运动. 于是, 当温度降低到熔解温度以下时, 离子结晶转为固态, 并释放出晶格热. 显然, 熔解温度 T_m 与物质的密度有关, 密度越高则熔解温度越大:

$$T_\mathrm{m} \approx 2 \times 10^3 \rho^{1/3} Z^{5/3}. \tag{12.60}$$

恒星中心的密度最大, 于是中心部分首先开始结晶. 同时, 碳和氧的不同结晶条件将形成相分离: 首先结晶的氧将碳挤出中心区, 同时释放出引力势能. 结晶过程出现后, 结晶后固体的热容量将主要由与晶格振动达到热平衡的光子气体提供. 当热运动能比晶格振动的最低能态还低, 即温度低于晶体的德拜温度时, 物质的热容量将进一步下降, 白矮星由此进入德拜冷却演化阶段.

白矮星在赫罗图上的冷却线非常简单. 由于此时恒星的半径由其质量唯一确定, 因此根据光度和有效温度的关系 (1.11) 和方程 (12.43), 白矮星的冷却线方程可以写为

$$\lg(L/L_\odot) = 4\lg T_\mathrm{eff} - \frac{2}{3}\lg(M/M_\odot) + C. \tag{12.61}$$

可以看到, 质量越大的白矮星, 其冷却线光度越低.

§12.5 中 子 星

当恒星中心铁核的质量超过钱德拉塞卡极限时, 电子气体的简并压强无法进一步增加以抵御越来越大的引力作用, 因此中心核将开始坍缩, 直到物质的密度高到核子开始感受到彼此之间的排斥作用时才可能停止. 一般来说, 核子之间的相互排斥作用只有当其非常靠近时才会变得显著起来, 并且随着它们之间距离的减小而迅速增大, 由此产生的压强与引力相互抵消, 从而使得恒星的中心核重新建立起流体静力学平衡状态. 此刻, 一颗中子星就形成了. 由于单个核子的典型半径约为 10^{-13} cm, 因此对于一颗质量为 $1M_\odot$ 的中子星来说, 其半径大约为 12 km.

在发现中子后不久,这种由中子物质提供压强所形成的致密天体就被理论所预言. 然而, 在对这种奇异的天体研究了近 30 年后, 却一直没有在天空中找到它的身影. 1967 年, 贝尔 (Bell) 和休伊什 (Hewish) 发现了第一颗射电脉冲星. 人们很快就意识到, 这可能就是寻找已久的中子星.

12.5.1 中子星的种类和观测特性

根据其观测特征以及所属的环境, 中子星被分为很多不同的种类.

(1) 射电脉冲星.

射电脉冲星被认为是高速旋转的中子星, 并且其表面存在很强的磁场. 观测表明, 其辐射以射电脉冲的形式出现, 并且具有非常准确的周期. 旋转得最快的射电脉冲星是蟹状星云脉冲星 (PSR B0531+21), 其脉冲周期 P 为 0.033 s. 蟹状星云脉冲星还可以在光学、X 射线和 γ 射线波段被观测到, 其辐射特征也是脉冲型的, 并且周期完全相同. 旋转周期最长的射电脉冲星其周期 P 可以达到 4 s. 观测同时表明, 射电脉冲星的旋转周期都在不断变长, 其周期变化率 $\dot{P}$ 在 $10^{-12} \sim 10^{-16}$ 的范围内.

目前普遍认为射电脉冲星的磁场结构是一个偶极场. 因此, 其射电脉冲辐射被解释为一个磁偶极子的辐射, 即所谓的 "灯塔模型". 设脉冲星极冠处的磁场强度为 B, 那么脉冲星的磁矩 m 近似为

$$m \approx \frac{1}{2} BR^3, \tag{12.62}$$

其中 R 是脉冲星的半径. 如果脉冲星的自转轴与磁轴之间存在夹角 α(也称为磁倾角), 那么, 根据电动力学可以得出旋转磁偶极子的辐射功率 L_B 为

$$L_B = \frac{2}{3c^3} m_\perp^2 \Omega^4 \approx \frac{B^2 \Omega^4 R^6}{6c^3} \sin^2 \alpha, \tag{12.63}$$

其中 Ω 为自转角速度. 辐射只在位于两个极区的亮斑中发射出来, 且其辐射束将在天空中构成巨大的圆锥. 当辐射束扫过观测者时, 就将形成一次脉冲辐射, 于是接收到的信号将是一组间隔相等的脉冲. 正是基于这个观测特性, 人们将这种奇异的天体称为脉冲星.

显然, 脉冲辐射的能量来源于脉冲星的自转能. 假定脉冲星的转动是一个刚体, 则辐射功率 L_B 应该等于自转能下降的速率:

$$I\Omega\dot{\Omega} = -\frac{2m_\perp^2}{3c^3} \Omega^4, \tag{12.64}$$

其中 I 是脉冲星的转动惯量. 在脉冲星内部, 密度大体上是一个常数, 于是转动惯量 I 可以近似表达为

$$I = \frac{2}{5} MR^2, \tag{12.65}$$

其中 M 是脉冲星的质量. 根据方程 (12.63) 和 (12.64), 可以得到

$$B^2 = \frac{12c^3 M P \dot{P}}{20\pi^2 R^4 \sin^2\alpha}. \tag{12.66}$$

假定脉冲星的质量 $M = 1M_\odot$、半径 $R = 10$ km, 根据观测得到的典型脉冲周期 P 和周期变化率 $\dot{P}$, 通过方程 (12.66) 就可以估算出脉冲星极区的磁场强度 B 在 $10^{11} \sim 10^{13}$ G 的范围内.

另一方面, 假定脉冲星的磁场 B 不随时间演化, 则根据方程 (12.64), 可以得到

$$P\dot{P} = K, \tag{12.67}$$

其中 K 是一个常数. 于是, 对方程 (12.67) 进行积分, 就可以给出脉冲星的年龄

$$\tau = \frac{P^2 - P_0^2}{2P\dot{P}}, \tag{12.68}$$

其中 P_0 是脉冲星刚刚诞生时的脉冲周期.

对那些位于双星系统中的脉冲星, 可以利用双星轨道运动的观测特征来测量其质量, 尤其是那些两颗成员星都是射电脉冲星的双星系统. 到目前为止, 这种射电脉冲双星已经发现了 10 多对. 它们的轨道周期大约在 1 天左右, 并且其轨道一般具有较大的偏心率. 其中, 有 3 对射电脉冲双星的质量得到了精确的测定, 它们分别是: PSR B1913+16 ($M_1 = 1.44 M_\odot$ 和 $M_2 = 1.39 M_\odot$)、PSR B1534+12 ($M_1 = 1.34 M_\odot$ 和 $M_2 = 1.34 M_\odot$) 以及 PSR B2127+11C ($M_1 = 1.35 M_\odot$ 和 $M_2 = 1.36 M_\odot$). 此外, 还有一对中子星–白矮星系统的质量被精确测定, 即 PSR J0348+0432 ($M_1 = 2.03 M_\odot$ 和 $M_2 = 0.173 M_\odot$). 观测表明, 这些双星的轨道周期在不断减小, 并被认为是由于引力波辐射造成的角动量损失所导致的. 因此, 这些双星系统最终将发生并合现象.

观测表明, 存在一类短周期的射电脉冲星, 其周期在 $1 \sim 100$ ms. 这类毫秒脉冲星的一个最显著的特点是其周期变化率 $\dot{P}$ 很小, 大约在 $10^{-17} \sim 10^{-21}$ 的范围内. 这表明其极区磁场强度仅仅为 $10^8 \sim 10^{10}$ G, 大大低于正常的射电脉冲星. 此外, 半数左右的毫秒脉冲星位于双星系统中, 这也是此类天体的另一个主要特征.

(2) X 射线双星中子星.

在双星系统中, 当物质从其中一颗正常恒星的表面转移到另一颗致密恒星 (可以是白矮星、中子星或者黑洞) 的表面时会释放出巨大的引力势能, 并以 X 射线的方式辐射出去. 这样的双星系统常常被称为 X 射线双星. 通常根据其中正常恒星的质量大小, 将 X 射线双星分成为两类: 小质量 X 射线双星 (LMXB) 和大质量 X 射线双星 (HMXB). 在 X 射线双星中, 如果致密天体是一颗中子星, 则它将吸积来自于伴星的物质, 并发出 X 射线辐射.

在大质量 X 射线双星系统中, 其伴星通常是质量在 $10 \sim 40 M_\odot$ 的 OB 型星. 中子星的磁场一般都很强, 导致被吸积的物质只能沿磁力线运动, 并最终在极冠区域与中子星表面发生撞击. 于是, 在中子星的南北极冠附近将会形成两个热斑, 并发出 X 射线辐射. 当其自转轴与磁轴不重合时, 中子星的旋转将会导致 X 射线脉冲现象的出现, 并形成观测到的 X 射线脉冲星. 由于其质量持续增大, 部分中子星的旋转速度将不断加快. 从其形成的角度上来看, 由于大质量恒星的演化很快, 这类中子星都比较年轻, 其年龄一般小于 10^7 年.

对于小质量 X 射线双星系统来说, 其伴星的质量通常小于 $1.2 M_\odot$, 并且其中子星的磁场一般来说也较弱. 于是, 从伴星吸积过来的物质被认为是均匀的沉积到整个中子星的表面. 当这些富氢物质的总量达到一定的临界值时, 氢燃烧过程以失控的方式在吸积层底部发生, 并导致中子星表面出现 X 射线爆发. 当失控式氢燃烧过程将吸积层内的氢燃料完全耗尽后, X 射线爆发结束. 之后, 中子星继续吸积来自于伴星的富氢物质, 并在经过一段较长的时间后再次发生 X 射线爆发. 小质量 X 射线双星都是相对年老的系统, 其年龄大都长于 10^8 年.

(3) 孤立热中子星.

显然, 银河系中理应存在大量的中子星, 因为在它们诞生时所发生的超新星爆发现象是现今银河系中重元素物质的主要合成场所. 对于那些无自转, 但是有效温度较高的中子星来说, 其热辐射主要分布在 X 射线和紫外波段. 直接测量中子星的热辐射可以对其半径的大小进行有效的限制. 然而, 由于中子星的半径很小, 其热光度也因此较低. 于是, 只有那些距离地球较近的中子星, 其热辐射才能够被探测到.

12.5.2 状态方程与中子星的内部结构

在中子星的内部, 由于物质的密度极高, 核子之间的相互作用会产生巨大的压强, 以平衡此时同样巨大的引力作用, 因此中子星的内部结构完全取决于此时物质的状态方程. 然而, 关于核子间相互作用的模型至今仍然存在不确定性. 同时, 当密度很高时, 致密物质的组成状态可能会发生变化. 新的物质成分的出现以及物质新的结构状态将导致系统具有更多的自由度, 从而对状态方程产生显著的影响.

一般来说, 中子星的内部结构可以大致划分为三层: 由原子核组成的表壳、主要由中子组成的外核以及组成情况目前尚不确定的内核.

类似于某些白矮星内部的情况, 在中子星的表壳中, 物质主要由处于结晶状态的原子核与高度简并状态的电子气体所组成, 压强主要来自于电子气体的简并压强和原子核的库仑相互作用. 在表壳的最外层, 原子核主要是铁族元素. 当不断深入到恒星内部时, 密度以及电子的费米能将不断增大, 并导致原子核内中子的含量不断增加. 通常情况下, 这些放射性核素将发生衰变并放出电子, 但如果出射电子的能量没有当地的费米能量高, 则衰变反应将被抑制. 当密度 $\rho > 4 \times 10^{11}\,\mathrm{g\cdot cm^{-3}}$ 时, 中子开始从原子核中析出并成为自由中子. 继续向恒星内部深入, 自由中子的含量将持续上升. 当密度达到核物质密度 ρ_{nuc} 时, 原子核完全解体, 物质此时主要由中子与少量的质子和电子所组成. 此处标志着中子星内部表壳与中心核的分界线. 模型计算表明, 整个表壳的厚度大约为 1 km.

由于中子的质量大于质子与电子的质量之和, 因此自由中子是不稳定的, 它将自发衰变为质子和电子:

$$\mathrm{n} \to \mathrm{p} + \mathrm{e}^- + \bar{\nu}_{\mathrm{e}}. \tag{12.69}$$

同时, 高能电子又将很快被质子俘获, 并重新形成中子:

$$\mathrm{p} + \mathrm{e}^- \to \mathrm{n} + \nu_{\mathrm{e}}. \tag{12.70}$$

由反应 (12.69) 和 (12.70) 所组成的循环被称为乌卡过程. 在中子星内部密度处于核物质密度 ρ_{nuc} 附近的区域内, 忽略中微子的化学势, 反应 (12.69) 和 (12.70) 达到平衡要求中子的化学势 μ_{n} 与质子的化学势 μ_{p} 和电子的化学势 μ_{e} 满足

$$\mu_{\mathrm{n}} = \mu_{\mathrm{p}} + \mu_{\mathrm{e}}. \tag{12.71}$$

同时, 假定此处物质是电中性的, 则电子的数密度 n_{e} 与质子的数密度 n_{p} 必须相等:

$$n_{\mathrm{e}} = n_{\mathrm{p}}. \tag{12.72}$$

方程 (12.71) 和 (12.72) 确定了上述三种粒子的平衡丰度. 模型计算表明, 在达到平衡时质子在总核子数中所占的比例大约为 5%. 此外, 当电子的化学势 μ_{e} 高于 μ 介子的静止质量所对应的能量 (106 MeV) 时, 一小部分电子还会转变成为 μ 介子.

进入中子星的外核区, 核子之间的相互作用开始变得显著起来. 这种相互作用的物理机制目前还不十分清楚, 因此通常采用唯象的相互作用势来对其进行近似描述, 并通过与粒子物理实验结果的比对来对其进行检验. 利用上述势函数可以给出不同粒子的化学势, 进而构造出包含这种相互作用的状态方程. 目前, 这样的状态方程有许多种, 由它们所给出的中子星的结构也存在较大的差异, 尤其是中子星的半径, 但有一点是类似的, 即不同状态方程都预言了当密度增大时质子所占的平衡数目比将不断降低, 并且最终为零. 当然, 不同状态方程所给出的质子占比为零的临界密度是不同的.

当核子之间的平均距离小于其典型半径时, 某些新的物质成分可能会出现, 这标志着开始进入中子星的内核区, 其内物质的密度将高于 $2 \sim 3\rho_{\mathrm{nuc}}$. 目前, 关于这些新物质的具体成分有很多种假设, 例如超子物质、K 凝聚相或者 π 凝聚相, 以及由夸克物质与核物质所组成的混合物等. 由于不同物质的表面张力不同, 因此数量

较少的物质将会以条状、片状等不同滴状形态浮现于数量较多的物质中间,并形成不同类型的相变.

对于中子星内部被引力所束缚的物质来说,当其内能越低时,中子星的结构就越稳定,因此一般来说物质总是倾向于选择令其内能最低的结构与状态. 当某种新的成分出现时,相对于原来的组成,物质新的组成所包含的内能必然会略低一些,因此所产生的压强也将会略小一点. 换句话说,在相同的引力压缩作用下,物质新的组成会比原来的组成更容易被压缩,或者说物质的硬度有些变"软"了.

在密度极高时,中子星内核物质状态方程的软化所带来的一个直接的结果就是中子星的极限质量将随之降低. 例如,对于完全由简并中子气体所组成的物质来说,其所能支撑的质量上限大约为 $3M_\odot$. 而对于那些考虑不同物质组成模型的状态方程来说,这一极限质量大多在 $2M_\odot$ 左右. 反过来说,利用中子星的观测结果对其极限质量进行限定就成为研究极高密度下物质性质的一种有效的手段.

12.5.3 中子星的演化

在其内部物质强大压强的抵御下,质量不发生变化的中子星将基本上处于流体静力学平衡状态,因此与白矮星演化的情况类似,中子星的演化也主要是一个其自身不断冷却的过程.

值得注意的是,当反应 (12.69) 和 (12.70) 达到平衡时,伴随上述反应所产生的中微子能够带走大量的热量,从而成为中子星诞生后最重要的一种冷却机制. 中子星可能的冷却机制主要有两种. 由反应 (12.69) 和 (12.70) 所构成的乌卡过程被称为快速冷却机制,它要求总核子数中质子的占比高于 0.11,或者中子星物质中存在 K 凝聚相或 π 凝聚相. 而当质子数的占比低于上述要求时,中子星的冷却则会通过下述变形乌卡过程进行:

$$n + n \to n + p + e^- + \bar{\nu}_e, \tag{12.73}$$

$$n + p + e^- \to n + n + \nu_e. \tag{12.74}$$

与反应 (12.69) 和 (12.70) 相比较,反应 (12.73) 和 (12.74) 的速率较慢,因此这一冷却机制也称为慢速冷却机制. 模型计算表明,在几分钟的时间内,中子星内部的温度就从刚刚诞生时的大约 $2 \times 10^{11} \sim 5 \times 10^{11}$ K 被冷却到大约 10^{10} K.

中子星物质可能存在的超流体状态和超导体状态会对其冷却过程产生显著的影响. 在彼此之间存在的吸引力的作用下,两个费米子在一定条件下会形成自旋状态为整数的配对状态. 于是,当温度很低时,大量的这种配对粒子都将处于基态,并形成一个凝聚相. 当配对粒子为电中性时,物质的状态将表现为超流体,而当配对粒子带有电荷时,上述凝聚相将表现为超导体. 对于中子星中心核内的物质来说,核子之间的核力在距离较远时将表现为吸引作用. 可能发生配对的粒子有中子和质子两种：中子与中子配对将形成超流体，而质子与质子配对将表现为超导体. 由于处于配对状态的两个粒子同时发生相同核反应的概率很小，因而超流体和超导体的出现将显著降低中子星的冷却速率. 最新的观测表明，超流体和超导体可能存在于中子星内部温度大约低于 10^9 K 的区域内.

一般来说，中子星内部的温度是无法直接进行观测的，通常主要通过 X 射线观测来测量中子星表面的热辐射，并与黑体辐射比较来得到其有效温度. 然而，中子星表面附近存在的强大磁场会对此处物质的性质和辐射转移过程产生显著影响. 例如，对于围绕原子核运动的电子来说，当其受到的来自磁场的洛伦兹 (Lorentz) 力与来自原子核的静电力相当时，其运动的轨道就会受到磁场的影响. 对于氢原子来说，当磁场强度达到 10^9 G 时，电子在磁场中的回旋能已经与其电离能相当. 于是，当磁场很强时，电子的运动轨道将更多地被束缚在垂直于磁力线的平面内. 由于洛伦兹力也参与到维持电子绕原子核的运动中来，可以预料，原子的基态能量将得到显著的提高. 对于氢原子来说，当磁场强度为 10^{12} G 时，其基态的能量大约为 160 eV，这比无磁场时大约高出 10 倍. 由于磁场能够使得原子的基态能量大幅度提高，因此物质的不透明度也将随之增大，因而温度在强磁场中子星表面附近下降的速度要比在正常恒星外包层中快得多.

参 考 文 献

[1] Antia H M, Basu S. Measuring the helium abundance in the solar envelope: The role of the equation of state. ApJ, 1994, 426: 801–811.

[2] Asplund M, Grevesse N, Sauval A J, Scott P. The chemical composition of the Sun. ARAA, 2009, 47: 481–522.

[3] Bahcall J N, Pinsonneault M H, Wasserburg G J. Solar models with helium and hearvy-element diffusion. Rev. Mod. Phys., 1995, 67: 781–808.

[4] Barani C, Martignoni M, Acerbi F. The eclipsing binary star V380 Gem: First V and R_c light curve analysis and estimation of its absolute elements. New Astron., 2013, 23: 59–62.

[5] Bertolami M M M, Althaus L G, Serenelli A M, Panei J A. New evolutionary calculations for the born again scenario. A&A, 2006, 449: 313–326.

[6] Brown T M, Bowers C W, Kimble R A, Sweigart A V. Detection and photometry of hot horizontal branch stars in the core of M32. ApJ, 2000, 532: 308–322.

[7] Bruntt H, Frandsen S, Kjeldsen H, Andersen M I. Strömgren photometry of the open clusters NGC 6134 and NGC 3680. A&AS, 1999, 140: 135–143.

[8] Caloi V. Evolution of extreme horizontal branch stars. A&A, 1989, 221: 27–35.

[9] Christensen-Dalsgaard J, Gough D O, Thompson M J. The depth of the solar convection zone. ApJ, 1991, 378: 413–437.

[10] Ciacio F, Degl'Innocenti S, Ricci B. Updating standard solar models. A&AS, 1997, 123: 449–454.

[11] de Jager C, Nieuwenhuijzen H, van der Hucht K A. Mass loss rates in the Hertzsprung-Russell diagram. A&AS, 1988, 72: 259–289.

[12] Doggett J B, Branch D. A comparative study of supernova light curves. AJ, 1985, 90: 2303–2311.

[13] Durrell P R, Harris W E. A color-magnitude study of the globular cluster M15. AJ, 1993, 105: 1420–1440.

[14] Frost C A, Lattanzio J C, Wood P R. Degenerate thermal pulses in asymptotic giant branch stars. ApJ, 1998, 500: 355–359.

[15] Grevesse N, Sauval A J. Standard solar composition. Space Sci. Rev., 1998, 85: 161–174.

[16] Haberreiter M, Schmutz W, Kosovichev A G. Solving the discrepancy between the seismic and photospheric solar radius. ApJ, 2008, 675: L53–L56.

[17] Jacoby G H, Hunter D A, Christian C A. A library of stellar spectra. ApJS, 1984, 56: 257–281.

[18] Langer N. Presupernova evolution of massive single and binary stars. ARAA, 2012, 50: 107–164.

[19] Meynet G, Maeder A. Stellar evolution with rotation. V. Changes in all the outputs of massive star models. A&A, 2000, 361: 101–120.

[20] Miglio A, Montalbán J, Eggenberger P, Noels A. Discriminating between overshooting and rotational mixing in massive stars: any help from asteroseismology. Comm. in Asteroseis-

mology, 2009, 158: 233–238.

[21] Mocák M, Müller E, Weiss A, Kifonidis K. The core helium flash revisited. A&A, 2008, 490: 265–277.

[22] Moroni P G P, Straniero O. Very low-mass white dwarfs with a C-O core. A&A, 2009, 507: 1575–1583.

[23] Paczyński B. Stellar evolution from main sequence to white dwarf or carbon ignition. Acta Astron., 1970, 20: 47–58.

[24] Perlmutter S. Supernovae, Dark energy, and the accelerating universe. Physics Today, 2003, 56(4): 53–62.

[25] Phillips M M. The absolute magnitudes of Type IA supernovae. ApJ Letters, 1993, 413: L105–L108.

[26] Popper D M. Stellar masses. ARAA, 1980, 18: 115–164.

[27] Robbins S. About the site *Journey through the galaxy*, SJR Design, 12 Nov. 2008.

[28] Saio H, Gautschy A. On the theoretical period-luminosity relation of Cepheids. ApJ, 1998, 498: 360–364.

[29] Schaller G, Schaerer D, Meynet G, Maeder A. New Grids of stellar models from 0.8 to 120 solar masses at $Z=0.020$ and $Z=0.001$. A&AS, 1992, 96: 269–331.

[30] Schönberg M, Chandrasekhar S. On the evolution of the main-sequence stars. ApJ, 1942, 96: 161–172.

[31] Sweigart A V. Evolutionary sequences for horizontal-branch stars. ApJS, 1987, 65: 95–135.

[32] van Albada T S, Baker N. On the masses, luminosities, and compositions of horizontal-branch stars. ApJ, 1971, 169: 311–326.

[33] Ventura P, Castellani M, Straka W. Diffusive convective overshoot in core He-burning intermediate mass stars. I. The LMC metallicity. A&A, 2005, 440: 623–636.

[34] Woosley S E, Heger A. The evolution and explosion of massive stars. Rev. Mod. Phys., 2002, 74: 1015–1071.

[35] Xu H Y, Li Y. Blue loops of intermediate mass stars. I. CNO cycles and blue loops. A&A, 2004, 418: 213–224.

[36] Yungelson L R, van den Heuvel E P J, Vink J S, Zwart S F P, de Koter A. On the evolution and fate of super-massive stars. A&A, 2008, 477: 223–237.

[37] Zhang Q S, Li Y. Turbulent convection model in the overshooting region. I. Effects of the convective mixing in the solar overshooting region. ApJ, 2012, 746: 50.